中国电子教育学会高教分会推荐教材 ★省优秀教材一等奖获奖教材

普通高等教育电子信息类“十三五”课改规划教材

移动互联网应用新技术

主　编　苏广文

副主编　何鹏举　张乐芳　高　翔　白庆龙

西安电子科技大学出版社

内 容 简 介

本书系统地介绍了移动互联网技术基础、手机网站开发、手机APP开发、微信公众号开发、电商平台开发、手机定位与位置管理、移动视频监控系统、物联网技术与应用、大数据技术及应用、云计算技术与应用、虚拟现实(VR)技术与应用、人工智能技术及其应用、应用平台组网设计等内容，几乎涵盖了移动互联网及当前热点技术应用的所有方面。

本书兼顾基础理论和实际应用开发，适合于各类移动互联网应用的初学者和开发者，可作为高校相关专业互联网应用类课程的教材，亦可为广大IT企业员工、电信运营商员工和其他企业相关部门员工更新知识结构、提升业务技能提供有益帮助。

本书前身《移动互联网应用开发技术》(2013年7月由西安电子科技大学出版社出版)曾获省优秀教材一等奖。

图书在版编目(CIP)数据

移动互联网应用新技术/苏广文主编. —西安：西安电子科技大学出版社，2017.11(2018.10重印)

ISBN 978-7-5606-4732-6

Ⅰ. ① 移…　Ⅱ. ① 苏…　Ⅲ. ① 移动终端—应用程序—程序设计　Ⅳ. ① TN929.53

中国版本图书馆CIP数据核字(2017)第251607号

策　　划　李惠萍
责任编辑　张　倩　阎　彬
出版发行　西安电子科技大学出版社(西安市太白南路2号)
电　　话　(029)88242885　88201467　　邮　　编　710071
网　　址　www.xduph.com　　电子邮箱　xdupfxb001@163.com
经　　销　新华书店
印刷单位　陕西利达印务有限责任公司
版　　次　2017年11月第1版　2018年10月第2次印刷
开　　本　787毫米×1092毫米　1/16　印　张　21.5
字　　数　511千字
印　　数　3001～6000册
定　　价　42.00元

ISBN 978 - 7 - 5606 - 4732 - 6/TN

XDUP 5024001-2

前　言

移动互联网是继传统互联网后最新的一次信息技术浪潮，也是当前整个信息产业竞争最为激烈、发展最为迅速的领域。移动互联网的崛起，为随时随地使用各种信息化手段的实现奠定了最重要的基础，对通信产业本身和整个社会都带来了深远的影响。而移动智能终端所具备的定位功能、摄像头功能和传感器功能，更是极大地丰富了应用的内涵。

信息化技术日新月异，本书在前身《移动互联网应用开发技术》的基础上，删减了部分业已成为常识的内容，增加了大量当前热门应用技术，如云计算、大数据、物联网、人工智能等，使读者能够跟上当前信息化发展的最新进展，为进入移动互联网应用开发领域以及进一步提升应用开发水平打下坚实基础。这些技术尽管不见得都属于狭义的移动互联网技术，但在当前移动互联网时代背景下，基于这些技术的应用已经不可逆转地依赖于移动互联网，因而均可看作是移动互联网领域的有关技术。同时，本书注重降低初学者的入门门槛，给读者提供一个比较容易上手的切入点。通过实际的简单案例，使读者能很快掌握一些基本的开发技能，增强移动互联网应用开发的体验和信心。

本书用专门的章节介绍了移动互联网技术基础、手机网站开发、手机 APP 开发、微信公众号开发、电商平台开发、手机定位与位置管理、移动视频监控系统、物联网技术与应用、大数据技术及应用、云计算技术与应用、虚拟现实(VR)技术与应用、人工智能技术及其应用、应用平台组网设计等方面的理论和相关技术。这些内容几乎涵盖了移动互联网及当前热点技术应用的所有方面，也是业界正在努力创新，不断推出新产品和新应用的热点，非常有利于读者**迅速扩大视野，一览当今信息化领域热点的全貌**。

移动互联网是一个飞速发展的领域，本书尽可能采用最新的资料、数据和技术，在内容讲述中深入浅出，既有一定的理论深度，又结合了当前实际应用场景。考虑到 Android 平台市场占有率高、开放性好、免费资源多等因素，书中提供的所有实例均采用 Android 平台和 Java 语言，且均经过了实机验证。iOS 平台的开发者也可以参考本书中的原理和方法进行学习。

本书前身《移动互联网应用开发技术》(2013 年 7 月由西安电子科技大学出版社出版)曾荣获省优秀教材一等奖。

本书由苏广文主编，何鹏举参与了第八章“物联网技术与应用”及第十二章“人工智能技术及其应用”的编写，高翔参与了第九章“大数据技术及应用”的编写，张乐芳参与了第十一章“虚拟现实(VR)技术与应用”的编写。除上述署名作者外，白庆龙、苏鑫参与了第二章“手机网站开发”和第三章“手机 APP 开发”的编写，蔡杰杰参与了第七章“移动视频监控系统”的编写。此外，宋利也对本书的编写提供了很多帮助。

由于移动互联网应用开发技术涉及的点多、面广，且目前仍在不断发展中，本书定然存在诸多不足和疏漏，请各位读者将发现的问题及时反馈给我们或提出改进意见。开发环境搭建和案例所基于的软件版本也在持续升级中，请读者在学习中也要根据软件的最新升级作相应的调整。

作者邮箱：suguangwen@189.cn

作　者

2017 年 7 月于西安

目　录

第 1 章　移动互联网技术基础

移动互联网在今天已经非常普及，人们几乎每天都要花很多时间上网，阅读新闻、在淘宝上购物，或者从事其他活动。移动互联网涉及很宽的技术领域，包括互联网技术、移动通信技术、手机终端技术等，而且这些技术目前仍处于迅猛发展和相互渗透之中。掌握相关领域扎实的技术基础，是从事移动互联网应用开发的前提。

1.1　互联网技术

互联网是全世界千千万万台计算机和智能手机通过 TCP/IP 协议相互连接而成的世界上最大的网络。而且，这个网络目前还在不断扩大，不仅新的计算机和智能手机持续加入，而且各种新的智能化终端也不断加入。移动互联网正是以这个现有互联网实体为基础而不断发展的，并且能够反过来推动互联网实体延伸到经济和生活的各个方面。

1.1.1　互联网的起源与发展

互联网源于 1969 年美军牵头组建的 ARPA 网，它把美国加利福尼亚大学洛杉矶分校、斯坦福大学研究学院、加利福尼亚大学和犹他州大学的四台主要计算机连接起来，后来美国其他一些高校和科研机构也陆续加入进来。1983 年，美国国防部将 ARPA 网分为军网和民网。于是，越来越多的学校和公司加入其中的民网，使其渐渐扩大为今天的互联网。

在 ARPA 网产生之初，通过接口信号处理机实现互连的电脑并不多，大部分电脑相互之间不兼容，不同类型的电脑连网存在很多困难。建立一种大家都必须遵守的标准，让不同类型电脑能够实现资源共享，成为当时科学家的当务之急。

1973 年，卡恩和瑟夫以包切换理论为基础，开始研究一种对各种操作系统普适的协议，这个协议即 TCP/IP 协议(TCP，Transmission Control Protocol；IP，Internet Protocol)。通俗地说，TCP 负责发现传输的问题，一有问题就发出信号，要求重新传输，直到所有数据安全正确地传输到目的地；而 IP 负责给网络上每一台电脑规定一个地址。1974 年 12 月，卡恩、瑟夫的第一份 TCP 协议详细说明正式发表。当时美国国防部与三个科学家小组签订了完成 TCP/IP 的协议，结果由瑟夫领衔的小组率先完成，制定出了具有详细定义的 TCP/IP 协议标准。当时他们还做了一个试验，将信息包通过点对点的卫星网络，再通过陆地电缆，然后又通过卫星网络，最后由地面传输，贯穿欧洲和美国，经过各种电脑系统，全程 9.4 万千米竟然没有丢失一个数据位，远距离的可靠数据传输证明了 TCP/IP 协议的成功。

1983 年 1 月 1 日，已经运行了较长时期且曾被人们习惯了的 NCP 被取而代之，TCP/IP 协议成为互联网上所有主机间的共同协议。TCP/IP 协议的产生和推广是互联网发展历史上具有重大革命性意义的事件。从此，互联网真正进入了大规模发展时期。

1.1.2 ISO/OSI 模型

1．OSI 模型框架

要理解 TCP/IP 协议，必须先理解 OSI 模型。OSI 模型的全称是开放系统互连参考模型(Open System Interconnection Reference Model，OSI/RM)，它由国际标准化组织(International Standard Organization，ISO)提出，用于网络系统互连，所以又称为 ISO/OSI 模型。OSI 参考模型自发布后，并没有形成实际的产品，但是它成为了包括 TCP/IP 协议在内的很多重要通信协议的思想基础。理解 TCP/IP 的运作机制对于互联网工作人员而言必不可少。

OSI 模型采用分层结构，它把通信过程所要完成的工作分成多个层面，称为层。每个层都完成某个层次的工作内容，如物理层实现物理信号的收发，网络层实现连网等。OSI 参考模型如图 1-1 所示。

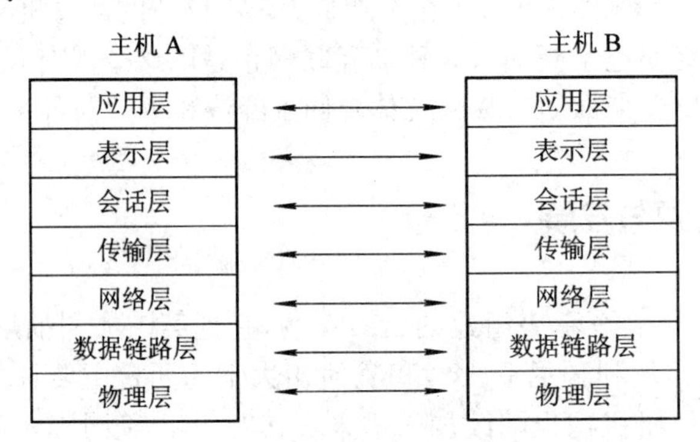

图 1-1　OSI 参考模型

(1) 每一层都为其上一层提供服务，并为其上一层提供一个访问接口或界面。

(2) 不同主机之间的相同层次称为对等层。如主机 A 中的表示层和主机 B 中的表示层互为对等层，主机 A 中的会话层和主机 B 中的会话层互为对等层。

(3) 对等层之间互相通信需要遵守一定的规则，如通信的格式、通信的方式等，这些规则就称为协议。

(4) OSI 参考模型通过将协议划分为不同的层次，简化了问题分析、处理过程以及网络系统设计的复杂性。在 OSI 参考模型中，从下至上，每一层完成不同的、目标明确的功能。

2．OSI 模型数据封装

数据要在网络上传输，必须有一定的格式，使通信双方能够识别其首尾，并能进行有效控制。把数据包装成这种格式的过程就叫做数据封装。OSI 参考模型中的数据封装过程如图 1-2 所示。

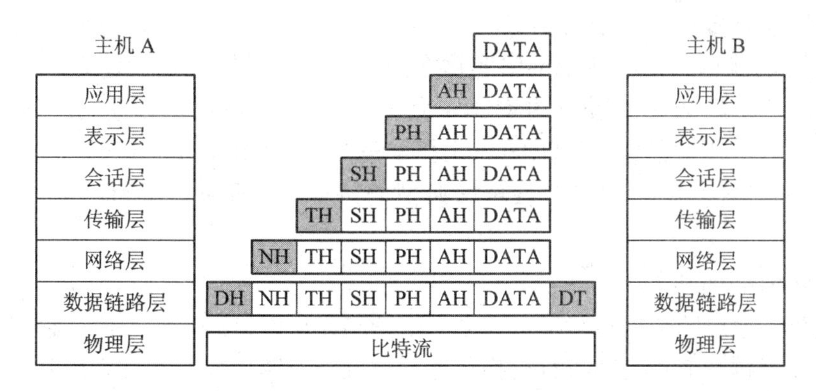

图 1-2　OSI 参考模型中的数据封装过程

当一台主机需要传送用户数据时，数据首先通过应用层接口进入应用层。在应用层，用户数据被加上应用层报头(Application Header，AH)，形成应用层协议数据单元(Protocol Data Unit，PDU)，然后被递交到下一层表示层。表示层并不关心应用层数据内容，而是把整个应用层数据包看成是一个整体进行封装，即加上表示层的报头(Presentation Header，PH)，然后把它递交到下一层会话层。

以此类推，会话层、传输层、网络层、数据链路层也都要分别给上层递交下来的数据加上自己的报头，分别是会话层报头(Session Header，SH)、传输层报头(Transport Header，TH)、网络层报头(Network Header，NH)和数据链路层报头(Data link Header，DH)。其中，数据链路层还要给网络层数据加上数据链路层报尾(Data link Termination，DT)，形成最终的一帧数据。

当一帧数据通过物理层传送到目标主机的物理层时，目标主机的物理层会把它递交到上层数据链路层。数据链路层负责去掉数据帧的帧头部 DH 和尾部 DT，同时还进行数据校验。如果数据没有出错，则递交到上层网络层。同样，网络层、传输层、会话层、表示层、应用层也要做类似的工作。最终，原始数据被递交到目标主机的具体应用程序中。

3. 各分层的功能

1) 物理层(Physical Layer)

物理层规定了激活、维持、关闭通信端点之间的机械特性、电气特性、功能特性以及过程特性，如指定电压大小、线路速率和电缆的引脚数。简单地说，物理层确保原始数据可以在各种物理媒体上传输。该层为上层协议提供了一个传输数据的物理媒体。在这一层，数据的单位称为比特(bit)。属于物理层定义的典型规范包括 EIA/TIA RS-232、EIA/TIA RS-449、V.35、RJ-45 等。物理层的设备包括 RJ-45 、各种电缆、串口、并口、接线设备、网络接口卡(NIC)等。物理层也可以包括低层网络软件，该软件用于定义将串行比特流分解成数据包的方式。

2) 数据链路层(Data Link Layer)

数据链路层在不可靠的物理介质上提供可靠的传输。该层的作用包括：物理地址寻址、数据的成帧、流量控制、数据的检错、重发等。在这一层，数据的单位称为帧(frame)，数据链路层协议的代表包括 SDLC、HDLC、PPP、STP、帧中继等。

数据链路层将数据包组合为字节，再将字节组合为帧，使用 MAC 地址提供对介质的访问。其主要功能包括：在两个网络实体之间提供数据链路连接的建立、维持和释放管理；构成数据链路数据单元(帧)，并对帧定界、同步、收发顺序进行控制；在传输过程中，进行流量控制、差错检测(Error Detection)和差错控制(Error Control)等，它只提供导线的一端到另一端的数据传输。数据链路层典型的协议有 ATM、IEEE 802.2、帧中继、HDLC 等。

3) *网络层*(Network Layer)

网络层为传输层的数据传输提供建立、维护和终止网络连接的手段，它把从上层来的数据组织成数据包在节点之间进行交换传送，并且负责路由控制和拥塞控制。它还提供逻辑寻址，以便进行路由选择。网络层提供路由和寻址功能，使两个终端系统能够互连，并且具有一定的拥塞控制和流量控制的能力。在这一层，数据的单位称为数据包(packet)。典型的网络层协议的代表包括 IP、IPX、RIP、OSPF 等。

4) *传输层*(Transport Layer)

传输层负责将上层数据分段并提供端到端的、可靠或不可靠的传输，处理端到端的差错控制和流量控制。传输层数据的单位称为数据段(segment)，典型的传输层协议有 TCP、UDP、SPX、NetBIOS 等。

5) *会话层*(Session Layer)

会话层管理主机之间的会话进程，即负责建立、管理、终止进程之间的会话。会话层还利用在数据中插入校验点的方法来实现数据的同步。

6) *表示层*(Presentation Layer)

表示层对上层数据或信息进行变换，以保证一个主机应用层信息可以被另一个主机的应用程序理解。表示层的数据转换包括数据的加密、压缩、格式转换等。表示层协议的代表包括 ASCII、ASN.1、JPEG、MPEG 等。

7) *应用层*(Application Layer)

应用层为操作系统或网络应用程序提供访问网络服务的接口，以及用户接口。应用层协议的代表包括 Telnet、FTP(File Transfer Protocol)、HTTP(Hyper Text Transfer Protocol)、SNMP 等。

1.1.3 TCP/IP 模型

1. TCP/IP 模型层次结构

OSI 模型的提出本是为解决不同厂商、不同结构的网络产品之间互连时遇到的不兼容性问题的，但是该模型过于复杂阻碍了其在计算机网络领域的实际应用。相比之下，由技术人员自己开发的 TCP/IP 协议则获得了更为广泛的应用，成为当前通信领域的主要标准。TCP/IP 模型也是层次结构模型，分为四个层次：应用层、传输层、网络互连层和网络接口层。图 1-3 是 TCP/IP 模型与 OSI 模型的对比。

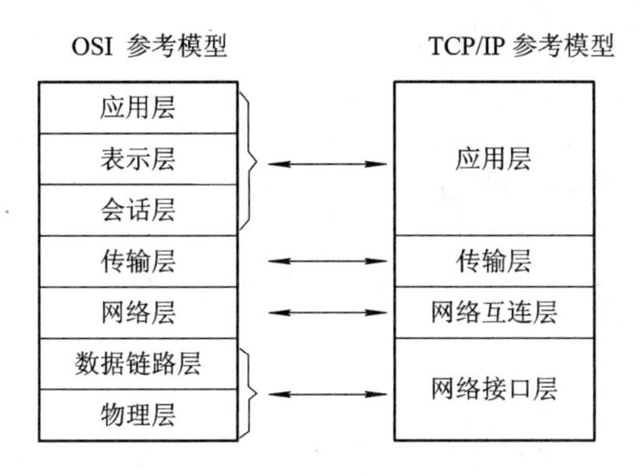

图 1-3　TCP/IP 与 OSI 模型的对比

TCP/IP 模型去掉了 OSI 模型中的会话层和表示层，这两层的功能被合并到应用层，同时将 OSI 模型中的数据链路层和物理层合并为网络接口层。当前在用的部分协议在 TCP/IP 模型中的位置如图 1-4 所示。

<table>
<tr><td>应用层</td><td colspan="3">FTP、HTTP、Telnet</td><td>SNMP、TFTP、NTP</td></tr>
<tr><td>传输层</td><td colspan="3">TCP</td><td>UDP</td></tr>
<tr><td>网络互连层</td><td colspan="4">IP</td></tr>
<tr><td rowspan="2">网络接口层</td><td rowspan="2">以太网</td><td rowspan="2">令牌环网</td><td>IEEE 802.2</td><td>HDLC、PPP、帧中继</td></tr>
<tr><td>IEEE 802.3</td><td>EIA/TIA RS-232，V.35等</td></tr>
</table>

图 1-4　TCP/IP 模型层次结构

1) 网络接口层

实际上，TCP/IP 模型没有真正描述这一层如何实现，只是要求能够提供给其上层网络一个访问接口，以便在其上传递 IP 分组。由于这一层未被定义，所以其具体的实现方法随着网络类型的不同而不同。

2) 网络互连层

网络互连层是整个 TCP/IP 协议的核心，其功能是把分组发往目标网络或主机。同时，为了尽快发送分组，可能需要沿不同的路径同时进行分组传递。因此，分组到达的顺序和发送的顺序可能不同，这就需要上层对分组进行排序了。网络互连层除了需要完成路由的功能外，也可以实现不同类型的网络(异构网)互连的任务。

网络互连层定义了分组格式和协议，即 IP 协议。TCP/IP 协议中的网络互连层功能由 IP 协议规定和实现，故又称 IP 层。这一层的协议还包括：ICMP 因特网控制报文协议、ARP 地址解析协议、RARP 反向地址解析协议、RIP 协议等。这一层的典型设备有路由器、三层交换机等。

3) 传输层

在 TCP/IP 模型中，传输层的功能是使源主机和目标主机上的对等实体可以进行会话。

传输层定义了两种服务质量不同的协议，即 TCP(传输控制协议)和 UDP(用户数据报协议)。

TCP 协议是一个面向连接的、可靠的协议。它将一台主机发出的字节流无差错地发往互联网上的其他主机。在发送端，它负责把上层传送下来的字节流分成报文段并传递给下层；在接收端，它负责对收到的报文进行重组，然后递交给上层。TCP 协议还要处理端到端的流量控制，以避免缓慢接收的接收方没有足够的缓冲区接收发送方发送的大量数据。UDP 协议是一个不可靠的、无连接协议，主要适用于不需要对报文进行排序和流量控制的场合。

4) *应用层*

TCP/IP 模型将 OSI 参考模型中的会话层和表示层的功能合并到应用层实现。应用层面向不同的网络应用引入了不同的应用层协议。其中，有基于 TCP 协议的，如文件传输协议(FTP)、虚拟终端协议(Telnet)、超文本链接协议(HTTP)，也有基于 UDP 协议的。

2. IP 报文格式

IP 协议是 TCP/IP 协议族中的核心协议，所有的 TCP、UDP、ICMP、IGMP 数据都被封装在 IP 数据报中传送，如图 1-5 所示。

Ethernet 帧头	IP 头部	TCP 头部	上层数据	FCS

图 1-5 IP 报文封装

IP 报头格式如图 1-6 所示，各字段的长度和内容分别为：

(1) 版本字段：字段长度 4 bit，用以表明 IP 协议的版本号，当前一般为 IPv4，即 0100，IPv6 为 1100。

(2) 报头长度字段：指首部占 32 bit 字的数目，包括任何选项。由于它是一个 4 bit 字段，因此首部最长为 60 Byte，即 15 × 32/8 = 60 Byte。IP 首部始终是 32 bit 的整数倍。IP 数据报报头的最小长度为 20 Byte(不含填充字段和 IP 选项字段的 IP 报头是最常见的 IP 报头，为 20 个 Byte)。

(3) 服务类型字段：字段长度 8 bit，用于指定数据报所要求的服务质量(TOS)。

(4) 总长度字段：指整个 IP 数据报的长度，以 Byte 为单位。由于该字段长 16 bit，所以 IP 数据报最长可达 65 535 Byte。总长度字段是 IP 首部中必要的内容(数据长度＝总长－报头长度)。

(5) 标识字段：字段长度 16 bit，每个数据报都必须由唯一的标识符来标识，以便使接收主机能重装被分段的数据报。

(6) 标志位字段：字段长度 3 bit，用于分段控制，其中第 0 位为预留位。

(7) 段偏移量字段：字段长度 13 bit。如果一份数据报要求分段的话，此字段指明该段距原始数据报起始位置的偏移量。

(8) 生存期(Time to Live，TTL)字段：字段长度 8 bit，用来设置数据报最多可以经过的路由器数。由发送数据的源主机设置，通常为 32、64、128 等。每经过一个路由器，其值减 1，当减到 0 时，该数据报被丢弃。

(9) 协议字段：占 8 bit，指明 IP 层所封装的上层协议类型，如 ICMP(1)、IGMP(2)、TCP(6)、UDP(17)等。

(10) 头部校验和字段：占 16 bit，内容是根据 IP 头部计算得到的校验和码。计算方法是：对头部中每个 16 bit 进行二进制反码求和(与 ICMP、IGMP、TCP、UDP 不同，IP 不对头部后的数据进行校验)。

(11) 源 IP 地址、目标 IP 地址字段：各占 32 bit，分别用来标明发送 IP 数据报文的源主机地址和接收 IP 报文的目标主机地址。

(12) 可选项字段：占 32 bit。用来定义一些任选项，如记录路径、时间戳等。这些选项很少被使用，同时并不是所有主机和路由器都支持这些选项。可选项字段的长度必须是 32 bit 的整数倍，如果不足，必须填充 0 以达到此长度要求。

00　04　08　12　16　20　24　28　31

版本	报头长度	服务类型	总长度	
标识			标志位	段偏移量
生存期		协议	头部校验和	
源 IP 地址				
目标 IP 地址				
可选项				
数据				

图 1-6　IP 头部格式

3．TCP 数据段格式

TCP 是一种可靠的、面向连接的字节流服务。源主机在传送数据前需要先和目标主机建立连接。然后，在此连接上，被编号的数据段按序收发。同时，要求对每一个数据段进行确认，保证可靠性。如果在指定的时间内没有收到目标主机对所发数据段的确认，源主机将再次发送该数据段。

(1) 源、目标端口号字段：字段长度均为 16 bit。TCP 协议通过使用所谓“端口”来标识源端和目标端的应用进程。端口号可以使用 0 到 65535 之间的任何数字。在收到服务请求时，操作系统动态地为客户端的应用程序分配端口号。在服务器端，每种服务在特定端口为用户提供服务，比如 Web 服务默认端口为 80，FTP 为 21。

(2) 顺序号字段：字段长度 32 bit，用来标识从 TCP 源端向 TCP 目标端发送的数据字节流，它表示在这个报文段中的第一个数据字节。

(3) 确认号字段：字段长度 32 bit，只有 ACK 标志为 1 时，确认号字段才有效。它包含目标端所期望收到源端的下一个数据字节。

(4) 头部长度字段：字段长度 4 bit，给出头部占 32 bit 的数目，没有任何选项字段的 TCP 头部长度为 20 Byte；最多可以有 60 Byte 的 TCP 头部。

(5) 标志位字段：字段长度 6 bit，其中每个比特的含义分别为：URG(紧急指针有效)、ACK(确认序号有效)、PSH(接收方应该尽快将这个报文段交给应用层)、RST(重建连接)、SYN(发起一个连接)、FIN(释放一个连接)。

(6) 窗口大小字段：字段长度 16 bit，用来进行流量控制，单位为字节数，这个值是本机期望一次接收的字节数。

(7) TCP 校验和字段：字段长度 16 bit。该字段对整个 TCP 报文段进行校验和计算，并由目标端进行验证。

(8) 紧急指针字段：字段长度16 bit。它是一个偏移量，和序号字段中的值相加表示紧急数据最后一个字节的序号。

(9) 选项字段：占32 bit，可能包括“窗口扩大因子”、“时间戳”等选项。

4. UDP数据段格式

UDP是一种不可靠的、无连接的数据报服务。源主机在传送数据前不需要和目标主机建立连接。数据被冠以源、目标端口号等UDP报头字段后直接发往目的主机。这时，每个数据段的可靠性依靠上层协议来保证。在传送数据较少、较小的情况下，UDP比TCP更加高效。

(1) 源、目标端口号字段：字段长度16 bit，用来标识源端和目标端的应用进程。

(2) 长度字段：字段长度16 bit，用来表示UDP头部和UDP数据的总长度字节。

(3) 校验和字段：字段长度16 bit，用来对UDP头部和UDP数据进行校验。与TCP不同的是，对UDP来说，此字段是可选项，而TCP数据段中的校验和字段是必须有的。

5. 套接字

在每个TCP、UDP数据段中都包含源端口和目标端口字段。通常把一个IP地址和一个端口号合称为一个套接字(Socket)，而一个套接字对(Socket Pair)可以唯一地确定互连网络中每个连接的双方(客户IP地址 + 客户端口号、服务器IP地址 + 服务器端口号)。需要注意的是，不同的应用层协议可能基于不同的传输层协议，如FTP、Telnet、SMTP协议基于可靠的TCP协议，而TFTP、SNMP、RIP基于不可靠的UDP协议。

同时，有些应用层协议占用了两个不同的端口号，如FTP占用20、21端口，SNMP占用161、162端口。这些应用层协议在不同的端口提供不同的功能。如FTP的21端口用来侦听用户的连接请求，而20端口用来传送用户的文件数据；再如，SNMP的161端口用于SNMP管理进程获取SNMP代理的数据，而162端口用于SNMP代理主动向SNMP管理进程发送数据。

还有一些协议使用了传输层的不同协议提供的服务。如DNS协议同时使用了TCP 53端口和UDP 53端口，DNS协议在UDP的53端口提供域名解析服务，在TCP的53端口提供DNS区域文件传输服务。

6. TCP连接建立、释放时的握手过程

理解TCP连接建立、释放时的握手过程，对于开发基于TCP/IP协议的通信程序是十分重要的。一个TCP连接的建立需要三次握手过程，三次握手的目标是使数据段的发送和接收同步，同时也向其他主机表明其一次可接收的数据量即窗口大小并建立逻辑连接。这三次握手的过程分别为：

第一次握手：源主机发送一个同步标志位(SYN)置1的TCP数据段。此段中同时标明初始序号(ISN)，ISN是一个随时间变化的随机值。

第二次握手：目标主机发回确认数据段，此段中的同步标志位(SYN)同样被置1，且确认标志位(ACK)也置1，同时在确认序号字段表明目标主机期待收到源主机下一个数据段的序号(即表明前一个数据段已收到并且没有错误)。此外，此段中还包含目标主机的段初始序号。

第三次握手：源主机再回送一个数据段，同样带有递增的发送序号和确认序号。

这样，TCP 会话的三次握手完成。接下来，源主机和目标主机可以互相收发数据。数据传输结束后，通信的双方都可释放连接，这个过程需要四次握手过程：

第一次握手：源主机发送一个释放连接标志位“FIN=1，seq=u”给目标主机，意思是请求结束会话，等待目标主机确认。

第二次握手：目标主机发送“ACK=1，seq=v”，确认号“ack=u+1”给客户，而这个报文段自己的序号“seq = v”。从源主机到目标主机这个方向的连接就释放了，TCP 连接处于半关闭状态，目标主机若发送数据，源主机仍要接收。

第三次握手：目标主机发送“FIN=1，ACK=1，seq=w，ack= u+1”给源主机，表示目标主机已经没有要向源主机发送的数据。

第四次握手：源主机发送“ACK=1，seq=u+1，ack=w+1”给目标主机，表示收到连接释放报文段。

1.1.4　IPv4 与 IPv6

IPv4 是第一个被广泛使用的 IP 协议版本，也是到目前为止互联网设备和应用采用的最主要协议。按照 TCP/IP 协议，每个连接在互联网上的主机都应该有一个唯一的地址，这个地址就作为该主机的标志，叫做 IP 地址。为了方便使用，人们把这 32 位地址分为 4 段，每段 8 位，用十进制数字表示，每段数字范围为 0～255，段与段之间用句点隔开。比如，上面的 IP 地址可以表示为 10.0.0.1。

在实际中，数量众多的主机不是各自独立地接入互联网的。数量不一的主机先是组成一个相对独立的网络，称 IP 子网，然后再通过统一的网关设备(主要是路由器)接入互联网。大的子网下又可以分更小的子网。与互联网这一网络结构相对应，32 位的 IP 地址由两部分组成：一部分为网络地址，也就是该子网的编号；另一部分为主机地址，代表主机在该子网中的编号。为了便于 IP 地址的分配和使用，管理机构又把 IPv4 的 IP 地址分为 A、B、C、D、E 共 5 类，其中 A、B、C 三类由 NIC 在全球范围内统一分配，D、E 类为特殊地址。A 类地址第一个字节为网络地址，后三个字节为主机地址；B 类地址的前两个字节为网络地址，后两个字节为主机地址；C 类地址的前三个字节为网络地址，最后一个字节为主机地址。

随着互联网规模的不断扩大，主机数量呈指数增加，IPv4 协议提供的地址面临枯竭。而移动终端的互联网化和物联网的成长，对 IP 地址的需求更加巨大。为了克服这一困难，IPv6 加快了部署的步伐。IPv6 是用于替代现行版本 IPv4 的 IP 协议的第六个版本。与 IPv4 相比，IPv6 具有以下几个优势：

(1) IPv6 具有更大的地址空间。IPv4 中规定 IP 地址长度为 32，即有 2^{32} 个地址；而 IPv6 中 IP 地址的长度为 128，即有 2^{128} 个地址。

(2) IPv6 使用更小的路由表。IPv6 的地址分配一开始就遵循聚类原则，这使得路由器能在路由表中用一条记录表示一片子网，大大减小了路由器中路由表的长度，提高了路由器转发数据包的速度。

(3) IPv6 增加了增强的组播支持以及对流的控制，这使得网络上的多媒体应用有了长足发展的机会，为服务质量控制提供了良好的网络平台。

(4) IPv6 加入了对自动配置的支持。这是对 DHCP 协议的改进和扩展，使得网络的管理更加方便和快捷。

(5) IPv6 具有更高的安全性。在使用 IPv6 网络时，用户可以对网络层的数据进行加密并对 IP 报文进行校验，极大地增强了网络的安全性。

我国互联网规模庞大，而申请到的 IP 地址总数相对较少，IP 地址紧缺的矛盾尤其尖锐。因此，在 IPv6 的推动方面，我国一直走在前面，并且我国 IPv6 网络的试点已经展开，很多新建的网络已经可以同时支持 IPv4 和 IPv6。

1.1.5 C/S 模式与 B/S 模式

互联网最大的特点是通过网络实现了全世界范围信息的共享。信息共享主要通过 B/S 模式或者 C/S 模式实现，而目前又以 B/S 模式最为普遍。

1. C/S 模式

C/S 是 Client/Server 的缩写，即客户/服务器模式。在客户/服务器模式中，服务器是网络信息资源和计算的核心，而客户机是网络资源的消费者，客户机通过服务器获得所需要的网络信息资源。这里客户机和服务器都是指通信中所涉及的进程，是运行着的客户软件和服务器软件，使用计算机的人是计算机的“用户”，而不是这里所指的“客户”。但在国内外很多技术文献中，也经常把运行服务器程序的机器称为服务器，实际中要根据上下文的内容进行区分。

C/S 模型的工作过程如图 1-7 所示。

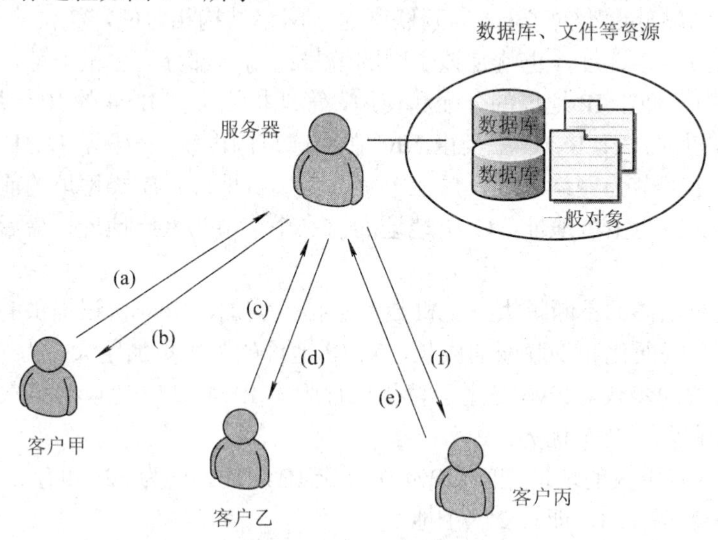

图 1-7 C/S 模型的工作过程

(1) 服务器进程启动起来以后，就一直在侦听某一 TCP 端口，比如 FTP 默认为 21 端口，Web 默认为 80 端口，接收这一端口的请求信息。

(2) 如果某个客户，如客户甲，需要查询某个学生的个人信息时，它就向服务器发出请求(a)，告知这个学生的编号及要查询信息的内容。

(3) 服务器进程侦听到这一请求后，启动一个线程，该线程从关联的数据库、文件等资源库中搜索到该学生的信息，经过相关处理后，把结果(b)返回客户甲。

(4) 如果客户乙、客户丙也需要查询某个学生的个人信息，那么服务器分别启动另外两个线程，处理两个客户的请求。

(5) 依次类推，如果有 *N* 个客户请求，服务器进程就启动 *N* 个线程处理客户的请求。由于计算机的 CPU 和内存等资源是有限的，因此，*N* 的大小是受到限制的。一般把 *N* 叫做该服务器能够处理的最大并发用户数。

C/S 是一种软件系统体系结构，通过它可以充分利用服务器端和客户端两方的硬件资源，将任务合理分配到两端，降低了系统的通信开销。

2. B/S 模式

B/S(Browser/Server，即浏览器/服务器)是一种特殊的 C/S，它在普通 C/S 的基础上，对服务器端和客户端都进行了改造和规范。客户端就是我们熟知的 Web 浏览器，如 IE、Firefox 和 Opera 等，服务器如 IIS、Apache 等。任何一种 Web 浏览器都可以访问任何一种服务器。这种模式统一了客户端，将系统核心功能的实现集中到服务器上，简化了系统的开发、维护和使用。

在技术文献中，人们经常把 C/S 结构和 B/S 结构并列起来，似乎 B/S 结构和 C/S 结构分属不同的两种结构，这样当然是不准确的。但是由于人们经常这样说以至于成为业界习惯，因而当出现这样的说法时，我们应该把 C/S 理解为除 B/S 结构外其余的 C/S 结构。

在 B/S 模式下，服务器软件启动后，其进程就常驻内存中，一刻不停地侦听设定的 TCP 端口，一般是 80 端口或者 8080 端口。一旦有向该端口发出的网页请求，服务器进程就从本地文件目录或相关资源库中读取 HTML 网页文件发送给请求者。大部分浏览器也支持许多 HTML 以外的文件格式，例如 JPEG、PNG 和 GIF 图像格式，还可以利用插件来支持更多文件类型。网页设计者便可以把图像、动画、视频、声音和流媒体包含在网页中，或让人们透过网页而取得它们。

浏览器和服务器之间的通信采用 HTTP(HyperText Transport Protocol，超文本传送协议)，当需要更高的安全性时，需要采用 HTTPS(HyperText Transfer Protocol over Secure Socket Layer)。HTTPS 是 HTTP 的安全版本，它在 HTTP 下加入 SSL 层，支持对文件内容的加密，但 HTTPS 存在不同于 HTTP 的默认端口。

3. B/S 模式与 C/S 模式的优劣势比较

(1) B/S 模式比 C/S 模式维护和升级更简单。

在 C/S 模式下，软件系统的维护包括服务器软件和每一个客户端。由于每个客户端都由不同的人员使用，不仅计算机里面一般会有各种其他的应用软件，而且由于使用者的原因，经常会被病毒、流氓软件等侵入，影响客户端软件的运行。而客户端软件因为是专用的，都需要专门维护，系统管理人员如果需要在几百甚至上千部电脑之间来回奔跑，效率和工作量是可想而知的，因而维护工作量很大。

另一方面，实际使用的软件系统经常需要改进和升级，频繁的升级也成为 C/S 模式软件一项不堪重负的工作。而 B/S 模式则明显体现着更为方便的特性，只需要对服务器软件进行修改和升级，所有的客户端只是通用浏览器，不需要做任何的维护。因此无论用户的规模有多大，有多少分支机构都不会增加任何维护升级的工作量。如果是异地，还可以实现远程升级和共享。“瘦”客户机和“胖”服务器越来越成为业界的主流，这对用户人力、物力、时间和费用的节省可以说是革命性的。

(2) B/S 模式比 C/S 模式成本更低。

在 C/S 模式下，软件不具有通用性，无论是服务器端软件还是客户端软件，都需要软件提供商进行全面开发。而在 B/S 模式下，客户端是通用的免费软件，一般无须开发，个别情况下只需要安装一个插件即可；服务器端有成熟的软件如 IIS 和 Apache 等，基本的通信功能和文件管理功能已经非常完善，只需要开发相对简单得多的网页和 CGI 程序等，因而开发成本要低得多。

(3) B/S 模式服务器负载更重。

由于 B/S 模式下绝大多数任务都要服务器端完成，因而服务器端负载较重。一旦发生服务器网络拥塞或者因 CPU 或内存占用过度而瘫痪，将严重影响系统的使用。因此，通常情况下要采取一些措施，如采用双机热备、网络存储服务器、服务器集群等。

(4) B/S 模式客户端不如 C/S 模式功能强大。

B/S 模式下客户端软件采用 Web 浏览器带来的方便性和低成本，在一定程度上是以牺牲了客户端的功能为代价的，尽管在 Web 浏览器上可以运行诸如 JavaScript、Vb Script 等脚本程序，但这些程序对客户端资源的访问是受到严格限制的，因此很多和硬件以及本地文件系统资源相关的功能并不能实现。

(5) B/S 模式与 C/S 模式在实际中的使用现状。

由于上述 B/S 模式与 C/S 模式各自的优劣势特点，绝大多数应用系统采用了 B/S 模式。目前不仅互联网上广泛采用 B/S 模式，而且在绝大多数企业内部网上也采用了 B/S 模式，比如公司内部 OA 系统、专用业务管理系统等。但是，由于 B/S 模式在本地资源访问方面的限制，在一些特殊情况下还必须采用 C/S 模式。

1.1.6 手机网页标准

目前，手机网页存在着几个不同的标准，包括 HTML WML、XHTML、HTML5 等，选择合适的标准是手机网站开发必须首先考虑的内容。

1. HTML

HTML(HyperText Markup Language，超文本标记语言)是用于描述网页文档的一种标记语言，它通过标记符号来标记要显示的网页中的各个元素。网页文件本身是一种文本文件，通过在文本文件中添加标记符，可以告诉浏览器如何显示其中的内容，如：如何处理文字、如何安排画面、如何显示图片等。浏览器按顺序阅读网页文件，然后根据标记符解释和显示其标记的内容，对书写出错的标记将不指出其错误，且不停止其解释执行过程。

下面是一个简单的名为 Test1.html 的 HTML 文件。

```
<!doctype html>
<html>
```

```
<head>
<meta charset="utf-8">
<title>Hello, This is a HTML page!</title>
<style type="text/css">
body,td,th {
        font-size: 36px;
        color: #900;
        font-family: Arial, Helvetica, sans-serif;
}
</style>
</head>

<body>
  <p align="center"> </p>
  <p align="center"> </p>
  <p align="center"> </p>
  <p align="center"><strong>Hello, This is a HTML page! </strong></p>
  <p> </p>
</body>
</html>
```

文件中的“<!doctype html>”说明该文件的类型是 HTML，<html>和</html>表示文件的开始和结束。<body>和</body>表示文件正文的开始和结束。这些符号就是标记符号，用来代表一定含义。该文件用 IE 浏览器打开后的显示效果如图 1-8 所示。

图 1-8　Test1.html 的浏览器显示效果

HTML 文档制作并不复杂，但功能强大，支持不同数据格式的文件嵌入，其主要特点是：

(1) 简易性：HTML 的版本升级采用超集方式，即新版本完全包含老版本，因而用老版本编写的网页可以被新版本完全接受，版本升级过程更加方便平滑。

(2) 可扩展性：HTML 的广泛应用带来了增强功能、增加标识符等要求。对此，HTML 采取子类元素方式，为系统扩展提供了保证。

(3) 平台无关性：虽然计算机种类很多，如 PC 机、服务器、笔记本、iPad、智能手机，还有不同形态的嵌入式设备等，但 HTML 都可以运行在这些平台上。

(4) HTML 支持以 JavaScript、VBScript 为代表的动态网页生成技术，丰富了网页的功能。

互联网之所以成功的原因是 TCP/IP 和 HTML。TCP/IP 奠定了互联网扩展到全世界的网络技术基础，HTML 提供了把互联网信息传送且展示给几十亿互联网用户的最好手段。随着 4G 技术的普及，基于 HTML 升级版本的手机网页正迅速替代 WML 网页成为手机网页的主流。

2．WML

最早的手机网站采用 WAP(Wireless Application Protocol)协议，网页设计则采用 WML(Wireless Markup Language)。WML 即无线标记语言，移动设备中内置的微型浏览器能够解释这种标记语言。虽然它和 HTML 语言很相像，但 WML 其实是 XML 的一个应用子集。

XML 是用于标记电子文件使其具有结构性的标记语言，可以用来标记数据、定义数据类型，也是一种允许用户对自己的标记语言进行定义的源语言。XML 与 Access、Oracle、SQL Server 等数据库不同，数据库提供了更强有力的数据存储和分析能力，如数据索引、排序、查找、相关一致性等，而 XML 仅仅是存储数据。事实上 XML 与其他数据表现形式最大的不同是，它极其简单。这是一个看上去有点琐细的优点，但正是这点使 XML 与众不同。

XML 与 HTML 的设计区别是，XML 的核心是数据，其重点是数据的内容。而 HTML 被设计用来显示数据，其重点是数据的显示。XML 和 HTML 语法区别是，HTML 的标记不是所有的都需要成对出现，XML 则要求所有的标记必须成对出现；HTML 标记不区分大小写，XML 则大小敏感，即区分大小写。

XML 的简单使其易于在任何应用程序中读写数据，这使 XML 很快成为数据交换的唯一公共语言。虽然不同的应用软件也支持其他的数据交换格式，但不久之后它们都将支持 XML，这就意味着程序可以更容易地与 Windows、Mac OS、Linux 以及其他平台下产生的信息结合，然后可以很容易加载 XML 数据到程序中来分析它，并以 XML 格式输出结果。

3．XHTML

XHTML(the eXtensible HyperText Markup Language，可扩展标识语言)的出现是 HTML 不断演进的结果。随着 Web 的日渐普及，HTML 用户要求控制页面的观感，为此，浏览器厂商在 HTML2 和 HTML 3 中推出了新的特性。这些新特性在带来美感的同时，也使网页变得难以理解。复杂的嵌套表结构成为控制页面布局的主要手段，并且网页中充斥着大量

font 标记和 color 声明。

为解决这个问题，浏览器厂商又推出了 HTML4。它将表示逻辑的工作推给了 CSS，为高级内容定位引入了层(div)的功能。与 HTML3 相比，这意味着代码的编写模式发生了变化。为了简化迁移过程，又通过 HTML4 的 Transitional 版本来支持旧的 HTML3 结构，适用于高级用户的 Strict 版本则要求将内容和表示彻底分开。

这时，W3C 提出了 XHTML1 作为符合结构良好而有效的 HTML4 的 XML 版本。对于 XML 用户来说，这简化了将 XML 内容转化成网页并用已有验证程序检查转换结果的工作。于是，XHTML1.1 尝试将不同的问题隔离到不同的模块中，模块化方法便于针对不同的需要重用标准的不同部分，也有利于用新的功能扩展标准。

XML 虽然数据转换能力强大，完全可以替代 HTML，但面对成千上万已有的站点，直接采用 XML 还为时过早。因此，在 HTML4.0 的基础上，用 XML 的规则对其进行扩展，得到了 XHTML。从某种意义上讲，建立 XHTML 的目的就是实现 HTML 向 XML 的过渡。与 HTML4 相比，XHTML1.1 把内容和表示相分离，但是和过去一样，一些实际问题只能使用 CSS 中的技巧来解决。比如，无序列表表示的菜单结构通常包括漂亮的图片。但是，图像不大容易通过文本—语音设施读给有视觉障碍的人听，而且像 Lynx 这样的文本浏览器也不能显示图像。一个复杂的 CSS 技巧可以在浏览器中隐藏文本显示图像。但是如果不同页面上的菜单不同，就很难用 CSS 指定这部分内容了。

XHTML2 进一步把内容和表示相分离，改进 HTML4 和 XHTML1 中残留的瑕疵。比如，img src 标记换成了可用于任何元素的可选属性 src。修改后的 CSS 完全脱离了内容，不支持图像的设备很容易转而表示文本。用 xforms 模块替换了 HTML 的 forms，xforms 不需要一行脚本就能指定交互逻辑、验证规则和计算方法。此外，这种技术采用了丰富的 XML 结构而不是键值对，允许出现嵌套的子表单和重复的元素。除了提供一个强大的引擎外，文本—语音设备更适合改变应用程序的丰富性。

XHTML Mobile Profile 是 WAP 论坛为 WAP2.0 所定义的内容编写语言，它是为不支持 XHTML 的全部特性且资源有限的 Web 客户端所设计的。XHTML Mobile Profile 以 XHTML Basic 为基础，加入了一些来自 XHTML1.0 的元素和属性。这些内容事实上就包括了一些其他表示元素和对内部样式表的支持。和 XHTML Basic 一样，XHTML Mobile Profile 是严格的 XHTML 1.0 子集。

随着移动互联网的发展和手机终端的更新换代，越来越多的手机终端已经支持 XHTML，XHTML 逐步成为手机网站开发的首选描述语言，但仍有很少用户使用的低端手机尚不支持 XHTML。由于影响范围很小，对于手机网站的开发，建议采用 XHTML 作为主流模板语言，如果仍需要照顾部分低端手机市场，可以再开发一套 WML 模板，通过手机终端适配识别出手机终端类型后进行逐个调用。

4．HTML5

HTML5 是 W3C 之外的一些重要 Web 开发人员和主流浏览器厂商，因为不同意 XHTML2 的方向而设计的。2004 年，他们成立了一个独立的工作组，为新的 HTML 版本提出了一种新的设计方向，并以网页超文本技术工作小组(WHATWG)的名义推出了 HTML5。HTML5 在诞生之后就确立了一个原则，那就是所有的技术必须是开放的，不准有专利限制。在这期间，Opera 捐献了 CSS 技术，Google 提供了视频格式 WebM。目前大部分 HTML 协议在众多网络技术公司中达成共识，但在视频格式方面，世界各大互联网公司正在为具体标准进行争论。纷争的两大阵营的一方是 Opera、火狐、Google 等，另一方则由苹果公司领衔。而按照争论的视频格式，可以分为 WebM 阵营和 MPEG 阵营。WebM 阵营认为，MPEG 格式目前是具有专利保护的，这违背了 HTML5 所有技术必须开放的原则。MPEG 阵营坚持的原因则更多是因为自身目前就在使用这种视频格式。

HTML5 和 HTML 4 的相似性远远超过 XHTML2 和 XHTML1 的相似性。HTML5 具有以下特点：迁移路径更加平坦，有经验的 HTML4 开发人员熟悉新版本更方便；新特性遵循相似的逻辑；特定元素的专门事件属性允许 HTML 编辑人员提供更适当的文本完成功能；HTML5 的基本设计理念利用 Web 开发人员需要的特性扩展 HTML4。HTML5 在继承 HTML4 基本技术的同时进行了简化。

HTML5 技术族主要包括 HTML5、CSS3、JavaScript、Web Application API、SVG 等，具有以下的新特性：

(1) 丰富的结构化、语义化标签。

HTML5 新增加了一些结构化标签，主要包括<header>、<footer>、<nav>、<section>、<article>、<hgroup>、<aside>等，从而使网页结构更加简洁和严谨。新标签语义化更强，便于开发者理解和灵活使用，也利于计算机对语义化的 Web 应用进行理解、索引和利用。

(2) 面向应用的功能增强。

HTML5 面向移动应用不断进行功能增强，包括多线程并发、离线数据缓存、数据存储、跨域资源共享等。其中，WebWorkers 标准使 Web 应用弥补了以往只能单线程运行的短板，能够支持多线程的 Web 操作，并能将资源消耗较大的操作放到后台执行，从而提高 Web 应用的响应速度，降低终端资源消耗。Offline App Cache 能够将 Web 应用相关的资源文件缓存到本地，使用户在离线状态下也能使用 Web 应用，为开发离线的移动 Web 应用奠定了基础。Web Storage 规范为简单的网页数据存储提供了 LocalStorage 和 SessionStorage 两个基本方法，而 LocalStorage 可将数据永久保存在本地，SessionStorage 可在浏览器会话保持期间保存数据。IndexedDB 是 HTML5 另一种数据存储方式，能够帮助 Web 应用存储复杂结构的数据。Cross-Origin Resource Sharing 使 Web 应用突破以往无法跨域名访问其他 Web 应用的限制，增强了 Web 应用服务之间的交互能力。

(3) 系统能力调用。

HTML5 纳入 W3C DAP 工作组制定的一系列设备 API，极大提升了 Web 应用对终端设备能力的访问和调用能力。这一系列设备 API 主要包括终端系统信息 API、日历 API、通讯录 API、触摸 API、通信 API、多媒体捕捉 API 等。

同时，W3C 还制定了位置 API 和视频通信 API。位置 API 标准，使基于位置的 Web 应用能够访问所持设备的地理位置信息。位置 API 与底层位置信息源无关，来源可包括 GPS、从网络信号(如 IP 地址、WiFi、基站号等)推测的位置，以及用户输入位置。视频通信 API 通过 API 接口提供视频会议核心技术能力，包括音视频采集、编解码、网络传输、显示等，使浏览器能够直接进行实时视频和音频通信。

(4) 富媒体支持。

HTML5 技术极大增强了 Web 应用在绘图、音视频、字体、数学公式、表单等方面的能力。Canvas 特性提供 2D、3D 图片的移动、旋转、缩放等常规操作以及强大的绘图渲染能力。SVG 基于 XML 描述二维矢量图形，可根据用户的需求进行无失真缩放，适合移动设备图片显示。HTML5 标准增加了音视频标签<audio>、<video>，可在网页中直接播放音频、视频文件，以取代 Adobe Flash、微软 Silverlight、QuickTime 等多媒体插件及私有协议。WOFF 通过样式库为 Web 应用自动提供各种字体，并且能根据实际需要调整字体的大小。MathML 使用户能够在网页文本中直接输入复杂的数学公式符号。

(5) 连接特性。

Web Sockets 允许在 Web 应用前端与后端之间通过指定的端口打开一个持久连接，极大提高 Web 应用的效率，使得基于页面的实时聊天、更快速的网页游戏体验、更优化的在线交流得到实现。同时，HTML5 拥有更有效的服务器推送技术，使得基于推送技术的应用更容易实现。

1.2 移动通信技术

1.2.1 移动通信技术发展历程

移动通信技术满足了人们在任何时间、任何地点与任何个人进行通信的愿望。在短短的二三十年间，从传统的单基站大功率系统到蜂窝移动系统；从本地覆盖到全国覆盖，并实现了国内、国际漫游；从提供语音业务到提供包括数据的综合业务；从模拟移动通信系统到数字移动通信系统等。移动通信技术也经历了从第一代到第二代、第三代、第四代的一个迅速发展的历程。

第一代移动通信系统(1G)兴起于 20 世纪 70 年代末，主要采用模拟技术和频分多址(FDMA)技术。由于受到传输带宽限制，其最致命的缺点是不能进行大区域性漫游。

第二代移动通信系统(2G)兴起于 20 世纪 90 年代初期，主要采用数字时分多址(TDMA)和码分多址(CDMA)技术，以数字传输方式实现语音和数据等业务，完成了模拟技术向数字技术的转变。

2008 年 5 月，国际电信联盟正式公布第三代移动通信系统(3G)标准，中国提交的 TD-SCDMA 正式成为国际标准，与欧洲 WCDMA、美国 CDMA2000 成为 3G 时代最主流的三大技术之一。3G 提供了前两代产品所不能提供的各种宽带信息业务，比如无线高速上网、视频等。

2010 年，海外主流运营商开始规模建设 4G。2013 年 12 月 4 日，工业与信息化部正式向三大运营商发布 4G 牌照，中国移动、中国电信和中国联通均获得 TD-LTE 牌照，标志着中国开始全面迈入 4G 时代。目前，5G 网络的商用也正在紧锣密鼓地推进。

根据工业和信息化部发布的 2016 年上半年我国通信业经济运行情况，截至 2016 年 6 月 30 日，我国移动电话用户总规模达到 13 亿，人口普及率达 94.6%；移动宽带用户(即 3G 和 4G 用户)总数达到 8.38 亿户，占比达 64.4%；4G 用户总数达到 6.13 亿户。

1.2.2 4G 移动通信技术

4G 包括 TD-LTE 和 FDD-LTE 两种制式，是目前世界占有主导地位的移动通信技术。目前中国移动、中国电信和中国联通三家国内电信运营商均已经建成 4G 网络。

1．4G 标准

1) LTE

LTE(Long Term Evolution) 项目是 3G 的演进，它改进并增强了 3G 的空中接入技术，采用 OFDM 和 MIMO 作为其无线网络演进的唯一标准。LTE 的主要特点是在 20 MHz 频谱带宽下能够提供下行 100 Mb/s 与上行 50 Mb/s 的峰值速率，相对于 3G 网络大大提高了小区的容量，同时将网络延迟大大降低。LTE 标准演进的历史如下：

GSM:9K→GPRS:42kb/s→EDGE:172kb/s→WCDMA:364kb/s→HSDPA/HSUPA:14.4 Mb/s →HSDPA + /HSUPA + :42Mb/s→FDD-LTE:300Mb/s

由于 WCDMA 网络的升级版 HSPA 和 HSPA+均能够演化到 FDD-LTE 这一状态，所以这一 4G 标准获得了最大的支持，成为 4G 标准的主流。TD-SCDMA 与 TD-LTE 实际上没有关系，不能直接向 TD-LTE 演进。

2) LTE-Advanced

LTE-Advanced 的正式名称为 Further Advancements for E-UTRA，它满足 ITU-R 的 IMT-Advanced 技术征集需求，是 3GPP 形成欧洲 IMT-Advanced 技术提案的一个重要来源。LTE-Advanced 完全兼容 LTE，所以说 LTE-Advanced 是演进而不是革命。

严格地讲，如果 LTE 作为 3.9G 移动互联网技术，那么 LTE-Advanced 作为 4G 标准更加确切一些。LTE-Advanced 的入围，包含 TDD 和 FDD 两种制式，其中 TD-SCDMA 将能够进化到 TDD 制式，而 WCDMA 网络能够进化到 FDD 制式。

3) WiMAX

WiMAX(Worldwide Interoperability for Microwave Access)，即全球微波互联接入，WiMAX 的另一个名字是 IEEE 802.16。WiMAX 的技术起点较高，WiMAX 所能提供的最高接入速度是 70 Mb/s，这个速度是 3G 所能提供的宽带速度的 30 倍。

对无线网络来说，这的确是一个惊人的进步。WiMAX 逐步实现宽带业务的移动化，而 3G 则实现移动业务的宽带化，两种网络的融合程度会越来越高，这也是未来移动世界和固定网络的融合趋势。

4) Wireless MAN

WirelessMAN-Advanced 是 WiMAX 的升级版，即 IEEE 802.16m 标准，最高可以提供 1 Gb/s 无线传输速率，还兼容 4G 无线网络。

2．4G 移动系统网络结构及其关键技术

4G 移动系统网络结构可分为三层：物理网络层、中间环境层、应用网络层。

物理网络层提供接入和路由选择功能，它们由无线和核心网的结合格式完成。中间环境层的功能有 QoS 映射、地址变换和完全性管理等。物理网络层与中间环境层及其应用环境之间的接口是开放的，它使发展和提供新的应用及服务变得更为容易，提供无缝高数据

率的无线服务，并运行于多个频带。这一服务能自适应多个无线标准及多模终端能力，跨越多个运营者和服务，提供大范围服务。

第四代移动通信系统的关键技术包括信道传输，抗干扰性强的高速接入技术、调制和信息传输技术，高性能、小型化和低成本的自适应阵列智能天线，大容量、低成本的无线接口和光接口，系统管理资源；软件无线电、网络结构协议等。

第四代移动通信系统主要是以正交频分复用(OFDM)为技术核心。OFDM 技术的特点是网络结构高度可扩展，具有良好的抗噪声性能和抗多信道干扰能力，可以提供无线数据技术质量更高(速率高、时延小)的服务和更好的性能价格比，能为 4G 无线网提供更好的方案。例如，无线区域环路(WLL)、数字音频广播(DAB)等，都采用 OFDM 技术。

4G 移动通信对加速增长的广带无线连接的要求提供技术上的回应，对跨越公众的和专用的、室内和室外的多种无线系统和网络保证提供无缝的服务。通过对最适合的可用网络提供用户所需求的最佳服务，能应付基于因特网通信所期望的增长，增添新的频段，使频谱资源大大扩展，提供不同类型的通信接口，运用以路由技术为主的网络架构，以傅里叶变换来发展硬件架构实现第四代网络架构。移动通信会向数据化、高速化、宽带化、频段更高化方向发展，移动数据、移动 IP 预计会成为未来移动网的主流业务。

3. 国内三大运营商移动网络标准

目前，国内三大电信运营商移动网络的制式如下：

1) 中国电信

4G：TD-LTE，FDD-LTE；

3G：CDMA2000；

2G：CDMA。

2) 中国移动

4G：TD-LTE；

3G：TD-SCDMA；

2G：GSM。

3) 中国联通

4G：TD-LTE，FDD-LTE；

3G：WCDMA；

2G：GSM。

1.2.3 下一代移动通信技术

目前，第五代移动通信技术(5G)的标准研究作为下一代通信技术正在紧锣密鼓地推进。5G 具有传输速率高、网络容量大、延时短等特性，下载速率是当前 4G 的 100 倍。对于一部 3D 电影，4G 条件下载需要 5～7 分钟，而 5G 只要 6 秒。更重要的是，5G 具有低至 1 毫秒的时延和最高达 10 Gb/s 的峰值速率，这使得自动驾驶、虚拟现实等各种对时延有着极高要求的工业应用有望得到长足发展。

1．中国

IMT—2020(5G)推进组于2013年2月由工信部、发改委和科技部联合推动成立，目前至少有56家成员单位，涵盖国内移动通信领域产学研用主要力量，是推动国内5G技术研究及国际交流合作的主要平台。

中国公司投入了大量研发力量对其5G应用方案进行深入研究、评估和优化，在传输性能上取得突破。华为公司作为中国IMT—2020 (5G)推进组的成员，参与了Polar码的研究与创新，且后续将和推进组全体成员持续加大5G的研究投入。2016年11月18日，在美国内华达州里诺刚刚结束的相关会议上，经过与会公司代表多轮技术讨论，国际移动通信标准化组织3GPP最终确定了5G eMBB(增强移动宽带)场景的信道编码技术方案。其中，Polar码作为控制信道的编码方案，LDPC码作为数据信道的编码方案。

2．欧盟

为了保持欧洲在未来移动通信产业中的领导地位，欧盟在第7期框架计划(FP7)中部署METIS、5GNOW、MCN等多个5G研究项目，后续在Horizon 2020计划中设立5G PPP项目，加大力度支持5G技术研发。欧盟同时积极开展5G国际合作，先后与韩国、日本、中国和巴西签署了5G联合声明，5G PPP也与中美日韩5G组织签署了合作备忘录。欧盟委员会于2016年底发布5G行动计划，并计划2018年启动的5G规模试验，力争在2020年之后实现5G商用，重点将推动5G与车联网等垂直行业结合。

3．韩国

韩国高度重视5G的战略地位，发布"创新5G移动战略"，成立5G论坛，并启动Giga Korea等5G科研项目，并计划在2018年初韩国平昌冬奥会开展5G预商用试验。

4．日本

日本在全球最早明确将在2020年实现5G商用，以支持2020年东京夏季奥运会及残奥会，并将重点解决超高清视频传输等移动宽带业务产生的海量数据需求。

5．北美

美国运营商积极推进5G试验及商用进程，Verizon联合多个厂商成立"Verizon 5G技术论坛"，并联合日韩运营商成立5G开放试验规范联盟。此外，北美移动通信行业组织4G Americas也将工作重心转向5G，并更名为5G Americas。

预计中国、美国、韩国等都将于2019年开始推出5G商用服务。

1.3 移动互联网

1.3.1 移动互联网的概念与特点

工信部电信研究院认为，移动互联网是以移动网络作为网络接入方式的互联网及服务，它包括三个要素：移动终端、移动网络和应用服务。中国电信认为，移动互联网是移动通信和互联网从终端技术到业务全面融合的产物，它可以从广义和狭义两个角度来理解。从广义角度理解，移动互联网是指用户使用手机、上网本、笔记本电脑等移动终端，通过移动或无线网络访问互联网并使用互联网服务；从狭义角度理解，移动互联网是指用户使用手机通过移动网络获取访问互联网并使用互联网服务。一般而言，电信行业所指的移动互联网主要是指狭义角度，包括通过2G/3G/4G网络使用互联网服务(WAP与Web方式)。

与移动互联网类似的概念还有无线互联网。以前，移动互联网强调使用蜂窝移动通信网接入互联网，因此常常特指手机终端采用移动通信网接入互联网并使用互联网业务。而无线互联网强调接入互联网的方式是无线接入，除了蜂窝网外还包括各种无线接入技术，如WAN等。随着电信网络和计算机网络在技术、业务方面的相互融合，目前业界倾向于不再区分移动互联网与无线互联网的细微差别。

移动互联网既是一种网络和服务的实体，又是一种新的技术形态；既是以IP网络技术、移动通信技术和计算机技术为核心的一个庞大的技术体系，又是“移动宽带化”、“宽带移动化”两种趋势长期发展并以2G/3G/4G技术为纽带实现交汇融合的产物。移动互联网不是对传统桌面互联的完全替代，而是一个革命性的扩展。原有的PC在固定地点通过光纤等宽带有线线路上网的方式仍然得以保存，而在原来无法上网的室外、移动状态等情形下，通过移动和无线方式实现了互联网的连接。原来存在于互联网上的内容，除了增加适合移动方式访问的功能外，其他的仍然得以保留。

移动互联网的主要特点是：

(1) 终端移动性。移动互联网业务使得用户可以在移动状态下接入和使用互联网服务。移动互联网终端也就是智能手机或者iPad等，便于用户随身携带和随时使用，人们可以在任何完整或零碎的时间使用。

(2) 终端智能感知能力。移动互联网终端通过计算机软硬件结构和丰富的传感外设，可以定位自己所处的方位，采集周围的声音、温度等信息，因而具备智能感知的能力。

(3) 个性化。移动互联网的终端完全为个人使用，相应的其操作系统和各种应用也针对个人。它采用社会化网络服务、博客等Web 2.0技术与终端个性化、网络个性化相互结合，个性化呈现能力非常强。移动网络对使用者个人的行为特征、位置信息等能够精确反映和提取，并与电子地图等技术相结合形成信息。

(4) 业务私密性。在使用移动互联网业务时，所使用的内容和服务更私密，如手机支付业务、保密通信、手机门卡、手机水卡等。

除上述特点，移动互联网也受到来自终端和网络的局限，主要体现在以下两个方面：

(1) 终端能力方面。在终端能力方面，受到终端屏幕大小、电池容量等的限制。由于屏幕小，移动互联网终端显示的内容界面必须简单紧凑，便于操作，像传统互联网页面那样复杂的页面结构、大量的页面信息无法在移动互联网终端中很好地展示和浏览；由于电池容量有限，移动终端不能像桌面PC那样持续得到外部供电，长时间、高强度的本机处理受到制约，移动互联网要尽可能做到低耗能，尽量避免长时间持续操作。根据多款智能手机耗电情况的分析，智能手机相当一部分耗电用于屏幕显示，这给视频观看类的应用带来不利影响。

(2) 网络能力方面。在网络能力方面，移动互联网受到无线网络传输环境的影响。比如，高速移动状态、区域内基站覆盖率不高等，都将直接影响带宽稳定性，进而影响带宽敏感型应用的使用。当某个区域用户数量过大，超过基站容量时，网络产生拥塞，造成内容的延迟、停滞等。

1.3.2 移动互联网与桌面互联网的比较

在过去的 15 年里，桌面互联网以其惊人的发展速度令人印象深刻，而移动互联网的发展速度则更加快于桌面互联网。桌面互联网即移动互联网出现以前以 PC 方式通过固定线路上网的传统互联网，其主要特点是大屏幕、匿名、位置固定、包月计费、开放、应用免费。而移动互联网则综合了桌面互联网和移动通信网的两大领域技术的大多数优点，具有开放、应用免费、小屏幕、便携性、隐私性、准确性、可定位、实时性等特点。图 1-9 展示了这三种通信技术之间的相互关系。

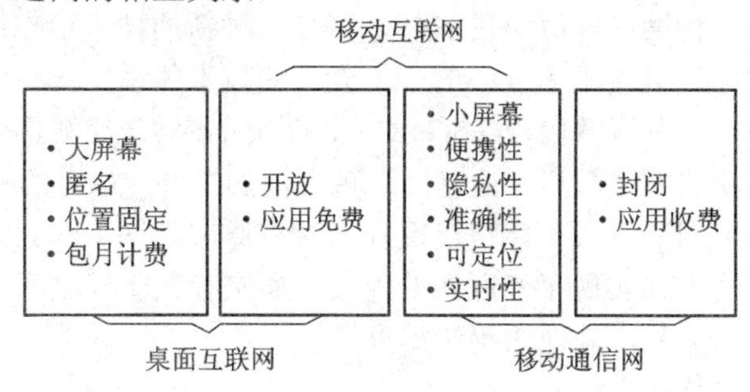

图 1-9 移动互联网与桌面互联网及移动通信网的关系

移动互联网相对于上网地点固定的基于桌面的传统互联网而言，两者的区别可以通过表 1-1 来进一步说明。

表 1-1 传统桌面互联网与移动互联网的指标对比

对比指标	传统桌面互联网	移动互联网
业务组织形式	• 分散的应用服务结构 • 用户围绕服务为中心	• 服务结构以电信运营商为中心 • 服务以用户为中心
接入终端	• 台式机 • 笔记本电脑	• 手机 • 上网本 • 平板电脑及其他上网终端
应用网络	• 传统有线网络(ADSL、FTTX) • WAN 等网络扩展	• 电信运营商 2G、3G、4G 网络 • WiFi
用户习惯	• 上网地点：办公室、学校、家庭、网吧等固定场所 • 使用时间：固定、连续一段时间	• 上网地点：交通工具、户外 • 使用时间：碎片化时间
可搭载服务的特点	• 界面内容复杂的应用系统 • 除通过强制认证外，系统无法识别用户	• 界面内容简单、易操作的应用系统 • 基于位置服务、身份识别、身份鉴定的应用服务

1.3.3 移动互联网三要素与关键技术

移动互联网是融合了电子信息多个领域丰富成果的一个全新的网络和业务形态，它有三大要素，即网络、终端和应用。网络和终端是应用的基础，并为应用提供服务，而应用直接服务于用户，新应用的不断推出激起了人们对网络和终端不断升级的需求。移动互联网三要素得到一个庞大的技术体系的支撑，其关键技术涵盖信息技术领域的方方面面，如图 1-10 所示。

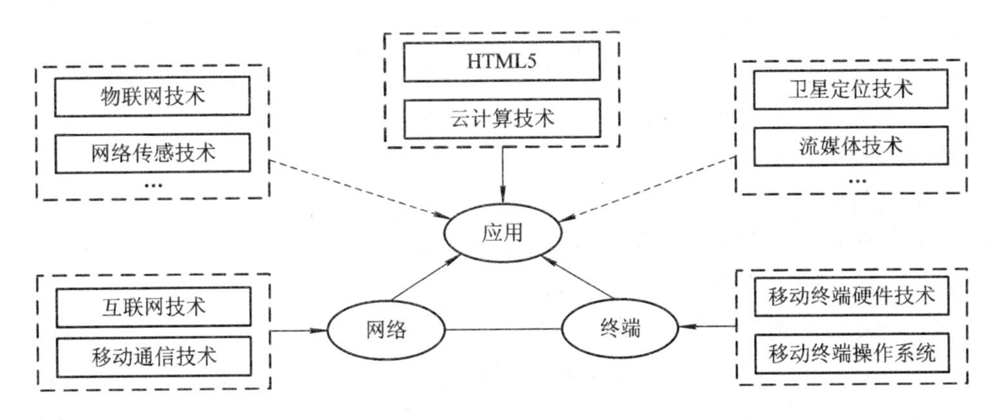

图 1-10 移动互联网技术体系

移动互联网由传统互联网和作为网络接入手段的移动通信网(含其他无线通信网)融合而成，其关键技术包括互联网技术和移动通信技术。互联网协议 IPv6 因其巨大优势，被改进为 MIPv6，成为移动互联网的基础协议。

移动互联网终端实际上是一台计算机化的通信终端，其关键技术包括移动终端硬件技术和移动终端操作系统。硬件技术包括核心的智能终端芯片、3G 终端基带处理器芯片，以及外围的触摸显示屏、高像素摄像头、大容量存储器、GPS 接收模块、多种传感器等。移动操作系统目前以 Android 和苹果的 iOS 最为突出，其他如微软、诺基亚等公司的操作系统也占有一定市场份额。

移动互联网应用的种类繁多，正由时尚消费、高端消费，逐步向社会生活各个层面各个角落迅速渗透。支撑移动互联网应用关键技术的，首先是由 WAP 和 HTML 演进而来的 HTML5，它是移动互联网终端和应用平台系统进行信息沟通的共同语言标准；其次是云计算技术，云计算技术为移动互联网应用提供强大的中心平台功能。此外，因为移动互联网应用的多样性，所以它还与物联网技术、网络传感技术、卫星定位技术和流媒体技术等有关联。移动互联网涵盖了互联网技术、移动通信技术、移动终端硬件技术、移动终端操作系统、HTML5、云计算平台等多项关键技术。

1.4 移动智能终端与操作系统

1.4.1 移动智能终端及其核心技术

严格地说，移动通信终端包括手机、平板电脑和笔记本电脑，但由于笔记本电脑采用与 PC 完全相同的操作系统，因此通常所说的移动通信终端仅指手机和平板电脑，而把智能手机和平板电脑称为移动智能终端。

传统手机以通话和短信功能为核心，采用按键输入和小屏显示的方式。目前，除了针对老人等少数特殊人群和场合设计的手机外，智能手机正替代传统手机成为主流。智能手机具备普通手机的全部功能，能够进行正常通话和发送短信，但是从系统结构来看，智能手机已经是完整意义上的计算机，其处理能力和功能的丰富程度远远超过了传统手机。可以说，智能手机是传统的通信终端计算机化的结果，也可以换个角度说，智能手机是计算机网络化、移动化的结果。

平板电脑是笔记本电脑向更加便携化方向发展的产物，它不仅采用了与智能手机大体相同的结构，而且还装有类似的操作系统。目前，智能手机的一个发展趋势是屏幕越来越大，两者有逐渐趋同的趋势。

移动智能终端的智能性主要体现在四个方面：一是操作系统平台开放，支持应用程序的灵活开发、安装和运行；二是具有高速的互联网接入能力，具备 PC 级的处理能力，支持桌面互联网主流应用的移动化迁移；三是人机交互界面丰富，支持可视化输入、3D 显示、语音识别、图像识别、触摸输入等多种的交互方式，四是有各种丰富且可以不断增加的应用，包括个人信息管理、日程记事、任务安排、多媒体应用、网页浏览等，并且还具有多任务和复制、粘贴功能。

移动通信终端涉及很多技术，包括系统和应用软件技术、微电子微机电技术、下一代显示和语音识别等人机交互技术、新型金属和高精度玻璃等原材料技术以及整机设计和制造技术，这些技术分支十分庞杂，主要可分为四大核心领域：

1．移动芯片技术

集成电路是移动通信终端的核心器件，传统终端芯片包含了基带芯片、射频芯片、电源管理芯片和存储芯片。其中，基带芯片相当于传统手机的 CPU，能够实现传统手机最核心的通信信号处理功能；射频芯片负责信号的收发；存储芯片负责数据的存储；电源管理芯片负责电力供应，通常与基带芯片同时设置。随着手机的智能化发展，支持操作系统、应用软件以及音视频等功能的应用处理芯片的重要性日益提升，它已经与基带芯片一起成为智能手机的 CPU，这两个芯片也是当今移动智能终端芯片平台中最重要和发展最迅速的部分。

2．系统软件技术

操作系统是移动智能终端软件平台体系的核心，向下适配硬件系统，向上支撑应用软件，决定用户最终体验。开放成为移动智能终端操作系统的主旋律，开放模式聚集产业链实现协同创新，打造完备业务生态系统，苹果公司正是通过应用商店开放运作获得极大的成功的。开源成为移动智能终端操作系统的主模式，极大降低第三方进入门槛、提升产业链上下游支持效率，免费的系统软件调动产业多方积极性，其中，Android 是开源模式的典范。为了兼顾运行效率和开发效率，各操作系统进行了不同的技术选择。Android 为提升开发效率，选择走 Java 路线，但提升了对硬件的要求，使得智能终端只有在 600 MHz 以上的芯片平台上才可较顺畅运行；iOS、WP7、Bada、WePhone 选择原生语言，对硬件平台要求降低，但应用软件开发过程比 Java 复杂。当前各移动智能终端操作系统均有相应应用开发环境，也各具专长。

3. 人机交互技术

人机交互技术是当今移动终端技术体系中发展最为初级也最有潜力的技术。与旨在提升计算性能的技术不同，人机交互技术旨在让计算设备有更好的用户体验。人机交互技术包括未来显示技术、多模态交互技术、无处不在的普适交互环境和支持特殊应用的交互技术，其中后两者与智能空间、脑机交互等学科相关性较强，属于技术发展愿景，当前商用领域的人机交互技术集中体现在前两部分。

未来显示技术是最基本的人机交互技术，与高精度芯片、生物电池相比，近期创新机遇更多，目前 OLED、3D 显示、电子纸等热门技术相继商用，大幅提升了视觉体验。在多模态交互技术领域，近年来随语音识别、图像识别、多点触控等技术的应用，传统的交互手段将得到大大加强，键盘、窗口等传统的人机交互手段在移动通信设备上的使用体验大大提升。

4. 应用开发技术

通过 API(应用编程接口，运行在上层的程序可通过 API 获取下层平台拥有的各种能力与信息)面向第三方开发者开放终端、网络、云服务的各种能力已成为移动互联网时代应用开发的重要趋势。移动互联网已经深刻地改变了移动智能终端操作系统 API 的开放模式，面向终端厂商通过预置引入第三方应用的传统模式沦为配角，面向开发者开放 API 接口并由用户自行安装应用的新模式成为主流。应用开发技术通过协同创新以较小力量调动和集聚庞大产业群，形成“我利大家、人人为我”的乘数效应。

Web 具有技术开放、标准相对统一、应用开发门槛低等优点，普遍被业界看作应用平台甚至移动终端操作系统未来的主要发展趋势。其技术核心是 Web 引擎，它能提供运行、解析、显示等基础能力，其中轻量高效的 WebKit 正在推动移动互联网向统一的应用平台发展，而决定 Web 解析速度的 JS 引擎成为主流厂商竞争热点。得益于 HTML5 同时支持传统网页和手机网页的技术，Web 为移动智能终端应用开发提供了更加强大的工具。

1.4.2 智能手机操作系统

智能手机是一种嵌入式计算机系统，像其他计算机系统一样，它也需要操作系统的支持。操作系统是智能手机软件体系的核心，向下管理硬件系统发挥其各种功能，向上为各种应用软件提供服务和支撑，操作系统的功能和性能进一步影响到用户的最终体验。目前，很多有实力的公司和机构相继推出自己的移动操作系统，并以其为战略支点打造有利于自身的产业生态体系。不同的操作系统在开放性、开源性以及运行和开发效率方面各有优劣势。

根据 Gartner 数据 2016 年 8 月发布的统计数据，排名前 5 名的智能手机操作系统分别为 Android、iOS、Windows Phone、Java ME、Symbian 和 BlackBerry，各操作系统市场份额如表 1-2 所示，其余各种操作系统市场份额均不超过 0.01%。

表 1-2 各操作系统 2016 年市场份额

智能手机操作系统	2016 年市场份额/%
Android	66.01
iOS	27.84
Windows Phone	2.79
Java ME	1.44
Symbian	1.03
BlackBerry	0.85

下面对占绝对主导地位的 Android 和 iOS 两种系统作简单介绍。

1. Android

Android 是 Google 公司于 2007 年 11 月 5 日宣布的基于 Linux 平台的开源手机操作系统，由操作系统、中间件、用户界面和应用软件组成。同年，手机厂商 HTC 制造出第一款 Android 手机 HTC G1。到 2010 年，Android 系统就发展成为最具潜力智能操作系统。

Android 系统架构分为四层，从下到上分别是 Linux 内核层、系统运行库层、应用程序框架层和应用程序层。

1) Linux内核层

Android 基于 Linux2.6 内核，其核心系统服务如安全性、内存管理、进程管理、网路协议以及驱动模型都依赖于 Linux 内核。

2) 系统运行库层

系统运行库层可以分成两部分，分别是系统库和 Android Runtime。

系统库是应用程序框架的支撑，是连接应用程序框架层与 Linux 内核层的重要纽带，包括 Surface Manager、Media Framework、SQLite、OpenGLES、FreeType、WebKit、SGL、SSL、Libc。

Android 应用程序采用 Java 语言编写，程序在 Android Runtime 中执行。Android Runtime 分为核心库和 Dalvik 虚拟机两部分。核心库提供了 Java 语言 API 中的大多数功能，同时也包含了 Android 的一些核心 API，如 android.os、android.net、android.media 等。Android 程序不同于 J2ME 程序，每个 Android 应用程序都有一个专有的进程，并且不是多个程序运行在一个虚拟机中，而是每个 Android 程序都有一个 Dalivik 虚拟机的实例，并在该实例中执行。Dalvik 虚拟机是一种基于寄存器的 Java 虚拟机，不是传统的基于栈的虚拟机，具有内存资源使用的优化以及支持多个虚拟机的特点。需要注意的是，Android 程序在虚拟机中执行的并非编译后的字节码，而是通过转换工具 dx 将 Java 字节码转成 dex 格式的中间码。

3) 应用程序框架层

应用程序框架层是 Android 开发的基础，很多核心应用程序也是通过这一层来实现其核心功能的。该层简化了组件的重用，开发人员可以直接使用其提供的组件来进行快速的应用程序开发，也可以通过继承实现个性化的拓展。

4) 应用程序层

Android平台不仅是操作系统，它还包含了许多应用程序，诸如SMS短信客户端程序、电话拨号程序、图片浏览器、Web浏览器等应用程序。这些应用程序都是用Java语言编写的，并且都可以被开发人员所开发的其他应用程序替换，这不同于其他手机操作系统固化的系统软件，能使得应用程序更加灵活和个性化。

2. iOS

iOS是由苹果公司为自有的iPhone、iPod touch及iPad开发的专用操作系统，具有封闭性的特点。iOS的系统架构从下到上也分为四个层次：核心操作系统层、核心服务层、媒体层和触摸层。

1) 核心操作系统层(Core OS层)

该层是用FreeBSD和Mach所改写的Darwin，是开源、符合POSIX标准的一个Unix核心。这一层包含或者说是提供了整个iPhone OS的一些基础功能，比如：硬件驱动、内存管理、程序管理、线程管理(POSIX)、文件系统、网络(BSD Socket),以及标准输入输出等，所有这些功能都通过C语言的API来提供。另外，值得一提的是，这一层最具有Unix色彩,如果需要把Unix上所开发的程序移植到iPhone上,多半都会使用到Core OS层的API。

Core OS层的驱动也提供了硬件和系统框架之间的接口。然而，基于对安全的考虑，只有有限的系统框架类能访问内核和驱动。

2) 核心服务层(Core Services层)

Core Services层在Core OS层基础上提供了更为丰富的功能，它包含了Foundation. Framework和Core Foundation.Framework。之所以叫Foundation，就是因为它提供了一系列处理字串、排列、组合、日历、时间等的基本功能。Foundation属于Objective-C的API，Core Fundation属于C的API。另外Core Services层还提供了其他的功能，比如：Security、Core Location、SQLite和Address Book。其中Security是用来处理认证、密码管理、安全性管理的；Core Location是用来处理GPS定位的；SQLite是轻量级的数据库，而AddressBook则是用来处理电话簿资料的。

3) 媒体层

媒体层提供了图片、音乐、影片等多媒体功能。图像分为2D图像和3D图像，前者由Quartz2D来支持,后者则是由OpenglES支持。与音乐对应的模块是Core Audio和OpenAL，Media Player实现了影片的播放。另外，媒体层还提供了Core Animation来对强大动画进行支持。

4) 触摸层

最上面一层是触摸层，它是Objective-C的API，其中最核心的部分是用户界面框架。应用程序界面上的各种组件，全是由它来提供呈现的。除此之外，它还负责处理屏幕上的多点触摸事件、文字的输出、图片和网页的显示、相机或文件的存取以及加速感应等部分。

3. Android与iOS的对比

作为当前最重要的两个移动智能终端操作系统，Android与iOS在多个方面差异都非常显著。

1) 系统架构

Android 采用的是 Java 技术，所有应用都在 Dalvik 虚拟机中运行，Dalvik 是 Google 专门为移动设备优化设计的 Java 虚拟机。因此 Android 具有成熟、存在大量可重用代码的优点，也有占内存大、运行速度略低的缺点。

而 iOS 的体系架构相对较为传统，但运行效率高，对硬件的要求低，成本优势大，在现有的硬件条件下，iOS 应用运行具有最好的顺畅感，也更加省电。iOS 系统架构朴实无华且干净清晰，是目前最有效率的移动智能终端操作系统。

2) 应用开发平台

Android 开发工具一般使用 Eclipse，大部分类库兼容原来 Sun 的 JavaSE，并且依赖于 Java 良好的开源性和第三方类库的支持，通过虚拟机执行。与 Object C 相比，Java 只能进行自动内存回收。

iOS 使用 Object C 语言，开发工具为 Xcode，其运行效率和标准 C 相近，在运行效率和内存占用上好于 Java，但其开发难度也远大于 java。iOS 使用的开发类库是诞生于 MFC 之前的 Cocoa，其开发速度快。Object C 能进行自动内存回收，也能进行手动内存回收，这个区别导致 iOS 应用比 Android 应用更为流畅。

3) 动画及灵敏度

iOS 在构架上就把动画放到了一个很基础的位置，使得其运算效率很高，直接带来的感受就是：iPhone 在播放动画的时候极其流畅、完美，几乎感觉不到任何手机在运作动画效果时带来的延时。而 Android 上即便开启最高动画效果也不能达到 iPhone“无缝”、“生动有趣”。

采用 iOS 的 iPhone，其触摸屏和传感器的灵敏度也是高于基于 Android 的手机的。在 Android 手机上总有些“划不准”的别扭感觉。对于传感器，iOS 所能支持的传感器采集数据频率比 Android 上高不少(部分 Android 最高为 25 次/秒，iPhone 4 据说也能达 100 次/秒)，直接的结果就是 iPhone 更灵敏，这很大程度上由系统特性所决定。但 Android 也有很多 iPhone 所没有的华丽特效，比如 HTC Sense 的天气动画和日历翻页等，但在整体的连贯性上不如 iPhone 的自然。不过，随着 Android 的不断进步，HTC Sense、Samsung TouchWiz 之类的定制用户界面及 MIUI 为代表的第三方定制系统在用户界面上的投入越来越大，Android 手机的动画效果也有了很大的进步。

4) 多任务

iPhone 直到 4.0 才有了所谓的多任务，而 Android 早就有。对比现在 Android 与 iOS 的多任务特性，iOS 的多任务最多也只能称之为准多任务。在 iPhone 上，一个程序被切换掉以后便“暂停”了而不是继续在运行，Apple 称之为“Fast app switching”，仅仅是换一个软件用，并能快速换回来。相比之下，Android 从开始便是基于多任务而设计的，可以完全地挂着聊天软件，可以同时从各种软件里下载着东西，同时进行多种操作。

未来，多任务将比现在更为重要，很多基于传感器的应用不断涌现，需要不断地在后台运行采集分析数据。当由这些开启的增强现实与智能感知类应用程序真正深入每一个移动用户时，多任务成为了一个再重要不过，再基础不过的要求了。

5) 信息流

在 Android 的设计中，信息是一种流。它使得操作过程中，在多个功能软件间进行跳转操作的过程十分通畅。而在实际的系统中，每个软件并不是一个独立存在的主体，不同的软件之间经常需要交换或者传递数据，比如把摄像机程序拍摄的视频或图片文件直接传送邮件程序。iPhone 所代表的基于应用的设计理念是时代的产物，为手机时代到应用时代的过渡发挥了不可磨灭的作用。然而，越来越多的事实证明，应用时代也正在过时，内容时代才应当是当下和未来的主角。从这个角度来看，Android 的信息流理念则更具生命力。

6) 市场竞争优劣势

Android 系统的优点，一是其开源性使设备制造商的生产成本大幅降低，低廉而质量也不逊色的智能手机成为 Android 系统迅速占领市场的关键；二是开放性使之有大量免费资源和为数众多的开发者，应用数量和人气迅速增长；三是 Android 系统提供的免费 ADT 开发套件使得专业开发可以成本有保障地进行。

Android 系统的缺点，一是由于平台的开放性，任何人都可以制作和发布应用程序，造成软件质量良莠不齐，要保障安全性更为困难；二是对后台程序的管理不够直观，部分功能还不算完美和简单；三是由于 Android 是向硬件厂商开放的，每个厂商都会对系统进行一定剪裁，并有不同的开发周期，因而当 Android 系统版本升级时，不同厂家的手机的升级过程参差不齐；四是大屏幕、高配置在带来更好娱乐享受的同时，也带来高耗电。

iOS 的优势，一是系统应用丰富、安全性高，用户体验好，目前有比较稳定的 iPhone 用户群，这群用户为得到 iPhone 的体验宁愿承受较高的费用；二是由于 iOS 为苹果公司专有，应用模式统一，因而苹果每次推出新版 iOS 移动操作系统之后，大多数 iPhone 及 iPad 用户总能很快完成系统升级。

iOS 的缺点是，使用 iOS 的 iPhone 手机定价昂贵，在给苹果公司带来巨额利润的同时，也制约了用户群的扩展。随着 Android 智能手机质量的迅速提升和应用急剧增加，iPhone 模式面临巨大的市场风险。

思考与练习题

1. ISO/OSI 模型和 TCP/IP 模型有什么区别与联系？
2. OSI 模型的通信机制是什么？
3. 为什么要引入 IPv6？IPv6 有哪些特点？
4. 4G 移动通信有哪几个制式？各有什么特点？
5. 简述桌面互联网、移动通信网和移动互联网三者之间的关系。
6. 请对 Android 与 iOS 的特点进行比较，简述在开发中如何选择操作系统。

第2章 手机网站开发

手机网站使得人们可以通过手机随时随地上网，是移动互联网应用非常重要的一大类。随着智能手机的普及，手机网站正在由少量网站向普及快速过渡。手机网页的开发在开发环境、网页特点等方面均与桌面网页开发存在很大区别。

2.1 网站架构设计

手机网站是专门为智能手机用户设计的网站，包括入口网站、新闻网站、游戏网站、娱乐交友网站、电子商务网站、应用软件商店网站等。目前，手机网站正处于由少量网站向逐步普及的快速发展中，这一过程也正重复着桌面互联网网站的发展历程。也就是说，网站数量刚开始较少，然后随着手机网站开发技术的逐步普及而逐渐增加，当开发技术趋向成熟且公众对网站的认知达到一定程度的时候，手机网站数量将急剧增加。

手机网站一般不是独立存在的，因为多数手机网站在开发前已经存在相应的PC网站，因此需要考虑对原有系统架构的兼容，要尽可能减小开发和维护的工作量。具体而言，应当遵循以下原则：

- 统一后端的处理与存储，避免重复开发；
- 抽取出中间的数据库访问层，以同时支持PC用户界面和手机用户界面，降低二者的耦合；
- 手机用户界面尽量复用PC用户界面的代码；
- PC用户界面和手机用户界面最好有单独的模块维护，利于并行开发；
- PC用户界面和手机用户界面最好支持同机部署，有利于节省资源。

手机网站和传统网站理想融合的网站架构如图2-1所示。

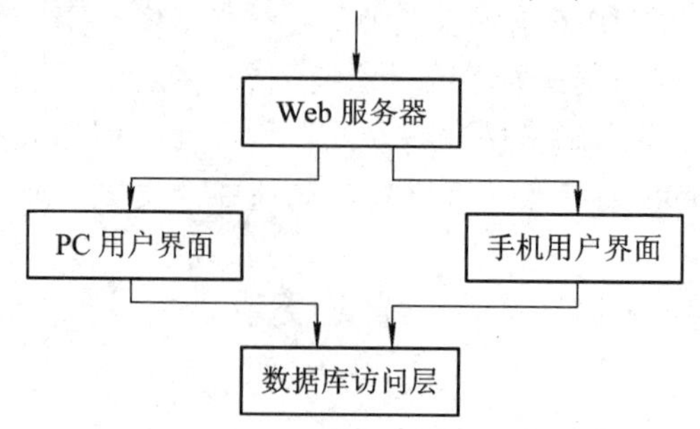

图2-1 理想融合网站架构示意图

在这个架构中，最关键的是要分析清楚 PC 用户界面和手机用户界面的共同点和不同点，处理好代码共享与两种界面差异之间的矛盾。一个可行的方法是，设计对两种用户界面共用的数据库访问层。数据库访问层由两部分功能组成，一部分是面向数据库的访问，包括数据查询、增删、修改、排序、筛选等；另一部分是面向生成网页的构成元素的模块。两种用户界面的生成模块均以数据库访问层为基础，分别按照 PC 和手机的不同特点生成不同形态的网页，这些特点包括屏幕、所能展示的客户端代码、不同的操作方式等。

此外，手机网站通过移动互联网传输信息，与传统的有线方式的互联网相比在带宽、终端方面都有显著不同，因而手机网站在架构设计时必须对其不同的特点予以考虑。

1. 尽量减小流量需求

相对于有线互联网的包月付费模式，移动互联网用户采用按流量付费模式费用要昂贵得多。同时，移动互联网目前采用 4G 通信，上网速率与有线宽带上网速率还有一定差距。因此，网页内容应尽量简洁，URL 连接要尽量压缩，视频、图片等要尽可能采用具有优化算法和高压缩比的文件格式。

2. 提高安全性

有线互联网采用 PC 终端，PC 终端并不与个人电话通讯录紧密捆绑，而且即使有保密信息，也方便采取加密、隐藏等措施进行保护。而手机终端不仅与个人电话通讯录紧密捆绑，而且在软件安装使用方面缺乏保护手段，存在更大的安全隐患。而手机丢失带来更大风险，由于手机丢失，可能造成被人恶意支付。因此，在手机网站设计中要尤其重视安全问题。

2.2 开发环境的搭建

制作网页与使用 Word 没有本质区别，但是，要设计高水平的网页则要掌握更多知识，包括 HTML 语言、美工设计、页面脚本设计和后台程序设计等。美工除了应掌握相关软件的使用外，还需要专门的美术知识。制作的网页一般放在自己的计算机上，为了让别人看见，就必须将它们放到一台与互联网一直保持连接的服务器上，或者 IDC 提供的主页空间。

手机网站的开发环境与传统互联网网站开发环境大体相同，但也有不同的特点。它们之间的主要区别是传统互联网网站可以在同一台 PC 机上完成网页开发与运行调测，而手机网站则需要使用 PC 机开发，并在手机上完成最终调测。虽然也有一些仿真工具支持在 PC 机上模拟手机屏幕，但并不能完全替代最后的实测。

由于手机终端与 PC 终端不同，导致手机网站同普通 PC 网站相比具有一些不同的特点。这些不同点包括：手机访问的速度低于 PC 互联网；手机网站的用户群、用户习惯、访问时间分布不同于 PC 网站；手机终端、浏览器复杂多样，用户体验需要兼容不同手机终端；手机网站的页面功能、样式不同于 PC 终端；手机网站的汉字编码不同于 PC 终端等。

2.2.1 网页编辑工具

网页编辑工具有很多，选择一个适合自己的网页编辑工具，需要先了解网页编辑工具的特点。下面主要介绍时下最为流行的编辑工具 Dreamweaver，同时也对 Flash、Fireworks、Frontpage 和 Gifanimator 作简要介绍。

1. Dreamweaver

Dreamweaver 是 Adobe 公司的产品，是一个“所见即所得”的网页编辑工具，它采用浮动面板的设计风格，这对于初学者来说可能会感到不适应。但当习惯了其操作方式后，就会发现 Dreamweaver 的直观性与高效性是 Frontpage 所无法比拟的。Dreamweaver 对于 DHTML 的支持特别好，可以轻而易举做出很多炫目的页面特效。插件式的程序设计使得其功能可以具有良好的扩展性。Dreamweaver 与 Flash、Fireworks 并称为网页制作三剑客，由于它们是同一公司的产品，因而在功能上结合非常紧密。而最新推出的 Dreamweaver UltraDev 更能支持 ASP、JSP 等，说 Dreamweaver 是高级网页制作的首选并不为过。

目前，常用的 Dreamweaver 版本为 Dreamweaver 炫 CS5.5 和 Dreamweaver CS6。Dreamweaver CS6 的功能有：

1) 针对热门平板电脑和智能手机的设计

① Query Mobile 支持。借助 jQuery 代码提示加入高级交互性功能，可轻松为网页添加互动内容，借助针对手机的启动模板快速开始设计。

② PhoneGap 支持。借助 Adobe PhoneGap 为 Android 和 iOS 构建并封装本机应用程序，借助 PhoneGap 框架，将现有的 HTML 转换为手机应用程序，利用提供的模拟器测试版面。

③ CSS3/HTML5 支持。使用支持 CSS3 的 CSS 面板创建样式，设计视图支持媒体查询，可根据屏幕大小应用不同的样式。设计视图与代码提示支持 HTML5。

④ 多屏幕预览面板。借助“多屏幕预览”面板，为智能手机、平板电脑和台式机进行设计。使用媒体查询支持，为各种不同设备设计样式并将呈现内容可视化。

⑤ 流体网格布局。建立复杂的网页设计和版面，无需忙于编写代码。自适应网格版面具有适应性，可设计能在台式机和各种设备不同大小屏幕中显示的项目。

⑥ 实时视图。使用支持显示 HTML5 内容的 WebKit 转换引擎，在发布之前检查设计的网页，确保版面的跨浏览器兼容性和版面显示的一致性。

2) 高效创建复杂项目

① Adobe Business Catalyst 集成。可以使用 Dreamweaver 中集成的 Business Catalyst 面板连接并编辑用 Adobe Business Catalyst 建立的网站，利用托管解决方案建立电子商务网站。

② CMS 集成支持。支持使用 CMS(如 WordPress、Joomla 和 Drupal 等)创作网站，利用“动态相关文件”功能访问相关文件。其“实时视图”导航能准确地提供动态应用程序预览。

③ FTP、FTPS、FTPeS 支持。利用改良的 FTP 传输工具快速上传大型文件，节省发布项目时批量传输相关文件的时间。利用 FTPS 和 FTPeS 通信协定的本地支持，更安全地部署文件。

④ 站点特定的代码提示。Dreamweaver 可针对非标准档案显示程序代码提示，因此更能针对第三方的 PHP 程序库和 CMS 架构(例如 WordPress、Joomla、与 Drupal)提供增强

的提示支持。

⑤ Adobe Creative Suite 集成。利用 Adobe Create Suite 组件节约时间并提高工作效率，其中包括 Adobe Flash Professional、Fireworks 和 Photoshop Extended。

⑥ 扩展的 Dreamweaver 社区。支持设计师在一个 Dreamweaver 社区内共同学习和分享。访问 Adobe 设计中心和 Adobe Developer Connection、培训和研讨会、开发人员认证课程以及用户论坛。

⑦ 支持主流技术。在支持大多数主流网页开发技术的环境中进行设计和开发工作，这些技术包括 HTML、XHTML、CSS、XML、JavaScript、Ajax、PHP、Adobe ColdFusion 软件和 ASP。

⑧ Adobe BrowserLab 集成。使用诊断和比较工具，预览动态网页和本机内容，使用 Adobe BrowserLab 跨浏览器和操作系统对网页内容进行测试。

3) 运用尖端技术

① CSS3 转换。将 CSS 属性变化制成动画转换效果，使网页设计精致灵动。在处理网页元素和创建优美效果时保持对网页设计的精准控制。

② W3C 验证。使用 W3C 联机验证服务，以确保网页设计的精确性。

③ Subversion 支持。利用 Subversion® 软件支持更安全地存储文件。

④ CSS 检查。能详细图解 CSS 框架模型，轻松切换 CSS 属性，而且无需读取代码或使用其他实用程序。

⑤ PHP 自定义类别代码提示。构建和维护 PHP 应用程序，借助动态 PHP 代码提示直接查看核心函数、方法和对象。

⑥ 简单的站点设置。借助经过改进的"Dreamweaver 站点定义"对话框轻松设置站点。添加使用自定义名称的多台服务器，以利用分阶段、联网网站或其他站点类型。

⑦ CSS 起始页。借助 CSS 起始版面，快速设计标准型网站。可从各种模板中进行选择，这些模板中融入了 CSS 最佳范例以及简单明了的选择器和规则。

⑧ 全面的 CSS 支持。借助功能强大的 CSS 工具设计和开发网站。在 Dreamweaver 中以可视方式显示 CSS 框架模型，并减少手动编辑 CSS 代码的需求，甚至包括外部样式。

2. Flash 和 Fireworks

Flash 和 Fireworks 也是 Adobe 公司的产品。

Flash 是交互式矢量图和 Web 动画的标准。网页设计者可以使用 Flash 做出既漂亮又可以改变尺寸的导航界面及其他奇特效果，易学易用。Flash 的版本 Professional CS6，在创建动画和多媒体内容方面具有强大的功能。可以设计在台式机、平板电脑、智能手机和电视等多种设备中都能呈现一致效果的互动体验；可以方便地将多个符号和动画序列合并为一个优化的子画面，从而改善工作流程；可以使用原生扩展访问设备特有的功能，从而创作更加引人入胜的内容，以及创建用于 HTML5 的动画。

Fireworks 是一个网页作图软件，它与 Dreamweaver 结合很紧密，只要将 Dreamweaver 的默认图像编辑器设为 Fireworks，那么在 Fireworks 里修改的文件将立即在 Dreamweaver 里更新。其另一个功能是可以在同一文本框里改变单个字的颜色。当然，Fireworks 也可以引用所有的 Photoshop 的滤镜，并且可以直接将 PSD 格式图片导入。Fireworks 是用来画图的，它相当于结合了 Photoshop(点阵图处理)以及 CorelDRAW(绘制向量图)的功能。网页上很流行的阴影、立体按钮等效果，也只需用鼠标点一下，不必再靠 KPT 之类的外挂滤镜。而且 Fireworks 很完整地支持网页十六进制色彩模式，提供安全色盘的使用和转换。要切割图形、做影像对应(Image Map)、背景透明，要图又小又漂亮，在 Fireworks 中实现都非常方便，修改图形也很容易，不需要再同时打开 Photoshop 和 CorelDRAW 等各类软件并频繁切换。

Fireworks 的版本 CS6 的新增功能如下：(1) 快速为移动和平板电脑应用程序设计原型，创建并优化矢量和位图图像、内容、组件、线框、模型和设计。借助像素级渲染，使设计在几乎任何尺寸的屏幕上都一样清晰可见；(2) 简化开发者的工作流程，利用 CSS 属性面板中的 CSS3 代码提取工具，快速简洁地转换开发者的设计，使其适用于网站、智能手机和平板电脑。利用全新的 jQuery 支持制作移动主题并从设计组件中添加 CSS Sprite 图像；(3) 有效地制作出更出色的屏幕图形，利用更快的重绘、优化的内存管理和改进的用户界面，加速设计流程，利用公共库中的元件和模板快速进行模拟设计。

将 Dreamweaver、Flash、Fireworks 三个软件配合起来使用，能够制作出非常精美的网页。

3. Frontpage

Frontpage 是微软公司的产品，也是最简单、最容易，却又功能强大的网页编辑工具。Frontpage 采用典型的 Word 界面设计，只要懂得使用 Word，就差不多等于已经会使用 Frontpage 的大多数开发技巧。即使不懂 Word 也没关系，“所见即所得”的设计方式会让初学者很快上手。如果仅仅开发简单的静态网页，甚至连 HTML 语法也不用学习。在互联网向社会大发展的初期，Frontpage 的出现彻底改变了靠编写 HTML 代码来设计网页的落后局面，对于后来的 Web 信息爆炸式发展功不可没。

但 Frontpage 也有不足之处：首先，浏览器兼容性不好，做出来的网页，有时候用非 IE 浏览器不能正常显示；其次，Frontpage 生成的垃圾代码多，也会自动修改代码，导致在某些情况下极为不便；最后，对 DHTML 的支持不好。但不管怎么说，Frontpage 的确是最好的入门级网页编辑工具。

目前，常用的 Frontpage 版本为 Frontpage 98、Frontpage2000、Frontpage2003 等。

4. GIF Animator

Ulead GIF Animator 4.0 是目前最快和最容易使用的 GIF 动画工具，它在一个软件包中提供了顶级的功能，用于动画编排、编辑、特效和优化。GIF Animator 几乎支持所有主要的文件格式，包括视频文件，并允许输出为 Windows AVI、QuickTime 电影、Autodesk 动画或图像序列。用户可以生成适当的 HTML 代码，以便将动画嵌入到网页中，并且可以将动画打包成独立的 EXE 文件，以便通过电子邮件发布和在任何地方查看。

2.2.2 服务器选择

目前，用于 Web 的服务器主要有 IIS、Tomcat、Apache 和 RESIN。

1. IIS

IIS(Internet Information Server)是微软公司的 Web 服务器，Gopher 服务器和 FTP 服务

器也包含在里面。IIS 是随 Windows NT Server4.0 一起提供的文件和应用程序服务器，是在 Windows NT Server 上建立的 Internet 服务器组件。它与 Windows NT Server 完全集成，允许使用 Windows NT Server 内置的安全性以及 NTFS 文件系统建立强大灵活的互联网站点。IIS 支持 ASP(Active ServerPages)、Java、VBscript 等动态页面和页面脚本，还支持 Frontpage、Index Server、Net Show 等软件。

2．Tomcat

Tomcat 是一个 JSP 和 Servlet 的运行平台，它不仅是一个 Servlet 容器，同时也具有传统 Web 服务器的功能，即能处理 HTML 网页。但是与 Apache 相比，它处理静态网页的能力稍差。但可以将 Tomcat 和 Apache 集成到一块，让 Apache 处理静态网页，而 Tomcat 处理 JSP 和 Servlet。这种集成只需要修改一下 Apache 和 Tomcat 的配置文件即可。基于 Tomcat 的开发其实主要是 JSP 和 Servlet 的开发，开发 JSP 和 Servlet 非常简单，可以使用普通文本编辑器或者 IDE，然后将其打包成 WAR 即可。另外还有一个工具 Ant，Ant 是 Jakarta 中的一个子项目，它所实现的功能类似于 Unix 中的 make。需要写一个 build.xml 文件，然后运行 Ant 就可以完成 XML 文件中定义的工作。对于大的应用，利用这个工具，只需在 XML 中写很少的东西就可以将其编译并打包成 WAR。事实上，在很多应用服务器的发布中都包含了 Ant。此外，在 JSP1.2 中，可以利用标签库实现 Java 代码与 HTML 文件的分离，使 JSP 的维护更方便。

3．Apache

Apache 是一种免费服务器，目前市场占有率排名第一。Apache 由一个完全通过互联网运作的非盈利机构 Apache Group 公布发行，由该机构来决定 Apache Web 服务器的标准发行版中应该包含哪些内容，但准许任何人修改，提供新的特征和将它移植到新的平台上。当新的代码提交给 Apache Group 时，该机构会审核它的具体内容并进行测试。如果认为满意，那么该代码就会被集成到 Apache 的主要发行版中。

Apache 几乎可以运行在所有的计算机平台上，支持 HTTP1.1 协议，基于简单且强有力的基于文件的配置(httpd.conf)，支持通用网关接口(CGI) 和虚拟主机，支持 HTTP 认证，可以通过 Web 浏览器监视服务器的状态，可以自定义日志，支持 Java Servlets。其缺点是，没有为管理员提供图形用户接口(GUI)，但最近的 Apache 版本已经有了 GUI 的支持。

Apache 与 Tomcat 的区别：Apache 只支持静态网页，不支持 ASP、PHP、CGI、JSP 等动态网页。在 Apache 环境下运行 JSP 需要一个解释器来执行 JSP 网页，这个 JSP 解释器就是 Tomcat。如果 JSP 要连接数据库，还需要 JDK 来提供连接数据库的驱动。

2.2.3　简易开发环境搭建

本节将介绍如何搭建一个简易的手机网站开发环境。开发环境所需要的条件是最低的，其费用是几乎所有手机网站开发的初学者都可以承担的。该环境如图 2-2 所示，软硬件需求如下：

- 服务器硬件：普通的 PC 机或笔记本电脑；
- 操作系统：各种版本的 Windows；
- Web 服务器软件：Tomcat；

- 网页开发工具：Dreamweaver CS6；
- 智能手机：采用 Android 操作系统的智能手机；
- 手机浏览器：任意；
- 服务器的互联网连接：普通的 PPPoE 拨号上网；
- 智能手机上网：3G。

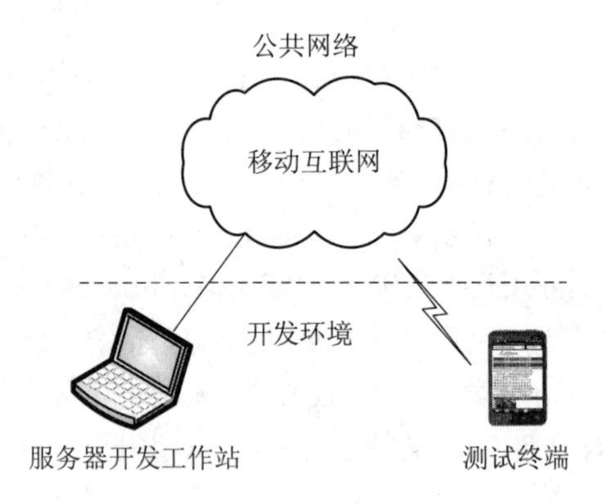

图 2-2 简易开发环境示意图

开发环境的搭建过程如下：

1. 下载并安装 Tomcat

首先下载 Tomcat 安装文件，本书选择成熟稳定的 Tomcat 7.0.35，下载网址为 http://tomcat.apache.org/download-70.cgi。在打开的网页中的“7.0.35”条目下，选择“32-bit/64-bit Windows Service Installer (pgp，md5)”，点击后下载的 apache-tomcat-7.0.35.exe 就是安装文件。启动该软件进入安装过程，图 2-3 是 Tomcat 安装欢迎界面，图 2-4 是选择是否接受许可证界面。

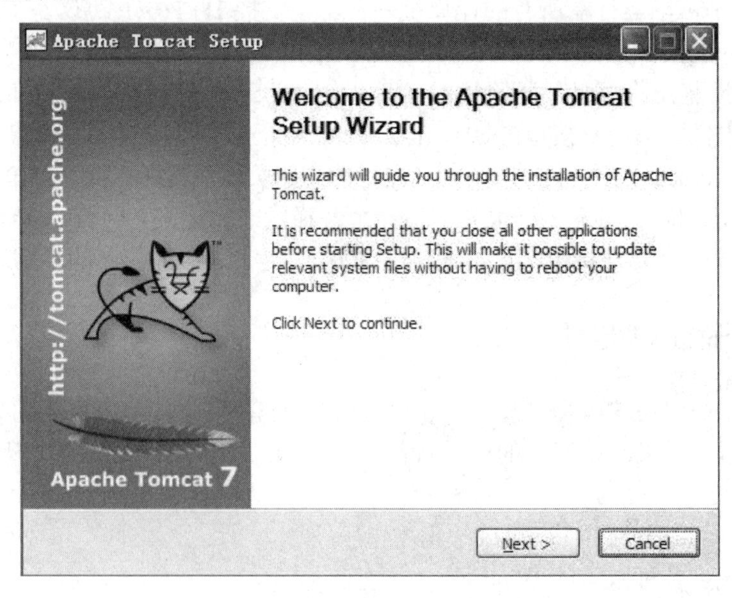

图 2-3 Tomcat 安装欢迎界面

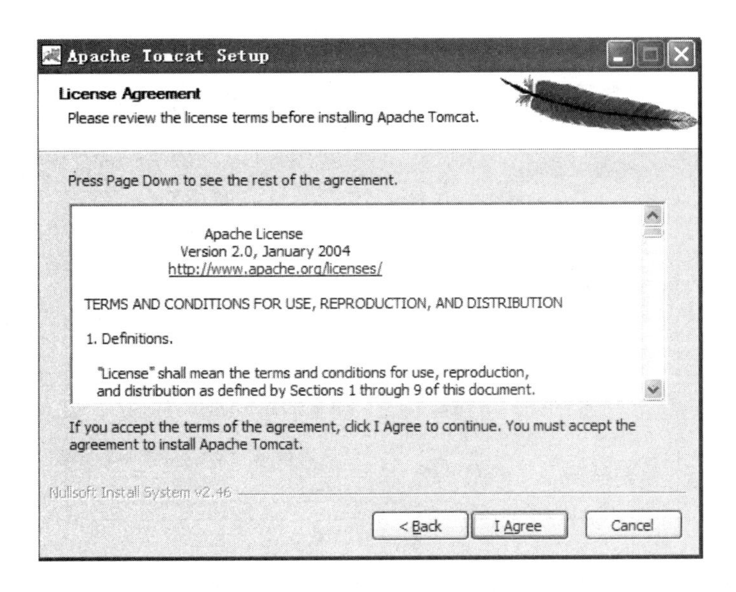

图 2-4　是否接受许可证对话框

这是要求安装者同意软件的 License，选择“I Agree”，进入图 2-5 所示的部件选择对话框。

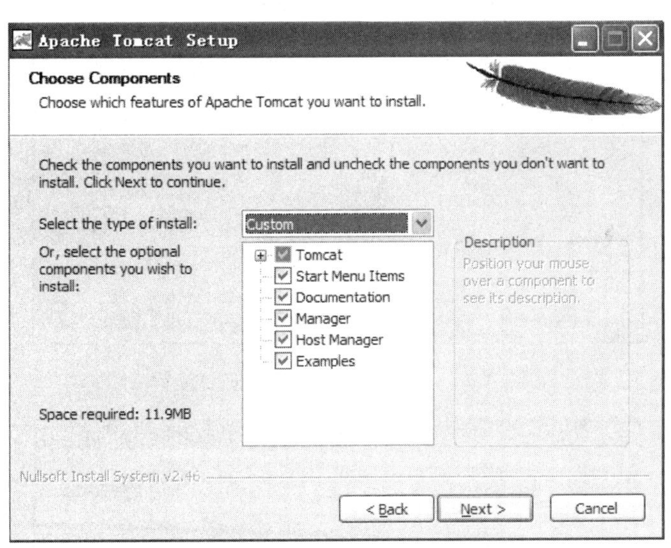

图 2-5　Tomcat 部件选择对话框

在图 2-5 中可以定制安装内容，不妨全选，然后点击“Next >”。

图 2-6 所示是服务器相关配置的设置界面，可设置的内容主要包括 HTTP 端口、AJP 端口、用户名和密码等。注意，这里默认的 HTTP 端口是 8080 而不是 80，可以改为更为通用的 80。本例中我们设置用户名为“root”，密码设为“123”。然后，点击“Next >”，继续往下。

图 2-7 所示是要选择 Java 虚拟机的安装位置，选其默认位置，点击“Next >”，继续往下，进入图 2-8 所示的对话框。

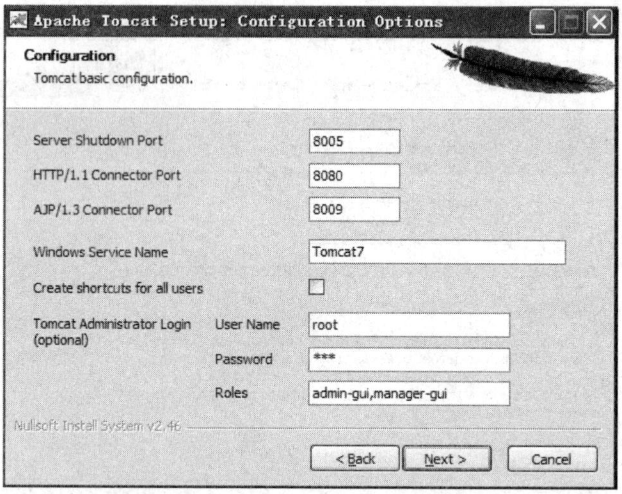

图 2-6　服务器相关配置的设置界面

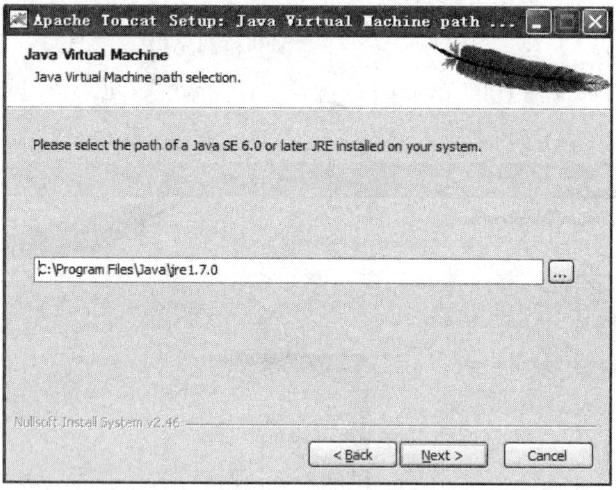

图 2-7　选择 Java 虚拟机的安装位置

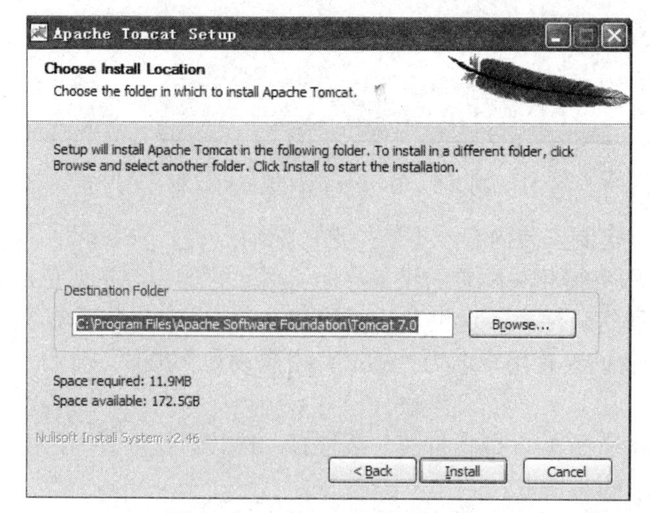

图 2-8　Tomcat 安装位置对话框

这是要选择 Tomcat 的安装位置，选默认位置，点击“Install”，继续往下，进入图 2-9 所示的安装完成对话框。

图 2-9　Tomcat 安装完成对话框

在安装完成界面中，点击“Finish”，Tomcat 软件就开始按照配置进行安装。安装完成后，以后台程序方式启动，充当 Web 服务器。这时，在电脑桌面的右下角，就会出现 Tomcat 的图标，如图 2-10 所示。读者可以随时通过右击该图标对软件配置进行修改，包括“Configure”、“Start service”、“Stop service”、“Thread Dump”、“Exit”等。选“Exit”就使服务器后台程序退出运行，不再处于侦听状态。

图 2-10　Tomcat 运行图标和服务器

接下来，再简单介绍一下对 Tomcat 服务器的管理。在图 2-10 右侧界面菜单中点击“Configure”，就进入如图 2-11 所示的配置管理界面，可以对 Tomcat 服务器进行更细化的管理。

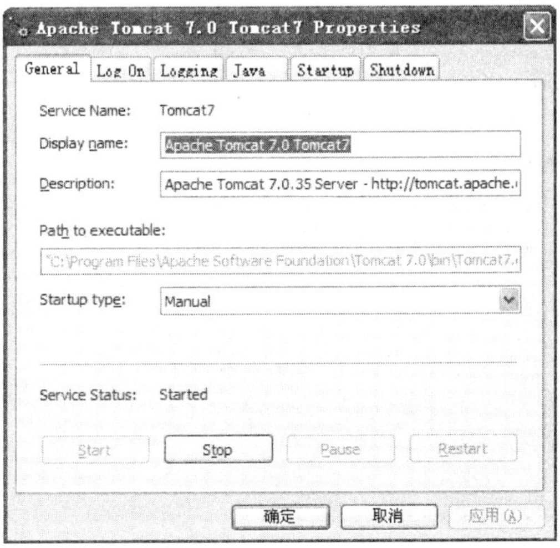

图 2-11　Tomcat 配置管理

2．测试 Tomcat 服务器

首先，获取本机的 IP 地址：在 Windows 桌面，选“开始”>“运行”，在跳出的运行栏输入“cmd”，再点击“确定”，就打开了 cmd 命令行窗口。在该窗口，键入“ipconfig”> ENTER，就显示出本机的动态 IP 地址相关信息，如图 2-12 所示。所谓动态 IP 地址，是指正在发挥作用的 IP 地址。在 Windows 操作系统下，IP 地址可以配置为静态的，也可以配置为通过 PPPoE 或者 DHCP 自动获得。这个在 PPPoE 拨号或 DHCP 协商中获得的地址就是动态 IP 地址。

图 2-12 用 ipconfig 命令查看本机 IP 地址

在图 2-12 中，PPP adapter 宽带连接下的“123.139.107.154”就是本机所获得的动态 IP 地址。每次 PPPoE 连接所获得的 IP 地址都是随机的，但只要本次连接没有断掉，这个地址就是固定的，互联网上的机器都能访问到。

其次，通过本机桌面浏览器访问我们安装运行的服务器。打开 IE 浏览器，访问 http://127.0.0.1:8080/，就可以看到如图 2-13 所示网页。“127.0.0.1”是本机的回送地址，

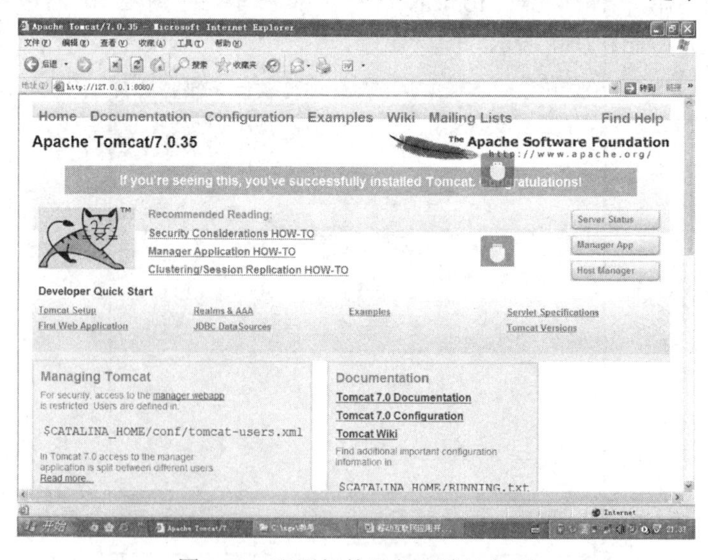

图 2-13 配置好的服务器默认主页

只有本机才可以使用。其他机器要访问本机，只能通过本机联网的合法地址，如本例的“123.139.107.154”，本机当然也可以使用该地址访问自己的网页。这个网页是 Tomcat 服务器自带的主页，完全可以用自己设计的主页来替代它。按上述安装配置，网页的默认位置在 C:\Program Files\Apache Software Foundation\Tomcat 7.0\webapps\docs 目录下。如果你设计的网页为 test.html，那么在浏览器中地址栏输入 http://127.0.0.1:8080/docs/test.html，就可以通过浏览器访问你设计的网页。

最后，测试通过手机访问该网站。打开智能手机的互联网连接，使用手机中任意一个浏览器，比如 UC，在地址栏输入 http:// 123.139.107.154:8080/，就可以访问到和在桌面 IE 浏览器一样的网页，如图 2-14 所示，只是由于手机屏幕的原因看起来形状不同罢了。

这样，我们的简易手机网站服务器环境就搭建成功了！

图 2-14　手机界面展示的默认主页

3．用 Dreamweaver CS6 设计和演示一个简单手机网页

Dreamweaver CS6 的下载安装这里就不再赘述。在 Dreamweaver CS6 中，打开新建文件菜单，弹出新建文档窗口，如图 2-15 所示。

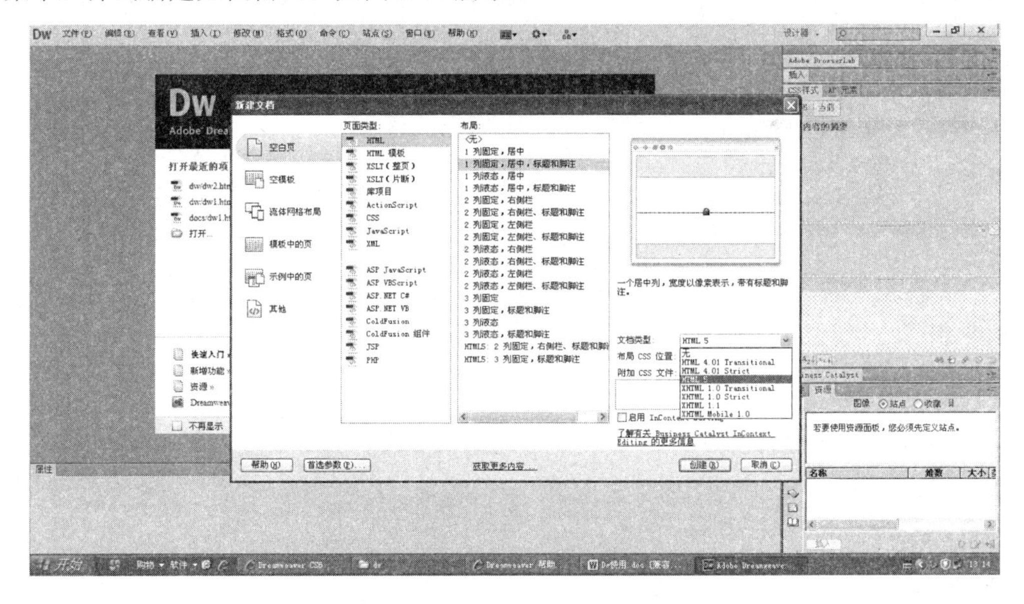

图 2-15　Dreamweaver CS6 设计界面

接下来，选择“空白页”，布局选“1 列固定，居中，标题和脚注”，文档类型选“HTML 5”，CSS 选项不设置。点击“创建”，主显示区就出现了按上述设置生成的一个默认的网页，如图 2-16 所示。在“多屏预览”菜单下选择手机的屏幕大小，这里我们选“320 x 480 智能手机”。

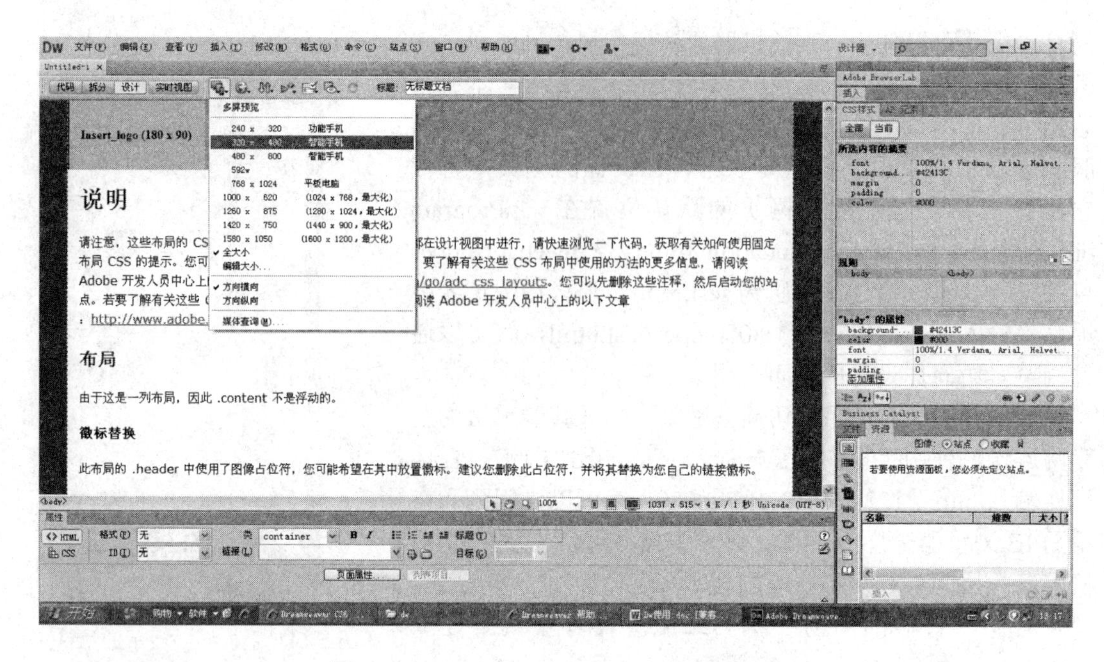

图 2-16 Dreamweaver CS6 自动生成的网页

再接下来，就是网页的设计了。除了网页尺寸外，由于 HTML 5 同时支持 PC 和手机，因此，这个简单手机网页的设计与 PC 网页的设计就没有什么不同了。我们设计了一个“钓鱼岛问题”网页，如图 2-17 所示，在 C:\Program Files\Apache Software Foundation\Tomcat 7.0\webapps\目录下新建了一个 dw 子目录，将“钓鱼岛问题”网页 2 取名为 dw2.html。

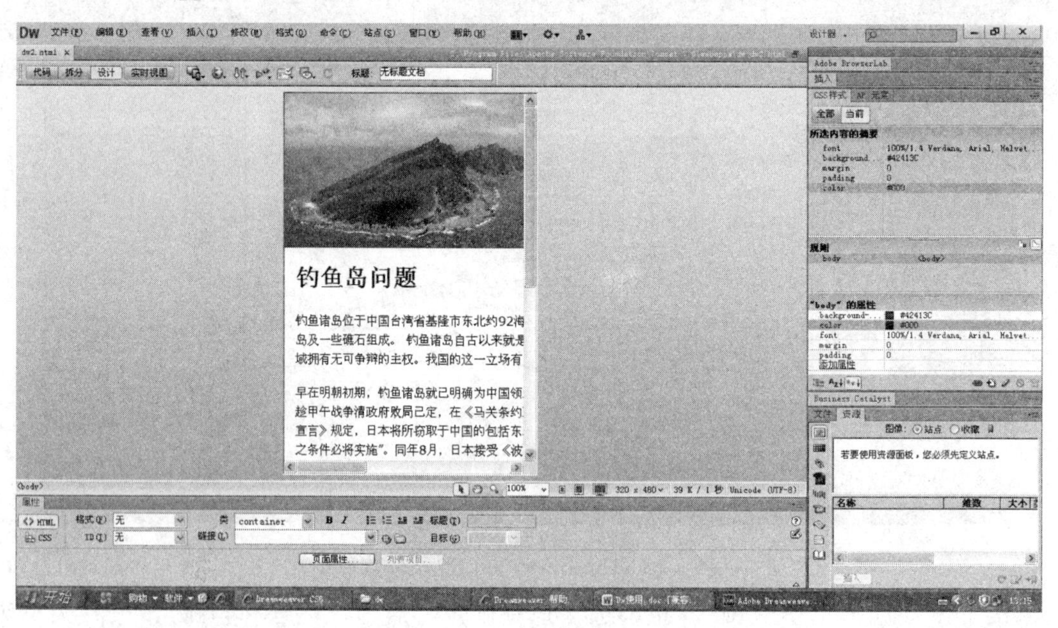

图 2-17 “钓鱼岛问题”网页设计界面

最后，我们试验分别通过 PC 和手机来浏览这个设计的手机网页，地址为 http://127.0.0.1:8080/dw/dw2.html，显示出的网页分别如图 2-18 和图 2-19 所示。

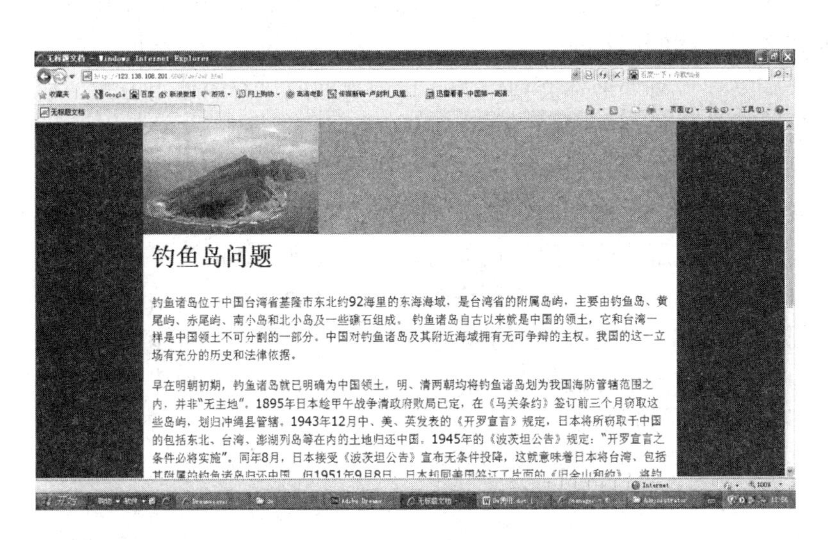

图 2-18　PC 浏览器展示界面

图 2-19　手机展示界面

至此，我们向读者演示了一个简易但较完整的手机网站的开发环境的搭建。当然，正式开发中还涉及数据库环境搭建，动态网页如何支持。有的读者出于兴趣或者某种需要可能还要安装 IIS 服务器等，本书就不再一一介绍了。

2.3　人机交互界面设计

人机交互界面是手机网页设计中非常重要的一个方面，直接影响用户使用的方便性、实用性和美观性等。人机交互界面设计涉及多个方面的理论，如视觉传达原理、人机交互学、色彩原理、图形心理学等。手机网页交互界面设计的总体思路，是从用户行为分析着手，建立用户使用模型，然后围绕提高用户操作效率这一核心，考虑界面的布局、层次和网页元素。

2.3.1　基于心智模式的界面设计理论

1. 心智模式概念及对界面互动设计的影响

心智模式是根深蒂固于心中，影响我们如何了解这个世界，如何采取行动的许多假设、成见，甚至图像、印象，是对于周围世界如何运作的既有认知。比如，人们想象，当电灯打开时，电流会像水一样通过电线流向电灯，但实际上，电灯中并没有像水一样的液体在电线中流动。我们通常不易察觉自己的心智模式，以及它对行为的影响。其实，心智模式是一种思维定势，是我们认识事物的方法和习惯。当心智模式与认知事物发展的情况相符时，能有效指导行动。反之，当心智模式与认知事物发展的情况不相符时，就会使好的构想无法实现。

要使界面能更容易地为使用者所理解和使用，就必须使界面符合人们通常的心智模式。如果用户界面能设计得符合人们的心智模式，那么就能更容易地为人们所理解和使用。对一个系统而言，不同的使用者有不同的心智模型，界面设计必须与大多数使用者的心智模式尽可能接近。因此，设计师需要设身处地体会使用者心目中界面应该有的使用方式。使用者所想达成的目标、所需进行的操作和所得的结果三者之间的关系，应当十分清楚且有意义。另外，使用者在操作界面时，需要靠反馈信息来了解该项动作是否完成，如果缺乏良好反馈信息，用户就不能确定界面操作是否已经正确完成。

人机交互必须以用户为中心，使用者能按照自己的想法，去控制系统的顺序与速度。使用者无论何时何地，都可以正确无误且简单地控制操作界面。互动是用户与信息系统沟通的桥梁，对用户而言，用户界面是一个良好的导引系统，可以引导用户一步步实现系统功能。要实现互动，还要为用户设计一个方便浏览的路径，让浏览的次序有规律可循，用户可以依序前进或返回而不至于不知道到了哪一步。

移动互联网与传统互联网功能基本相似，但使用方式却有着很大差别。传统互联网已经使消费者养成了一种使用习惯，比如网址输入、内容搜寻、内容选择、内容输入、软件下载、软件安装、邮件收发等。若让消费者使用移动互联网，则需对访问方式、提供内容、输出界面、收费方式等做一系列改变。因而，对传统互联网使用习惯的依赖对于手机网页的使用则带来阻力，需要打破这种习惯阻力。

2. 手机交互界面的设计原则

智能手机在互动设计上最主要的限制是屏幕的尺寸及其操作界面。设计师需根据屏幕的尺寸，并结合系统界面特点进行图标、按钮风格及在不同操作状态下如何响应进行合理设计，在宝贵的显示空间内使界面元素有效承担起语义传达作用，易于操作，且保证良好的视觉效果。

由于手机屏幕小，手机操作系统一般是以层叠方式将窗口重叠在一起，当用户使用完某项功能后，必须将曾开启的窗口一个一个关闭，然后使界面回到最初的使用状态。这样重复开启窗口的动作以及将窗口层叠在一起的模式，一方面会浪费太多系统资源，另一方面对于用户而言，开启过多的重叠窗口也会造成使用上的混乱，或是导致用户不易正确点选和搜寻资料，影响用户的工作效率。

同时，界面设计的规范性也很重要。在手机的软件界面设计上应注意和手机硬件界面的整体视觉效果相统一。与电脑等屏幕产品相比，手机、PDA 等移动工具更强调图形界面与产品外观的一致性。统一风格的外观和界面可以构成一个完美的整体，增强使用者对产品的信心。

人机交互专家提出了许多用户界面设计原则，这些原则适用于大多数人机交互界面设计，但对于特定的设计领域还需要验证和调整。结合 4G 智能手机的特点，并参考了上述用户界面设计的原则，归纳出应用于 4G 网络的智能手机用户界面设计的几条原则：

(1) 平衡原则。注意屏幕上下左右平衡，不要堆挤图符和图标、文字和数据，过分拥挤的显示也会产生视觉疲劳和接收错误；

(2) 预期原则。屏幕上所有对象要提供足够的信息量，使对象的动作可预期；

(3) 顺序原则。功能对象显示的顺序应依需要排列。通常应最先出现使用频率最高的部分，然后将使用频率低的部分排列到视觉信息分布较少的位置；

(4) 规则化原则。画面应对称，显示命令、对话及提示行在同一个窗口中的设计尽量统一规范，具有整齐、干净的视觉效果；

(5) 简明原则。内容要精简、易懂及便于浏览，注重信息内容的显示而非纯粹展示效果。

2.3.2 小屏幕网页界面要素设计方法

智能手机小尺寸屏幕所产生的限制，体现在网页信息量、网页卷动及网页层属架构等多个方面。设计者必须考虑在小屏幕上利用卷动轴进行段落间浏览的困难，应尽量让每个页面仅拥有单一标题。以购物网站设计为例，将每项产品放置在各自单一网页上比直接将所有产品都摆在同一页要好。如果因为某些因素而必须将所有的产品摆在同一页时，则应该将页面的内容划分为多个区域。

当一个网页需要过分的卷动才能浏览其中内容时，便意味着使用者将由于需要花费过多额外的精力去卷动页面而经常无法看见整个网页。当将四向的滚动条设计应用于网页时，由于使用者必须逐行卷动画面，因此被视为极度不人性化的设计，而单一轴向的滚动条设计虽然可能导致较不美观的显示效果，但是却让人能够轻易地阅读网页内容，同时使用起来亦较为方便。

用户在使用手机网页时，经常会产生所谓“迷途”现象，产生这种现象的原因是由于用户对于自己所卷动的距离或其他信息所在位置无从得知所造成的，特别是当用户无法了解网页架构，或无法预期网页接下来所可能显示信息时而感到特别烦扰。当用户视觉被限制于一个小屏幕时，用户需要其他帮助来了解网页的架构。因此，网页设计应该具有经良好设计的层属架构。

根据小尺寸屏幕设计的特点、可能产生的问题及与其相关的设计目标，下面分别针对整体设计、版面规划、影像处理以及浏览部分详细说明小屏幕网页设计的方法。

1. 整体设计

对于手机网站的整体设计来说，要保持显示内容精炼，要有效率且进行富有逻辑性的组织，避免杂乱无章。尽量避免使用需要消耗大量空间的设计手法，准确掌握图形的显示方式。完成初步设计的网页要在多款主流手机上进行测试，以验证或优化显示效果。

2. 版面规划

保持页面内容量尽量少。对于使用者而言，利用卷动轴在冗长的文字内容中寻找其所需的信息是困难且不便的。因此，在进行网页设计时，应衡量多个页面间的层属关系带来的复杂性与单一页面中所包含信息量过大之间的关系，尽量在两者之间取得一个平衡。在小屏幕的网页设计中，多层网页方式优于单页大量信息显示方式。当该设计仅供特定装置使用时，尽量将网页信息内容量控制在恰好符合屏幕尺寸的状态，排除使用卷动轴的情形发生。

对网页内容进行精心组织以帮助使用者搜寻特定网页，例如将冗长文件的内容划分为多个部分并且为其制作索引。如果因为某些因素而必须将所有的文件摆在同一页时，则应该将页面的内容划分为多个区域，同时将各文件的链接制作成一表格。涉及大量及复杂度高的数据处理时，可利用多重索引来进行设计。

仅显示最为重要且必备的信息。设计者必须对数据整体进行详尽的分析并有所取舍，选出最为重要的信息放入网页中。显示于小屏幕上的网页信息内容往往被视为特定的参考依据，因此其内容必须是简短且重要的。

避免使用多重纵列的设计，因为这样的设计时常要求使用者进行横向卷动动作。当多重纵列的设计无可避免时，使用浏览架构来辅助使用者往返各项内容间而无需使用卷动轴。

3．影像处理

网页中的影像实际上是其中链接的图片、动画等。在网页设计中，不能假定每张影像都能被完整显示出来，也不能假定浏览器会自行调整影像的大小，即使该手机具备影像尺寸自动调整能力，其中信息也有可能因此丢失。不要将影像作为美化网页的辅助工具，同时避免使用对浏览性与适读性毫无帮助的图像。

避免使用图形，除非是在该影像有绝对的存在价值或屏幕尺寸确实能完整显示影像的细节与相关信息。当网页中必须使用图形时，必须将图形裁剪为适合小屏幕低分辨率的尺寸，并且尽量提供多种尺寸的副本以供不同的传输协议进行选择。保持图形的单纯性并且给予使用者关于该图形的功能性指示，图形中切勿包含文字，因为图形中的文字在小屏幕上难以辨识，当影像被忽略时，文字信息则一并被忽略。

寻找能够表达与图像相同信息的替代方案。每张图像皆须具备替代性文字。替代性文字的作用是传达图像所欲表达的信息而非对于图片的描述。例如，使用“黄色的按钮”这段文字来作为网页上黄色按钮图片的替代性文字，其效力不如使用更为简单的符号强烈。在必要的情况下保留影像地图的使用，例如在地图上选择地点的情形，并且制作导航杆以及其余的按钮组于分离的图片中。

4．浏览部分

网站架构应该明确、清晰且单纯，主要页面的设计必须是简单的，其余信息应该放置于附加页面中。

利用窗体来询问使用者所欲取得的数据。小屏幕的显示能力有限，因此将所有内容限制在使用者所需的范围内是非常重要的。例如，财经网站往往会让使用者来决定其所要观看的股市票券的名单，而气象网站则会使用窗体来让使用者选择他们所要看的城市或国家的天气预报。因对网站架构了解不够，使用者往往无法轻易找到他们所感兴趣的网页，此时由窗体所提供的搜索功能对于页面的可浏览性是一个很大的帮助。

当网站架构复杂时，可以提供导览支持来帮助使用者了解其庞大的架构组成。例如，导引和内容表格的使用。

5．静态图形图像

图像阅读是人类普遍具有的能力，能够直接调动读者的感性经验和视觉思维，可以不受语言和地区的限制。因此人们常说，一图胜千字。形成图形图像不同视觉效果的影响因素有空间、运动、质感等。图形图像所产生的空间感，一方面可以通过摄影、绘画的技法获得，一幅好的摄影绘画作品使物象有呼之欲出的感觉；另一方面还可以运用不同的手法对点线面等元素进行组合，从而使平面图形图像的三维空间感得以加强，例如疏密、大小、方向、重叠、虚实、色调的变化和光影的利用等手法。

图形图像采用以下三种方法产生动感：

(1) 采用叠合的片断形态，最常用的方法是重复和渐变，如将动作分解成一系列片断形态。

(2) 表现运动轨迹，正如人们看到流星拖着长长的尾巴因而判断它正在划过夜空。

(3) 采用运动过程中形态或不稳定的形态，将物象运动过程中某一时刻的片断形态或处于不稳定状态的形态捕捉下来，并选取运动幅度最大的状态。由于人们平时对重力作用的认识，会不自觉地产生联想：接下去会发生什么？怎样运动？

在图形图像方面，质感是很重要的造型要素，譬如松弛感、平滑感、湿润感等，都是用来形容质感的。质感不仅只表现出情感，而且与这种情感融为一体。我们观察画家的作品或者摄影师的摄影作品等，常会注意其色彩与图面的构成，其实质感才是决定作品风格的主要因素。虽然色彩或者对象会改变，但是作为基础的质感是与作品的本质有着密切的关系的，是不易变更的，也对情感有最强烈的影响力。

图像的退底，是将图片中所选形象的背景沿边沿剪裁掉。退底后的形象，其外轮廓呈自由形状，具有清晰分明的视觉形态，显得灵活自如，当与其他背景搭配时，既容易协调，又容易突出该形象。

图像的虚实对比能够产生空间感，实的物体感觉近，虚的物体感觉远。要想使图像变虚，一种方法是将图像模糊，另一种方法是将图像的色彩层次减少，纯度降低，尽量与背景靠近。局部是相对整体而言的，相对局部的图像能让视线集中，有种点到为止、意犹未尽的感觉。

6. 动态图形图像

动态图像使信息能够直观、快速、准确地表达，缓解了信息接收给使用者带来的解读压力。当前，技术的进步不仅使计算机应用接近人类习惯的交流方式，还使信息空间走向多维化，人们对于思想的表述不再局限于顺序的、单调的、狭窄的方式，而是有了一个充分的自由空间，使设计领域经历着深刻变化。

动态图像是由相关并能够建立起视觉关系的形态，采用一定的手段进行组合并显示动态的视觉效果。受众所获得的信息量大于所有单一静止图片所承载的信息量相加的总和，受众通过视、听两种感官参与信息解读，更易于受众理解和接受，还能实现瞬间暗示性的领悟。特别是动态图像作为多媒体，综合了视、听、运动和色彩多种元素，更具形象性，有助于网页内容的展现。

7. 文字的字体与编排

在界面设计中，文字的字体、规格及其编排形式对网页的展现效果有非常重要的作用。小屏幕网页中文字字体的应用有以下原则可以作为参考：

(1) 宋体，字形结构方中有圆，刚柔相济，既典雅庄重，又不失韵味灵气，从视觉角度来说，宋体阅读最省目力，不易造成视觉疲劳，具有很好的易读性和识别性。

(2) 楷体，字形柔和悦目，间架结构舒张有度，可读性和识别性均较好，适用于较长的文本段落，也可用于标题。

(3) 仿宋体，笔画粗细均匀，秀丽挺拔，有轻快、易读的特点，适用于文本段落。因其字形娟秀，力度感差，故不宜用作标题。

(4) 黑体，不仅庄重醒目，而且极富现代感，因其形体粗壮，在较小字体级数时宜采用等线体(即细黑)，否则不易识别。

(5) 圆体，视觉冲击力不如黑体，但在视觉心理上给人以明亮清新、轻松愉快的感觉，但其识别性弱，故只适宜作标题性文字。

(6) 手写体，分为两种，一种来源于传统书法，如隶书体，行书体；另一种是以现代风格创造的自由手写体，如广告体，POP 体。手写体只适用于标题和广告性文字，长篇文本段落和小字体级数时不宜使用，应尽量避免在同一页面中使用两种不同的手写体，因为手写体形态特征鲜明显著，很难形成统一风格，不同手写体易造成界面杂乱的视觉形象，手写体与黑体、宋体等规范的字体相配合，则会产生动静相宜，相得益彰的效果。

(7) 美术体，它是在宋体、黑体等规范字体基础上变化而成的各种字体，如综艺体、琥珀体。美术体具有鲜明的风格特征，不适于文本段落，也不宜混杂使用，多用于字体级数较大的标题，发挥引人注目，活跃界面气氛的作用。

对于拉丁字母来说，依据其基本结构可以分为三种类型，在使用中要考虑到中西方在审美观方面存在的差异。

(1) 饰线体(Serif)：笔画末端带有装饰性部分，笔画精细，对比明显，与中文的宋体具有近似形态特征，饰线体在阅读时具有较好的易读性，适于用作长篇幅文本段落。其代表字体是新罗马体(Times New Roman)。

(2) 无饰线体(SansSerif)：笔画的粗细对比不明显，笔画末端没有装饰性部分，字体形态与中文的黑体相类似。由于其笔画粗细均匀，故在远距离易于辨认，具有很好的识别性，多用于标题和指示性文字。无饰线体具有简洁规整的形态特征，符合现代的审美标准。其代表字体是赫尔维梯卡体(Helvetica)。

(3) 装饰体(Decorative，也称 Display)：即通常所说的“花”体，由于此类字体信笺于形式的装饰意味，阅读时较为费力，易读性较差，只适合于标题或较短文本，类似于中文的美术体和手写体。其代表字体是草体(Script)。

在某些特殊场合，如广告或展示性的短语中，拉丁字母全部使用小写字母，能够造成一种平易近人的亲切感。拉丁字母字体大都包含字幅(正、长、扁)、黑度(细、粗、超粗)、直斜的变化，因而由一种基本字形可以变化出多种具有相似特征的同族字体，这些字体统称为“字族”。同一页面中字体应尽量在同一字族中选用，以保证界面具有明确、统一的风格特征。在计算机字库中，有关字体特征的表示大多采用缩略语，如 Cn(Condensed，长体)、Ex(Expanded，扁体)、Lt(Light，细)、Med(Medium，中粗)、DemBol 或 Dm(DemiBold 半粗)、Bd(Bold，粗)、EBd(ExtraBold，特粗)、It(Italic，斜体)等。

在手机网页的文字编排方面，中文正文的字符数每行以 20～35 个为宜，西文则约 40～70 个字符最易阅读，较宽的文字幅面应考虑采用分栏的排布方式。通常设定行距为字高的 150%～200%，西文的行距通常以小于中文行距为宜。粗细对比是刚与柔的对比，在同一行文字中使用粗细对比的效果最为强烈。粗字少、细字多易取得平衡，给人以明快新颖的感觉。

手机网页界面中文字编排要求视觉上有平衡感，失去平衡的文字编排设计，给人以粗制滥造的印象。可以通过左右延伸的水平线，上下延伸的垂直线，动感的弧线和斜线，穿插的图形来诱导视线，依照设计师安排好的结构形式顺序浏览。在界面的四角配置文字或符号，界面的势力范围就明确地确定下来，界面中即使存在让人感觉动荡不定的元素也会因此而稳定下来。在四角中，左上和右下具有特殊的吸引力，是处理的重点，处理得好，可以使界面左右均衡，同时还会形成从左上到右下沿对角线流动的视觉过程，给人以自然稳定的感觉。

非规律性造型形式的错落变化，应出现在周围有较充分的空白空间的场所，效果较为显著。如在界面中央或正上方表现效果较好，标题性文字往往使用此手法处理。

分栏式结构中，文字群体通常只出现在一栏中，每行的字符数相对较少，易于浏览。分栏中如果都排布文字群体，界面会显得十分拥挤，故不宜采用。其他栏中可设置目录、标题、导航等简洁的文字信息，整体形式繁简对比，疏密得当。

2.4　终端与屏幕适配设计

PC 的屏幕宽度一般在 1000 线以上，有的还达到了 2000 线。而手机屏幕要小得多，宽度通常在 720 线以下，不同的手机屏幕大小也不尽相同。同样的内容，要在大小迥异的屏幕上，都呈现出满意的效果，并不是一件容易的事。早期很多网站的解决方法是为不同的设备提供不同的网页，比如专门提供一个手机版本，或者 iPad 版本。这样做固然保证了效果，但是比较麻烦，同时要维护好几个版本的网页，而且如果一个网站有多个入口，会大大增加架构设计的复杂度。

那么，如何让网页在不同大小屏幕上都呈现美观的效果呢？这就需要采用屏幕适配技术。此外，最近还有人提出网页自适应技术，根据屏幕宽度，自动调整布局，也可以较好地解决这个问题。

2.4.1　屏幕适配

1. 智能手机屏幕

智能手机屏幕通常通过以下几个指标来表示：

■ 屏幕尺寸：通常是指屏幕的物理尺寸，是屏幕的对角线长度，比如 3.5 英寸，4.3 英寸。

■ 屏幕分辨率：是指屏幕上拥有的像素的总数。通常使用“宽度×长度”来表达，比如 320×480 等。虽然大部分情况下分辨率都用“宽度×长度”表示，但分辨率并不意味着屏幕的比例。

■ 屏幕比例：是指屏幕的物理长度与物理宽度比。通常，称 16∶9 或 16∶10 长宽比例的屏幕为宽屏幕，称 4∶3 长宽比例的屏幕为窄屏幕。除此之外，还有一种更宽、视野更广的 2.35∶1 长宽比例的超宽屏幕也开始慢慢进入发烧友的生活。

■ 屏幕密度：以每英寸的像素数表示，如 160 ppi。

■ 高清：分为“标准高清”(也称“准高清”)和“全高清”。720P 和 1080i 是国际公认的标准高清电视(HDTV)分辨率。字母 P 意为逐行扫描，而字母 i 则是隔行扫描的意思。相比而言，1080i在清晰度方面要略胜一筹，720P则在动态画面表现上更为流畅。全高清(Full HD)1080P兼顾了清晰度和动态表现的要求，是HDTV的最高标准，也是众多发烧友追求的终极目标。要达到完整的高清体验，必须同时满足三个条件，即高清内容+高清解码+高清屏幕，缺一不可。

物理尺寸决定了屏幕的实际尺寸，而分辨率可以表示屏幕上能够呈现的像素数，屏幕密度决定了屏幕的精细程度。相同大小的屏幕，如果分辨率高，则屏幕元素更精细。一个界面元素在屏幕里的实际尺寸与屏幕密度相关。在屏幕密度较小的屏上，界面元素的实际尺寸就会大些，反之亦然。

在进行手机界面布局时，除了元素的像素外，考虑元素的实际尺寸也非常重要，甚至更为重要。在不同屏幕中，不同的图标点阵或者不同的字体及大小的汉字，在人的主观感知上会有一个最优的结果值。在设计的过程中，需要根据这个最优值来进行界面的布局及设计。实际上，这个用户感知最优的取值也与使用手机的人群有关，比如年龄大的用户需要物理尺寸更大的界面元素。

2. 屏幕适配思路

1) 确定目标的屏幕大小

屏幕大小由宽度和高度两个因素决定，但是在手机客户端的布局过程中，最关心的是宽度值。宽度确定后，高度可以由滚动或者翻页来显示所有内容；文字可以在适当的位置折行。标题栏可以伸缩适配屏幕宽度等。但这并不是不考虑高度，图标、文字、特殊的组件不仅需要考虑宽度，也需要考虑整个屏幕的布局是否与之适配。

由于不可能对所有的客户端进行单独开发，因此需要对手机屏幕的大小进行归类。同时，在设计中也不会真的只考虑屏幕大小一个因素，屏幕大小与操作系统、手机类型等存在很大的相关性。

目前，屏幕5.5英寸左右的手机已经成为主流，是手机应用屏幕设计时需要重点考虑的，以此为基准向上或向下来适配其他屏幕大小的手机是一种可取的方法。

2) 适配原则

- 客户端的Logo，在各个手机上都应该能够清晰地显示。
- 标题或者底部栏必须100%地与手机宽度适配。
- 文字内容如果显示不下的话，可以自动适配宽度进行折行。
- 图片可以根据宽度进行自动缩放，屏幕宽度超过图片本身时，显示图片本身的大小。
- 适配过程中，界面元素的宽高最小值应该符合用户的主观舒适范围值。
- 不能完全使用分辨率的绝对比例来对界面布局进行缩放。

3) Android 与 iPhone 手机的适配

iPhone 本身只有两个分辨率及一个屏幕大小尺寸，可以很好地适配(最多出两套图片即可，系统会自动读取)。

对于Android，由于其开放性，导致各种屏幕的大小及分辨率都有。为了让各种分辨率的屏幕显示合适的大小以方便用户阅读或者操作，同时又能满足Android设备多样性的需求。于是，Android官方通过对各种屏幕进行密度等级划分，分为“低密度(LDPI)”、“中密度(MDPI)”、“高密度(HDPI)”、“超高密度(XHDPI)”四个规格，并同时将“中密度”

定义为基准线。Android系统有一个很好的特性，系统会根据屏幕的分辨率密度进行自适应。但是，当密度差异较大时，自适应后，图标会由于拉伸变得模糊而影响效果。这时，必须要通过重新设计新的图标或者加大间距来保持最佳的视觉效果以更利于用户操作。

Android提供了如下机制对不同大小和密度的屏幕进行适配：

■ 图片资源的缩放

在设计Android应用程序界面时，以中密度屏幕作为基准进行设计，然后给其他密度的屏幕提供相应的图片资源，最后通过系统的适配性自动处理，使相同的内容在各种屏幕上可以显示比较接近的大小。基于当前屏幕的密度，Android平台会自动加载任何未经缩放的限定尺寸和密度的图片。如果图片不匹配，平台会加载默认资源并且在放大或者缩小之后可以满足当前界面的显示要求。如果没有多套资源，平台会认为默认的资源是中密度的屏幕资源(160dpi)。例如，当前为高密度屏幕，平台会加载高密度资源，如果没有，平台会将中密度资源缩放至高密度。

■ 根据分辨率和坐标自动缩放(密度不同的屏幕适配)

如果程序不支持多种密度屏幕，平台会自动缩放绝对像素坐标值和尺寸值等，这样就能保证屏幕元素能和密度160 dpi的屏幕一样显示出同样物理尺寸的效果。平台会根据密度的比例来缩放实际尺寸的大小。

■ 兼容更大的屏幕大小(屏幕不同的适配)

当屏幕超过程序所支持屏幕的上限时，定义supports-screens元素，这样超出显示的基准线时，平台会以屏幕大小的比例来缩放整个屏幕。

4) 竖屏横屏适配

不同的应用对于屏幕有不同的选择，如普通列表多的应用，竖屏更为合适；显示图片更多的界面，或者想更好的展示全景的应用，横屏则更合适。

不是在任何时候都需要横竖屏的切换，如果觉得没有必要进行横屏或者竖屏切换，完全可以不切换。特别是由于用户在使用手机的过程中，经常会无意中调整位置，从而导致手机误认为是要进行横竖屏的转化，从而更容易导致操作上的失误，引起用户的反感。

在进行横竖屏切换时，要允许用户对于同一个界面有不同的展示方式。例如，不一定在竖屏时列表方式显示，在横屏时也和竖屏保持一致，这时横屏可以有更好的适应横屏的展示方式，使用户更好地操作。

2.4.2 自适应网页设计

2010年，Ethan Marcotte提出了自适应网页设计(Responsive Web Design)概念。基于这种思路设计的网页能够自动识别屏幕宽度、分辨率等特征并做出相应调整，比如网页可根据用户的显示屏幕分辨率自动调整宽度及布局。例如，4列1292像素宽的布局，转到1025像素宽度，可自动简化成2列。自适应网页设计是完全不同于传统设计的一项技术，随着智能手机和平板电脑的普及，越来越多的网页设计采用这种人性化的设计布局。

Ethan Marcotte制作了一个范例，里面是《福尔摩斯历险记》六个主人公的头像。如果屏幕宽度大于1300像素，则6张图片并排在一行；如果屏幕宽度在600像素到1300像素之间，则 6 张图片分成两行；如果屏幕宽度在 400 像素到 600 像素之间，则导航栏移到网页头部；如果屏幕宽度在 400 像素以下，则 6 张图片分成三行。

1．允许网页宽度自动调整

要做到自适应网页设计，首先，应在网页代码的头部加入一行 viewport 元标签。

```
<meta name="viewport" content="width=device-width, initial-scale=1" />
```

viewport 是网页默认的宽度和高度。上面这行代码的意思是，网页宽度默认等于屏幕宽度(width=device-width)，原始缩放比例(initial-scale=1)为 1，即网页初始大小占屏幕面积的 100%。所有主流浏览器都支持这个设置，包括 IE9。对于那些老式浏览器(主要是 IE6、7、8)，需要使用“css3-mediaqueries.js”，代码始下：

```
<!–[if lt IE 9]>
<script src="http://css3-mediaqueries-js.googlecode.com/svn/trunk/css3-mediaqueries.js"></script>
<![endif]–>
```

2．不使用绝对宽度

由于网页会根据屏幕宽度调整布局，所以不能使用绝对宽度的布局，也不能使用具有绝对宽度的元素。这一条非常重要。具体说，CSS 代码不能指定像素宽度 width:xxx px，只能指定百分比宽度 width: xx%或者 width:auto。

3．相对大小的字体

字体也不能使用绝对大小(px)，而只能使用相对大小(em)。

```
body {
    font: normal 100% Helvetica, Arial, sans-serif;
}
```

上面的代码指字体大小是页面默认大小的 100%，即 16 像素。h1 的大小是默认大小的 1.5 倍，即 24 像素(24/16=1.5)。代码如下：

```
h1 {
    font-size: 1.5em;
}
```

small 元素的大小是默认大小的 0.875 倍，即 14 像素(14/16=0.875)。代码如下：

```
small {
    font-size: 0.875em;
}
```

4．流动布局(fluid grid)

“流动布局”的含义是，各个区块的位置都是浮动的，不是固定不变的。代码如下：

```
.main {
    float: right;
    width: 70%;
}
```

```
.leftBar {
    float: left;
    width: 25%;
}
```

float 的好处是，如果宽度太小，放不下两个元素，后面的元素会自动滚动到前面元素的下方，不会在水平方向 overflow(溢出)，避免了水平滚动条的出现。另外，绝对定位(position: absolute)的使用，也要非常小心。

5. 选择加载 CSS

“自适应网页设计”的核心，就是 CSS3 引入的 Media Query 模块。它的意思就是，自动探测屏幕宽度，然后加载相应的 CSS 文件。

```
<link ref = "stylesheet" type="text/css"
media = "screen and (max-device-width: 400px) "
href="tinyScreen.css" />
```

上面的代码的意思是，如果屏幕宽度小于 400 像素(max-device-width: 400px)，就加载 tinyScreen.css 文件。如果屏幕宽度在 400 像素到 600 像素之间，则加载 smallScreen.css 文件，代码如下：

```
<link ref ="stylesheet" type="text/css"
media="screen and (min-width: 400px) and (max-device-width: 600px) "
href="smallScreen.css" />
```

除了用 HTML 标签加载 CSS 文件，还可以在现有 CSS 文件中加载。

```
@import url "tinyScreen.css") screen and (max-device-width: 400px);
```

6. CSS 的@media 规则

同一个 CSS 文件中，也可以根据不同的屏幕分辨率，选择应用不同的 CSS 规则。

```
@media screen and (max-device-width: 400px)
{
  .column {
        float: none;
        width:auto;
  }
  #sidebar {
      display:none;
   }
}
```

上面的代码的意思是，如果屏幕宽度小于 400 像素，则 column 块取消浮动(float:none)、宽度自动调节(width:auto)，sidebar 块不显示(display:none)。

7. 图片的自适应(fluid image)

除了布局和文本，“自适应网页设计”还必须实现图片的自动缩放，这只要一行 CSS

代码：

```
img { max-width: 100%;}
```

这行代码对于大多数嵌入网页的视频也有效，所以可以写成：

```
img, object { max-width: 100%;}
```

老版本的IE不支持max-width，所以只好写成：

```
img { width: 100%; }
```

此外，Windows平台缩放图片时，可能出现图像失真现象。这时，可以尝试使用IE的专有命令：

```
img { -ms-interpolation-mode: bicubic; }
```

或者，Ethan Marcotte的imgSizer.js：

```
addLoadEvent(function() {
    var imgs = document.getElementById("content").getElementsByTagName("img");
    imgSizer.collate(imgs);
});
```

不过，有条件的话，最好还是根据不同大小的屏幕，加载不同分辨率的图片。有很多方法可以做到这一点，服务器端和客户端都可以实现。

思考与练习题

1. 请根据自己的上网条件，设计并搭建一个简易的手机网站开发环境。

2. 什么是心智模式？它对网页界面设计有何影响？

3. 智能手机屏幕有哪些指标？你的手机屏幕的这些指标值是多少？

4. 什么是网页的自适应？

5. 请设计一个简单的网页，使其具有一定屏幕自适应能力，并通过自己搭建的开发环境演示出来。

第 3 章　手机 APP 开发

手机客户端应用(Application，APP)已经成为当前最常用的手机应用之一，它采用 C/S 模式，开发和运行要依托智能手机本身的各种软硬件资源，其开发环境和工具与手机网站的截然不同。在不同的手机操作系统下，APP 的开发工具各不相同。Android 作为开源操作系统，拥有更大的市场份额，本章将基于 Android 操作系统，对手机 APP 开发做一介绍。

3.1　Android 开发和测试环境搭建

3.1.1　Android Studio 简介

Android Studio 是 Google 于 2013 I/O 大会针对 Android 开发推出的新的开发工具，很多开源项目都已经在采用。目前，Android 已停止支持 Eclipse 等其他集成开发环境，官方推荐 Android Studio 作为 Android 的集成开发环境。Android Studio 提供了更多可提高 Android 应用构建效率的功能，例如：

- 基于 Gradle 的灵活构建系统；
- 快速且功能丰富的模拟器；
- 可针对所有 Android 设备进行开发的统一环境；
- Instant Run，可将变更推送到运行中的应用，无需构建新的 APK；
- 可帮助构建常用应用功能，导入示例代码的代码模板和 GitHub 集成；
- 丰富的测试工具和框架；
- 可捕捉性能、可用性、版本兼容性以及其他问题的 Lint 工具；
- C++ 和 NDK 支持；
- 内置对 Google 云端平台的支持，可轻松集成 Google Cloud Messaging 和 App 引擎。

3.1.2　Android SDK 简介

Android SDK 是由可采用 Android SDK 管理器单独下载的模块化程序包组成的。例如，当 SDK 工具升级或 Android 平台发布新版本时，可以使用 SDK 管理器快速将它们下载到开发环境。Android SDK 提供多种不同的软件包，表 3-1 列出了大多数可用的软件包。

表 3-1 Android SDK 提供的软件包

包	描 述	文件位置
SDK Tools	包含调试和测试工具，再加上开发一个应用程序所需要的其他应用。如果你刚刚安装了 SDK 入门套件，那么你已经有了这个软件包的最新版本	<sdk>/tools/
SDK Platform-tools	为应用程序的开发和调试提供依赖于平台的工具，这些工具支持 Android 平台的最新功能。这些工具总是向后兼容旧平台的，但你必须确保你有这些工具的最新版本，当你安装一个新的 SDK 平台时使用它	<sdk>/platform-tools/
Documentation	最新的 Android 平台的 API 文档的脱机文件	<sdk>/docs/
SDK Platform	针对每个版本的 Android 有一个 SDK 平台。它包括一个完全兼容的 android.jar 文件。建立一个 Android 应用程序时，必须指定一个 SDK 平台作为构建目标	<sdk>/platforms/<android-version>/
System Images	每个版本的平台提供一个或多个不同的系统映像(如 ARM 和 x86)。Android 模拟器需要系统映像来进行操作。要采用最新版本的 Android 仿真器和最新的系统映像来测试你的应用程序	<sdk>/platforms/<android-version>/
Sources for Android SDK	Android 平台的源代码副本，在应用程序单步调试代码时非常有用	<sdk>/sources/
Samples for SDK	各种平台 API 的示例应用程序的集合，提供了大量的小演示程序	<sdk>/platforms/<android-version>/samples/
Google APIs	不仅提供了开发 Google 应用程序的平台，而且为仿真器提供了系统映像，可以测试使用了 Google API 的应用程序	<sdk>/add-ons/
Android Support	提供的静态库，使应用程序可以使用标准平台所没有提供的功能强大的 API	<sdk>/extras/android/support/
Google Play Billing	提供静态库和示例，使包含 Google Play 的应用程序可以将计费服务集成在内	<sdk>/extras/google/
Google Play Licensing	提供静态库和示例，使应用程序在和 Google Play 一同分发时能够执行许可证验证	<sdk>/extras/google/

3.1.3 Windows 系统下 Android Studio 的安装

1. 获取 Android Studio 和 Android SDK

Android SDK：访问 http://www.androiddevtools.cn 获取最新的解压版的 Android SDK，解压即可使用，安装过程不做赘述。

Android Studio：访问 https://developer.android.com/studio/index.html 获取最新版本安装包。

2. 安装 Android Studio

双击下载好的安装包进行安装，安装过程采用默认安装即可。Android Studio 启动时会提示加载原有设置，如图 3-1 所示。如果之前安装过旧版本 Android Studio，则选择第一个，并且指向配置文件夹或者先前所安装位置。如果是首次安装，系统里不存在旧版本的安装文件，则采用默认选择。

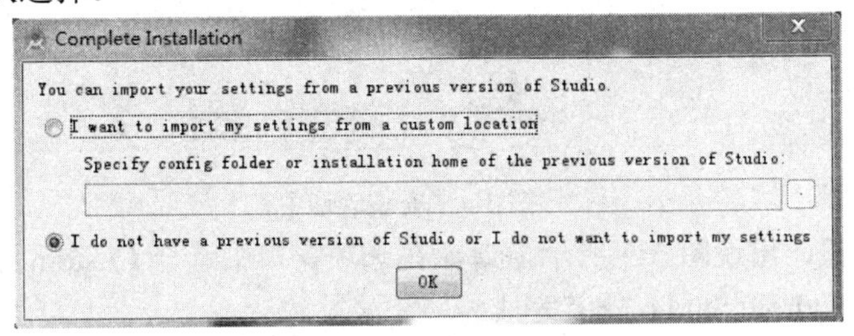

图 3-1 Android Studio 安装启动窗口

Android Studio 第一次启动过程中可能会弹出如图 3-2 所示的窗口，告知无法进入 Android SDK add-on 列表，此时需要设置一个代理服务器。

点击 Setup Proxy 按钮设置代理，在 Host name 处填写 mirrors.neusoft.edu.cn，在 Port number 处填写 80，如图 3-3 所示。

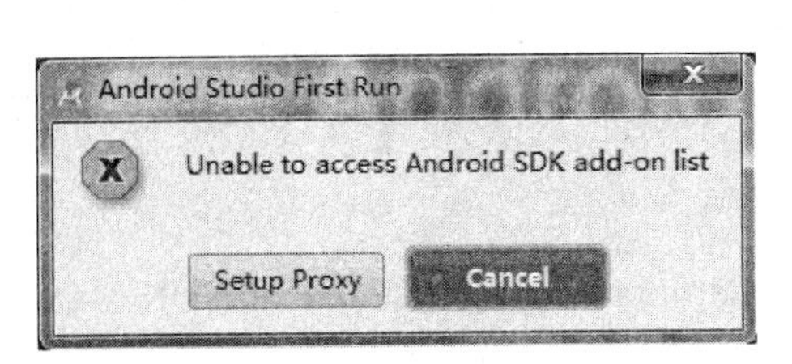

图 3-2 提示设置代理服务器窗口

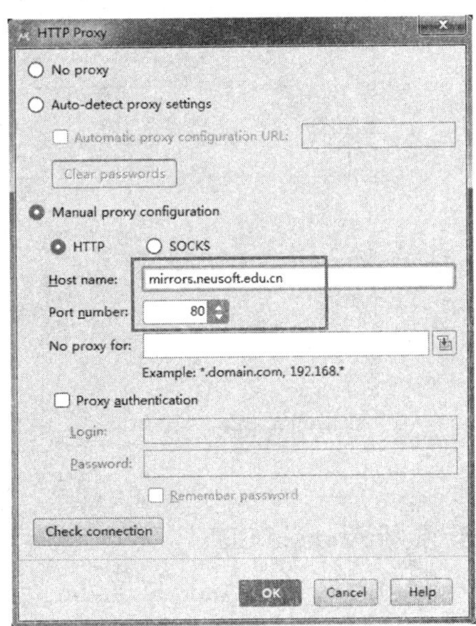

图 3-3 设置代理的窗口

点击 OK 按钮，回到欢迎页，如图 3-4 所示。

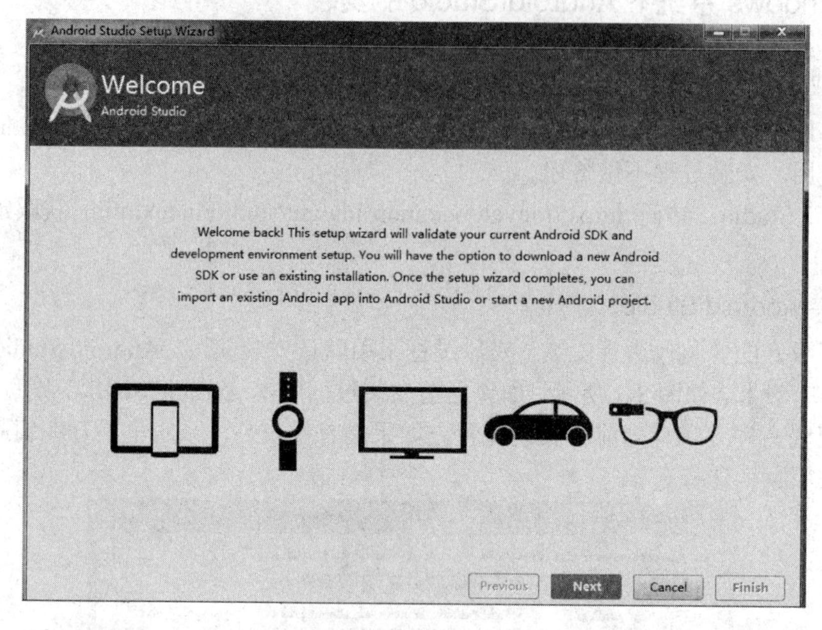

图 3-4 安装欢迎窗口

点击 Next 按钮，出现图 3-5 所示窗口，在选项窗口中选择 Custom 选项。然后再点击 Next 按钮，直至 Android Studio 安装完成。

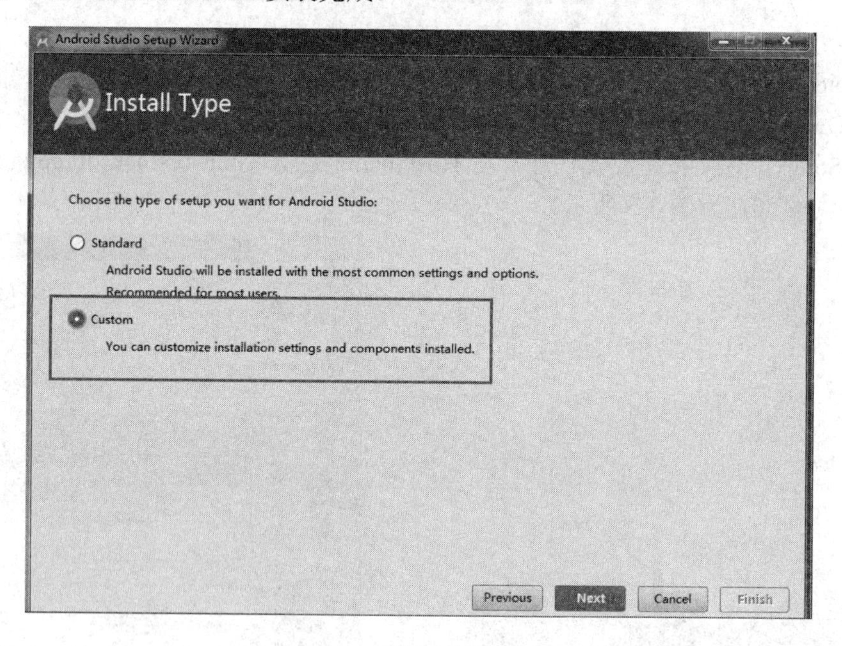

图 3-5 安装类型选择窗口

3. 更新 Android SDK

安装完成后，启动 Android Studio。点击 File>Settings>Launch Standalone SDK Manager，打开 SDK Manager，如图 3-6 所示，这里需要对代理和缓存等进行一些设置。

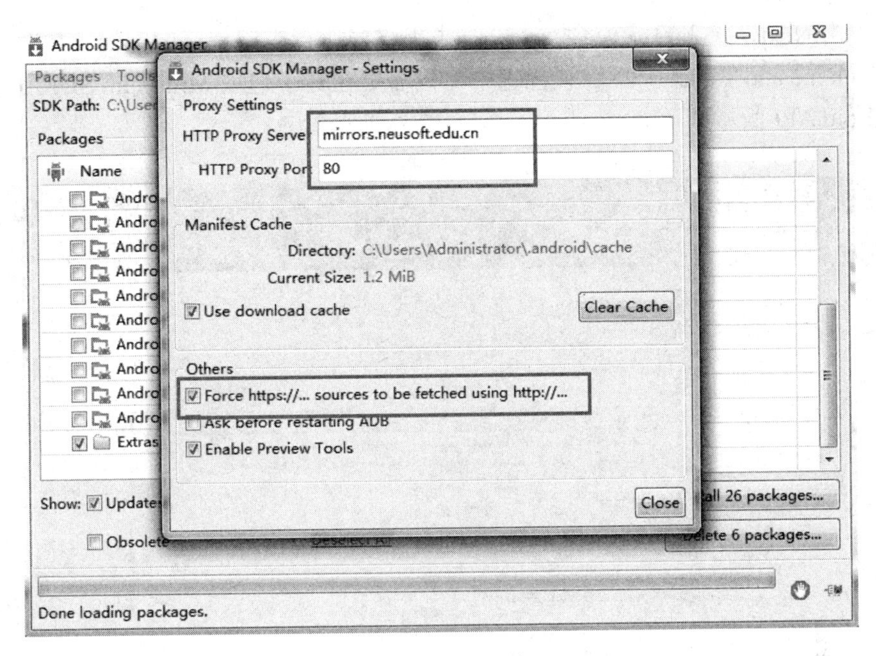

图 3-6　代理设置窗口

选择需要安装的工具进行安装，直至 SDK 安装完成。

3.1.4　Android 项目开发测试

按照以下步骤新建一个 Android 项目：

(1) 点击 File>New>New Project，打开新建项目窗口，填写应用名称(如 HelloWorld)、公司域名、Package 名称和项目所在位置等，如图 3-7 所示。

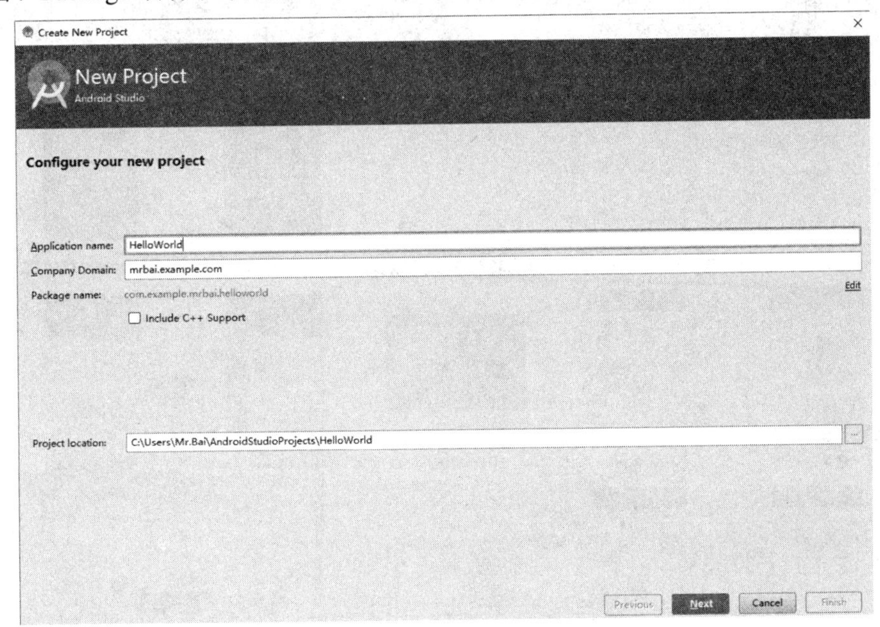

图 3-7　新建项目窗口

(2) 点击 Next，进入目标设备，也就是未来将要运行应用程序的手机，如图 3-8 所示。可以看到 Phone and Tablet 一项默认已选中，只需要在其子选项 Minimum SDK 选择最低支持的 Android API 版本即可。

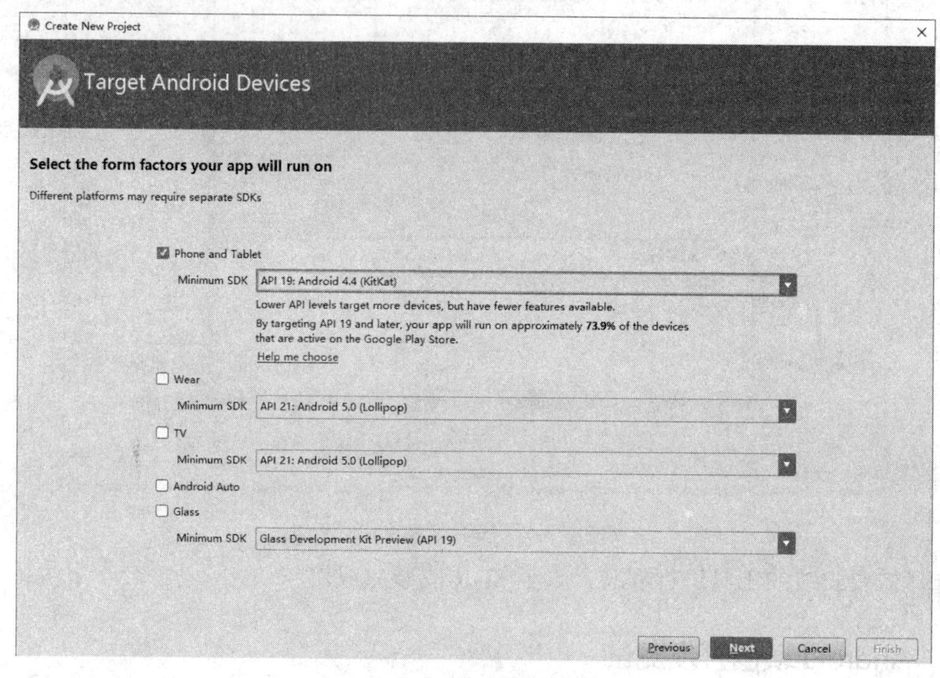

图 3-8　选择目标设备的参数

(3) 点击 Next，选择合适的 Activity 模板，如图 3-9 所示。

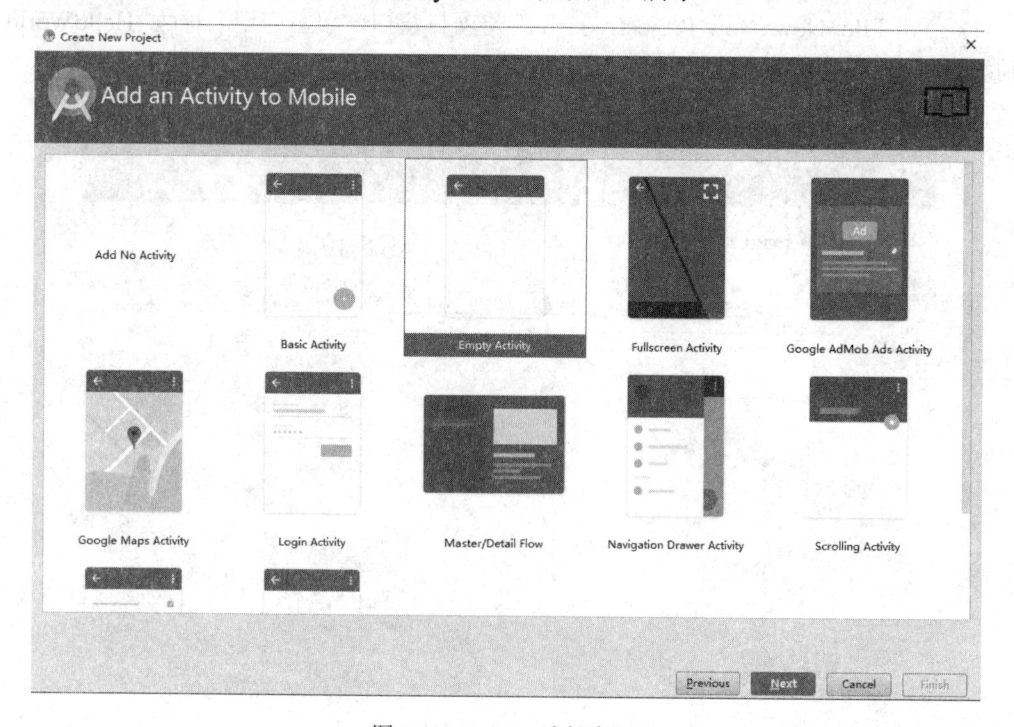

图 3-9　Activity 选择窗口

(4) 点击 Next，最后点击 Finish，完成项目新建，默认打开 MainActivity.java，这便是编写代码的窗口，如图 3-10 所示。

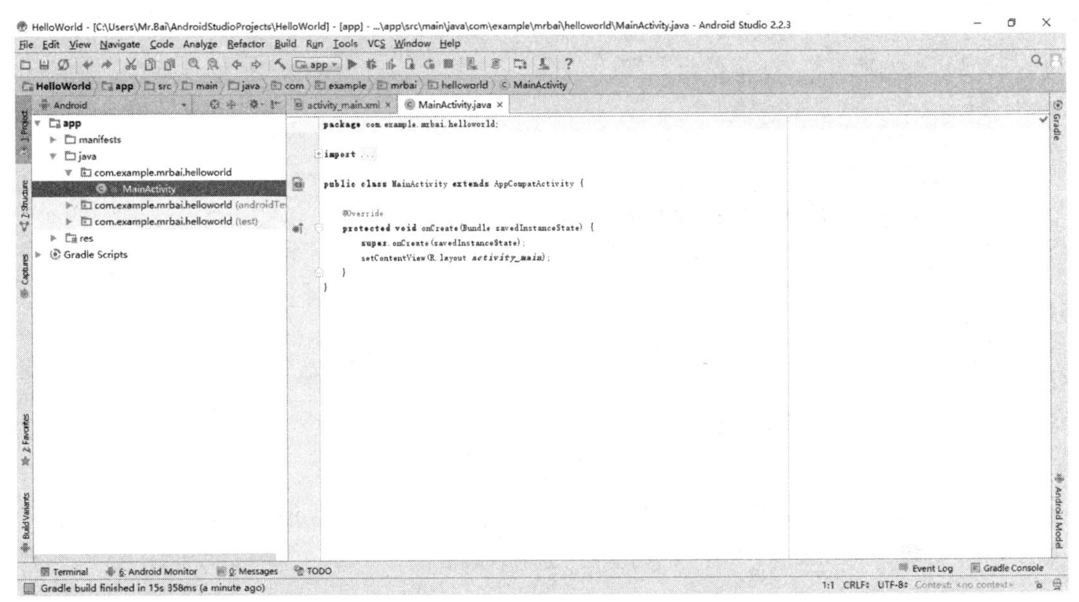

图 3-10　编写代码窗口

(5) 点击导航中的 app > res > layout，可以看到 activity_main.xml，双击打开它。这里我们只需要将 Palette 面板中的控件拖动至展示区域的面板中即可。选中面板中的控件，可以在 Properties 面板中对控件属性进行编辑，这里作者为“试一试”按钮的 onClick 属性赋了一个“on_click”方法，如图 3-11 所示。

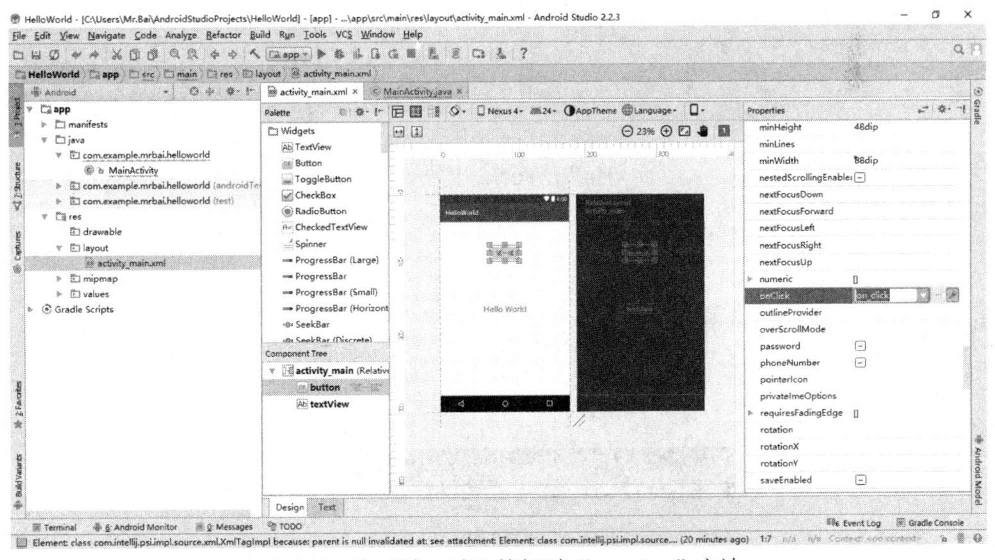

图 3-11　为“试一试”按钮赋“on_click”方法

(6) 接下来，我们进入 MainActivity.java，开始编写一点简单的代码，实现如下功能：当我们点击“试一试”按钮时，隐藏 Hello World；再次点击“试一试”按钮，让 Hello World 再显示出来。

(7) 点击运行按钮，选择运行方式，如连接手机测试，或通过 Android 模拟器对程序进行测试。这里我们使用模拟器进行测试，如图 3-12 所示。图 3-13 是模拟器测试界面。

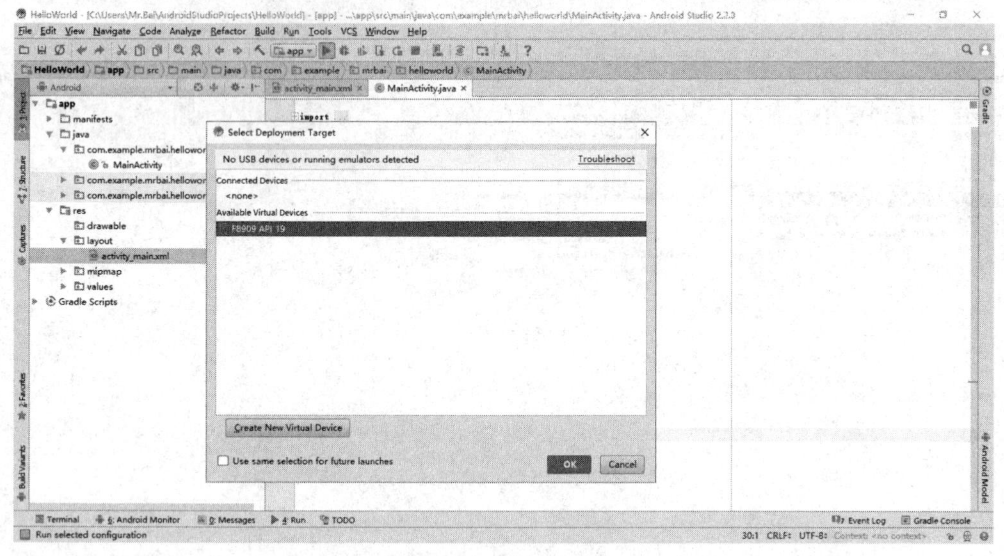

图 3-12　选择模拟器

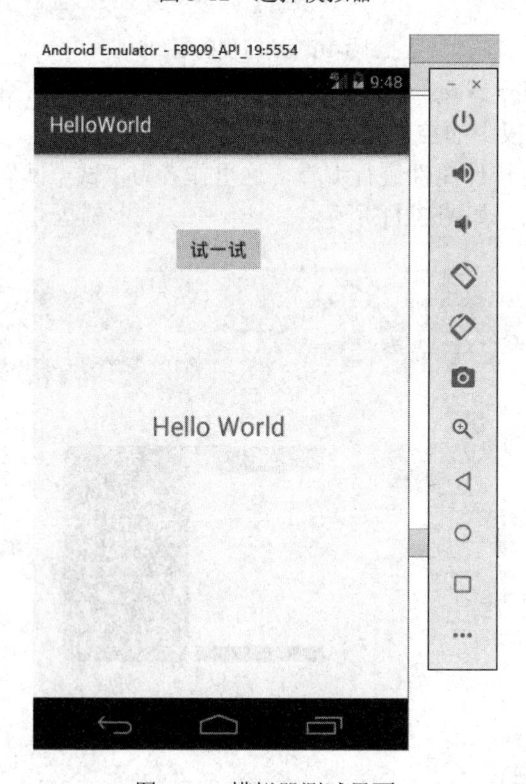

图 3-13　模拟器测试界面

(8) 对已开发完成的程序，我们需要将其导出为“*.apk”安装文件以便安装。点击菜单栏 Build > Build apk 即可将程序打包为安装包。电脑连接手机后，将导出的 apk 安装文件拷贝到手机中，即可进行安装。

3.2　Android 平台通信资源

Android 提供了很多与通信功能有关的有用的 API，包括 android.net、android.net.http、android.net.nsd、android.net.rtp、android.net.sip、android.net.wifi、android.net.wifi.p2p、android.net.wifi.p2p.nsd 等，使应用程序可以与其他设备通过移动网、WiFi 直连、蓝牙、NFC、USB 和 SIP 等来实现连接和互动。

3.2.1　互联网的连接

1. 连接网络

对手机终端来说，要连接互联网有两种方式，一是通过移动通信网，二是通过 WiFi 方式。为了连上网络，必须在 Manifest 文件中加入以下权限设置代码：

```
<uses-permission android:name="android.permission.INTERNET" />
<uses-permission android:name="android.permission.ACCESS_NETWORK_STATE" />
```

绝大多数 Android 网络应用采用 HTTP 发送和接收数据。Android 有两个 HTTP 客户端，分别是 HttpURLConnection 和 Apache HttpClient，都支持 HTTPS、流文件的上传和下载，可配置 timeouts、IPv6 和连接池。对于 Android Gingerbread 或更高版本的应用，建议使用 HttpURLConnection。

在应用程序联网前，需要用 getActiveNetworkInfo() 和 isConnected()检查网络连接是否存在。因为手机位置可能会超出网络覆盖范围，或者用户可能手动断掉移动网络或 WiFi 网络连接。代码如下：

```
public void myClickHandler(View view) {
    ...
    ConnectivityManager connMgr = (ConnectivityManager)
        getSystemService(Context.CONNECTIVITY_SERVICE);
    NetworkInfo networkInfo = connMgr.getActiveNetworkInfo();
    if (networkInfo != null && networkInfo.isConnected()) {
        // 提取数据
    } else {
        // 显示错误
    }
    ...
}
```

在网络操作中，可能会遇到一些难以预料的延迟。为避免引起用户感知下降，通常网络操作应当在与用户界面相独立的线程中运行。AsyncTask 提供了一种从用户界面线程分离出一个新任务的最简单的方法。在下面的代码中，由 myClickHandler()方法引起一个新的 DownloadWebpageTask().execute(stringUrl)类。它是 AsyncTask 的一个子类，可以实现以下两种 AsyncTask 方法：

- doInBackground()执行 downloadUrl()方法，把网页的 URL 作为一个参数传递给downloadUrl()来提取并处理网页内容，并以字符串方式返回处理结果。
- onPostExecute()接受返回的字符串并在用户界面中显示。

```
public class HttpExampleActivity extends Activity {
    private static final String DEBUG_TAG = "HttpExample";
    private EditText urlText;
    private TextView textView;

    @Override
    public void onCreate(Bundle savedInstanceState) {
        super.onCreate(savedInstanceState);
        setContentView(R.layout.main);
        urlText = (EditText) findViewById(R.id.myUrl);
        textView = (TextView) findViewById(R.id.myText);
    }

    public void myClickHandler(View view) {
        // 当用户点击按钮时，调用 AsyncTask
        // 在试图提取 URL 前，确认已经有网络连接
        String stringUrl = urlText.getText().toString();
        // 从用户界面的 text field 获得 URL
        ConnectivityManager connMgr = (ConnectivityManager)
            getSystemService(Context.CONNECTIVITY_SERVICE);
        NetworkInfo networkInfo = connMgr.getActiveNetworkInfo();
        if (networkInfo != null && networkInfo.isConnected()) {
            new DownloadWebpageText().execute(stringUrl);
        } else {
            textView.setText("No network connection available.");
        }
    }

        // 使用 AsyncTask 创建一个独立于主用户界面的任务，这个任务接受一
        //个 URL 字符串并用它来创建一个 HttpURLConnection。一旦连接建立，
        //AsyncTask 就会以 InputStream 方式下载网页。最后，InputStream 被转换为
        //字符串，字符串再由 AsyncTask 的 onPostExecute 方法展示在用户界面。
    private class DownloadWebpageText extends AsyncTask {
        @Override
        protected String doInBackground(String... urls) {

            // 来自 execute()调用的参数：urls[0]就是网页的 URL
            try {
```

```
                return downloadUrl(urls[0]);
            } catch (IOException e) {
                return "Unable to retrieve web page. URL may be invalid.";
                }
        }
        // onPostExecute 显示 AsyncTask 的结果
        @Override
        protected void onPostExecute(String result) {
            textView.setText(result);
        }
    }
    ...
}
```

接下来的工作包括：

(1) 当用户点击按钮引发 myClickHandler()时，应用程序把指定的 URL 传递给 AsyncTask 的子类 DownloadWebpageTask；

(2) AsyncTask 的方法 doInBackground() 调用 downloadUrl()方法；

(3) downloadUrl()方法把 URL 字符串作为一个参数，创建一个 URL 对象；

(4) URL 对象用来创建一个 HttpURLConnection；

(5) 一旦连接建立，HttpURLConnection 对象以 InputStream 方式提取网页内容；

(6) InputStream 被传递给 readIt()方法，把流(stream)转化为字符串；

(7) 最后，AsyncTask 的 onPostExecute()方法在主活动的用户界面把字符串显示出来。

2．HTTP 连接和数据下载

在执行网络传输任务的线程中，使用 HttpURLConnection 来执行 GET 操作并下载数据。调用 connect()后，再调用 getInputStream()来获得 InputStream。

在下面的代码中，doInBackground()方法调用 downloadUrl()方法来获得指定的 URL，并通过 HttpURLConnection 来连接网络。一旦连接建立，应用程序就用 getInputStream()方法从 InputStream 中提取数据。

```
private String downloadUrl(String myurl) throws IOException {
    InputStream is = null;
        // 指定 URL，建立一个 HttpURLConnection，以 InputStream 方式从网页中提取
        // 数据并以字符串方式返回

    int len = 500; // 只显示提取出的网页前面的 500 个单词
      try {
            URL url = new URL(myurl);
            HttpURLConnection conn = (HttpURLConnection) url.openConnection();
            conn.setReadTimeout(10000 /* milliseconds */);
            conn.setConnectTimeout(15000 /* milliseconds */);
```

```
            conn.setRequestMethod("GET");
            conn.setDoInput(true);
            conn.connect(); // 开始询问
            int response = conn.getResponseCode();
            Log.d(DEBUG_TAG, "The response is: " + response);
            is = conn.getInputStream();  // 把 InputStream 转换为字符串
            String contentAsString = readIt(is, len);
            return contentAsString; // 确认应用程序完成使用后关闭 InputStream
    }
    finally {
            if (is != null) {
               is.close();
              }
         }
    }
```

getResponseCode()方法返回连接的状态码，这对于得到关于连接的更多的信息非常有用。其中，状态码 200 表示成功。

3. 把 InputStream 转换为字符串

一个 InputStream 是一个可读的字节源，一旦得到一个 InputStream，一般解码或转换为目标数据类型。比如，若正在下载一个图像数据，则应该以如下方式进行解码和显示：

```
InputStream is = null;
...
Bitmap bitmap = BitmapFactory.decodeStream(is);
ImageView imageView = (ImageView) findViewById(R.id.image_view);
imageView.setImageBitmap(bitmap);
```

上面代码中，InputStream 代表网页的源代码文本。把 InputStream 转换为可以在用户界面显示的 string 的代码如下：

```
// 读一个 InputStream 并转换为字符串
public String readIt(InputStream stream, int len)throws IOException, UnsupportedEncodingException{
      Reader reader = null;
      reader = new InputStreamReader(stream, "UTF-8");
      char[] buffer = new char[len];
      reader.read(buffer);
      return new String(buffer);
}
```

3.2.2 管理网络

下面介绍如何编写对网络资源进行精细管理的应用程序。如果一个应用程序需要执行大量网络操作，就需要提供用户设置功能，允许用户对应用程序的数据行为进行控制，比如数据同步的频度，是不是只在 WiFi 环境下进行上传/下载，漫游中是否要使用数据等。有了这些控制功能，就能大大减小当后台数据达到限度时用户进入应用程序的可能性，因为用户可以精确控制应用程序究竟要用多少资源。

1. 检查设备的网络连接

一个设备可以有多种网络连接，一般来说，WiFi 速度更快，而移动通信网通常是按流量计费的，更为昂贵。通常的策略是除非有 WiFi 网络，否则就不传输大量的数据。在执行网络操作之前，检查网络连接状态是一个好的做法，可以让应用程序避免因疏忽而使用错误的网络。如果一个网络连接不可用，应用程序应该进行恰当的响应。典型的检查网络连接的方法是使用 ConnectivityManager 和 NetworkInfo 两个类。

(1) ConnectivityManager：该类用于应答对网络连接状态的查询，通过调用 Context.getSystemService (Context.CONNECTIVITY_SERVICE)来获得该类的实例，当网络连接变化时它会及时通知应用程序。

(2) NetworkInfo：该类描述了一个给定类型的网络接口的状态信息，通常是 WiFi 和移动网。

下面的代码用于测试 WiFi 和移动网连接，判断这些网络接口是否可用以及是否已经建立连接：

```
private static final String DEBUG_TAG = "NetworkStatusExample";
...
ConnectivityManager connMgr = (ConnectivityManager)
        getSystemService(Context.CONNECTIVITY_SERVICE);
NetworkInfo networkInfo = connMgr.getNetworkInfo(ConnectivityManager.TYPE_WIFI);
boolean isWifiConn = networkInfo.isConnected();
networkInfo = connMgr.getNetworkInfo(ConnectivityManager.TYPE_MOBILE);
            boolean isMobileConn = networkInfo.isConnected();
            Log.d(DEBUG_TAG, "Wifi connected: " + isWifiConn);
            Log.d(DEBUG_TAG, "Mobile connected: " + isMobileConn);
```

在执行网络操作前应经常检查 isConnected()，而不要总是凭自己对网络是否可用进行判断，因为 isConnected()能够处理网络不稳定、飞行模式、后台数据受限等问题。检查网络是否可用的更精确的方法如下：

```
public boolean isOnline() {
    ConnectivityManager connMgr = (ConnectivityManager)
            getSystemService(Context.CONNECTIVITY_SERVICE);
    NetworkInfo networkInfo = connMgr.getActiveNetworkInfo();
    return (networkInfo != null && networkInfo.isConnected());
}
```

其中，getActiveNetworkInfo()返回一个 NetworkInfo 实例来表示它所发现的第一个已经连接的网络接口；如果没有网络连接，则返回 null。

2. 管理网络的使用

Android 平台提供了支持对网络使用进行必要管理的多种方法。可以使用一个能清楚控制应用程序对网络资源使用的 Preferences Activity，例如，可以只允许用户在通过 WiFi 网络连接时才能上传视频；也可以按照指定的标准来进行同步或不同步，比如网络可用性，时间间隔等。

要写一个支持网络访问和网络使用管理的应用程序，必须在 Manifest 文件中提供恰当的授权和意图过滤器，包括以下授权：

(1) android.permission.INTERNET：允许网络打开网络 sockets；

(2) android.permission.ACCESS_NETWORK_STATE：允许应用程序访问与网络有关的信息。

可以为 MANAGE_NETWORK_USAGE 行为声明一个意图过滤器，表明你的应用程序定义了一个提供控制数据使用选项的 Activity。

MANAGE_NETWORK_USAGE 显示了指定的应用程序为管理网络数据使用而进行的设置。当应用程序已经有一个设置好的 Activity 以允许用户控制对网络的使用时，就必须为这个 Activity 设置意图过滤器。在下面的示范程序中，这个行为由类 SettingsActivity 来处理，它能显示一个参考用户界面以便让用户决定什么时候下载一个节目。

```
<?xml version="1.0" encoding="utf-8"?>
<manifest xmlns:android="http://schemas.android.com/apk/res/android"
    package="com.example.android.networkusage"
    ...>
    <uses-sdk android:minSdkVersion="4"
           android:targetSdkVersion="14" />
    <uses-permission android:name="android.permission.INTERNET" />
    <uses-permission android:name="android.permission.ACCESS_NETWORK_STATE" />

    <application
        ...>
        ...
        <activity android:label="SettingsActivity" android:name=".SettingsActivity">
            <intent-filter>
                <action android:name="android.intent.action.MANAGE_NETWORK_USAGE" />
                <category android:name="android.intent.category.DEFAULT" />
            </intent-filter>
        </activity>
    </application>
</manifest>
```

3. 实现一个 Preferences Activity

正如在上面摘录的 Manifest 文件中看到的，示例程序的 SettingsActivity 有一个为

MANAGE_NETWORK_USAGE 提供的意图过滤器。SettingsActivity 是 PreferenceActivity 的一个子类，它显示了如图 3-14 所示的一个参数选项屏幕，可以让用户指定以下内容：

(1) 是显示每个 XML 节目入口的摘要，还是仅仅显示每个节目入口的链接。

(2) 是只要有任何可用网络连接，还是只有 WiFi 可用时，才能下载 XML 节目。

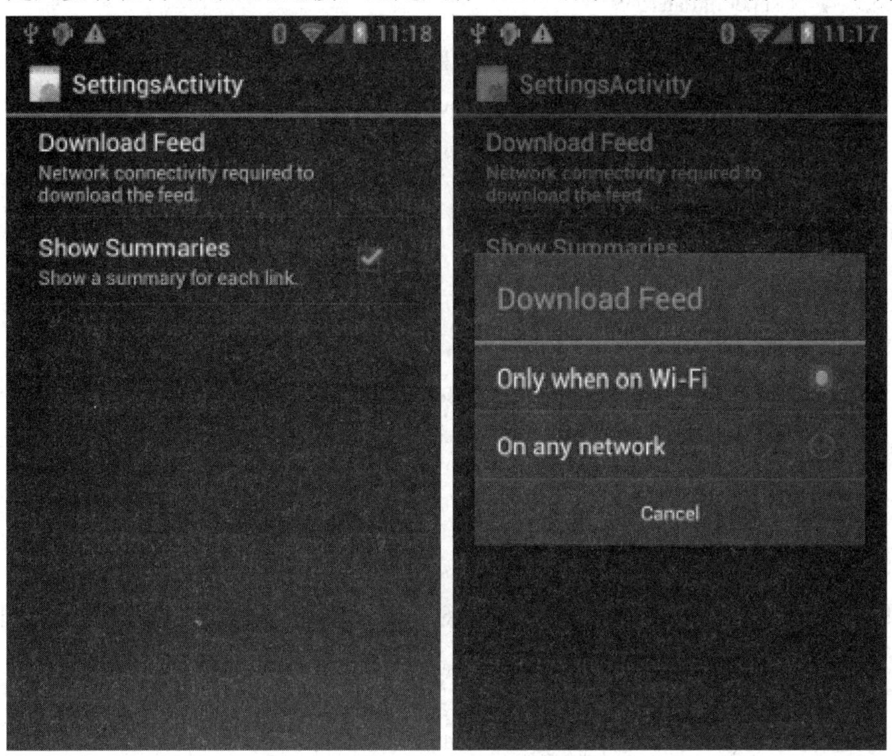

图 3-14　SettingsActivity

SettingsActivity 使用了 OnSharedPreferenceChangeListener。当用户更改参数时，它会触发 onSharedPreferenceChanged()，进而由后者把 refreshDisplay 设置为 true，从而使用户返回主活动时显示也得到刷新。

```
public class SettingsActivity extends PreferenceActivity implements OnSharedPreferenceChangeListener {
    @Override
    protected void onCreate(Bundle savedInstanceState) {
        super.onCreate(savedInstanceState);
                //加载 XML 参数文件
        addPreferencesFromResource(R.xml.preferences);
    }
    @Override
    protected void onResume() {
        super.onResume();
        //不管什么时候发生重要变化，都注册一个监听器
getPreferenceScreen().getSharedPreferences().registerOnSharedPreferenceChangeListener(this);
```

```
    }

    @Override
    protected void onPause() {
        super.onPause();

      //注销在 onResume()中设置的监听器。最好的做法是在应用程序不再使用时注销监听器,
      //以减少必要的系统开销。在 onPause()中做到这一点
getPreferenceScreen().getSharedPreferences().unregisterOnSharedPreferenceChangeListener(this);
    }
    // 当用户更改参数时，onSharedPreferenceChanged()作为一个新任务重新启动主活动，
    // 设置 refreshDisplay 标志为“true”，以示主活动应更新其显示。
    // 主活动查询 PreferenceManager，以获得最新的设置。
    @Override
    public void onSharedPreferenceChanged(SharedPreferences sharedPreferences, String key) {
        NetworkActivity.refreshDisplay = true;
    }
}
```

4. 响应参数变化

当用户在设置屏幕改变参数时，通常会对应用程序的行为特征带来影响。在下面的代码中，应用程序在 onStart()中检查参数设置，如果网络连接与参数设置匹配(比如，设置为“WiFi”，而恰好有可用 WiFi)，应用程序就下载节目并刷新显示。

```
public class NetworkActivity extends Activity {
    public static final String WIFI = "Wi-Fi";
    public static final String ANY = "Any";
    private static final String URL =
"http://stackoverflow.com/feeds/tag?tagnames=android&sort=newest";

        // 是否有一个 WiFi 连接
    private static boolean wifiConnected = false;
        // 是否有一个移动网连接
    private static boolean mobileConnected = false;
        // 是否要刷新显示
    public static boolean refreshDisplay = true;
        // 用户的现有网络的参数设置
    public static String sPref = null;
        // 跟踪网络连接变化的广播监听器
    private NetworkReceiver receiver = new NetworkReceiver();

    @Override
    public void onCreate(Bundle savedInstanceState) {
```

```
        super.onCreate(savedInstanceState);

        //注册广播监听器来跟踪网络连接变化
        IntentFilter filter = new IntentFilter(ConnectivityManager.CONNECTIVITY_ACTION);
        receiver = new NetworkReceiver();
        this.registerReceiver(receiver, filter);
    }

    @Override
    public void onDestroy() {
        super.onDestroy();
        // 当应用破坏时注销广播监听器
        if (receiver != null) {
            this.unregisterReceiver(receiver);
        }
    }

    // 如果网络连接和参数设置允许，则刷新显示

    @Override
    public void onStart () {
        super.onStart();

        // 获取用户网络参数设置
        SharedPreferences sharedPrefs = PreferenceManager.getDefaultSharedPreferences(this);

        // 恢复首选项字符串数值，如果没有找到参数值，则第二个参数就是默认的值
        sPref = sharedPrefs.getString("listPref", "WiFi");
        updateConnectedFlags();
        if(refreshDisplay){
            loadPage();
        }
    }

    // 检查网络连接并相应地设置 wifiConnected 和 mobileConnected 变量
    public void updateConnectedFlags() {
        ConnectivityManager connMgr = (ConnectivityManager)
                getSystemService(Context.CONNECTIVITY_SERVICE);

        NetworkInfo activeInfo = connMgr.getActiveNetworkInfo();
        if (activeInfo != null && activeInfo.isConnected()) {
            wifiConnected = activeInfo.getType() == ConnectivityManager.TYPE_WIFI;
            mobileConnected = activeInfo.getType() == ConnectivityManager.TYPE_MOBILE;
```

```
            } else {
                wifiConnected = false;
                mobileConnected = false;
            }
        }
        // 使用 AsyncTask 子类从 stackoverflow.com 网站下载 XML 节目
        public void loadPage() {
            if (((sPref.equals(ANY)) && (wifiConnected || mobileConnected))
                    || ((sPref.equals(WIFI)) && (wifiConnected))) {
                // AsyncTask 子类
                new DownloadXmlTask().execute(URL);
            } else {
                showErrorPage();
            }
        }
    ...
    }
```

5. 检测连接的变化

管理网络最后的难题是 BroadcastReceiver 的子类 NetworkReceiver。当设备的网络连接发生变化时，NetworkReceiver 中断 CONNECTIVITY_ACTION， 判断网络连接处于什么状态，并相应地设置 wifiConnected 或 mobileConnected 为 true 或 false。其结果是，当用户下次再返回应用程序时，只会下载最后的节目，且在设置 NetworkActivity.refreshDisplay 为 true 时刷新显示。

建立一个不必要的 BroadcastReceiver 是对系统资源的浪费。示例程序在 onCreate()中注册了一个 BroadcastReceiver，又在 onDestroy()中注销。这还不如在 Manifest 文件中声明一个<receiver>。当在 Manifest 文件中声明一个<receiver>时，它可以在任何时间唤醒应用程序，即使应用程序已经运行了数周。

通过在主活动中注册和注销 NetworkReceiver，可以确保应用程序不会在用户离开后被唤醒。如果在 Manifest 文件中声明一个<receiver>并知道在哪儿要用到它，就可以使用 setComponentEnabledSetting() 在需要的时候启用或者取消它。下面是一个 NetworkReceiver 程序：

```
public class NetworkReceiver extends BroadcastReceiver {
    @Override
    public void onReceive(Context context, Intent intent) {
        ConnectivityManager conn = (ConnectivityManager)
            context.getSystemService(Context.CONNECTIVITY_SERVICE);
        NetworkInfo networkInfo = conn.getActiveNetworkInfo();
        //检查用户参数和网络连接。根据检查结果，决定是刷新显示还是保持当前显示
```

```
        //如果用户参数仅 WiFi，则检查设备是否有 WiFi 连接
        if (WIFI.equals(sPref) && networkInfo != null && networkInfo.getType() ==
    ConnectivityManager.TYPE_WIFI) {
        //如果设备有 WiFi 连接，设置 refreshDisplay 为 true，这导致用户返回应用程序时
        //显示被刷新
            refreshDisplay = true;
            Toast.makeText(context, R.string.wifi_connected,
    Toast.LENGTH_SHORT).show();
        //如果设置为任何网络并且确实有一个 网络连接，设置 refreshDisplay 为 true
        } else if (ANY.equals(sPref) && networkInfo != null) {
            refreshDisplay = true;
        //否则，应用程序就不能下载内容，要么是因为没有网络连接，要么是设置的是 WiFi
        //但没有 WiFi 连接。设置 refreshDisplay 为 false
        } else {
            refreshDisplay = false;
            Toast.makeText(context, R.string.lost_connection,
    Toast.LENGTH_SHORT).show();
        }
    }
}
```

3.2.3 WiFi 直连

WiFi 直连功能允许 Android 4.0(API 14 级)或更高版本的设备通过 WiFi 直接连接。WiFi 直连通过高速链路进行通信，距离远远大于蓝牙连接。这个功能对多用户共享数据的应用非常有用，比如多人游戏或照片共享等。

1. 设置应用授权

为使用 WiFi 直连，应在 Manifest 文件中增加 CHANGE_WIFI_STATE、ACCESS_WIFI_STATE、INTERNET 授权。尽管 WiFi 直连不需要互联网连接，但是因为使用标准的 Java sockets，所以需要 INTERNET 授权。

```
<manifest xmlns:android="http://schemas.android.com/apk/res/android"
    package="com.example.android.nsdchat"
    ...
    <uses-permission
        android:required="true"
        android:name="android.permission.ACCESS_WIFI_STATE"/>
    <uses-permission
        android:required="true"
        android:name="android.permission.CHANGE_WIFI_STATE"/>
```

```
<uses-permission
    android:required="true"
    android:name="android.permission.INTERNET"/>
    ...
```

2. 设置 BroadcastReceiver 和 P2P Manager

为使用 WiFi 直连，需要监听广播通知，当某些事件发生时它会及时通知应用程序。下面介绍如何设置 BroadcastReceiver 和 P2P Manager。在应用程序中实例化一个 IntentFilter，并设置让它监听下列消息：

(1) WIFI_P2P_STATE_CHANGED_ACTION：表示 WiFi P2P 是否允许；

(2) WIFI_P2P_PEERS_CHANGED_ACTION：表示可用 Peer 列表发生了改变；

(3) WIFI_P2P_CONNECTION_CHANGED_ACTION：表示 WiFi P2P 连接状态发生了改变；

(4) WIFI_P2P_THIS_DEVICE_CHANGED_ACTION：表示设备的配置细节发生了改变。

P2P 是 Peer to Peer 的简称，即对等网络，也称为对等连接。相比于 Client/Server 模式，P2P 是一种新的通信模式，每个参与者均具有同等的能力，可以发起一个通信会话。对参与通信的两个实体中的每一个来说，Peer 就是指与之通信的另一个实体。上述 WiFi P2P 消息的使用如下面的代码所示：

```
private final IntentFilter intentFilter = new IntentFilter();
...
@Override
public void onCreate(Bundle savedInstanceState) {
    super.onCreate(savedInstanceState);
    setContentView(R.layout.main);
    //表示 WiFi P2P 状态发生了改变
intentFilter.addAction(WifiP2pManager.WIFI_P2P_STATE_CHANGED_ACTION);
    //表示可用 peer 列表发生了改变
intentFilter.addAction(WifiP2pManager.WIFI_P2P_PEERS_CHANGED_ACTION);
    //表示 WiFi P2P 连接状态发生了改变
intentFilter.addAction(WifiP2pManager.WIFI_P2P_CONNECTION_CHANGED_ACTION);
    //表示设备的配置细节发生了改变
    intentFilter.addAction(WifiP2pManager.WIFI_P2P_THIS_DEVICE_CHANGED_ACTION);
    ...
}
```

在 onCreate()方法的结尾，获得 WifiP2pManager 的实例，并调用其 initialize()方法。该方法返回一个 WifiP2pManager.Channel 对象，用于后面把应用程序连接到 WiFi 直连框架，代码如下：

```
@Override
Channel mChannel;
```

```
public void onCreate(Bundle savedInstanceState) {
    ....
    mManager = (WifiP2pManager) getSystemService(Context.WIFI_P2P_SERVICE);
    mChannel = mManager.initialize(this, getMainLooper(), null);
}
```

接下来，创建一个新的 BroadcastReceiver 类来监听系统中的 WiFi P2P 状态。在 onReceive()方法中增加一个条件来处理上述 WiFi P2P 状态的变化，代码如下：

```
@Override
public void onReceive(Context context, Intent intent) {
        String action = intent.getAction();
          if (WifiP2pManager.WIFI_P2P_STATE_CHANGED_ACTION.equals(action)) {
              //判断 WiFi 直连是否允许
    int state = intent.getIntExtra(WifiP2pManager.EXTRA_WIFI_STATE, -1);
              if (state == WifiP2pManager.WIFI_P2P_STATE_ENABLED) {
                  activity.setIsWifiP2pEnabled(true);
              } else {
                  activity.setIsWifiP2pEnabled(false);
              }
          } else if (WifiP2pManager.WIFI_P2P_PEERS_CHANGED_ACTION.equals(action)) {
              //peer 列表发生了改变，可能要进行处理

          } else if
(WifiP2pManager.WIFI_P2P_CONNECTION_CHANGED_ACTION.equals(action)) {
              //连接状态发生了改变，可能要进行处理
          } else if
(WifiP2pManager.WIFI_P2P_THIS_DEVICE_CHANGED_ACTION.equals(action)) {
              DeviceListFragment fragment = (DeviceListFragment) activity.getFragmentManager()
                      .findFragmentById(R.id.frag_list);
              fragment.updateThisDevice((WifiP2pDevice) intent.getParcelableExtra(
                      WifiP2pManager.EXTRA_WIFI_P2P_DEVICE));
          }
    }
```

最后，增加代码，当主活动激活时注册 intentFilter 和 BroadcastReceiver，当活动暂停时注销它们。最佳的使用场合是在 onResume() 和 onPause()方法中，代码如下：

```
/** 用匹配的值注册 BroadcastReceiver*/
@Override
public void onResume() {
   super.onResume();
   receiver = new WiFiDirectBroadcastReceiveir(mManager, mChannel, this);
```

```
        registerReceiver(receiver, intentFilter);
    }
    @Override
    public void onPause() {
        super.onPause();
            unregisterReceiver(receiver);
    }
```

3. 初始化 Peer 发现

用 WiFi 直连启动临近设备搜索要调用 discoverPeers()，这个方法还需要用到 WifiP2pManager.Channel 和 WifiP2pManager.ActionListener 两个参数，代码如下：

```
mManager.discoverPeers(mChannel, new WifiP2pManager.ActionListener() {
    @Override
    public void onSuccess() {
        //在这里加入当初始化成功时要执行的操作，如果没有发现服务，这个方法可空置。
        //针对 Peer 发现的代码在 onReceive 方法中，详见下面
    }
    @Override
    public void onFailure(int reasonCode) {
        //在这里加入当初始化失败时要执行的操作，告诉用户什么事出错了
    }
});
```

这里仅仅初始化了 Peer 发现，discoverPeers() 方法启动发现过程然后会立即返回。如果 Peer 发现通过调用动作监听器中的方法成功地进行了初始化，就会通知应用程序。而且，发现过程会一直保持激活直到一个连接建立或者一个 P2P 群建立。

4. 提取 Peer 列表

下面的代码是提取和处理 Peer 列表的。先使用 WifiP2pManager.PeerListListener 接口，它提供了 WiFi 直连监测到的关于 Peer 的信息，代码如下：

```
private List peers = new ArrayList();
    ...
    private PeerListListener peerListListener = new PeerListListener() {
        @Override
        public void onPeersAvailable(WifiP2pDeviceList peerList) {
            // 旧的就出去，新的进来
            peers.clear();
            peers.addAll(peerList.getDeviceList());
            // 如果一个 AdapterView 在这些数据后面，注意它的变化
        ((WiFiPeerListAdapter) getListAdapter()).notifyDataSetChanged();
            if (peers.size() == 0) {
```

```
                Log.d(WiFiDirectActivity.TAG, "No devices found");
                    return;
            }
        }
    }
```

当接收到 WIFI_P2P_PEERS_CHANGED_ACTION 时，修改 BroadcastReceiver 的 onReceive()方法来调用 requestPeers()。然后，通过某种方法把监听器传递给接收器，其中一种方法是把它作为 BroadcastReceiver 结构的参数。代码如下：

```
public void onReceive(Context context, Intent intent) {
    ...
    else if (WifiP2pManager.WIFI_P2P_PEERS_CHANGED_ACTION.equals(action)) {
        if (mManager != null) {
            mManager.requestPeers(mChannel, peerListListener);
        }
        Log.d(WiFiDirectActivity.TAG, "P2P peers changed");
    }...
}
```

5. 连接 Peer

为了与 Peer 建立通信连接，先创建一个新的 WifiP2pConfig 对象，并把数据从代表设备的 WifiP2pDevice 复制到该对象中，然后调用 connect()方法，代码如下：

```
@Override
public void connect() {
    // 取出从网络上发现的第一个设备
    WifiP2pDevice device = peers.get(0);
    WifiP2pConfig config = new WifiP2pConfig();
    config.deviceAddress = device.deviceAddress;
    config.wps.setup = WpsInfo.PBC;
    mManager.connect(mChannel, config, new ActionListener() {
        @Override
        public void onSuccess() {
            // WiFiDirectBroadcastReceiver 会通知我们，这里忽略它
        }
        @Override
        public void onFailure(int reason) {
            Toast.makeText(WiFiDirectActivity.this, "Connect failed. Retry.",
                    Toast.LENGTH_SHORT).show();
        }
    });
}
```

上述 WifiP2pManager.ActionListener 只在初始化成功或失败时才通知我们，为了监听连接状态的变化，应使用 WifiP2pManager.ConnectionInfoListener 接口。当连接状态发生变化时，它的回调函数 onConnectionInfoAvailable()就会发出通知。所谓回调函数，就是一个通过函数指针调用的函数。回调函数不是由该函数的实现方直接调用，而是在特定的事件或条件发生时由另外一方调用，用于对该事件或条件进行响应。当多个设备将要连接同一个设备时，其中一个设备被设计为群拥有者。代码如下：

```
@Override
public void onConnectionInfoAvailable(final WifiP2pInfo info) {
        // 由 WifiP2pInfo 结构给出的 InetAddress
    InetAddress groupOwnerAddress = info.groupOwnerAddress.getHostAddress());
        // 群协商完成后，就可以知道谁是群所有者
    if (info.groupFormed && info.isGroupOwner) {
        // 做指定给群所有者的任务
        // 通常是创建一个服务器进程来接受进入的连接
    } else if (info.groupFormed) {
        // 另一个设备作为客户端，在这个例子中，将创建一个客户端
        // 来连接群所有者
    }
}
```

现在修改监听 WIFI_P2P_CONNECTION_CHANGED_ACTION 的部分，调用 requestConnectionInfo()，这是一个异步调用，结果将作为一个连接信息监听器的参数形式得到。代码如下：

```
...
} else if (WifiP2pManager.WIFI_P2P_CONNECTION_CHANGED_ACTION.equals(action)) {
    if (mManager == null) {
        return;
    }
    NetworkInfo networkInfo = (NetworkInfo) intent
            .getParcelableExtra(WifiP2pManager.EXTRA_NETWORK_INFO);
    if (networkInfo.isConnected()) {
        // 已经与其他设备连接，请求连接信息以查找群所有者 IP
        mManager.requestConnectionInfo(mChannel, connectionListener);
    }
    ...
```

Android API 还有一个 NSD(Network Service Discovery，网络服务发现)功能，用于进一步允许应用程序寻找附近运行有可以与之通信的服务的设备。把这些功能集成进应用程序可以实现各种有特色的功能，比如与同在一室的用户玩游戏，从网络化的 NSD 相机中取照片，或者远程登录位于同一个网络上的机器。

3.2.4 其他通信API

1. 蓝牙

Android平台包含支持蓝牙的协议栈，它允许一台设备以无线方式与其他蓝牙设备交换数据。应用程序框架通过Android蓝牙API提供访问蓝牙功能的能力。这些API让应用程序以无线方式连接到其他蓝牙设备，可实现点对点和点对多点的无线功能。Android应用程序可以使用蓝牙API执行以下操作：

- 扫描其他蓝牙设备。
- 查询本地蓝牙适配器所配对的蓝牙设备。
- 建立RFCOMM通道。
- 通过服务发现连接到其他设备。
- 与其他装置进行数据传输。
- 管理多个连接。

使用Android蓝牙API来进行通信的四个主要任务：建立蓝牙，寻找本地可配对或可提供的设备，连接设备，设备之间的数据传输。所有蓝牙的API都在android.bluetooth包里。

2. 近场通信

近场通信(NFC)是一种短距离无线技术，有效通信距离通常在4 cm以内。NFC可以让一个NFC标签和一台Android设备或两台Android设备分享小的数据载荷。

标签的复杂性可以有很大差异。简单的标签只能读、写，有时还带有一次性可编程区使卡只能被读取。更复杂的标签提供数学运算能力，有一个加密硬件来对扇区的访问进行身份验证。最先进的标签中包含操作系统环境，允许与标签上的代码进行复杂的互动。在标签中存储的数据也可以是用各种不同格式“写”的，不过许多Android API都是基于一个被NFC论坛称为NDEF的数据格式标准。

3. USB主机和配件

USB是英文Universal Serial BUS(通用串行总线)的缩写，是一个外部总线标准，用于规范电脑与外部设备的连接和通信。Android支持两种模式的各种USB外围设备和Android USB附件(指实现Android附件协议的硬件)。这两种模式分别为USB主机模式和USB配件模式，它们之间的比较如图3-15所示。

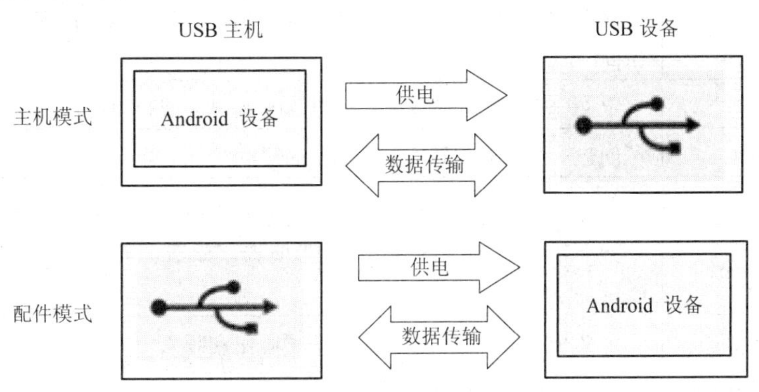

图3-15　USB主机和配件模式比较示意图

在USB配件模式下，外部USB硬件作为USB主机。USB配件的例子包括使用了USB接口的机器人控制器、音乐设备和读卡器等。这使不具有主机功能的Android设备具有了与USB硬件交互的能力。Android的USB配件必须能够与Android的设备协同工作，并遵循Android附件通信协议。

在USB主机模式下，Android设备作为主设备，比如数码相机、键盘、鼠标和游戏控制器等。USB设备是为多种应用和环境而设计的，它也可以和能够正确地与设备进行通信的Android应用程序进行互动。

图3-15显示出了两种模式之间的差异。当Android手机在主机模式下时，它作为USB主机并为总线供电；当Android手机在USB配件模式下时，它所连接的USB硬件(该例中是一个Android USB附件)作为主机并为总线供电。

4. 会话发起协议(SIP)

Android提供了一个支持会话发起协议(SIP)的API，使开发者可以把基于SIP的网络电话功能添加到应用程序中。Android包括一个完整的SIP协议栈和集成化的呼叫管理服务，让应用程序能很容易地设置呼出和呼入语音通话，而无需管理会话、传输层通信、音频记录或直接播放，比如视频会议和及时通信等应用程序都可能使用SIP API。

开发一个SIP应用有以下要求和限制：

- 必须有一个运行Android 2.3或更高版本的移动设备。
- SIP运行在无线数据链路上，因而使用的设备必须有一个数据连接(3G或WiFi)。这也意味着只能在一个物理设备上测试，而不能在AVD上进行测试。
- 应用程序通信会话的每个参与者必须有一个SIP账户。

SIP API的类和接口如表3-2所示。

表3-2 SIP API的类和接口

类/接口	描　述
SipAudioCall	处理SIP的互联网音频呼叫
SipAudioCall.Listener	与SIP呼叫有关的事件侦听器，例如正在接收一个呼叫(“振铃”)，或者是发出一个呼叫(“呼叫”)
SipErrorCode	定义在SIP活动中返回的错误代码
SipManager	提供管理SIP的任务的API，如初始化SIP连接，提供对相关SIP服务的访问
SipProfile	定义一个SIP配置文件，包括SIP账户、域和服务器的信息
SipProfile.Builder	创建一个SIP配置文件的Helper类
SipSession	代表与一个SIP对话或一个不在SIP对话中的独立事务相关的SIP会话
SipSession.Listener	一个与SIP会话事件有关的监听器，如当一个会话正在注册(或正在注册中)，或者电话正在呼出(呼叫)
SipSession.State	定义SIP会话的状态，如注册、呼出和呼入
SipRegistrationListener	一个SIP注册事件监听器的接口

3.3　Android 平台其他资源

除了支持各种通信功能的 API 外，Android 还为开发应用程序提供了很多其他 API 资源。学习和掌握这些资源，对于基于 Android 的移动互联网应用开发者而言是一项必不可少的基础。限于本教材的定位和篇幅，下面仅对这些资源作简要介绍，建议读者到 Android 官方网站(http://developer.android.com/index.html)进行更全面和深入的学习。

3.3.1　用户界面

在 Android 平台上，所有应用程序的用户界面都是由 View 和 ViewGroup 对象构建的。View 是一个可以在手机屏幕上画某些东西的对象，用户可以通过它与应用程序进行交互。ViewGroup 是一个控制其他 View 以便进行界面布局的对象。Android 平台提供了一组 View 和 ViewGroup 的子类，支持用户的命令输入控制(如按钮和文本框)和各种布局模块(比如线性和相对布局)。

1. 用户界面布局

用户界面通过一个由 View 和 ViewGroup 对象构成的分层结构来定义，如图 3-16 所示。ViewGroup 是一个对其下一层的 View 和 ViewGroup 进行组织的容器，其中的 View 可能是输入控件，或者是用来刻画用户界面某些部分的其他控件。这个分层树可以简单也可以复杂，这完全取决于设计者的需要，但简单的结构对应的应用程序性能更好。

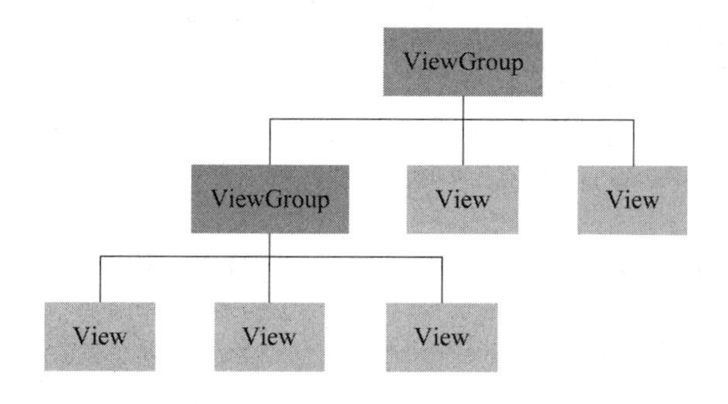

图 3-16　View 分级树示意图

要声明一个用户界面的布局，可以通过编码来实例化一个 View 对象，然后开始构建一个分层树的方式来实现。但定义布局更有效率的方法是通过一个 XML 文件来实现，XML 文件提供了一个可以读懂的布局结构，类似于 HTML。

一个 View 的 XML 文件元素对应于它所代表的 Android 类，一个<TextView>元素在用户界面上创建一个 TextView 控件，而一个<LinearLayout> 元素创建一个线性布局的视图组。比如，一个简单的具有一个文本框和一个按钮的垂直布局的 XML 文件的代码如下：

```
<?xml version="1.0" encoding="utf-8"?>
<LinearLayout xmlns:android="http://schemas.android.com/apk/res/android"
              android:layout_width="fill_parent"
              android:layout_height="fill_parent"
              android:orientation="vertical" >
    <TextView android:id="@+id/text"
              android:layout_width="wrap_content"
              android:layout_height="wrap_content"
              android:text="I am a TextView" />
    <Button android:id="@+id/button"
              android:layout_width="wrap_content"
              android:layout_height="wrap_content"
              android:text="I am a Button" />
</LinearLayout>
```

当应用程序加载一个布局资源时，Android 系统会把这个布局的各个节点初始化到一个运行中的对象中。然后，可以通过该对象定义附加的特性，询问该对象的状态或者修改布局。

2. 常用用户界面部件

实际上，设计者无需用 View 及 ViewGroup 来搭建整个用户界面，Android 平台提供了几个部件以生成标准的用户界面，设计者只需要简单定义其内容就可以了。这些部件每个都有唯一的 API 集，并定义在其对应的文件中，包括 Layouts、Input Controls、Input Events、Menus、Action Bar、Settings、Dialogs、Notifications、Toasts、Search、Drag and Drop、Accessibility、Styles and Themes、Custom Component 等。它们对于设计简约、美观的手机应用界面十分有用。

3.3.2 动画和图形

Android 为将动画用于 UI 元素及绘制自定义的 2D 和 3D 图形提供了多种功能强大的 API。

1. 动画

Android 框架提供了两种动画系统：属性动画(在 Android 3.0 中引入)和视图动画。虽然这两种动画系统都是可行的选择，但一般来说属性动画是首选，因为它更灵活，并能提供更多的功能。除这两个动画系统外，还可以使用可绘制动画，它允许加载绘制资源并一帧接一帧显示。

1) 属性动画

在 Android 3.0(API 等级 11)中引入属性动画系统，它能驱动任何对象的属性，包括那些不渲染到屏幕上的对象。另外，该系统是可扩展的，可以使用自定义类型的属性。

2) 视图动画

视图动画是一种旧的系统，只用于视图。它比较容易建立，并能提供足够的功能，以满足许多应用的需要。

3) 可绘制动画

可绘制动画允许调入可绘制资源，像胶卷一样一个接一个显示动画。如果要演示的东西容易表达，那么这种方法非常有用，比如连续的位图等内容。

2. 2D和3D图形

编写应用程序时，很重要的一点是要考虑你的图形究竟需要什么。不同的图形任务由不同的技术实现。例如，用于静态应用与用于游戏应用的图形和动画的实现方式有很大差别。下面将讨论一些在Android系统绘制图形时的选项，以及它们最适合的任务。

1) 画布和绘制

Android为一大批用户界面的常用功能提供了一套窗口小部件，且可以扩展这些部件来修改其表观或行为。此外，也可以使用画布类的各种绘制方法进行自定义的2D渲染，或者为有织纹的按钮和一帧接一帧的动画创建可绘制的对象。

2) 硬件加速

从Android 3.0开始，可以通过Canvas APIs对大多数绘制工作进行硬件加速。

3) OpenGL

OpenGL是个专业的3D程序接口且是一个功能强大且调用方便的底层3D图形库。Android系统使用OpenGL的标准接口来支持3D图形功能。Android 3D图形系统分为Java框架和本地代码两部分。本地代码主要实现OpenGL接口库。在Java框架层，javax.microedition.khronos.opengles是Java标准的OpenGL包，android.opengl包提供了OpenGL系统和Android GUI系统之间的联系。通过Android API和本地开发套件(NDK)，Android支持OpenGL ES 1.0和2.0。若想使用Android API为应用程序添加一些Canvas API不支持的图形增强功能，或者希望平台具有独立性且不需要高性能时，就需要使用Android API。使用Android API和NDK有一个性能贴合的问题，尽管可以使用Android API获得足够的性能，但对于很多图形密集的应用程序，如游戏，使用NDK更有优势。如果有很多要移植到Android的原有代码，那么具有NDK的OpenGL也是非常有用的。

3.3.3 数据存储

数据存储功能支持应用程序把数据存储到数据库、文件或开发者喜欢的其他内部或可移动存储介质，还可以添加一个数据备份服务，让用户可以存储和恢复系统及应用程序的数据。

1. 存储选项

Android为保存应用程序的永久数据提供了几种选择。解决方案的选择依赖于特定的需求，比如数据是为应用程序私有，还是允许其他应用程序和用户访问，或者数据需要多大的空间等。

可选的数据存储方式有以下几种：

(1) 共享 Preferences：以键-值对方式存储私有原始数据；

(2) 内部存储：把私有数据存储在设备的内存中；

(3) 外部存储：把公共数据存储在外部共享存储介质中；

(4) SQLite 数据库：在专用数据库中存储结构化数据；

(5) 网络存储：将数据储存到自己在网络上的 Web 服务器。

Android 提供了一种通过 content provider 把私有数据开放给其他应用程序的方法。content provider 是一个可选组件，它开放对应用程序数据的读/写访问，以便实现开发者的各种意图。

2. 数据备份

Android 的备份服务可以把应用程序的永久数据复制到远端云存储，为应用程序的数据和设置提供一个还原点。如果用户把设备重置回出厂设置或者迁移到一个新的 Android 手机，就需要重新安装应用程序。在这种情况下，可以利用备份数据自动恢复手机的数据和设置，而不需要用户重复他们以前的设置过程，并且恢复过程对用户是完全透明的，不会影响应用程序的功能和用户体验。

应用程序可以请求备份操作。在备份操作期间，Android 的备份管理器(Backup Manager)查询应用程序的备份数据，然后把它交给一个备份传输通道，传输通道再把数据提交到云存储。在还原操作过程中，备份管理器从备份传输通道提取出备份数据，并返回给应用程序，使应用程序可以将数据恢复到设备。应用程序也可以请求恢复存储数据，但这不是必要的，因为每当应用程序进行安装或者现有备份数据与用户建立关联时，Android 会自动执行恢复操作。恢复备份数据操作主要用于用户对设备进行重新设置，或者升级到新设备后原有应用程序需要重新安装等场合。

但是，备份服务不是用来同步应用程序数据与其他客户端数据的，也不是用来在应用程序生命周期内保存想访问的数据的。除非通过备份管理器提供的 API，否则无法根据需求读取或写入备份数据，或者以任何方式访问它。

Android 的备份传输通道是客户端组件，是由设备制造商和服务提供商定制的，不同设备的备份传输通道可能会有很大不同。对应用程序来说，在任何给定设备上可提供哪些方式的备份传输通道是透明的。备份管理器的 API 把应用程序与给定设备的实际备份传输通道隔离开来，应用程序与备份管理器通过一组固定的 API 进行通信，而不管底层通过什么方式传输。

虽然并不是所有 Android 设备都确保提供数据备份，但是应用程序不会受到设备不支持备份传输的影响。如果你认为用户将受益于应用程序的数据备份，那么你应该设计并测试这个功能，然后发布你的应用程序而不需要关注哪些设备实际能够执行备份。在不提供备份传输的设备上运行应用程序时，应用程序可以正常运行，但不会从备份管理器备份接收保存数据的指令。

虽然可以不知道当前的传输方式是什么，但要确保备份数据不能被设备上的其他应用程序读取。在数据备份过程中，只有备份管理器和备份传输通道能够访问。此外，由于不同设备的云存储和传输服务可以完全不同，在使用备份功能时，Android 不作任何数据安全性保证，因而在实际开发中，应该谨慎使用数据备份来保存敏感数据，如用户名和密码等。

3.3.4　多媒体播放

Android 多媒体框架包括了对多种通常格式多媒体文件的播放支持，因此，可以很容易地把音频、视频和图像集成进应用程序。你可以播放应用程序资源池或者文件系统中单独资源中的音频和视频文件，也可以播放从网络上实时接收到的音频和视频文件，所有这些应用都需要使用 MediaPlayer APIs。不过，播放音频文件必须使用标准的输出设备，通常指移动设备的扬声器或蓝牙耳机。另外，在通话时不能播放声音文件。

负责播放音视频的类有两个，分别是 MediaPlayer 和 AudioManager。MediaPlayer 是用于音频和视频播放的主要 API，AudioManager 则负责管理音频资源和设备的音频输出。

1. Manifest 声明

在使用 MediaPlayer 前，必须在 Manifest 文件中声明允许使用相关的特征。

(1) 互联网许可：如果 MediaPlayer 用来播放基于互联网的内容，那么应用程序必须申请访问网络的许可。代码如下：

```
<uses-permission android:name="android.permission.INTERNET" />
```

(2) 唤醒锁许可：如果要防止手机屏幕变为亮度较暗的节能状态，或者要防止处理器进入休眠状态，或者要使用 MediaPlayer.setScreenOnWhilePlaying()和 MediaPlayer.setWakeMode()方法时，必须申请许可。代码如下：

```
<uses-permission android:name="android.permission.WAKE_LOCK" />
```

2. 使用 MediaPlayer

下面是一个如何播放本地原始资源池(在应用程序目录下的 res/raw 子目录下)中音频的例子：

```
MediaPlayer mediaPlayer = MediaPlayer.create(context, R.raw.sound_file_1);
mediaPlayer.start(); //不需要调用 prepare()，create() 已经做了这件事
```

在这个例子中，原始资源指的是系统不会试图去对它做任何特别的分析，资源中的内容是编码和格式化好的能为系统所支持的多媒体文件，而不是指原始的音频。下面是一个从远程 URL 通过 HTTP 流来播放的例子：

```
String url = "http://........";                 //网址
MediaPlayer mediaPlayer = new MediaPlayer();
mediaPlayer.setAudioStreamType(AudioManager.STREAM_MUSIC);
mediaPlayer.setDataSource(url);
mediaPlayer.prepare();                          //可能很长 (用于缓存等)
mediaPlayer.start();
```

3. 媒体文件格式和视频编码

表 3-3 是 Android 支持的媒体文件格式，但实际的移动设备也可能支持更多的文件格式。

表 3-3 Android 支持的媒体文件格式

类型	编解码器	编码器	解码器	描　述	支持文件种类 /Container Formats
音频	AAC LC	有	有	单声道\立体声 8 kHz～48 kHz 标准频率采样	• 3GPP (.3gp) • MPEG-4 (.mp4, .m4a) • ADTS 原始的 AAC(.aac, 解码用 Android 3.1+，编码用 Android 4.0+，不支持 ADIF)
	HE-AACv1 (AAC+)	有 (Android 4.1+)	有		
	HE-AACv2 (enhanced AAC+)	无	有	立体声 8 kHz～48 kHz 标准频率采样	• MPEG-TS (.ts)
	AAC ELD (enhanced low delay AAC)	有 (Android 4.1+)	有 (Android 4.1+)	单声道/立体声，16 kHz～48 kHz 标准频率采样	
	AMR-NB	有	有	速率 4.75 kb/s～12.2 kb/s，采样频率 8 kHz	3GPP (.3gp)
	AMR-WB	有	有	4.75 kb/s～12.2 kb/s 的 9 个速率，采样频率 16 kHz	3GPP (.3gp)
	FLAC	无	有 (Android 3.1+)	单声道\立体声(无多声道)，采样频率超过 48 kHz(超过 44.1 kHz 时建议设备输出频率也是 44.1 kHz)	FLAC (.flac)
	MP3	无	有	单声道\立体声 8 kb/s～320 kb/s 固定或可变速率	MP3 (.mp3)
	MIDI	无	有	乐器数字接口 0 和 1，汽车音响版本 1 和 2，XMF 和移动 XMF，支持铃音格式 RTTTL/RTX、OTA 和 iMelody	• Type 0 和 1 (.mid, .xmf, .mxmf) • RTTTL/RTX (.rtttl, .rtx) • OTA (.ota) • iMelody (.imy)
	Vorbis	无	有		• Ogg (.ogg) • Matroska (.mkv, Android 4.0+)
	PCM/WAVE	有 (Android 4.1+)	有	8 bit 和 16 bit 线性 PCM 编码(速率不能超过硬件限制)。PCM 原始录音频率为 8 kHz，16 kHz，44.1 kHz	WAVE (.wav)

续表

类型	编解码器	编码器	解码器	描　　述	支持文件种类/Container Formats
图片	JPEG	有	有	Base+progressive	JPEG (.jpg)
	GIF	无	有		GIF (.gif)
	PNG	有	有		PNG (.png)
	BMP	无	有		BMP (.bmp)
	WEBP	有 (Android 4.0+)	有 (Android 4.0+)		WebP (.webp)
视频	H.263	有	有		• 3GPP (.3gp) • MPEG-4 (.mp4)
	H.264 AVC	有 (Android3.0+) 无	有	h.264 baseline	• 3GPP (.3gp) • MPEG-4 (.mp4) • MPEG-TS (.ts, AAC audio only, not seekable, Android 3.0+)
	MPEG-4 SP	无	有		3GPP (.3gp)
	VP8	无	有 (Android 2.3.3+)	只有 Android 4.0 或以上才支持 Stream 编码	• WebM (.webm) • Matroska (.mkv, Android 4.0+)

表 3-4 列举了一些 Android 媒体框架所支持播放的视频编码制式和参数。

表 3-4　Android 媒体框架支持播放的视频编码制式和参数

	SD (低质量)	SD (高质量)	HD (不是所有设备都支持)
视频编解码	H.264 Baseline Profile	H.264 Baseline Profile	H.264 Baseline Profile
视频显示/px	176 × 144	480 × 360	1280 × 720
视频帧速率/(f/s)	12	30	30
视频码率	56 kb/s	500 kb/s	2 Mb/s
音频编解码	AAC-LC	AAC-LC	AAC-LC
声音通道	1 (mono)	2 (stereo)	2 (stereo)
音频码率/(kb/s)	24	128	192

关于音视频的采集和播放等功能，在第八章中我们将作进一步介绍，在该章提供的移动视频监控和播放实例中要用到这些知识。

3.3.5 手机传感器

智能手机已经是一台 CPU、内存、输入/输出设备齐全的可移动的计算机，不应仅仅被看作是一台简单的通信终端。同时，手机与我们形影不离，手机的位置成了我们自己的位置，而手机拍出的照片也就是我们正在看的场景。因此，智能手机不仅可以作为用来听音乐、看电影、拍照的便携式消费电子设备，还可以实现多种传感器功能。2002 年，索尼爱立信发布全球首款拍照手机 P800，标志着手机传感器化的开始，摄像头让手机拥有了和现实世界交互的能力。2005 年，Nokia N95 的推出，又推动了 GPS 在手机中的集成。后来的 iPhone 又先后集成了重力加速传感器、电子罗盘等，这些都是手机终端传感器化的表现。

1. 传感器种类介绍

大多数 Android 手机具有内置传感器，用于测量运动、方向和不同的环境条件。这些传感器能够提供测量所得的原始数据，而且其精密度和准确度都比较高。如果要监视手机的移动或定位，或者要监视手机周围环境的变化，那么这些传感器是非常有用的。例如，游戏软件可以跟踪设备的重力感应器读数来推测复杂的用户手势和动作，比如倾斜、摇动、旋转或摆动；气象软件可以使用温度传感器和湿度传感器；旅游软件可以使用地磁场传感器和加速度计来确定罗盘方位。

Android 平台支持三大类传感器：

(1) 运动传感器：用于测量三个轴向的加速度和角加速度。这类传感器包括加速度计、重力感应器、陀螺仪、旋转向量传感器。

(2) 环境传感器：用于测量各种环境参数，例如空气温度和湿度，压力，照度等。这类传感器包括气压计、光度计和温度计等。

(3) 位置传感器：用于测量的设备的物理位置。这类传感器包括定向传感器和磁强计。

开发者可以访问设备上可用的传感器，并通过 Android 传感器框架来获取传感器的原始数据。Android 传感器框架提供了一些类和接口，以支持应用程序执行各种与传感器相关的任务。例如，可以使用传感器框架执行以下操作：

(1) 确定设备上可用的传感器；

(2) 确定单个传感器的功能，如最大距离、制造商、电源要求及分辨率；

(3) 获取原始传感器数据，定义最低数据采集速率；

(4) 注册和注销负责监控传感器变化的传感器事件监听器。

Android 传感器框架支持访问多种类型的传感器，这些传感器有基于硬件的，也有些是基于软件的。基于硬件的传感器内置在手机或平板电脑的硬件上。这些传感器数据的获得是通过直接测量特定的环境性能，如加速度、地磁场的强度或角度变化。基于软件的传感器虽然模仿基于硬件的传感器，但它们不是物理设备。基于软件的传感器从一个或多个基于硬件的传感器获得数据，因而有时也被称为虚拟传感器或合成传感器。加速度传感器和重力传感器就是基于软件的传感器。

很少有 Android 设备能同时拥有所有类型的传感器。比如，大多数手持设备和平板电脑拥有一个加速度计和磁强计，但很少有气压计或温度计。此外，一个设备可以有一个以上的给定类型的传感器，比如，一个设备可以有两个重力传感器，但每一个都具有不同的测量范围。表3-5为Android平台所支持的传感器类型。

表3-5 Android平台支持的传感器类型

传感器	类型	描　述	常见用途
加速度传感器	硬件	测量x，y和z三个轴向的加速度(单位：m/s^2)，包括重力加速度	运动检测(摇动，倾斜等)
环境温度传感器	硬件	测量室内环境温度(摄氏度)(单位：℃)	监测空气温度
重力传感器	软件或硬件	测量重力加速度(单位：m/s^2)	运动检测(摇动，倾斜等)
陀螺仪	硬件	测量设备围绕x，y和z三个轴向的旋转速率(单位：rad/s)	旋转检测(自旋，反转等)
光传感器	硬件	测量环境照度(单位：lx)	控制屏幕亮度
线加速度传感器	软件或硬件	测量x，y和z三个轴向的加速度(单位：m/s^2)，但不包括重力加速度	监测单一轴向的加速度
地磁场传感器	硬件	测量x，y和z三个轴向的地磁场强度(单位：μT)	创建一个指南针
方向传感器	软件	测量设备x，y和z三个轴向的角度。在API 3中，可以通过getRotationMatrix()方法联合使用重力传感器和地磁场传感器，得到设备的倾斜矩阵和旋转矩阵	确定设备的位置
气压传感器	硬件	测量环境空气的压力(单位：hPa或mbar)	监测空气压力的变化
接近传感器	硬件	测量物体相对设备的屏幕的接近程度。通常用该传感器来确定一个人的耳朵是否贴近手机	手机在通话过程中的位置
湿度传感器	硬件	测量相对湿度的百分比(单位：%)	监控露点，绝对和相对湿度
旋转矢量传感器	软件或硬件	通过旋转矢量的三要素测量设备的方向	运动检测和旋转检测
温度传感器	硬件	测量设备的温度(单位：℃)。不同设备的温度传感器也不同，在API 14中该传感器被替代为环境温度传感器	监测温度

2. 传感器框架

开发者可以访问各类传感器，并通过Android传感器框架获取传感器的原始数据。传感器框架是android.hardware包的一部分，包括以下类和接口：

- SensorManager：用来创建一个传感器实例，并提供多种方法以访问传感器，注册和注销传感器事件监听器及获取方向信息。另外，该类还提供了一些常量，用于报告传感器的精度、数据采集速率和校准传感器。

■ Sensor：用来创建一个特定的传感器实例，并提供了确定传感器各种功能的方法。

■ SensorEvent：用来创建一个传感器事件对象，它提供了与传感器事件有关的信息。一个传感器事件对象包括以下信息：传感器原始数据，产生事件的传感器类型，生成该事件的数据准确性，事件的时间戳。

■ SensorEventListener：可以使用该接口来创建两个回调方法，以接收当传感器的值发生变化时或者当传感器的精度变化时的通知(传感器事件)。

在一个典型的应用程序中使用这些与传感器相关的 API 来执行以下两项基本任务：

■ 识别传感器和传感器功能：如果你的应用程序的功能依赖于特定类型的传感器和功能，那么在其运行时识别传感器和传感器功能就是非常有用的。比如，你可能想要确定设备上存在的所有传感器，并禁用应用程序功能中那些依赖于该设备中所不存在的传感器的特征。同样，你可能想要确定一个给定类型的所有传感器，这样就可以选择对实现应用程序来说性能最佳的传感器。

■ 监听传感器事件：获取传感器原始数据的方法是监听传感器事件。每当传感器检测到的测量参数发生变化时，就触发一次传感器事件。一个传感器事件能提供四部分信息：触发该事件的传感器名称，事件的时间戳，事件的准确度，以及触发该事件的传感器原始数据。

3. 传感器的可用性

不仅不同设备的传感器功能不同，而且不同 Android 版本的传感器功能也可能有所不同。这是因为 Android 传感器是在几个平台版本中推出的。比如，许多传感器是在 Android 1.5(API 等级 3)中推出的，但有些传感器在 Android 2.3(API 等级 9)以前均并不能使用。同样，若干传感器直到 Android 2.3(API 等级 9)和 Android 4.0(API 等级 14)才推出。此外，两个旧的传感器已被弃用，取而代之的是新的、更好的传感器。不同 Android 平台传感器的可用性如表 3-6 所示。

表 3-6 不同 Android 平台传感器的可用性

传感器	Android 4.0 (API 等级 14)	Android 2.3 (API 等级 9)	Android 2.2 (API 等级 8)	Android 1.5 (API 等级 3)
加速度传感器	是	是	是	是
环境温度传感器	是	N/A	N/A	N/A
重力传感器	是	是	N/A	N/A
陀螺仪	是	是	N/A	N/A
光传感器	是	是	是	是
线加速度传感器	是	是	N/A	N/A
地磁场传感器	是	是	是	是
方向传感器	是	是	是	是
气压传感器	是	是	N/A	N/A
接近传感器	是	是	是	是
湿度传感器	是	N/A	N/A	N/A
旋转矢量传感器	是	是	N/A	N/A
温度传感器	是	是	是	是

思考与练习题

1. 请搭建一个Android开发和测试环境，并用SDK Manager添加最新Android平台和软件包。

2. 简述Android平台与通信有关的资源。

3. 通过HTTP连接互联网需要进行哪些操作？

4. 如何从互联网通过HTTP来播放一个音乐文件？

5. 手机传感器有哪些种类？试在你的手机上安装并演示至少三种基于手机传感器的应用(从网上下载)。

6. 打开android-sdks\samples目录下的示例程序，选择其中2个，分别导入自己的开发环境，分析它们的主要代码的作用并运行调试，最后安装在自己的手机上。

第 4 章　微信公众号开发

微信公众号(简称公众号)已经成为当前最重要的自媒体之一，个人和企业可以利用微信公众号向特定受众传递文字、图片、语音并实现沟通和互动。庞大的微信用户群吸引着众多企业进入微信市场，开发微信公众平台，以不同的途径培养目标客户群，进行信息传播，塑造企业形象，以形成一定的品牌效益，最终为企业营销提供服务。

4.1　微信公众号的功能

4.1.1　微信公众号的基本功能

微信公众号是腾讯公司面向个人、政府机构、媒体、企业等推出的一项推广业务。可以通过微信渠道将品牌推广给上亿的微信用户，减少宣传成本，提高品牌知名度，打造更具影响力的品牌形象。从用户角度来看，微信公众号的基本功能包括以下几个方面：

1. 主动提供信息

个人和企业在平台上主动向用户提供信息和资讯。从技术层面上说，公众号分为两种类型，服务号与订阅号。其中，服务号每个月可以以企业的服务和产品为内容向用户发送一条群发信息，而订阅号可以每天发送一条群发信息。

2. 具有群发功能

为了吸引更多用户群，并与用户保持沟通，企业会利用后台进行信息群发。向用户提供企业的新产品和新服务的信息，让用户了解企业的最新动态。而且，这种公众号与用户的对话是私密性的。

3. 自动回复功能

用户在开启与公众号的对话窗口之后，可以根据自己想了解的信息输入关键词，通过后台系统的匹配，公众号会针对用户的求知意向提供常规消息。而对于用户的特殊疑问，例如在系统无法匹配到合适的关键词时，公众号会发送引导信息，指引用户进入相关步骤以获取需要的信息。

从开发者或者公众号的经营者角度来看，公众号的功能则要大得多，可以实现诸多用途。常用的功能包括：

- 用户管理分析：查看任意时间段内用户数的增长、取消关注和用户属性等统计。
- 群发图文消息分析：查看任意时间段内图文消息群发效果的统计，包括对送达人数、阅读人数和转发人数等的分析。
- 用户消息分析：查看针对用户发送的消息的统计，包括进行消息发送人数、次数等分析。
- 接口调用分析：成为开发者的公众号，可以查看接口调用的相关统计。

4.1.2 微信公众号的商业模式

微信公众号要能够生存，必须得到持续不断的成本投入，包括公众号的维护、内容更新等。一般来说，微信公众号的商业模式主要有宣传入口、电商入口和服务入口三种模式。

1. 宣传入口

由于目前微信用户数量巨大，基于微信的群涵盖各个行业，而通过微信公众号可以很方便地向微信用户进行宣传。这种宣传的主体通常有个人、企业、机构三种。个人宣传的目的是方便别人了解自己的身份、技能、头衔、贡献等，为自己的个人发展或业务开展进行铺垫；企业则主要宣传自己的实力、业绩、产品等，为企业的业务开展服务，因为任何销售的实现都需要首先使潜在客户了解产品或服务的信息；机构宣传的目的和个人相似，使更多人了解本机构的性质、业务等。

2. 电商入口

电商入口则是直接把微信公众号作为自己电商平台的入口，通过分享等方式，把潜在客户的“眼球”导流到自己的电商平台。微信公众号作为电商入口的商业模式分前向收费和后向收费两种。

1) 前向收费

把基于手机网页版的电商平台搬到微信公众号上，就可以实现电商功能。微信上的电商除了公司之外，还有数量庞大的个人微商。同样，基于 HTML 5 的游戏也可以引流到微信公众号，实现商业价值。通过微信公众号，还可以向客户提供 VIP 服务，如婚恋、专业知识的推送或相关咨询等。

2) 后向收费

后向收费主要有接单、品牌广告、间接投放、植入广告、软文等方式。接单是指接受广告公司的广告业务，直接把广告以富媒体的方式推送出去，其风险是可能会失去原有粉丝的关注。品牌广告是指直接在文章的最后面，附上一张图和一条链接。间接投放是指不直接在微信官方编辑后台投放广告，而是把用户带到第三方的页面上，在这个页面上投放广告。植入广告是指在推送的富媒体内容上，植入广告内容。软文是指通过一些吸引粉丝的文章等，隐晦地实现对广告的宣传。做后向收费，有两点要尤其注意，一是不要触犯微信官方政策的高压线，防止被停号；二是不要让粉丝厌烦，防止粉丝纷纷离去。

3. 服务入口

有的微信公众号定位为给用户提供某种服务的入口。比如，通过微信公众号可以进入企业的客户服务系统、网上学习平台、交警的违章查询系统、高校的智慧迎新系统等。由于微信公众号便于转发和扩散，服务提供者可以借助它大大提升自身业务和服务的推广效率及速度。

4.1.3 微信公众号的推广

微信公众号要发挥作用，首先必须要受到目标人群的关注，获得大量粉丝。因此，推广就成为公众号是否能够取得预期效果的关键。而要让粉丝持续关注公众号，则需要公众号不断推出吸引粉丝的内容，需要持续运营。目前，公众号推广主要通过病毒式传播、有奖关注、媒体广告宣传、第三方工具推广等几种方式进行推广。

1. 病毒式传播

病毒式传播是通过公众号本身的吸引力，让粉丝成为传播的主体。粉丝通过向同学、朋友、群友等分享和推荐自己认为有趣味的内容，使得公众号以病毒方式迅速传播出去。

如何使自己的公众号有吸引力？最根本的无疑是让自己的公众号的内容本身有含金量，能吸引人。除此之外，提高公众号的吸引力还有一些技巧性方法：

一是借船出海，把有吸引力、震撼力的心灵鸡汤、视频、段子等放在自己的公众号上，人们在疯狂转发这些内容时，如果有提示该公众号还会经常提供这样的内容，就会引发很多人的关注。这些内容可以收集，但不要侵犯别人的知识产权，也可以自己制作。

二是借助会展、评选活动等，把自己的公众号作为该会展、活动的宣传推广工具，借助会展、评选活动本身的影响力，吸引大批粉丝关注。当前有很多评选活动吸引参评者拉人投票，很多都是源于评选组织单位为了推广自己的公众号。

三是利用轰动性事件，如地震、海啸、国际上的战争、热点事件等，迅速推广自己的公众号。不过，利用这些内容必须符合国家有关法规，不能传播虚假信息和不允许传播的信息。

2. 有奖关注

有奖关注就是准备很多小礼品，雇佣很多地面推广人员，向人们推荐公众号，让人们扫公众号的二维码，加关注后送一份小礼品。

这种方式适合于会场等公众号目标人群集中的场合，因此推广地点和场合必须精心选择。如果选择的地点和场合不对，宣传效果就会非常差。

3. 媒体广告宣传

报纸、电视、门户网站、期刊、灯箱、墙体、车体、电梯间等传统媒体广告方式，也是微信公众号经常采用的推广方式。不过，传统媒体广告成本较高，仅适合于有实力的企业和组织，以便实现全方位、立体的高强度广告覆盖。

4. 第三方工具推广

所谓第三方工具推广，就是借助专业推广公司提供的推广工具，向推广人支付推广费用，向被推广人支付一定奖励的方法。

一种常见的方式是推广平台为每位推广人生成一个二维码，推广人向被推荐人推荐该公众账号，并引导其关注，由平台自动实现向推广人支付推广费用以及给予被推荐人奖励。在管理后台，则可以统计和分析公众号的推广情况。

除了微盟的微信推广工具外，最近西安中阳网络公司推出一款名为“臻品炫”的产品，可以很好地实现 APP、电商门店、手机网站和微信公众号的推广。

4.2 微信公众号开发环境搭建

4.2.1 基本原理

1. 公众号通信机制

微信服务器相当于一个转发服务器，终端(手机、Pad 等)发起请求至微信服务器，这个请求中包含了源微信号和目的公众号。微信服务器根据目的公众号，在后台数据库中检索对应的公众号服务器的 IP 地址，再把请求转发给这个公众号服务器。公众号服务器是开发者自己部署的，用于承担公众号业务逻辑。开发者开发的代码就部署在该服务器上。公众号根据请求内容进行处理。处理完毕后，把结果发给微信服务器，微信服务器再将结果转发到终端。整个过程所采用的通信协议为 HTTP，数据格式为 XML，具体的流程如图 4-1 所示。

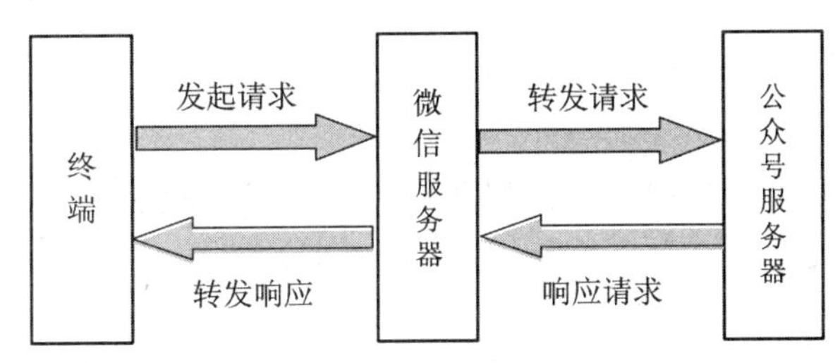

图 4-1　公众号通信机制

(1) 用户在微信手机客户端里向公众号发送一条消息，这条消息会通过网络到达微信服务器。

(2) 微信服务器收到这条消息之后，把消息转发给公众号的后台，也就是公众号服务器。

(3) 公众号服务器收到请求后，解析消息格式，根据用户内容和自己的服务器逻辑，计算出需要返回给用户的消息，然后封装消息，返回给微信服务器。

(4) 微信服务器把公众号服务器发来的消息转发给用户的微信手机客户端，这样用户在手机客户端上就可以看到公众号发来的微信消息了。

通过这个过程可以看到公众号服务器要做的事情有三件：

(1) 获取微信服务器发过来的消息。

(2) 实现自己的业务逻辑。

(3) 发送返回消息给微信服务器。

除了实现这样的功能，微信平台还能实现更加复杂的业务，比如可以通过微信的链接打开 HTML 界面，实现自己的逻辑。

2. 公众号开发流程

为实现微信公众号的上述功能，需要进行后台页面制作或程序开发。公众号开发流程如图 4-2 所示。

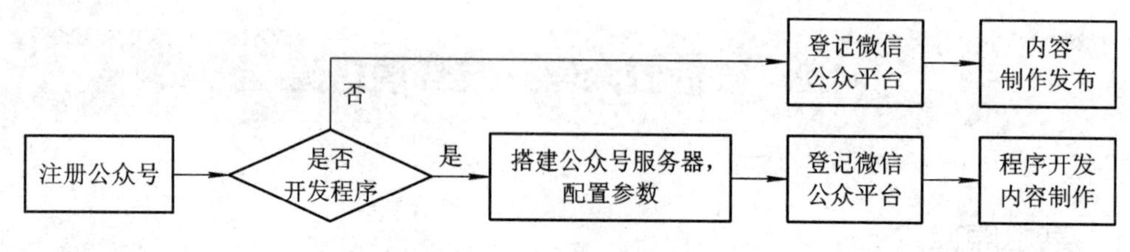

图 4-2　公众号开发流程

首先注册公众号，注册完成后，微信公众平台会在后台为每个公众号建立一台信息记录，支持公众号所有人认证、登录以及进行一系列开发。

其次，判断是否需要搭建公众号服务器。一般来说，如果要提供的仅仅是简单的多媒体页面，就不需要搭建公众号服务器，直接使用微信公众平台提供的服务就可以了。开发者只需要登录微信公众平台，进行内容制作和发布即可。

如果还需要实现一些业务逻辑功能，就需要搭建自己的公众号服务器，以便承载自己的业务程序。然后，登录微信公众平台，同时在公众号服务器上进行业务程序开发、内容制作，结合微信公众平台上的内容完成制作。公众号开发和调测完成后，就可以进行发布。

4.2.2 公众号注册

登录 https://mp.weixin.qq.com/cgi-bin/loginpage?t=wxm2-login&lang=zh_CN，点击“立即注册”，进入公众号网页，有“订阅号”、“ 服务号”、“ 小程序”和“企业号”四种账号类型可选。

- 订阅号：具有信息发布与传播的能力，适合个人及媒体注册。
- 服务号：具有用户管理与提供业务服务的能力，适合企业及组织注册。
- 小程序：具有出色的体验，可以被便捷地获取与传播，适合有服务内容的企业和组织注册。
- 企业号：具有实现企业内部沟通与内部协同管理的能力，适合企业客户注册。

选择适合自己的账号类型，点击进入公众号注册页面，然后依序进行四个步骤的操作，这四个操作分别是：填写基本信息→邮箱激活→选择类型→信息登记。

邮箱激活后，选择公众号类型。不同的公众号具有不同的能力，详情参见公众号接口权限说明。当然，服务号、企业号需要一定的证件和填写相关资料，如果证件一时不能准备好也没有关系，到这一步公众号其实已注册，可以下次根据此邮箱/密码登录后再进行选择。

4.2.3 公众号服务器的搭建

公众号服务器的搭建工作主要包括部署服务器硬件、安装服务器软件、开发者基本配置等几项内容。

1．部署服务器硬件

公众号服务器可以采用多种方式进行部署。要么自己购买服务器，申请宽带接入互联网，申请 IP 地址，进行域名备案和开通；要么租用云主机，申请 IP 地址，进行域名备案和开通。

2．安装服务器软件

需要安装的服务器软件主要包括操作系统、Web 服务器、数据库等，甚至还需要中间件。这些服务器软件其实就是手机网站所需要的那些软件。

下面以 Web.py 网络框架、Python 语言、租用腾讯云服务器为例对服务器软件的安装做一介绍。

Web.py 是一个非常强大、轻量、灵活且开源的 Web 框架，其安装和使用非常简单，几乎不需要什么配置，目前已被很多家大型网站所使用。Web.py 内置了 Web 服务器，但也可以使用 Apache 服务器。相比于 Web.py 内置 Web 服务器，Apache 服务器更为常用。

Python 是一种面向对象的解释型计算机程序设计语言，是一款纯粹的自由软件，源代码和解释器 CPython 遵循 GPL(GNU General Public License)协议。Python 语法简洁清晰，特色之一是强制用空白符作为语句缩进。Python 具有丰富且强大的库，它常被称为胶水语言，能够把用其他语言制作的各种模块(尤其是 C/C++)很轻松地联结在一起。

一种常见的情形是，使用 Python 快速生成程序的原型(有时甚至是程序的最终界面)，然后对其中有特别要求的部分，用更合适的语言改写。比如 3D 游戏中的图形渲染模块性能要求特别高，就可以用 C/C++重写，而后封装为 Python 可以调用的扩展类库。需要注意的是，在使用扩展类库时可能需要考虑平台问题，某些可能不提供跨平台的实现。更详细的介绍和文档可以登录 https://www.python.org/网站获得。

操作系统选用 CentOS(Community Enterprise Operating System)。CentOS 是 Linux 发行版之一，它由来自于 Red Hat Enterprise Linux 依照开放源代码规定公布的源代码编译而成。由于出自同样的源代码，因此有些要求高度稳定性的服务器以 CentOS 替代商业版的 Red Hat Enterprise Linux 使用。两者的不同之处在于 CentOS 并不包含封闭源代码软件。

下面对安装过程做简要介绍。

环境：CentOS 6.3、Apache、Python 2.7。

(1) 首先安装 Python，用如下命令：

```
yum install python
```

(2) 从官网下载 Web.py 的压缩包：

```
shell#  wget http://webpy.org/static/web.py-0.37.tar.gz
```

(3) 解压后直接执行以下命令：

```
shell#  tar xzvf web.py-0.37.tar.gz
shell#  cd web.py-0.37
shell#  python setup.py install
```

至此，已安装完毕之后，再按以下步骤进行操作：

(1) 安装/更新需要用到的软件：

安装 Python 2.7 以上版本软件；

安装 Web.py；

安装 libxml2、libxslt、lxml python。

(2) 编辑代码，如果不懂 Python 语法，请到 Python 官方文档查询说明。代码如下：

```
vim main.py
# -*- coding: utf-8 -*-
# filename: main.py
import web
urls = (
    '/wx', 'Handle',
)
class Handle(object):
    def GET(self):
        return "hello, this is a test"
if __name__ == '__main__':
    app = web.application(urls, globals())
    app.run()
```

(3) 如果出现“socket.error: No socket could be created”错误信息，可能是因为 80 端口号被占用，也可能是没有权限，请自行查询解决办法。如果遇见其他错误信息，请到 Web.py 官方文档学习 Web.py 框架。

(4) 执行命令：sudo python main.py 80。

(5) 在浏览器中输入 http://外网 IP:80/wx，页面返回“hello,this is handle view”，这样一个简单的 Web 应用环境便搭建完成。其中，外网 IP 是指给本服务器所申请的 IP 地址。

3. 开发者参数配置

登录公众号之后，会看到如表 4-1 所示的菜单结构。

表 4-1　公众号主菜单

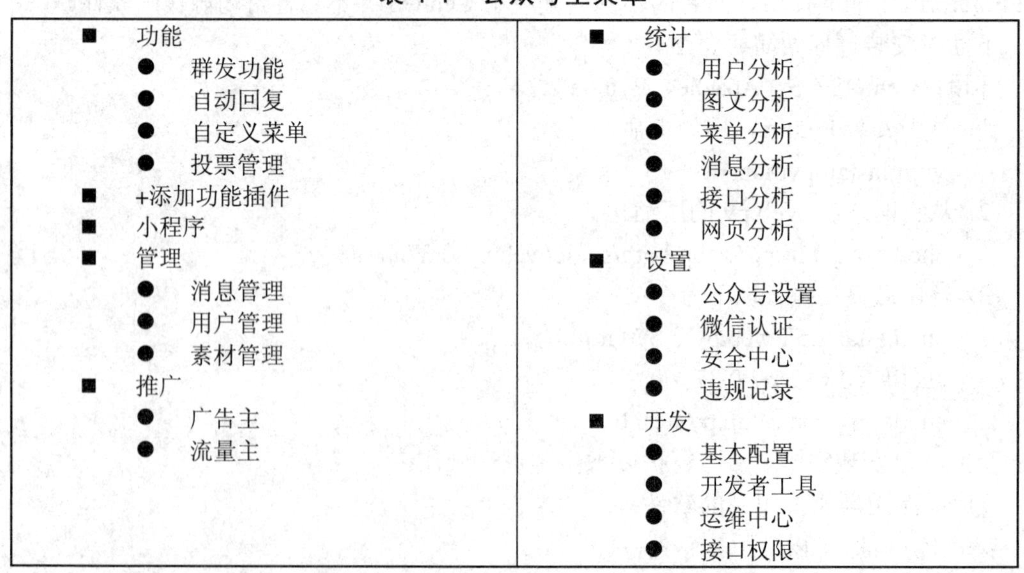

■ 功能 ● 群发功能 ● 自动回复 ● 自定义菜单 ● 投票管理 ■ +添加功能插件 ■ 小程序 ■ 管理 ● 消息管理 ● 用户管理 ● 素材管理 ■ 推广 ● 广告主 ● 流量主	■ 统计 ● 用户分析 ● 图文分析 ● 菜单分析 ● 消息分析 ● 接口分析 ● 网页分析 ■ 设置 ● 公众号设置 ● 微信认证 ● 安全中心 ● 违规记录 ■ 开发 ● 基本配置 ● 开发者工具 ● 运维中心 ● 接口权限

这些功能为公众号使用者和开发者提供了强大的功能支持，下面介绍与开发相关的参数配置。

(1) 找到“开发”→“基本配置”菜单栏。

(2) 填写配置。

URL 填写：http://外网 IP：80/wx ，http 的端口号固定使用 80，不可填写其他端口号。

Token：自主设置，这里的 Token 与公众平台 wiki 中常提的 access_token 不是一回事。这里的 Token 只用于验证开发者服务器。

(3) 这时还不能选择提交，选择提交肯定是验证 Token 失败，因为还需要完成代码逻辑。改动原始 main.py 文件，新增 handle.py。

① main.py 的代码如下：

```
# -*- coding: utf-8 -*-
# filename: main.py
import web
from handle import Handle
urls = (
    '/wx', 'Handle',
)
if __name__ == '__main__':
    app = web.application(urls, globals())
    app.run()
```

② handle.py 的代码如下：

```
# -*- coding: utf-8 -*-
# filename: handle.py
import hashlib
import web

class Handle(object):
    def GET(self):
        try:
            data = web.input()
            if len(data) == 0:
                return "hello, this is handle view"
            signature = data.signature
            timestamp = data.timestamp
            nonce = data.nonce
            echostr = data.echostr
            token = "xxxx" #请按照公众平台官网\基本配置中的信息填写

            list = [token, timestamp, nonce]
            list.sort()
```

```
            sha1 = hashlib.sha1()
            map(sha1.update, list)
            hashcode = sha1.hexdigest()
            print "handle/GET func: hashcode, signature: ", hashcode, signature
            if hashcode == signature:
                return echostr
            else:
                return ""
        except Exception, Argument:
            return Argument
```

handle.py 的逻辑流程图如图 4-3 所示。

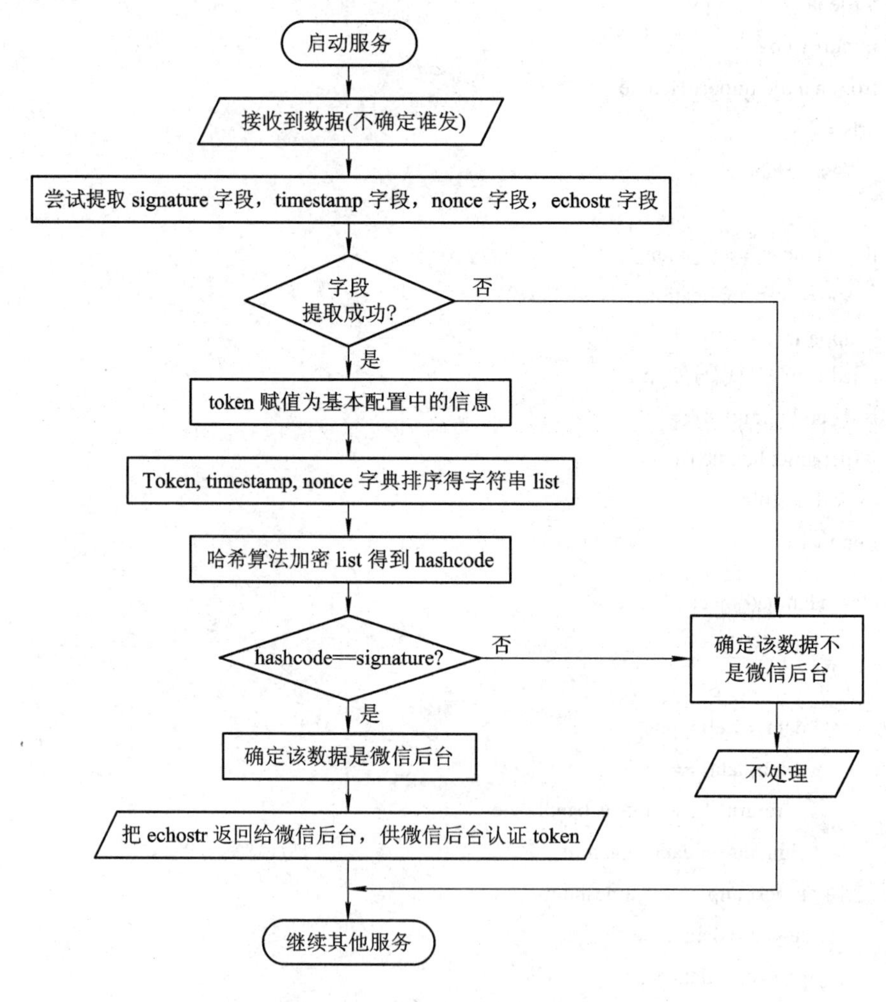

图 4-3　handle.py 的逻辑流程图

(4) 重新启动成功后(python main.py 80)，点击提交按钮。若提示“Token 验证失败”，请认真检查代码或网络链接等。若 Token 验证成功，会自动返回基本配置的主页面，点击启动按钮即可。

至此，开发者参数配置就完成了。

4.2.4 技术文档

为使开发者快速掌握微信公众号开发技能，腾讯公司在其官网提供了一套微信公众平台(https://mp.weixin.qq.com/wiki)技术文档。系统学习这些文档，对于开发者是十分必要的，请读者自行登录该平台进行全面认真的学习。

4.3 微信公众号开发案例

为使读者对公众号的开发能够快速入门，本节我们将使用腾讯公司《开发者指引》提供的两个案例，对公众号的开发做进一步说明。在两个简单示例之后，对一些基础功能做一介绍，包括素材管理、自定义菜单、群发等。所有的示例代码都只是为了简明地说明问题，因此本书尽可能使代码简单化。

4.3.1 参考框架

实际搭建一个安全、稳定、高效的公众号的参考框架结构如图 4-4 所示。

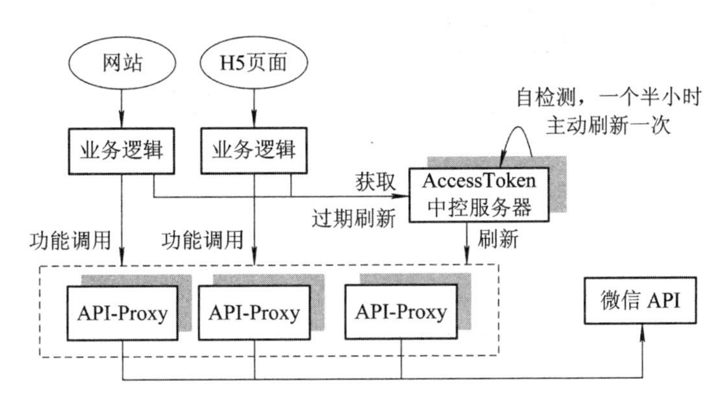

图 4-4 公众号参考框架结构

该框架结构主要有唯一的 AccessToken 中控服务器、对接微信 API 的 API-Proxy 服务器及业务逻辑三个部分。

(1) AccessToken 中控服务器。该服务器负责提供主动刷新和被动刷新机制来刷新 AccessToken 并存储(为了防止并发刷新，注意加并发锁)，以及提供给业务逻辑有效的 AccessToken。

其优点是：避免业务逻辑方并发获取 AccessToken，避免 AccessToken 互相覆盖，提高业务功能的稳定性。

(2) API-Proxy 服务器。该服务器负责与微信 API 对接，不同的服务器可以负责对接不同的业务逻辑，也可以进行频率调用、权限限制。

其优点是：若某台 API-proxy 异常，还有其余服务器支持继续提供服务，提高稳定性；避免直接暴露内部接口，有效防止恶意攻击，提高安全性。

(3) 业务逻辑。业务逻辑是指开发者所要开发业务的逻辑，不同业务有不同的业务逻辑。

4.3.2 实现“你问我答”

“你问我答”是指公众号和粉丝之间的消息互动。本案例旨在使读者理解被动消息的含义，理解收\发消息机制，实现的功能是：粉丝给公众号发送一条文本消息，公众号立刻回复一条文本消息给粉丝，不需要通过公众平台网页操作。

1. 接收文本消息

接收文本消息即接收粉丝给公众号发送的文本消息。官方 wiki 链接：消息管理/接收消息-接收普通消息。

粉丝给公众号发送文本消息：“欢迎开启公众号开发者模式”。在开发者后台，收到公众平台发送的 xml 如下(下文均隐藏了 ToUserName 及 FromUserName 信息)：

```
<xml>
<ToUserName><![CDATA[公众号]]></ToUserName>
<FromUserName><![CDATA[粉丝号]]></FromUserName>
<CreateTime>1460537339</CreateTime>
<MsgType><![CDATA[text]]></MsgType>
<Content><![CDATA[欢迎开启公众号开发者模式]]></Content>
<MsgId>6272960105994287618</MsgId>
</xml>
```

说明：

CreateTime：微信公众平台记录粉丝发送该消息的具体时间；

Content：标记该 xml 是文本消息，一般用于区别判断；

欢迎开启公众号开发者模式：说明该粉丝发给公众号的具体内容是“欢迎开启公众号开发者模式”；

MsgId：公众平台为记录识别该消息的一个标记数值，由微信后台系统自动产生。

2. 被动回复文本消息

被动回复文本消息即公众号给粉丝发送的文本消息，在公众平台(https://mp.weixin.qq.com/wiki)技术文档“消息管理/接收消息—被动回复消息”里有更详细的说明。需要特别强调的是：

(1) 被动回复消息，即发送被动响应消息，不同于客服消息接口；

(2) 被动回复文本消息其实并不是一种接口，而是对微信服务器发过来的消息的一次回复；

(3) 收到粉丝消息后不想或者不能 5 秒内回复时，需回复“success”字符串(下文详细介绍)；

(4) 客服接口在满足一定条件下随时调用。

如果公众号想回复给粉丝一条文本消息，内容为“test”，那么开发者发送给公众平台后台的 xml 内容如下：

```
<xml>
<ToUserName><![CDATA[粉丝号]]></ToUserName>
<FromUserName><![CDATA[公众号]]></FromUserName>
<CreateTime>1460541339</CreateTime>
<MsgType><![CDATA[text]]></MsgType>
<Content><![CDATA[test]]></Content>
</xml>
```

说明：

(1) ToUserName(接收者)、FromUserName(发送者) 字段请实际填写。

(2) CreateTime 只用于标记开发者回复消息的时间，微信后台发送此消息不受这个字段约束。

(3) Content：用于标记此次行为是发送文本消息(当然可以是 image/voice 等类型)。

3. 回复 success 问题

假如服务器无法保证在 5 秒内处理回复，则必须回复“success”或者“”(空串)，否则微信后台会发起三次重试。这样规定的原因是：发起重试是微信后台为了尽可能保证开发者均可以收到粉丝发送的内容。如果开发者不进行回复，微信后台没有办法确认开发者已收到消息，只好重试。若收到消息后不做任何回复，则在日志中可查看到微信后台发起了三次重试操作，日志截图如图 4-5 所示。

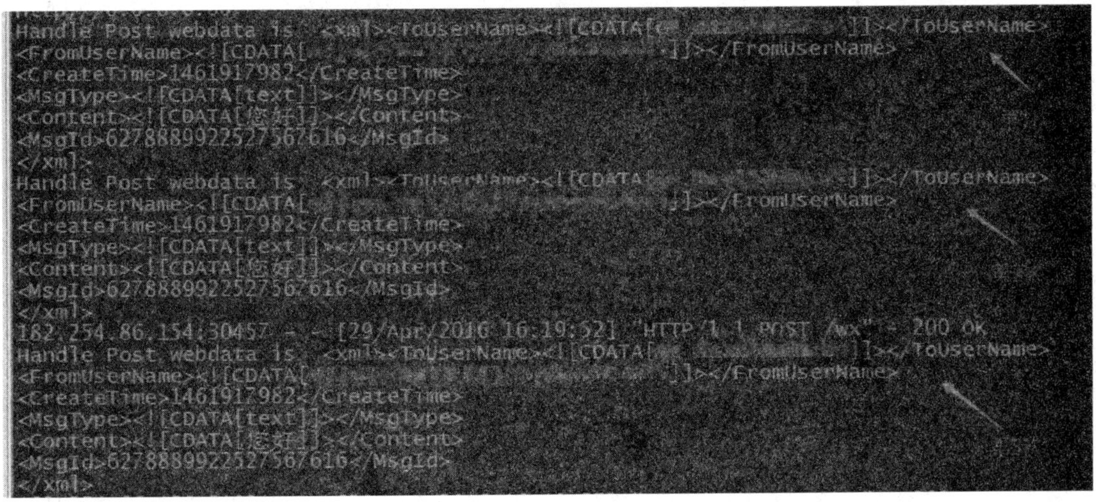

```
Handle Post webdata is  <xml><ToUserName><![CDATA[ ]]></ToUserName>
<FromUserName><![CDATA[ ]]></FromUserName>
<CreateTime>1461917982</CreateTime>
<MsgType><![CDATA[text]]></MsgType>
<Content><![CDATA[您好]]></Content>
<MsgId>6278889922527567616</MsgId>
</xml>
Handle Post webdata is  <xml><ToUserName><![CDATA[ ]]></ToUserName>
<FromUserName><![CDATA[ ]]></FromUserName>
<CreateTime>1461917982</CreateTime>
<MsgType><![CDATA[text]]></MsgType>
<Content><![CDATA[您好]]></Content>
<MsgId>6278889922527567616</MsgId>
</xml>
182.254.86.154:30457 - - [29/Apr/2016 16:19:52] "HTTP/1.1 POST /wx" - 200 OK
Handle Post webdata is  <xml><ToUserName><![CDATA[ ]]></ToUserName>
<FromUserName><![CDATA[ ]]></FromUserName>
<CreateTime>1461917982</CreateTime>
<MsgType><![CDATA[text]]></MsgType>
<Content><![CDATA[您好]]></Content>
<MsgId>6278889922527567616</MsgId>
</xml>
```

图 4-5　日志截图

三次重试后，依旧没有及时回复任何内容，系统会自动在粉丝会话界面显示错误提示“该公众号暂时无法提供服务，请稍后再试”。

如果回复“success”，微信后台可以确定开发者收到了粉丝消息，则没有任何异常提示。因此请大家注意回复 success 的问题。

4. 流程图

“你问我答”流程图如图 4-6 所示。

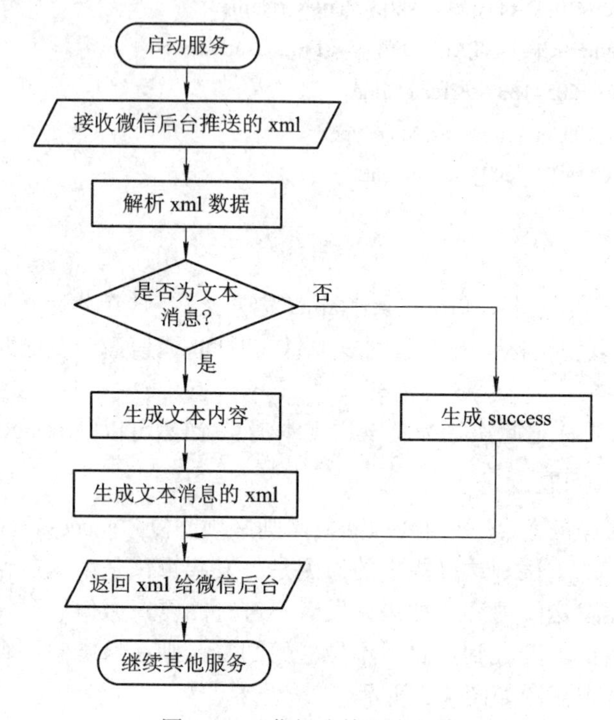

图 4-6 “你问我答”流程图

5. 编写代码

main.py 文件不需要改变，需要在 handle.py 中增加一些代码。此外，还需要增加新的文件 receive.py 和 reply.py。代码如下：

1) vim handle.py

```
# -*- coding: utf-8 -*-
# filename: handle.py
import hashlib
import reply
import receive
import web

class Handle(object):
    def POST(self):
        try:
```

```
        webData = web.data()
        print "Handle Post webdata is ", webData   #后台打日志
        recMsg = receive.parse_xml(webData)
        if isinstance(recMsg, receive.Msg) and recMsg.MsgType == 'text':
            toUser = recMsg.FromUserName
            fromUser = recMsg.ToUserName
            content = "test"
            replyMsg = reply.TextMsg(toUser, fromUser, content)
            return replyMsg.send()
        else:
            print "暂且不处理"
            return "success"
    except Exception, Argment:
        return Argment
```

2) vim receive.py

```
# -*- coding: utf-8 -*-
# filename: receive.py
import xml.etree.ElementTree as ET

def parse_xml(web_data):
    if len(web_data) == 0:
        return None
    xmlData = ET.fromstring(web_data)
    msg_type = xmlData.find('MsgType').text
    if msg_type == 'text':
        return TextMsg(xmlData)
    elif msg_type == 'image':
        return ImageMsg(xmlData)

class Msg(object):
    def __init__(self, xmlData):
        self.ToUserName = xmlData.find('ToUserName').text
        self.FromUserName = xmlData.find('FromUserName').text
        self.CreateTime = xmlData.find('CreateTime').text
        self.MsgType = xmlData.find('MsgType').text
        self.MsgId = xmlData.find('MsgId').text

    class TextMsg(Msg):
    def __init__(self, xmlData):
```

```
        Msg.__init__(self, xmlData)
        self.Content = xmlData.find('Content').text.encode("utf-8")

    class ImageMsg(Msg):
    def __init__(self, xmlData):
        Msg.__init__(self, xmlData)
        self.PicUrl = xmlData.find('PicUrl').text
        self.MediaId = xmlData.find('MediaId').text
```

3) vim reply.py

```
# -*- coding: utf-8 -*-
# filename: reply.py
import time

class Msg(object):
    def __init__(self):
        pass
    def send(self):
        return "success"

class TextMsg(Msg):
    def __init__(self, toUserName, fromUserName, content):
        self.__dict = dict()
        self.__dict['ToUserName'] = toUserName
        self.__dict['FromUserName'] = fromUserName
        self.__dict['CreateTime'] = int(time.time())
        self.__dict['Content'] = content

    def send(self):
        XmlForm = """
        <xml>
        <ToUserName><![CDATA[{ToUserName}]]></ToUserName>
        <FromUserName><![CDATA[{FromUserName}]]></FromUserName>
        <CreateTime>{CreateTime}</CreateTime>
        <MsgType><![CDATA[text]]></MsgType>
        <Content><![CDATA[{Content}]]></Content>
        </xml>
        """
        return XmlForm.format(**self.__dict)

class ImageMsg(Msg):
    def __init__(self, toUserName, fromUserName, mediaId):
```

```
        self.__dict = dict()
        self.__dict['ToUserName'] = toUserName
        self.__dict['FromUserName'] = fromUserName
        self.__dict['CreateTime'] = int(time.time())
        self.__dict['MediaId'] = mediaId
    def send(self):
        XmlForm = """
        <xml>
        <ToUserName><![CDATA[{ToUserName}]]></ToUserName>
        <FromUserName><![CDATA[{FromUserName}]]></FromUserName>
        <CreateTime>{CreateTime}</CreateTime>
        <MsgType><![CDATA[image]]></MsgType>
        <Image>
        <MediaId><![CDATA[{MediaId}]]></MediaId>
        </Image>
        </xml>
        """
        return XmlForm.format(**self.__dict)
```

编写好代码之后，重新启动程序，运行命令 sudo python main.py 80。

6. 在线测试

微信公众平台提供了一个在线测试的平台，方便开发者模拟场景测试代码逻辑。正如被动回复文本消息，此被动回复接口不同于客服接口，测试时也要注意区别。在线测试的目的在于测试开发者的代码逻辑是否有误、是否符合预期，即便测试成功也不会发送内容给粉丝。所以可以随意测试。

测试结果不外乎以下两种：

- “请求失败”，说明代码有问题，请检查代码逻辑。
- “请求成功”，此时应根据返回结果查看是否符合预期。

7. 真实体验

用手机微信扫描公众号二维码，成为自己开发的公众号的第一个粉丝，测试结果如图 4-7 所示。

图 4-7　测试结果

4.3.3 实现“图尚往来”

本案例实现的功能是：接收粉丝发送的图片消息，并立即回复相同的图片给粉丝。提供本案例的目的是帮助读者更好地学习：① 引入素材管理；② 以文本消息、图片消息为基础，理解语音消息、视频消息、地理消息等。

1. 接收图片消息

“接收图片消息”，即粉丝给公众号发送的图片消息。官方 wiki 链接为：消息管理/接收消息—接收普通消息/图片消息。粉丝给公众号发送一张图片消息，在公众号开发者后台接收到的 xml 如下：

```
<xml>
<ToUserName><![CDATA[公众号]]></ToUserName>
<FromUserName><![CDATA[粉丝号]]></FromUserName>
<CreateTime>1460536575</CreateTime>
<MsgType><![CDATA[image]]></MsgType>
<PicUrl><![CDATA[http://mmbiz.qpic.cn/xxxxxx /0]]></PicUrl>
<MsgId>6272956824639273066</MsgId>
<MediaId><![CDATA[gyci5a-xxxxx-OL]]></MediaId>
</xml>
```

说明：

(1) PicUrl：这个参数是微信系统把“粉丝”发送的图片消息自动转化成 URL。可用浏览器打开这个 URL 查看图片。

(2) MediaId：这是微信系统产生的 id，用于标记该图片，详情可参考 wiki 素材管理/获取临时素材。

2. 被动回复图片消息

“被动回复图片消息”，即公众号给粉丝发送的图片消息。官方 wiki 链接为：消息管理/发送消息—被动回复用户消息/ 图片消息。

说明：

(1) 被动回复消息，即发送被动响应消息，不同于客服消息接口；

(2) 被动回复图片消息其实并不是一种接口，而是对微信服务器发过来的消息的一次回复；

(3) 收到粉丝消息后不想或者不能 5 秒内回复时，需回复“success”字符串(下文详细介绍)；

(4) 客服接口在满足一定条件下随时调用。

开发者发送给微信后台的 xml 如下：

```
<xml>
<ToUserName><![CDATA[粉丝号]]></ToUserName>
<FromUserName><![CDATA[公众号]]></FromUserName>
```

```
<CreateTime>1460536576</CreateTime>
<MsgType><![CDATA[image]]></MsgType>
<Image>
<MediaId><![CDATA[gyci5oxxxxxxv3cOL]]></MediaId>
</Image>
</xml>
```

这里填写的 MediaId 的内容，其实就是粉丝发送的图片的原 MediaId，所以粉丝收到了一张一模一样的原图。

如果想回复粉丝其他图片，应怎么做呢？

(1) 新增素材，请参考“新增临时素材”或者“新增永久素材”；

(2) 获取其 MediaId，请参考“获取临时素材 MediaId”或者“获取永久素材 MediaId”。

3. 流程图

“图尚往来”流程图如图 4-8 所示。

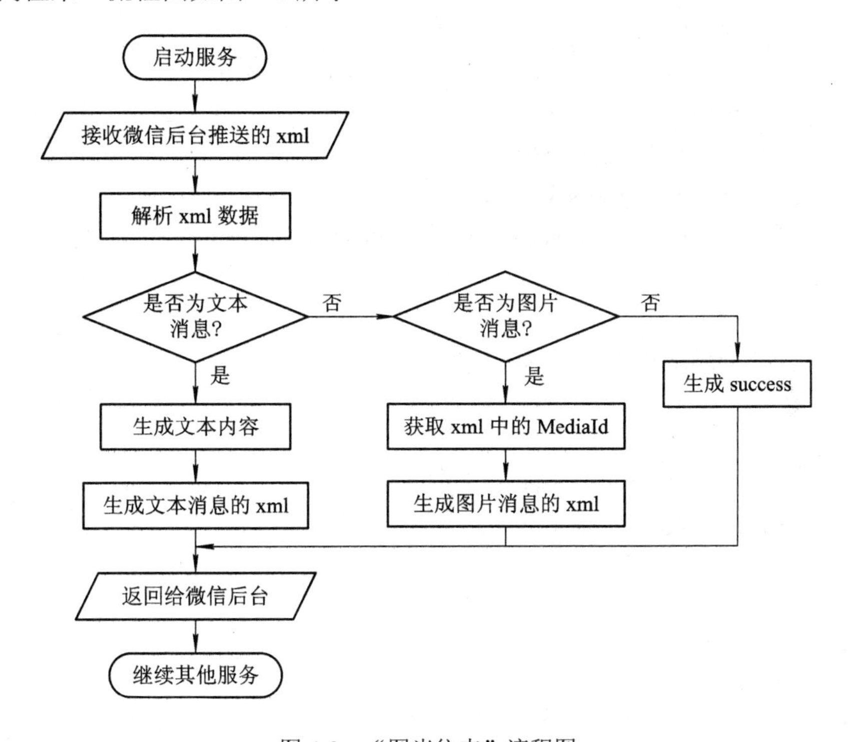

图 4-8 “图尚往来”流程图

4. 编写代码

这里只展示更改的代码部分，其余部分，即在线测试、真实体验、回复空串等，请参考“你问我答”案例。更改的代码如下：

```
# -*- coding: utf-8 -*-
# filename: handle.py
import hashlib
```

```
import reply
import receive
import web

class Handle(object):
  def POST(self):
    try:
      webData = web.data()
      print "Handle Post webdata is ", webData   #后台打日志
      recMsg = receive.parse_xml(webData)
      if isinstance(recMsg, receive.Msg):
        toUser = recMsg.FromUserName
        fromUser = recMsg.ToUserName
        if recMsg.MsgType == 'text':
          content = "test"
          replyMsg = reply.TextMsg(toUser, fromUser, content)
          return replyMsg.send()
        if recMsg.MsgType == 'image':
          mediaId = recMsg.MediaId
          replyMsg = reply.ImageMsg(toUser, fromUser, mediaId)
          return replyMsg.send()
        else:
          return reply.Msg().send()
      else:
        print "暂且不处理"
        return reply.Msg().send()
    except Exception, Argment:
      return Argment
```

4.3.4 获取 access_token

access_token 是公众号的全局唯一接口调用凭据，公众号调用各接口时都需要使用 access_token，开发者需要妥善保存它。access_token 的存储至少要保留 512 个字符空间。access_token 的有效期目前为 2 个小时，需定时刷新，重复获取将导致上次获取的 access_token 失效。公众平台的 API 调用所需的 access_token 的使用及生成方式说明：

(1) 为了保密 appsecret，第三方需要一个 access_token 获取和刷新中控服务器。其他业务逻辑服务器所使用的 access_token 均来自于该中控服务器，而不应该各自去刷新，否则会造成 access_token 覆盖而影响业务。

(2) 目前 access_token 的有效期是通过返回的 expire_in 来传达的，是 7200 秒之内的值。中控服务器需要根据这个有效时间提前去刷新 access_token。在刷新过程中，中控服务器对

外输出的依然是旧的 access_token，此时公众平台后台会保证在刷新短时间内，新旧 access_token 都可用，这保证了第三方业务的平滑过渡。

(3) access_token 的有效时间可能会在未来有所调整，所以中控服务器不仅需要内部定时主动刷新，还需要提供被动刷新 access_token 的接口，这样便于业务服务器在 API 调用获知 access_token 已超时的情况下，可以触发 access_token 的刷新流程。

公众号可以使用 appid 和 appsecret 调用本接口来获取 access_token。appid 和 appsecret 可在微信公众平台官网的开发页中获得(要求已经成为开发者，且账号没有异常状态)。注意调用所有微信接口时均需使用 HTTPS 协议。如果第三方不使用中控服务器，而是选择各个业务逻辑点各自去刷新 access_token，那么就可能会产生冲突，导致服务不稳定。

接口调用请求说明：

- HTTP 请求方式：GET。
- https://api.weixin.qq.com/cgi-bin/token?grant_type=client_credential&appid=APPID&secret=APPSECRET。

请求参数说明如表 4-2 所示。

表 4-2 请求参数说明

参 数	是否必须	说 明
grant_type	是	获取 access_token 填写 client_credential
appid	是	第三方用户唯一凭证
secret	是	第三方用户唯一凭证密钥，即 appsecret

接口调用返回说明：

正常情况下，微信会返回下述数据包给公众号：{"access_token":"ACCESS_TOKEN", "expires_in":7200}。返回参数说明如表 4-3 所示。

表 4-3 返回参数说明

参 数	说 明
access_token	获取到的凭证
expires_in	凭证有效时间(单位：秒)

接口调用错误时，微信会返回错误码等信息，JSON 数据包示例如下(该示例为 appid 无效错误)：

```
{"errcode":40013,"errmsg":"invalid appid"}
```

下面来学习如何获取 access_token。

1. 查看 appid 及 appsecret

从公众平台官网查看 appid 及 appsecret，其中 appsecret 不点击重置时一直保持不变。

2. 获取 access_token

为了方便先体验其他接口，可以临时通过在线测试或者浏览器获取 access_token，分别如图 4-9 和图 4-10 所示。

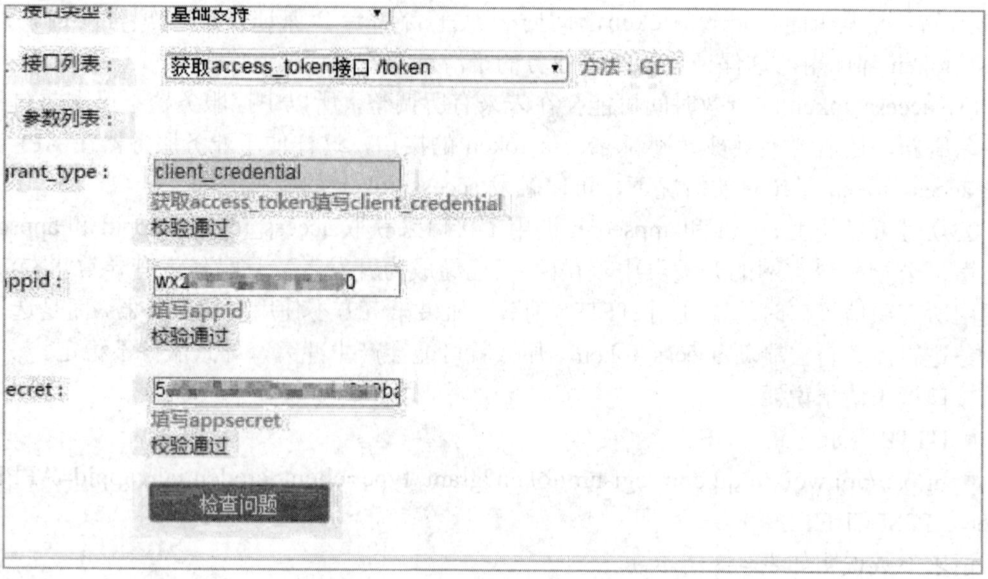

接口类型： 基础支持

接口列表： 获取access_token接口 /token 方法：GET

参数列表：

grant_type： client_credential
获取access_token填写client_credential
校验通过

appid： wx2
填写appid
校验通过

secret： 5
填写appsecret
校验通过

检查问题

图 4-9 在线测试获取 access_token

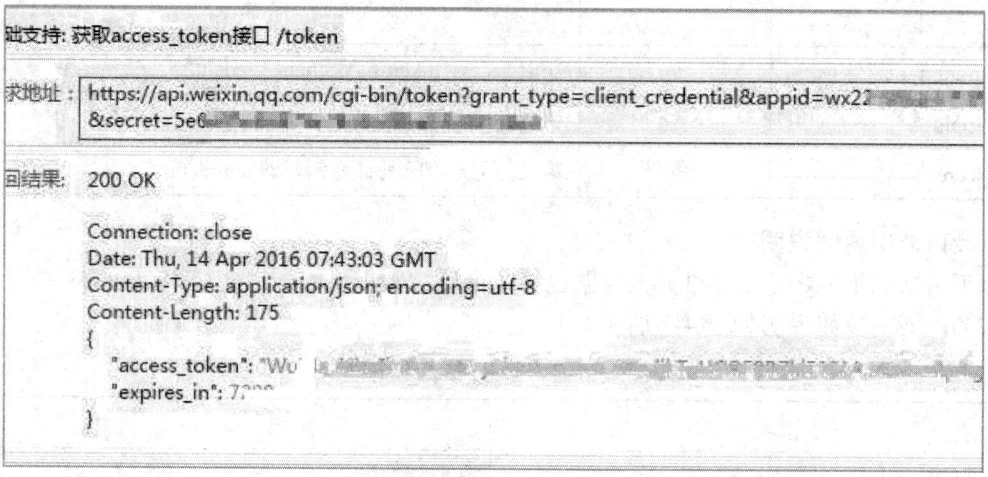

础支持: 获取access_token接口 /token

求地址： https://api.weixin.qq.com/cgi-bin/token?grant_type=client_credential&appid=wx2
&secret=5e6

回结果： 200 OK

Connection: close
Date: Thu, 14 Apr 2016 07:43:03 GMT
Content-Type: application/json; encoding=utf-8
Content-Length: 175
{
"access_token": "Wu
"expires_in": 7
}

图 4-10 浏览器获取 access_token

3. 接口获取

接口获取详情见公众平台 wiki，需要强调的是：

(1) 第三方需要一个 access_token 获取和刷新中控服务器。

(2) 并发获取 access_token 会导致 AccessToken 中控服务器互相覆盖，影响具体的业务功能。

4. 编写代码

下面的代码只是为了简单说明接口的获取方式，实际中并不推荐，尤其是对于业务繁重的公众号。这类公众号更需要通过中控服务器统一获取 accesstoken。

```
# -*- coding: utf-8 -*-
# filename: basic.py
```

```
import urllib
import time
import json

class Basic:
    def __init__(self):
        self.__accessToken = ''
        self.__leftTime = 0
    def __real_get_access_token(self):
        appId = "xxxxx"
        appSecret = "xxxxx"

        postUrl = ("https://api.weixin.qq.com/cgi-bin/token?grant_type="
            "client_credential&appid=%s&secret=%s" % (appId, appSecret))
        urlResp = urllib.urlopen(postUrl)
        urlResp = json.loads(urlResp.read())

        self.__accessToken = urlResp['access_token']
        self.__leftTime = urlResp['expires_in']

    def get_access_token(self):
        if self.__leftTime < 10:
            self.__real_get_access_token()
        return self.__accessToken

        def run(self):
        while(True):
            if self.__leftTime > 10:
                time.sleep(2)
                self.__leftTime -= 2
            else:
                self.__real_get_access_token()
```

4.3.5　临时素材

公众号经常有需要用到一些临时性的多媒体素材的场景，例如在使用接口特别是发送消息时，对多媒体文件、多媒体消息的获取和调用等操作，是通过 MediaId 来进行的。例如，在实现“图尚往来”中，粉丝给公众号发送图片消息后，便产生一临时素材。

因为永久素材有数量的限制，但是公众号又需要临时性使用一些素材，因而产生了临时素材。这类素材不在微信公众平台后台长期存储，所以在公众平台官网的素材管理中查询不到，但是可以通过接口对其进行操作。

其他详情请以公众平台官网 wiki 介绍为准。

1. 新建临时素材

接口详情请参考 wiki 介绍。wiki 提供参考代码如何上传素材作为临时素材，以供其他接口使用。

vim media.py 编写完成之后，直接运行 media.py 即可上传临时素材。代码如下：

```
# -*- coding: utf-8 -*-
# filename: media.py
from basic import Basic
import urllib2
import poster.encode
from poster.streaminghttp import register_openers

class Media(object):
    def __init__(self):
        register_openers()
    #上传图片
    def uplaod(self, accessToken, filePath, mediaType):
        openFile = open(filePath, "rb")
        param = {'media': openFile}
        postData, postHeaders = poster.encode.multipart_encode(param)

        postUrl = "https://api.weixin.qq.com/cgi-bin/media/upload?access_token=%s&type=%s" % (acc
essToken, mediaType)
        request = urllib2.Request(postUrl, postData, postHeaders)
        urlResp = urllib2.urlopen(request)
        print urlResp.read()

if __name__ == '__main__':
    myMedia = Media()
    accessToken = Basic().get_access_token()
    filePath = "D:/code/mpGuide/media/test.jpg"  #请填写实际的图片路径
    mediaType = "image"
    myMedia.uplaod(accessToken, filePath, mediaType)
```

2. 获取临时素材 MediaId

临时素材的 MediaId 没有提供特定的接口进行统一查询，因此有两种方式：

(1) 通过接口调用上次的临时素材，在调用成功的情况下，从返回的 JSON 数据中提取 MediaId，可临时使用；

(2) 粉丝互动中的临时素材，可从 xml 数据中提取 MediaId，可临时使用。

3. 下载临时素材

1) 手工体验

对于开发者保存粉丝发送的图片的方法，请读者参考接口文档“获取临时素材接口”。为方便理解，从最简单的由浏览器获取素材的方法入手，根据实际情况，在浏览器中输入网址：

https://api.weixin.qq.com/cgi-bin/media/get?access_token=ACCESS_TOKEN&media_id=MEDIA_ID (自行替换数据)

ACCESS_TOKEN 如 "access_token" 章节的讲解。

MEDIA_ID 如“‘图尚往来’/接收图片消息”xml 中的 MediaId 的讲解。

只要数据正确，就会下载图片到本地，如图 4-11 所示。

图 4-11 保存粉丝发送的图片

2) 接口获取

通过接口下载图片的代码如下：

```
vim media.py
# -*- coding: utf-8 -*-
# filename: media.py
import urllib2
import json
from basic import Basic

class Media(object):
    def get(self, accessToken, mediaId):
        postUrl = "https://api.weixin.qq.com/cgi-bin/media/get?access_token=%s&media_id=%s" %
(accessToken, mediaId)
        urlResp = urllib2.urlopen(postUrl)
```

```
            headers = urlResp.info().__dict__['headers']
            if ('Content-Type: application/json\r\n' in headers) or ('Content-Type: text/plain\r\n' in headers):
                jsonDict = json.loads(urlResp.read())
                print jsonDict
            else:
                buffer = urlResp.read()  #素材的二进制
                mediaFile = file("test_media.jpg", "wb")
                mediaFile.write(buffer)
                print "get successful"
if __name__ == '__main__':
    myMedia = Media()
    accessToken = Basic().get_access_token()
    mediaId = "2ZsPnDj9XIQlGfws31MUfR5Iuz-rcn7F6LkX3NRCsw7nDpg2268e-dbGB67WWM-N"
    myMedia.get(accessToken, mediaId)
```

直接运行 media.py 即可把想要的素材下载下来，其中图文消息类型的会直接在屏幕输出 JSON 数据段。

4.3.6 永久素材

1. 新建永久素材的方式

1) 手工体验

读者可以利用公众号平台的“素材管理功能”新增素材。需要注意的是，公众平台只以 MediaId 区分素材，MediaId 不等于素材的文件名。MediaId 只能通过接口查询，通过公众平台看到的是素材的文件名，如图 4-12 所示。

图 4-12　通过公众平台看到的素材及文件名

2) 新增接口

新增永久素材接口(详情见 wiki)跟新增临时素材的操作差不多，只是使用的 URL 不一样而已。为避免重复，此处以新增永久图文素材接口为例进行介绍(新增其他类型的素材请参考新增临时素材代码)。代码如下：

```
rim material.py
# -*- coding: utf-8 -*-
# filename: material.py
import urllib2
import json

from basic import Basic

class Material(object):
    #上传图文
    def add_news(self, accessToken, news):
        postUrl = "https://api.weixin.qq.com/cgi-bin/material/add_news?access_token=%s" % accessToken
        urlResp = urllib2.urlopen(postUrl, news)
        print urlResp.read()

if __name__ == '__main__':
    myMaterial = Material()
    accessToken = Basic().get_access_token()
    news =(
    {
        "articles":
        [
            {
            "title": "test",
            "thumb_media_id": "X2UMe5WdDJSS2AS6BQkhTw9raS0pBdpv8wMZ9NnEzns",
            "author": "vickey",
            "digest": "",
            "show_cover_pic": 1,
                    "content": "<p><img data-s=\"300,640\" data-type=\"jpeg\" data-src=\"http://mmbiz.qp
ic.cn/mmbiz/iaK7BytM0QFPLhxfSMhOHlZd2Q5cw3YibKVf4dgNpLHXdUkvl65NBSMU71
rFfOEKF3ucmXuwAQbNdiaaS3441d5rg/0?wx_fmt=jpeg\" data-ratio=\"0.748653500897666\
" data-w=\"\"  /><br  /><img data-s=\"300,640\" data-type=\"jpeg\" data-src=\"http://mmbiz.qp
ic.cn/mmbiz/iaK7BytM0QFPLhxfSMhOHlZd2Q5cw3YibKiaibdNgh0ibgOXAuz9phrGjYFB
UKlyTBcrv5WE5zic08FUcz5ODXCHEykQ/0?wx_fmt=jpeg\" data-ratio=\"0.7486535008976
66\" data-w=\"\"  /><br  /></p>",
            "content_source_url": "",
            }
```

```
    ]
  })
  #news是个dict类型，可通过下面的方式修改内容
  #news['articles'][0]['title'] = u"测试".encode('utf-8')
  #print news['articles'][0]['title']
  news = json.dumps(news, ensure_ascii=False)
  myMaterial.add_news(accessToken, news)
```

2. 获取永久素材 MediaId

(1) 通过新增永久素材接口(详情见 wiki)新增素材时，保存 MediaId；

(2) 通过获取永久素材列表(下文介绍)的方式获取素材信息，从而得到 MediaId。

3. 获取素材列表

官方 wiki 链接：获取素材列表。需特别说明的是：此接口只是批量获取素材信息，不是一次性获取所有素材的信息，这就是 offset 字段的含义。代码如下：

```
vim material.py
# -*- coding: utf-8 -*-
# filename: material.py
import urllib2
import json
import poster.encode
from poster.streaminghttp import register_openers
from basic import Basic

class Material(object):
  def __init__(self):
    register_openers()
  #上传
  def uplaod(self, accessToken, filePath, mediaType):
    openFile = open(filePath, "rb")
    fileName = "hello"
    param = {'media': openFile, 'filename': fileName}
    #param = {'media': openFile}
    postData, postHeaders = poster.encode.multipart_encode(param)

    postUrl = "https://api.weixin.qq.com/cgi-bin/material/add_material?access_token=%s&type=
%s" % (accessToken, mediaType)
    request = urllib2.Request(postUrl, postData, postHeaders)
    urlResp = urllib2.urlopen(request)
    print urlResp.read()
  #下载
  def get(self, accessToken, mediaId):
```

```
        postUrl = "https://api.weixin.qq.com/cgi-bin/material/get_material?access_token=%s" % access
Token
        postData = "{ \"media_id\": \"%s\" }" % mediaId
        urlResp = urllib2.urlopen(postUrl, postData)
        headers = urlResp.info().__dict__['headers']
        if ('Content-Type: application/json\r\n' in headers) or ('Content-Type: text/plain\r\n' in headers):
            jsonDict = json.loads(urlResp.read())
            print jsonDict
        else:
            buffer = urlResp.read()  # 素材的二进制
            mediaFile = file("test_media.jpg", "wb")
            mediaFile.write(buffer)
            print "get successful"
    #删除
    def delete(self, accessToken, mediaId):
        postUrl = "https://api.weixin.qq.com/cgi-bin/material/del_material?access_token=%s" % access
Token
        postData = "{ \"media_id\": \"%s\" }" % mediaId
        urlResp = urllib2.urlopen(postUrl, postData)
        print urlResp.read()

    #获取素材列表
    def batch_get(self, accessToken, mediaType, offset=0, count=20):
        postUrl = ("https://api.weixin.qq.com/cgi-bin/material"
               "/batchget_material?access_token=%s" % accessToken)
        postData = ("{ \"type\": \"%s\", \"offset\": %d, \"count\": %d }"
                 % (mediaType, offset, count))
        urlResp = urllib2.urlopen(postUrl, postData)
        print urlResp.read()

if __name__ == '__main__':
    myMaterial = Material()
    accessToken = Basic().get_access_token()
    mediaType = "news"
    myMaterial.batch_get(accessToken, mediaType)
```

4.3.7 自定义菜单

菜单也是公众号中重要的组成部分，可以承载更复杂的应用。本节将实现三个菜单栏，以帮助读者学习 click、view、media_id 三种类型菜单按钮，其他类型在本小节学习之后，请读者自行查询公众平台 wiki 说明进行学习。

1. 创建菜单界面

(1) 根据公众平台 wiki 所给的 JSON 数据编写代码，涉及 media_id 的部分请参考“永久素材”小节。代码如下：

```
vim menu.py
# -*- coding: utf-8 -*-
# filename: menu.py
import urllib
from basic import Basic

class Menu(object):
    def __init__(self):
        pass
    def create(self, postData, accessToken):
        postUrl = "https://api.weixin.qq.com/cgi-bin/menu/create?access_token=%s" % accessToken
        if isinstance(postData, unicode):
            postData = postData.encode('utf-8')
        urlResp = urllib.urlopen(url=postUrl, data=postData)
        print urlResp.read()

    def query(self, accessToken):
        postUrl = "https://api.weixin.qq.com/cgi-bin/menu/get?access_token=%s" % accessToken
        urlResp = urllib.urlopen(url=postUrl)
        print urlResp.read()

    def delete(self, accessToken):
        postUrl = "https://api.weixin.qq.com/cgi-bin/menu/delete?access_token=%s" % accessToken
        urlResp = urllib.urlopen(url=postUrl)
        print urlResp.read()

    #获取自定义菜单配置接口
    def get_current_selfmenu_info(self, accessToken):
        postUrl = "https://api.weixin.qq.com/cgi-bin/get_current_selfmenu_info?access_token=%s" %
        accessToken
        urlResp = urllib.urlopen(url=postUrl)
        print urlResp.read()

if __name__ == '__main__':
    myMenu = Menu()
    postJson = """
    {
        "button":
        [
```

```
    {
      "type": "click",
      "name": "开发指引",
      "key":  "mpGuide"
    },
    {
      "name": "公众平台",
      "sub_button":
      [
        {
          "type": "view",
          "name": "更新公告",
          "url": "http://mp.weixin.qq.com/wiki?t=resource/res_main&id=mp1418702138&token
              =&lang=zh_CN"
        },
        {
          "type": "view",
          "name": "接口权限说明",
          "url": "http://mp.weixin.qq.com/wiki?t=resource/res_main&id=mp1418702138&token
              =&lang=zh_CN"
        },
        {
          "type": "view",
          "name": "返回码说明",
          "url": "http://mp.weixin.qq.com/wiki?t=resource/res_main&id=mp1433747234&token
              =&lang=zh_CN"
        }
      ]
    },
    {
      "type": "media_id",
      "name": "旅行",
      "media_id": "z2zOokJvlzCXXNhSjF46gdx6rSghwX2xOD5GUV9nbX4"
    }
  ]
}
"""
accessToken = Basic().get_access_token()
#myMenu.delete(accessToken)
myMenu.create(postJson, accessToken)
```

(2) 在腾讯云服务器上执行命令：python menu.py。

(3) 查看：重新关注公众号后即可看到新创建的菜单，如图 4-13 所示。如果不重新关注，公众号界面也会自动更改，但有时间延迟。点击子菜单“更新公告”(view 类型)，将弹出网页(PC 版本)。

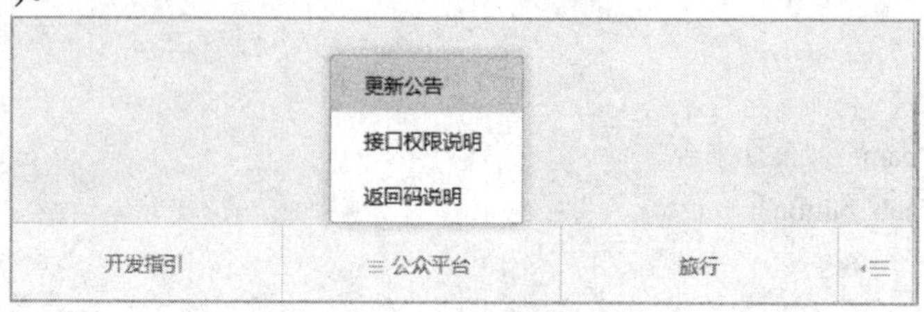

图 4-13 菜单显示效果

2. 完善菜单功能

查看公众平台自定义菜单与公众平台自定义菜单事件推送说明可知，点击 click 类型 button，微信后台会推送一个 event 类型的 xml 给开发者。显然，click 类型的还需要开发者进一步完善后台代码逻辑，增加对自定义菜单事件推送的响应。

3. 流程图

响应自定义菜单事件推送的流程图如图 4-14 所示。

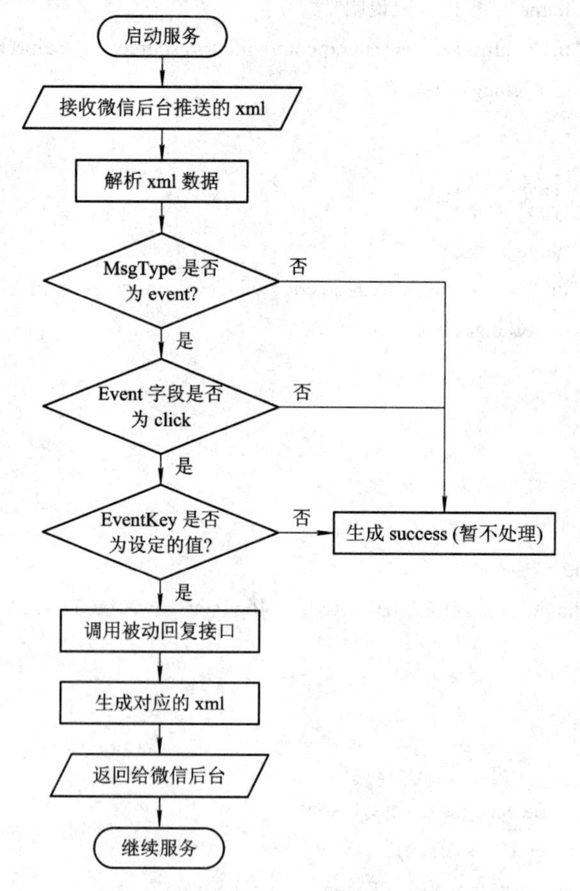

图 4-14 响应自定义菜单事件推送的流程图

4. 编写代码

1) vim handle.py (修改)

```
# -*- coding: utf-8 -*-
# filename: handle.py
import reply
import receive
import web

class Handle(object):
    def POST(self):
        try:
            webData = web.data()
            print "Handle Post webdata is ", webData  #后台打印日志
            recMsg = receive.parse_xml(webData)
            if isinstance(recMsg, receive.Msg):
                toUser = recMsg.FromUserName
                fromUser = recMsg.ToUserName
                if recMsg.MsgType == 'text':
                    content = "test"
                    replyMsg = reply.TextMsg(toUser, fromUser, content)
                    return replyMsg.send()
                if recMsg.MsgType == 'image':
                    mediaId = recMsg.MediaId
                    replyMsg = reply.ImageMsg(toUser, fromUser, mediaId)
                    return replyMsg.send()
            if isinstance(recMsg, receive.EventMsg):
                if recMsg.Event == 'CLICK':
                    if recMsg.Eventkey == 'mpGuide':
                        content = u"编写中，尚未完成".encode('utf-8')
                        replyMsg = reply.TextMsg(toUser, fromUser, content)
                        return replyMsg.send()
            print "暂且不处理"
            return reply.Msg().send()
        except Exception, Argment:
            return Argment
```

2) vim receive.py (修改)

```
# -*- coding: utf-8 -*-
# filename: receive.py
import xml.etree.ElementTree as ET
```

```
def parse_xml(web_data):
    if len(web_data) == 0:
        return None
    xmlData = ET.fromstring(web_data)
    msg_type = xmlData.find('MsgType').text
    if msg_type == 'event':
        event_type = xmlData.find('Event').text
        if event_type == 'CLICK':
            return Click(xmlData)
        #elif event_type in ('subscribe', 'unsubscribe'):
            #return Subscribe(xmlData)
        #elif event_type == 'VIEW':
            #return View(xmlData)
        #elif event_type == 'LOCATION':
            #return LocationEvent(xmlData)
        #elif event_type == 'SCAN':
            #return Scan(xmlData)
    elif msg_type == 'text':
        return TextMsg(xmlData)
    elif msg_type == 'image':
        return ImageMsg(xmlData)

class EventMsg(object):
    def __init__(self, xmlData):
        self.ToUserName = xmlData.find('ToUserName').text
        self.FromUserName = xmlData.find('FromUserName').text
        self.CreateTime = xmlData.find('CreateTime').text
        self.MsgType = xmlData.find('MsgType').text
        self.Event = xmlData.find('Event').text
class Click(EventMsg):
    def __init__(self, xmlData):
        EventMsg.__init__(self, xmlData)
        self.Eventkey = xmlData.find('EventKey').text
```

5. 体验

编译好代码后，重新启动服务(sudo python main.py 80)。view 类型、media_id 类型本身就很容易实现，现在重点看一下 click 类型的菜单按钮。

微信扫码成为公众号的粉丝，点击菜单按钮“开发指引”。查看后台日志，发现接收到一条 xml，如图 4-15 所示。

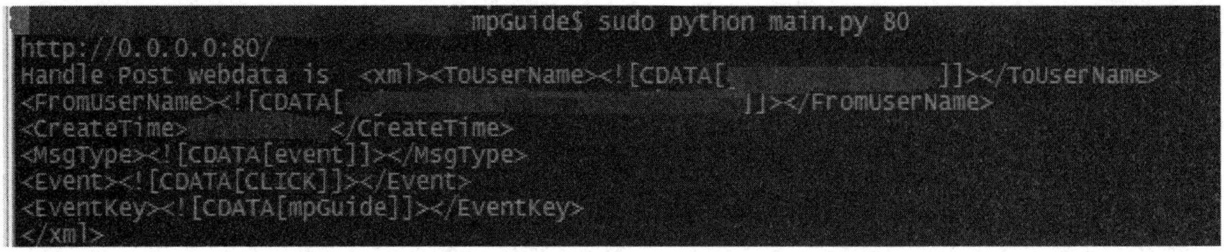

```
mpGuide$ sudo python main.py 80
http://0.0.0.0:80/
Handle Post webdata is  <xml><ToUserName><![CDATA[ ]]></ToUserName>
<FromUserName><![CDATA[ ]]></FromUserName>
<CreateTime>  </CreateTime>
<MsgType><![CDATA[event]]></MsgType>
<Event><![CDATA[CLICK]]></Event>
<EventKey><![CDATA[mpGuide]]></EventKey>
</xml>
```

图 4-15　后台日志截图

公众号的后台代码设置对该事件的处理是回复一条内容为“编写之中”的文本消息，因此公众号发送了一条文本消息给用户。对于自定义菜单的其他类型，均可同样操作。

思考与练习题

1. 请根据自己的上网条件，设计并搭建一个简易的微信公众号(个人)开发环境，并通过微信关注该公众号成为第一个粉丝。

2. 微信公众号的推广模式有哪几种？如果想要推广自己的公众号，可以采用哪种方式？(可以不拘泥于本章所列举的几种)

3. 为自己的公众号添加菜单，只需要实现一级菜单即可。

第 5 章　电商平台开发

电商近年来影响越来越大，推动了商贸领域的互联网化转型，同时也对实体店面造成了很大冲击。电商平台按其形态，分为 B2C(商家-消费者)、O2O(线上订购-线下取货)等类型。一个实际的电商平台功能非常复杂，本章仅对电商的总体构成和核心功能进行介绍。

5.1　电商平台总体设计

5.1.1　平台总体架构

电商平台是一个复杂的平台系统，每个电商平台的结构和特点都不尽相同，但无论是哪种电商平台，都有一些基本的功能是一致的。图 5-1 是典型电商平台的总体架构，自下而上，平台分为网络层、系统软件层、基础功能层和业务功能层。网络层的组建在后续章节会进行专门介绍，系统软件层、基础功能层和业务功能层将在本章作详细介绍。

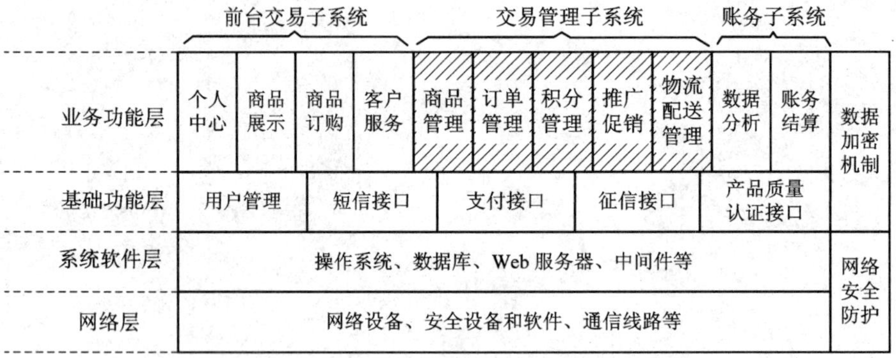

	前台交易子系统				交易管理子系统					账务子系统		
业务功能层	个人中心	商品展示	商品订购	客户服务	商品管理	订单管理	积分管理	推广促销	物流配送管理	数据分析	账务结算	数据加密机制
基础功能层	用户管理	短信接口	支付接口	征信接口	产品质量认证接口							
系统软件层	操作系统、数据库、Web 服务器、中间件等											网络安全防护
网络层	网络设备、安全设备和软件、通信线路等											

图 5-1　典型电商平台总体架构示意图

5.1.2　系统软件层

系统软件层包括操作系统、数据库、Web 服务器和中间件等，这些软件目前都非常成熟，开发者需要根据平台定位做出合适的选择。

1. 操作系统

当前，主流的平台操作系统主要有 Linux 和 Windows，二者的比较如表 5-1 所示，平台开发者可以根据自己的实际情况来选择。如果对平台性能要求高，就可以选择 Linux。这里所谓的性能好，指的是在同样的服务器硬件配置下，可以承载更大的业务流量，允许更多的并发用户，访问响应时间相对较短。如果希望开发和维护相对容易些，可以选择 Windows。Windows 服务器和 PC 机尽管版本不一样，但是用户界面、使用方法、使用的命令等都大同小异，因而对于初学者来说易于开发和维护。

表 5-1 Linux 和 Windows 比较

项　目	Linux	Windows
性能	好	差
安全性	好	差
维护难度	较难	容易
开发难度	较难	较容易

2. Web 服务器

Web 服务器主要有 Apache Tomcat 和微软的 IIS，二者的对比类似于 Linux 和 Windows 的对比，Apache Tomcat 性能更好，而 IIS 更易使用。

3. 数据库

相比于操作系统和 Web 服务器，数据库的选择面较宽，SQL Server、Oracle、MySQL、Sybase、DB2 等都可以使用。通常，大型平台选择 Oracle、Sybase 较多，采用 Windows 作为操作系统的中小型平台选择微软 SQL Server 较多，而采用 Linux 作为操作系统的平台则大多数选用 MySQL。Linux/Apache Tomcat/MySQL 构成一个很好的低成本、高性能组合，不过相比于 Windows/IIS/SQL Server 组合，需要的技能更高一些。

4. 开发语言

1) PHP

PHP 是一种通用开源脚本语言，它吸收了 C 语言、Java 语言的特点，利于学习，使用广泛，主要适用于 Web 开发领域。PHP 独特的语法混合了 C、Java、Perl 以及 PHP 自创的语法。它可以比 CGI 或者 Perl 更快速地执行动态网页。与其他的编程语言相比，PHP 是将程序嵌入到 HTML 文档中去执行，执行效率比完全生成 HTML 标记的 CGI 要高许多；PHP 还可以执行编译后的代码，编译可以加密和优化代码运行，使代码运行更快。

2) Java

Java 是一种可以撰写跨平台应用程序的面向对象程序设计语言。Java 技术具有卓越的通用性、高效性、平台移植性和安全性，广泛应用于 PC、数据中心、游戏控制台、科学超级计算机、移动电话和互联网，以及电子商务大型网站与平台。Java 是电商平台使用得最多的开发语言。

3) ASP.NET

1996 年 Microsoft 推出 ASP，是和 JavaScript 相竞争的开发语言。2001 年，ASP 升级

为 ASP 3.0。2001 年推出了全新的 ASP.NET，它是 ASP 3.0 的延续，是新一代服务器技术。

4) C#

C# 是由微软公司发布的一种安全、稳定、简单、优雅的，由 C 和 C++衍生出来的面向对象编程语言，其发布也是为了与 Java 进行竞争。C#是一种面向对象的，运行于.NET Framework 之上的高级程序设计语言。C#看起来与 Java 非常相似，包括单一继承、接口、与 Java 几乎同样的语法和编译成中间代码再运行的过程等。但是，C#与 Java 也有着明显的不同，它借鉴了 Delphi 的一个特点，与 COM 是直接集成的，而且是微软公司 .NET 网络框架的主角。

比较 PHP、Java 和 C# 三种语言可知，C# 开发速度快，灵活性高；Java 开发速度慢，安全性高，拓展性好；PHP 有很多开源框架可用，成本低。具体用什么要看平台定位(是大型、中型还是小型)、平台的预算资金状况以及对平台的需求等。

5.2 基础功能子系统

5.2.1 用户管理

电商平台用户主要有三大类，分别是平台消费者、平台入驻商家和平台业务管理人员，针对不同类型用户需要分配的权限不同。

1. 平台消费者

平台消费者经过注册成为平台用户，可以浏览、查询电商平台的各种商品，可以购买商品、查询订单、查询商品物流配送情况等。

2. 平台入驻商家

平台入驻商家经过注册、平台审核等之后，成为平台的用户。平台入驻商家可以依据平台提供的权限，上架或下架自己的商品，可以对自己商品的价格进行管理，可以使用平台提供的打折等功能。

3. 平台业务管理人员

平台业务管理人员主要分为系统管理员、数据统计分析员、账务管理员等。系统管理员负责整个平台系统的技术运行，保证平台稳定、高效和安全地运行，其具体工作更多在系统层面、数据库层面和角色分配方面。数据统计分析人员一般出于运营目的，对平台各种与经营相关的数据进行统计，包括交易额、商家销售情况、订单运转情况等。财务管理人员主要对平台交易产生的财务问题进行管理，包括对账、退款等。

5.2.2 短信接口

1. 短信的作用

电商平台的用户在注册、登录、支付等环节都要通过短信进行验证，确保用户的身份。之所以采用短信进行验证，是因为平台默认手机对于用户是唯一的。在手机实名制日益落实的今天，通过手机号码，还可以进一步追溯到用户的身份证号码。

1) 注册环节

用户在注册环节设定自己的用户名，录入自己的身份证号码和手机号码。这时，系统提示用户获取验证码，用户在点击如“获取验证码”这样的按钮后，系统就向用户所输入的手机号码发送短信验证码。用户手机接收到验证码短信后，输入到验证页面并提交系统验证。系统如验证无误，就认定该手机属于当期注册用户，然后在系统中建立该用户记录。记录中与身份相关的关键信息包括用户名、密码、身份证号码、手机号码，除此之外，还会有与个人相关的其他信息，如性别、购买记录、积分等。

2) 登录、找回密码和支付环节

在用户登录系统和进行线上支付时，除了进行用户名/密码验证外，还需要用短信来进行附加验证，其实质是增加身份验证的可靠性，提升安全级别。

如果用户忘记了自己的密码，便以手机号码作为判断依据，通过手机短信方式，把密码提供给用户。

2. 短信接口获取方式

通常电商平台获得短信接口的方式有自建和租用两种。

1) 自建短信接口

自建短信接口比较复杂，先要向通信管理局申请接入码，申请到接入码后，再向几家电信运营商中的一家申请短信接入。短信接入是有费用的，只有接入电信运营商的短信系统，才能向用户的手机发送短信或接收用户发送来的短信。接入电信运营商的短信系统后，还需要设计向 Web 层提供服务的接口，以便 Web 层的动态程序调用。

自建短信接口的开发工作比较专业，很多是消息通信的处理，普通电商平台的开发人员一般不太熟悉，最好还是请专业人员来开发。

2) 租用短信接口

由于短信接口需要向通信管理局申请，并且要求有专业的开发技术，因此社会上有公司专门从事该项业务，他们搭建自己的短信平台，提供给电商或门户网站来租用。一般租费按照短信条数来设定，购买的批量越大，单条短信的费用就越低。

5.2.3　支付接口

1. 支付接口的作用

电商平台的主要业务是商品在线购买，因此，在线支付也是电商平台的基础功能之一，一般采用第三方支付方式。第三方支付模式使商家看不到用户的账户信息，同时又避免了用户账户信息在网络上多次公开传输而导致信息被窃。支付接口的主要功能有支付功能、查询功能、退款功能等。

2. 常用支付接口

目前，第三方支付产品主要有支付宝、微信支付、翼支付等。选用第三方支付的好处是，第三方支付都与绝大多数银行打通，可以通过支付平台实现在这些银行之间的线上转账。近来，部分银行也提供了线上支付的接口。

每个支付产品都有自己的接口，商户签订合同后，即可获得接口文档和商户自己的密钥。商户拿到接口文档和密钥后，就可以进行自己的对接开发了。

3．支付接口对接方法

第一步，签订合约并通过第三方拿到接口(可以以邮件形式发送，也可以在第三方系统下载)。拿到接口后，要确认一下接口类型，是否是自己需要的接口，比如B2C接口、B2B接口等类型。

第二步，支付接口分很多语言版本，比如ASP、JSP、PHP、.NET语言版本，所以要选择与自己网站语言匹配的接口进行安装。商城网站技术人员一般比较清楚商城的开发语言。

第三步，支付接口一般包括接口文档和接口代码示例，选择合适的接口代码示例进行联调，比如自己的网站是PHP开发的，就选择PHP代码示例进行联调。

第四步，接口联调的时候，需要第三方支付提供联调测试账号，方可联调。联调除了需要联调账号外，还需要该账号的支付密钥。若联调过程中有什么问题，可以直接找第三方支付技术支持给予协调处理。

第五步，接口联调通过后，可先换成生产环境账号，进行交易测试。测试无问题后，就可以放到商城网站进行交易。

5.2.4 征信接口

征信的概念早已有之，但一直局限在银行业等少数行业内使用。随着电子政务不同部门数据的连通整合，以及互联网大数据的挖掘，征信应用出现了蓬勃发展的势头。征信记录了企业和个人的信用行为，这些行为将影响个人未来的经济活动，这些行为体现在个人信用报告中，就是人们常说的“信用记录”。

1．征信对于电商平台的意义

对于电商平台而言，平台上的商户、平台的用户(消费者)均存在着信用问题，比如有的商户有售假记录，有的消费者有不合理退货行为，有的物流公司有野蛮装卸问题等。在电商平台开通征信功能，有利于提高平台商户的诚信经营意识，打击和抑制售卖假货行为，保护消费者权益，保障平台的健康可持续发展。

2．征信数据来源和接口

征信系统的数据主要有内部和外部两个来源，原始数据经过一定规则处理后，形成征信数据库，以数据接口方式提供给征信应用系统。内部来源是企业或政府机构在本身业务开展过程中积累的数据，比如淘宝的用户订购数据，税务机关的企业纳税数据，银行的客户贷款数据等。外部数据指本机构以外企业或政府机构的数据，比如对于银行而言，淘宝的商家销售数据就可以作为企业贷款额度评定的一个依据。

在互联网大数据兴起后，社会上出现了专业化的、独立的第三方机构，为企业和个人建立信用档案，依法采集、客观记录其信用信息，并根据客户需求，经过加工后以接口方式提供给客户。政府也正在对公安、税务、工商、规划、住建、环保、教育、卫生统计等各个部门的数据做连通和整合工作，提供权威的征信数据接口。

5.2.5 产品质量认证接口

1．产品质量认证的必要性

质量是产品的生命。随着生活水平的提高，人们对产品(商品)质量提出了越来越高的要求，尤其是随着环境污染的加剧，人们对健康生态产品的要求尤为迫切。但是，单凭电商平台上商品的展示和商家宣传，一般情况下消费者难以获得可靠的产品质量信息。在此情况下，产品质量认证就显得非常有必要。

2．产品质量认证接口或产品溯源前瞻

目前，产品质量认证和农产品溯源功能还只有个别电商平台才具备。随着国家质量认证体系建设的不断完善，可以预期，未来将必然会出现权威的第三方产品质量认证平台。认证平台与电商平台打通后，消费者可以在线验证电商平台上所售卖产品是否达到所宣传的质量标准。

产品质量认证适合于工业化、标准化生产产品，而农产品因生产的土壤条件、气候条件、农药使用、肥料使用等难以标准化，产品质量认证还需要辅之以产品溯源。随着产品溯源技术的不断提高和手段的日益丰富，也可以预期，未来将会有比较成熟和规范的产品溯源模式，电商平台可以采用这些技术和手段，让消费者清楚地了解农产品及其生产过程和加工过程。

5.3 前台交易子系统

5.3.1 个人中心

个人中心提供了面向电商平台消费者的一组功能，包括注册与登录/认证功能、个人信息管理功能、购物车功能、交易记录功能、积分查询与兑换功能等。

1．注册与登录/认证

个人在电商平台订购商品时，需要有一个唯一的身份标识让平台识别，这个标识就是用户名。用户在首次使用电商平台时，需要选择一个字符串作为自己的用户名，平台需要对该用户名进行审核，以确保不会发生重名。多数用户经常选择自己的名字、邮箱或手机号码作为用户名。用户名选定后，平台还要通过短信对用户的手机号码进行验证，由于手机采用实名制，这个过程实际上也就是对个人身份的实名化。完成身份验证后，用户可以设置一个密码，以便日后使用。上述这样一个选择用户名、验证身份、设定密码的过程就称为“注册”。

用户在使用平台时，首先需要“登录”，也就是在登录页面填写自己的用户名和密码，然后提交平台进行验证。平台验证通过后，用户进入登录状态，这时就可以使用购物车、订购等功能。

除此之外，平台还要提供密码找回、密码修改等功能。由于平台已经把用户的用户名与手机号码在后台进行了绑定，因此，当用户忘记密码时，可以通过验证手机号码的方式，让用户重新设置密码。

2. 个人账号管理

用户注册后，可以对本人的账号信息进行动态管理，这些功能主要包括安全设置、个人资料、隐私设置、第三方支付绑定设置、个人交易信息及收货地址等。淘宝平台账号管理如图 5-2 所示。

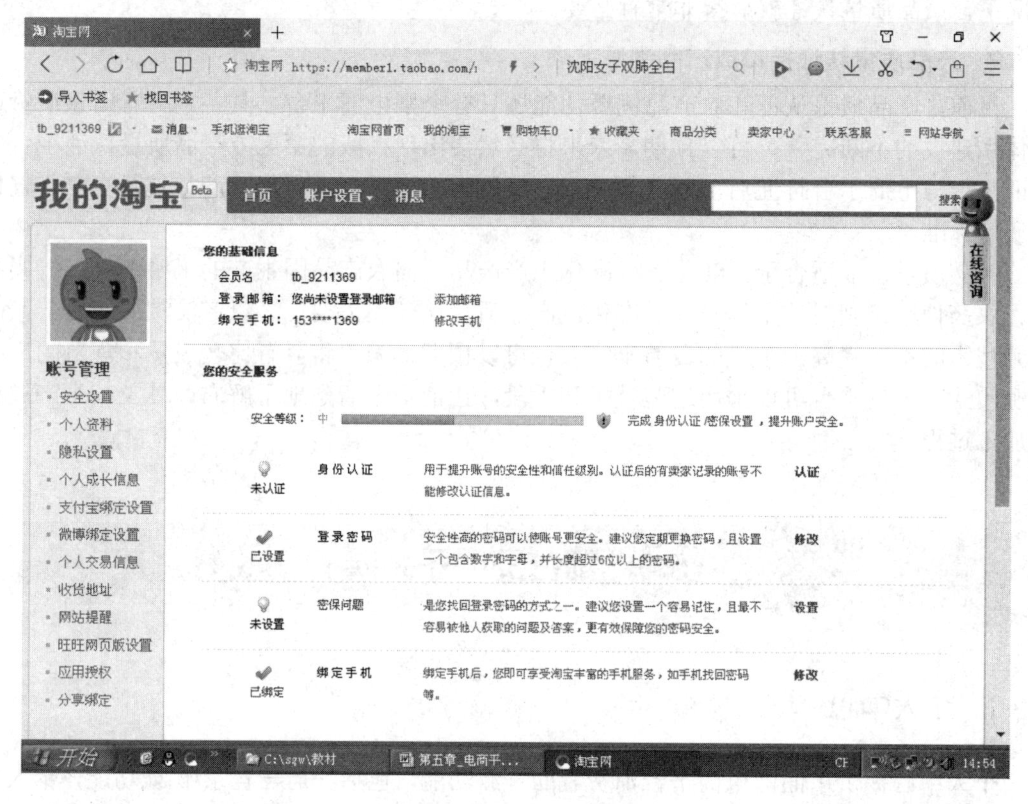

图 5-2　淘宝平台账号管理

3. 个人交易记录查询

用户可以查询自己以往的交易记录，包括购买记录、退货记录等。记录中包含了所购买商品的名称、数量、单价、商家及购买时间等。

4. 积分查询

如果平台有积分体系的话，用户便可以查询自己的累积积分、积分的使用情况等。

5.3.2 商品分类展示

1. 商品分类展示

电商平台上展示的商品都经过了精心设计，尽可能使商品展示符合消费者的思维和使用习惯，便于用户方便地搜索到自己感兴趣的商品。商品展示一般具有分类和分层的特点，通常先把商品分为不同的类别，再逐级进行细分。如图 5-3 所示，点击“家电”、“数码”、“手机”后又可展开更多的子类。

图 5-3 淘宝平台商品展示

2. 商品分类结构设计

为了实现前台商品既能够逐级分类展示，又能够通过感兴趣的属性随机筛选显示，需要设计合理的商品分类结构。

网站最常见的结构模型是“栏目-文章”模型，早期电商平台自然就继承了这种一对多的关系。只是栏目变成了分类，文章变成了商品，商品也具备了独特的业务属性，如图 5-4 所示。现在很多电商网站上左侧的菜单，也就是这个分类。

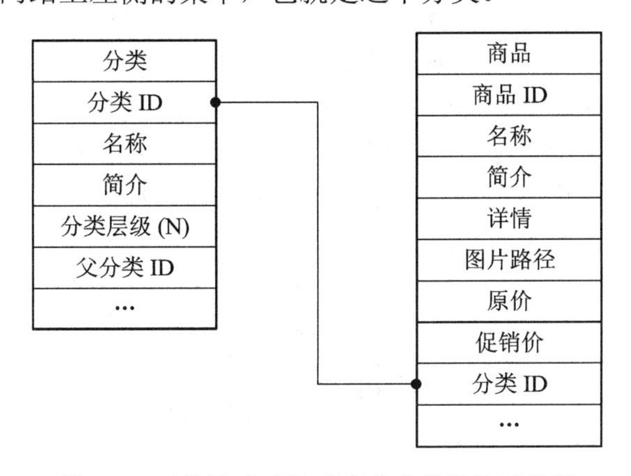

图 5-4 “栏目-文章”式商品分类结构示意图

但是，这种相对比较简单的结构在电商平台商品稍微复杂时就会出现一个问题，即只有分类并不能适应所有的需求，比如Nike鞋和Nike T恤，用户可能希望先看Nike的所有商品，这个模型就不能满足。为此，需要加入“品牌”概念，于是上述模型就演变为如图5-5所示的商品分类结构。采用这个模型，用户便可以通过分类或者品牌找到自己想要的商品。但是用户在进入分类后，展示在用户面前的是很多很多的商品。用户希望再通过筛选查询出更接近其目标的商品，这可以通过在这个模型的基础上再设置属性表，为筛选查询提供检索条件。

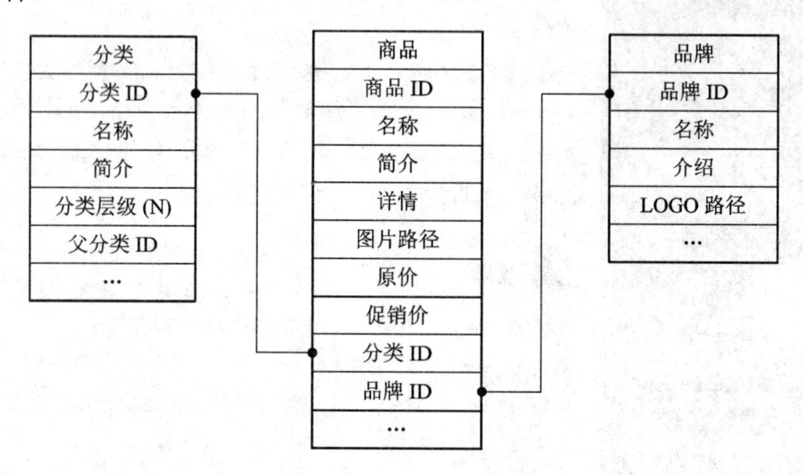

图5-5 加入“品牌”的商品分类结构示意图

5.3.3 商品订购

商品订购功能包括商品分级检索、商品筛选、商品选购(购物车)、订购支付等功能。采用前述商品表设计后，已经可以实现商品分级检索、商品筛选等功能，订购支付功能的实现只要调用支付接口就可以了。本节重点对购物车功能的实现做一介绍。

1. 购物车的功能

电商平台的购物车也称购物篮，是借用实体超市里的购物车和购物篮的名字。其作用也和实体超市里的购物车相同，也就是把想要购买的商品先放在里面，等到支付环节一次性实现支付购买。用户可以在购物网站的不同页面之间跳转，以选购自己喜爱的商品。点击“购买”时，该商品就自动保存到用户的购物车中，多次选购后，最后将选中的所有商品放在购物车中统一到付款台结账。这样设计的目的是尽量让客户体验到现实生活中购物的感觉。服务器通过追踪每个用户的操作，以保证在结账时每件商品都物有其主。

电商平台购物车的功能主要包括：

- 把商品添加到购物车，即订购。
- 删除购物车中已订购的商品。
- 修改购物车中某一商品的订购数量。
- 清空购物车。
- 显示购物车中商品的清单及数量、价格。

2．购物车的实现

只要服务器能够识别并追踪每个用户的操作，那么实现上述功能是容易的，这里不做进一步说明。而如何实现对每个用户的识别和追踪并维持与他们的联系，则是购物车设计的关键技术点。电商平台均采用 HTTP 协议，但是 HTTP 协议是一种“无状态(Stateless)”的协议，因而服务器不能记住是谁在购买商品。当把商品加入购物车时，服务器也不知道购物车里原先有些什么，使得用户在不同页面间跳转时购物车无法“随身携带”，这都给购物车的实现造成了一定的困难。目前，购物车的实现主要是通过 Cookie、Session 或结合数据库的方式进行，下面对它们的实现机制一一做以介绍。

1) Cookie

Cookie 是由 Web 服务器产生，但存储在客户端的一段信息。它定义了一种 Web 服务器在客户端存储和返回信息的机制，Cookie 文件包含域、路径、生存期和由服务器设置的变量值等内容。当用户以后访问同一个 Web 服务器时，浏览器会把 Cookie 原样发送给服务器。通过让服务器读取原先保存到客户端的信息，网站能够为浏览者提供一系列的方便，例如在线交易过程中标识用户身份，安全要求不高的场合避免用户重复输入名字和密码，门户网站的主页定制，有针对性地投放广告等。利用 Cookie 的特性，大大扩展了 Web 应用程序的功能，不仅可以建立服务器与客户机的联系(因为 Cookie 可以由服务器定制)，还可以将购物信息生成 Cookie 值存放在客户端，从而实现购物车的功能。用基于 Cookie 的方式实现服务器与浏览器之间的会话或购物车，有以下特点：

(1) Cookie 存储在客户端，且占用很少的资源。浏览器允许存放 300 个 Cookie，每个 Cookie 的大小为 4 KB，足以满足购物车的要求，同时也减轻了服务器的负荷。

(2) Cookie 为浏览器所内置，使用方便，即使用户不小心关闭了浏览器窗口，只要在 Cookie 定义的有效期内，购物车中的信息也不会丢失。

(3) Cookie 不是可执行文件，所以不会以任何方式执行，因此也不会带来病毒或攻击用户的系统。

基于 Cookie 的购物车要求用户浏览器必须支持并设置为启用 Cookie，否则购物车会失效。此外，外界存在着关于 Cookie 侵犯访问者隐私权的争论，因此有些用户会禁止本机的 Cookie 功能，这会导致基于 Cookie 的购物车无法使用。

2) Session

Session 是实现购物车的另一种方法。Session 提供了可以保存和跟踪用户的状态信息的功能，使当前用户在 Session 中定义的变量和对象能在不同页面之间共享，但是不能为应用中其他用户所访问。它与 Cookie 最大的区别是，Session 将用户在会话期间的私有信息存储在服务器端，提高了安全性。在服务器生成 Session 后，客户端会生成一个 SessionId 识别号保存在客户端，以保持和服务器的同步。这个 SessionId 是只读的，如果客户端禁止 Cookie 功能，Session 会通过在 URL 中附加参数，或隐含在表单中提交等其他方式在页面间传送。因此，利用 Session 实施对用户的管理更为安全、有效。

同样，利用 Session 也能实现购物车，这种方式的特点是：

- Session 用新的机制保持与客户端的同步，不依赖于客户端的设置。
- 与 Cookie 相比，Session 是存储在服务器端的信息，因此显得更为安全，可将身份标识、购物等信息存储在 Session 中。

- Session 会占用服务器资源，加大服务器端的负载，尤其当并发用户很多时，会生成大量的 Session，影响服务器的性能。
- 因为 Session 存储的信息更敏感，而且是以文件形式保存在服务器中，因此仍然存在着安全隐患。

3) 结合数据库的方式

把数据库和 Session 或 Cookie 结合起来使用，是目前较普遍的模式。在这种方式中，数据库承担着存储购物信息的作用，Session 或 Cookie 则用来跟踪用户。这种方式具有以下特点：

- 数据库与 Cookie 分别负责记录数据和维持会话，能发挥各自的优势，使安全性和服务器性能都得到了提高。
- 每一个购物的行为都要直接建立与数据库的连接，直至对表的操作完成后，连接才释放。当并发用户很多时，会影响数据库的性能，因此，这对数据库的性能提出了更高的要求。
- 使用 Cookie 维持会话需要客户端的支持。

各种方式的选择原则如下：

(1) 虽然 Cookie 可用来实现购物车，但必须获得浏览器的支持，再加上它是存储在客户端的信息，极易被获取，这也限制了它存储更多、更重要的信息。所以，一般 Cookie 只用来维持与服务器的会话，例如国内最大的网络书店当当网就是用 Cookie 保持与客户的联系。但是这种方式最大的缺点是，如果客户端不支持 Cookie，就会使购物车失效。

(2) Session 能很好地与交易双方保持会话，可以忽视客户端的设置，它在购物车技术中得到了广泛的应用。但 Session 的文件属性使其仍然存在安全隐患。

(3) 结合数据库的方式虽然在一定程度上解决了上述问题，但从上面的例子可以看出：这种购物流程中涉及对数据库表的频繁操作，尤其是用户每一次选购商品，都要与数据库进行连接，当用户很多的时候就加大了服务器与数据库的负荷。

5.3.4 客户服务

客户服务也是每个电商平台必须具备的一个功能，用于向平台的用户，包括消费者和商家，提供售前、售中和售后的服务。由于平台向消费者和商家提供的功能不同，因而客户服务内容也不同。下面我们以淘宝的客户服务功能为例，向读者做一介绍。

1．消费者服务中心

消费者服务中心为消费者提供一个向电商平台进行投诉或咨询的窗口，解决诸如“充值未到账”、“物流信息不更新”、“卖家未按约定时间发货”等问题。消费者可以通过消费者服务中心提供的信息发送窗口，向平台提交自己的问题。图 5-6 所示是淘宝平台的消费者服务中心窗口。

根据电商平台本身的性质和服务能力特点，电商平台还可以向消费者提供客服电话，通过呼叫中心向消费者提供更为实时和人性化的服务。

tb_9211369，你好，小蜜在此等主人很久了，有什么烦恼快和小蜜说说吧~
热门问题
充值未到账（如话费、点卡等），怎么办？
物流信息不更新了，怎么办？
卖家未按约定时间发货，怎么办？
发送

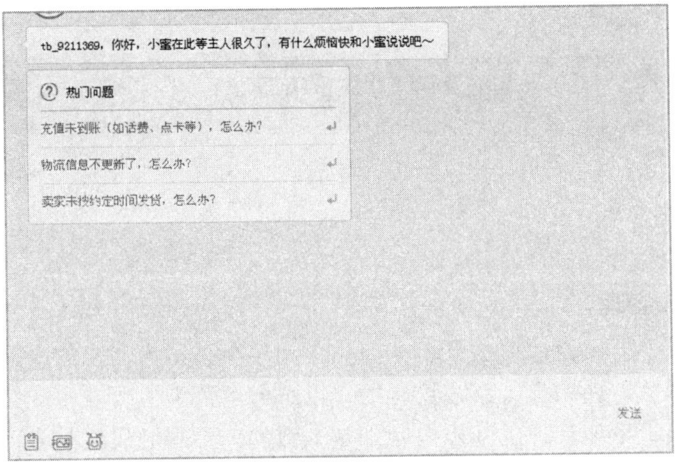

图 5-6　淘宝平台的消费者服务中心窗口

2．商家服务中心

商家服务中心为入驻平台的商家提供有关商家账户、商品销售及商家对于消费者的售后服务等相关问题的支撑。例如，淘宝的商家管理就包括了以下诸多功能：

■ 账户专区：会员名/密码找回、商家信息维护、账户开通、支付账户绑定设置、账户注销工具、人工审核服务。

■ 开店专区：开店流程问题咨询、淘宝认证操作咨询。

■ 商品专区：特种经营问题咨询。

■ 投诉处罚：不合理评价、行为类投诉问题咨询，投诉他人盗用图片，违禁品处罚问题咨询，出售假冒商品，虚假交易处罚，投诉可疑交易，被敲诈受理表单。

■ 消费者保护专区：消费者保障保证金问题、保证金计划问题、交易约定。

■ 服务记录：记录商户售后服务的情况。

■ 新手专区：对新入驻商户进行贴心指导。

除此之外，淘宝平台还向商家提供了“阿里万象-商家智能服务助理”、“知识学习-简单问题自助快速解决”、“问商友-300 万商家互相帮助”等功能，如图 5-7 所示。

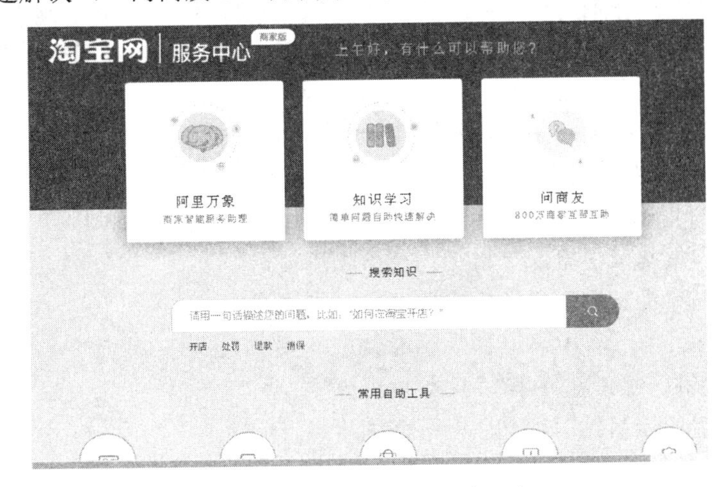
淘宝网
服务中心
商家版
上午好，有什么可以帮助您？
阿里万象
知识学习
问商友
搜索知识
常用自助工具

图 5-7　淘宝平台商家服务中心窗口

5.4 交易管理子系统

5.4.1 商品管理

1. 商品上下架管理

对于一个电商平台来说，要么是单一商家，如某个公司为自己的产品销售而开发的平台；要么是多个商家，如淘宝、京东这样的，以平台运营为主要业务的公司开发的平台。无论哪一种，商品上下架管理的基本内容都是一致的，不同的仅仅是多商家电商平台增加了对商家权限的管理。

商品上架原因包括：新商品上架，商品因某种原因下架后重新上架，上架商品信息存在某种错误而下架后重新上架。商品下架的原因包括：商品停止销售，商品无足够库存，商品信息存在某种错误需要修改等。

无论是商品的上架还是下架，都需要经过一定的审批流程。如果是自有商品电商平台，这一审批流程可以嵌入电商平台。多商家电商平台一般会把这个审批流程放在电商平台之外，因为多商家电商平台不适合对每个商家设置过多角色。

2. 商品审核

为了保证上架商品信息的准确性，商品在上架后，还需要经过一个审核环节。审核通过后，上架的商品才能展示在前台，才会开放销售和交易权限。为此，需要设计专门的商品审核模块，对上架商品的信息进行审核。后台审核成功后，前台才可以销售该商品。

5.4.2 订单管理

1. 订单的概念与分类

电商订单是指在电子商务活动中，买家与卖家达成的关于产品或服务的要约(合同、单据)。电商订单是电子商务活动连接的纽带，电子商务过程实际上就是一个“下订单－接订单－订单生产－订单发货－订单物流－订单结算”的过程。

电商订单按照其在商品购买过程中的阶段分为如下类型：

(1) 未确认未付款订单(买家拍下商品但未付款)；

(2) 已确认已付款订单(买家拍下商品且已付款)；

(3) 已发货订单(卖家根据订单将货物交给物流公司)；

(4) 退款中订单(买家拍下商品后申请退款，未确认)；

(5) 退款成功订单(买家申请退款且已退款)；

(6) 未处理已确认已付款订单(订单等待审核)；

(7) 已处理已确认已付款订单(订单审核完毕且打印)；

(8) 已处理已发货订单(已进行实物打包发货处理)。

2. 电商订单处理

电商订单处理是指对订单承载的买家需求的有效处理，涉及所有相关单据的处理活动，主要包括订单准备、订单传输、订单录入、订单履行、订单报告。

电商订单处理涉及的人员很多，包括店长、客服、制单员、审单员、财务、采购员、库管员、配货员、校验员、打包员、称重员等。处理过程需要进行流程化操作，需要各类人员密切配合。

5.4.3 积分管理

积分系统是电商平台会员系统与消费积分系统的结合体，它可以为电商平台的会员提供个人信息查询与赚取积分、消费积分、积分互换、不同级别会员特权获得等与积分相关的特色服务。电商平台的消费者可以通过会员消费积分系统，对自己的积分明细和积分使用情况进行随时查阅。目前，会员消费积分系统除了用在电商网站上外，还被各大连锁商场、超市、酒店、电影院、KTV、高级会所、美容美体院等消费娱乐场所使用。

一般积分系统中的会员分为两级，如普通会员、贵宾会员等，但是有的网站分级较多，如京东商城分为铜牌、银牌、金牌和钻石。这些会员等级会随着会员消费积分的增加而逐渐升级。对于会员消费积分的获取要求是：购物、确认收货、使用在线支付、级别赠分等方式。

1. 积分获得的操作规则

1) 积分获得方式及规则

目前常用积分获得方式有：消费后获得积分、不同会员等级获得积分。

消费后获得积分是电商平台较为常用的一种会员积分获得方式，即会员在商城中购买商品就能获得积分。

消费后获得积分的规则是：消费者在电商平台上购买商品并完成支付，即可获得相应的积分，如消费 1 元获得一个积分，不满 1 元部分不累积积分。

2) 不同会员等级获得积分设置

通常，电商平台都会为会员设置等级功能，以此来体现不同等级的会员在网站中的成长体系和突显高级会员的身份。不仅如此，电商平台还会为不同等级的会员设置相应的积分获得规则，以此来刺激会员消费。如普通会员可获得同等积分，高级会员可获得 1.5 倍积分，VIP 会员可获得 2 倍积分。

3) 依用户贡献值获得积分

用户贡献值指的是电商平台的用户对网站做出各种有益行为，而网站根据用户行为作用值的大小进行的积分奖励。如新注册用户送 100 积分、给商品评论送 50 积分、邮件订阅送 50 积分等。

4) 促销积分获得规则

电商平台都会在不同的节假日进行促销活动，如 2016 年的“双 11”淘宝免费送 1.7 亿元红包的促销活动。电商网站可以根据不同的节假日促销活动进行积分设置，如节日期间会员消费可获得双倍积分，购买指定商品即获得额外积分赠送等。

2. 积分消费的操作规则

电商平台赠送会员积分最终的目的还是促进消费，所以对于积分消费的操作规则制定一定要合理，千万不要适得其反。可以从积分和钱之间的兑换比例关系入手进行积分消费的操作规则设置。

1) 兑换商品规则

消费者在电商平台购买商品或者因为其他原因获得积分后，这些积分可以在积分商城中兑换相应的商品。每个商品所需积分数需要商家根据电商平台和商品的实际情况进行设置，不要出现价值不对等的情况。用户可以根据自己账户上的积分数量及兑换标准，进行指定商品的兑换，不需要额外支付现金(运费另付)。

2) 积分使用规则(积分优惠)

电商平台可根据商品及其价格进行积分使用优惠设置，如积分优惠打折、优惠固定金额等。这样，会员就可以在购物结账时，选择使用掉自己账户上相应积分以获得相应优惠。

3) 积分抵现金

积分抵现金指的是电商平台的消费者可以将自己账户的积分直接当作现金使用。当会员购买商品结算时，可以选择用积分来抵掉部分或全部现金，如 10 个积分抵 1 元钱。

3. 电商平台会员消费积分系统管理与设置

1) 消费积分系统的管理

电商平台的会员消费积分系统应为管理员提供查看、审批所有会员积分的情况；可控制会员积分转换情况，同时还可以创建新的转换规则。

2) 消费积分系统的设置

(1) 对积分的有效期限进行设置，积分到期提醒等功能。哪些商品购买时送积分、送多少，是否允许使用积分抵扣部分费用，价格折后是否送积分、送多少等。

(2) 设置订单取消后积分自动扣除功能、设置付款后积分什么时候到账。

(3) 设置对用户积分的获得和消费明细的统计。

积分只是一个促进消费的手段和维系平台与用户良好关系的纽带。所以在进行积分规则设置和操作时一定要实事求是，找到一个实现平台与用户双赢的最佳临界点。

5.4.4 促销管理

促销实质上是一种沟通活动，即经营者发出作为刺激消费的各种信息，把信息传递到一个或更多的目标对象，以影响其态度和行为。促销方式尽管很多，但万变不离其宗，都是围绕增加销售、提高毛利、提升来客数、提高客单价、增加消费者忠诚度、提升品牌价值、树立企业形象、提高市场占有率等来开展。促销方式非常多，以下是电商平台常用的一些线上促销方式：

1. 秒杀

秒杀是在固定的时间点，经营者推出市场价较贵，但秒杀价较低甚至极低的东西，一般是销售价的 3～5 折，消费者要在卖家推出的那一瞬间点击购买、付款，才可能秒杀到。

之所以叫秒杀，就是让消费者在一秒内买到物超所值的东西。其本质是激起消费者的兴趣，扩大店铺的宣传。

2. 折扣促销

折扣促销又称打折促销，是经营者在特定市场范围和经营时期内，根据商品原价确定让利系数，进行减价销售的一种方式，是现代市场上使用最频繁的一种促销手段。

3. 有奖促销

有奖促销是经营者通过有奖征答、有奖问卷、抽奖(分为即开式，递进式，组合式)、大奖赛等手段吸引消费者购买企业产品、传达企业信息的促销方式。

4. 优惠券

优惠券是指经营者给持券人某种特殊权利的优待券，如赊购物品或享受一定折扣，以吸引消费者。目前，随着优惠券发行过多，其价值已经有递减倾向。

5.4.5　物流配送管理

在消费者已经按订单进行线上付款后，电商平台就要对订单所包含的商品进行统一物流配送。

1. 主要流程

物流配送的流程非常复杂，包括订单处理流程，选择物流仓库，入库、出库、库内作业产生仓储物流任务，下达任务到配送管理系统，执行配送计划，运输，送货等服务，最后进行费用统一结算及与客户对账等。此外，针对退货需求，还要设计专门的退货流程。下面就其中最主要的几个流程介绍如下：

1) 订单处理流程

订单处理在配送中心的业务运作中占有十分重要的地位，它既是配送业务的核心，又是配送服务质量得以保障的根本条件。随着科学技术的进步和信息传输手段的提高，订单传输的方式也更加先进，采用电子化、网络化方法进行传递，条码技术、射频技术、电子数据交换系统的使用，可及时将订货信息传输给配送中心。配送中心接到客户的订单后，要对订单进行处理，按作业计划分配策略，分组释放。订单处理程序如下：

(1) 检查订单。检查客户的订单是否真实有效，即确认收到的订货信息是否准确可靠。

(2) 消费者信誉审查。由信用部门审查，确认消费者的信誉。

(3) 将消费者的订单集合、汇总，并按一定的分类标准进行分拣。

(4) 打印订单分拣清单。列明拣出商品的项目，并将清单的一联票据交库存管理部门。

(5) 库存管理部门确定供应订货的仓库，并向仓库发出出货指示。

(6) 仓库接到相关出库通知后，按分拣要求拣货、包装、贴标签，将商品交至运输部门。

(7) 财会部门记录有关的账务。市场销售部门将销售记入有关销售人员的账户，库存管理部门调整库存记录。当库存不足时，可通过安排新的生产或向供应商发出采购订单，补充库存。

(8) 配送中心向消费者传递发货单。

(9) 运输部门组配装车，安排货物运输，将货物送至收货地点，同时完成送货确认。

2) 送货处理流程

配送中心在完成拣选工作后，要对发出的货物进行出货检查，然后将发出的货物交给运输部门或委托运输商送货。装车时，对于配送数量达不到货车的载运负荷或不满货车有效容积的客户的货物要进行配装，即将不同客户不同种类的货物进行合理组配。对于配送货物种类繁多、装车数量较多的情况，可采用计算机进行组配。

商品配装后，按照所规划的最佳运输路线及送货客户的先后次序，将货物交至消费者手中。

3) 退货处理流程

退货处理是售后服务中的一项任务，应该尽可能地避免，因为退货或换货会大幅度地增加成本，减少利润。

2．物流配送平台建设模式

目前，电商平台的物流配送有自建和外包两种模式。

1) 自建模式

自建模式是指电商平台运营者自己承担物流配送工作。相应地，在电商平台上有物流配送管理子系统。

自建模式适合于规模足够大的电商平台，自己独立组建配送商品体系，能够有足够数量的商品来保证配送体系工作量的基本充足，如淘宝、京东、海尔等；或者由于自身的特点，容易实现线下最后一公里、最后几百米的配送，如以物业公司为主体的O2O电商平台。

2) 外包模式

外包模式是指电商平台运营者自己不运营物流配送工作，而是把这部分工作外包给第三方平台(如顺风公司、黄马甲公司等)。

外包模式适合于电商平台物流配送体量不足以支撑一个完整的配送体系的情形。有的公司出于资源整合，充分发挥合作优势的考虑，也通常采用这一模式。

采用外包模式时，电商平台需要与外包物流公司的平台进行对接。两个平台对接的实现，可以通过其中一个平台提供标准接口，而另外一个平台进行二次开发，开发完成后，两个平台进行联调。

5.5 账务子系统

5.5.1 账务结算

图 5-8 是一个典型电商平台的财务处理内容及流程示意图，账务处理内容包括在线支付、收款数据导入或下载、收款核对、核销处理，而且涉及电商对账单、电商中心订单、应收账款、收款单等。其中，最核心的功能是收款核对、核销处理。

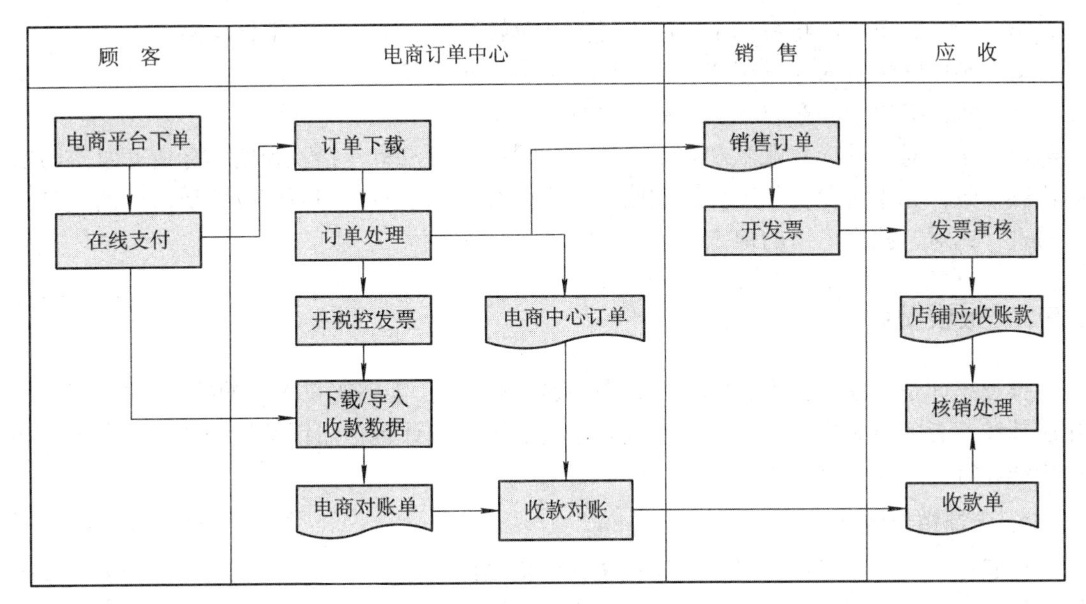

图 5-8　典型电商平台财务处理内容及流程示意图

1. 收款对账

消费者在电商平台前台购买商品时通过第三方支付网关付款，与财务相关的过程如下：

第一步，客户在电子商务网站上选购商品，最后决定购买，买卖双方在网上达成交易意向；

第二步，客户选择利用第三方支付平台，将货款划到商家在第三方支付平台开设的账户；

第三步，第三方支付平台将客户已经付款的消息通知商家，并要求商家在规定时间内发货；

第四步，商家收到通知后按照订单发货；

第五步，客户收到货物并验证后通知第三方支付平台；

第六步，第三方支付平台将该商户在其平台上的货款划入商家的银行账户中，交易完成。

在这一付款和划账模式下，对于商家来说，最关键的环节在于收款对账。收款对账也就是把从第三方支付平台下载或者导入的收款对账单与电商订单进行比对。

在正常情况下，收款对账单与电商订单的明细应该是一一对应的。也就是说，对商家而言，在第三方支付平台的每一笔进账，对应着电商平台一侧对应商品的付款。如果两边数据对不上，可以把这些记录挑选出来，逐一对实物进行核对。一般来说，核对的基准是订单号，即电商平台一侧只要收到了支付平台返回的支付成功的消息，就会把这条消息中包含的交易号记录在电商平台一侧，并与该订单号绑定起来。如果电商平台一侧有第三方支付平台提供的交易号，那么支付平台就应当承认是代商家收到了这个交易所对应的付款。

2. 核销处理

相对于收款对账是在前台销售和后台收款之间对账，核销处理是对收款单和店铺应收账款进行对账。这一过程的主要步骤如下：

第一步，订单中心将每一个已经支付的订单转往销售部门，开销售发票。

第二步，销售发票经过审核，核算出每个店铺应收账款。

第三步，订单中心在收款核对后，出具收款单。

第四步，对店铺应收账款和收款单进行比对。如果没有差错，说明实际所开发票与实际收款一致。如果有差错，就要根据收款单上的交易记录号，与每张发票所对应的交易记录号进行比对，找出出错的地方。

5.5.2 报表统计

报表统计是电商平台为店铺经营者提供的一组功能，能够提供方便的统计和分析手段，让店铺经营者随时掌握本店的经营状况。常用的报表统计包括店铺销量统计、库存统计和评价统计等。

1. 店铺销量统计

按照日、月、年对销售进行统计。统计包括总额、按服务中心及服务站统计额、按店铺统计额、按板块统计额、按产品类别统计额、按商品统计额。

2. 库存统计

按照商品和店铺对各个店铺的商品库存进行统计，店铺经营者可以根据这一统计及时了解库存状况，从而做出是否需要及时补充库存的决定。

3. 评价统计

按照店铺和商品对商品评价进行统计，店铺经营者可以根据这一统计了解消费者对自己店铺中的商品的评价情况。

思考与练习题

1. 简要描述 Linux 和 Windows 作为平台操作系统各自的优缺点。
2. 短信在电商平台中有什么作用呢？
3. 购物车在电商平台有什么作用？请说明购物车的原理。
4. 常见支付接口都有哪些？简述支付接口的对接过程。
5. 电商平台订单管理主要包括哪几个流程？

第 6 章　手机定位与位置管理

通过对手机定位，确定手机携带者的位置，提供位置数据给移动用户本人、他人或应用系统，能够实现各种与位置相关的应用。当手机定位功能与 GIS(Geographic Information System)地图结合起来以后，这种管理功能就变得更加直观和强大。

6.1　手机定位系统的构成

基于手机定位的移动互联网应用系统有多种形态，根据不同的视角也有多种不同类型。这里从软件开发的角度，把这类应用系统分为以下两种类型：

1．简单个人定位应用系统

这种类型的应用如图 6-1 所示。其特点是 GPS 采集和业务系统均由用户的智能手机终端承担。用户手机终端上网后连接公用平台系统，把手机的地理坐标发送给服务器平台。然后，平台系统把含有用户位置的 GIS 地图数据或者其他业务管理网页返回给手机终端。这样，就实现了基于手机定位的业务应用。有时候出于提高运行效率的考虑，公用平台系统也可以把 GIS 地图预先一次性下载给手机终端业务系统，这样用户使用时就不用每次都要从公用平台系统下载地图数据。如果 GIS 地图有升级，公用平台系统会提示手机终端业务系统更新地图。

图 6-1　简单个人定位应用系统示意图

所谓公用平台系统，是指这个平台是为所有使用该业务的用户提供的，而不是为哪个用户专门提供的。比如手机导航、百度地图、谷歌地图、高德地图等应用，都属于这种类型的平台。

2．有管理中心的综合应用系统

通常，企事业单位使用的基于手机定位的业务管理系统比较复杂，有专门的平台系统，不同角色的用户界面各不相同。图 6-2 是一个典型的基于手机定位的行业应用系统示意图。该系统由以下四部分构成：

(1) 前端子系统。前端子系统由智能手机终端和运行于其上的客户端软件构成，而客户端软件又包括 GPS/北斗位置采集模块、通信模块和业务管理模块。

智能手机终端都配有 GPS/北斗模块，智能手机操作系统则提供了管理和调用 GPS/北斗定位功能的接口，利用该接口就可以获得该手机的地理坐标。这个位置坐标有两个用途：一是提供给本地应用程序使用，如显示到本地的 GIS 地图上；二是通过通信模块发送给平台子系统，供平台子系统使用。

(2) 平台子系统。平台子系统负责接收和管理前端子系统和后台子系统的业务信息和数据，以及管理系统的数据存储和备份、用户权限分配等。

根据系统本身的用户访问量、使用频率、数据存储容量等特点，平台子系统可以由一到两台服务器构成，也可以是一个服务器集群。平台子系统软件可以简单地由平台服务器和数据库软件构成，也可以是采用中间件技术的复杂平台，更大的系统还可以采用云技术。

(3) 中心端子系统。中心端子系统负责整个系统业务的管理和统计，特别是可以采用 GIS 地图，在业务管理中心实时直观地看到持前端子系统智能手机终端的业务人员所在的位置及活动轨迹。业务中心端子系统可以运行于桌面系统，也可以运行于手机终端，使业务管理人员可以在移动状态办公。

利用中心端子系统可以把业务数据和业务人员的实时位置信息和历史位置信息直观地展示出来，发挥出 GPS/GIS 组合的强大能力。

(4) 传输网络子系统。传输网络子系统由连接前端子系统、平台子系统和中心端子系统的互联网和移动通信网络构成，对整个系统来说是透明的。除了需要考虑这三个子系统如何接入之外，开发者并不需要专门考虑该子系统的内部连接。

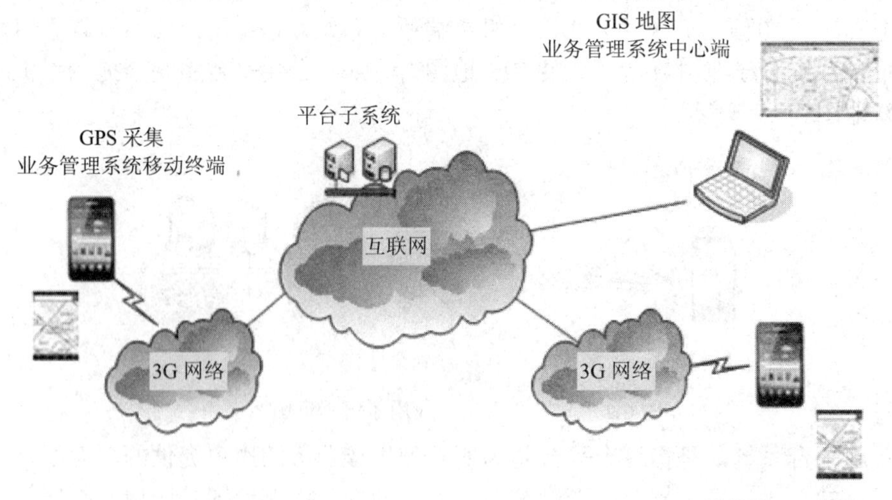

图 6-2　典型的基于手机定位的行业应用系统示意图

手机定位系统的开发包括手机终端应用的开发、平台子系统的开发、中心端子系统的开发。平台子系统的开发与其他平台系统的开发并无二致，这里不做专门介绍。下面我们参考百度公司和 Google 公司公开的开发指南中的开发实例，对手机定位系统开发中特有的关于 GPS 位置获取、地图调用和使用等技术进行介绍。

6.2　手机定位技术

6.2.1　定位原理

目前，手机定位主要有网络定位(基站定位、WiFi 定位)、卫星定位和混合定位三种方式。

1．网络定位

在 Android 平台上，基站定位和 WiFi 定位都称为网络定位。

基站定位的原理：首先，确定每个移动通信基站的地理位置，建立统一的基站地理位置数据库，该数据库可以预先存储在手机中，或者在定位过程中实时询问基站。在定位时，手机测量自己所在地点周围三个以上不同基站的下行导频信号，得到这些基站下行导频的到达时刻，计算其到达时间差。然后，根据该测量结果并结合基站的坐标，理论上采用三角公式就可以计算出手机的位置。考虑到基站信号的扇区方向、建筑物遮挡等因素，实际的算法要复杂得多。一般而言，测量的基站数目越多，定位精度越高。

在实际应用中，由于我国移动通信基站的建设是以电信运营商的省级或地级市为单位分别建立的，基站本身的地理坐标信息分散且缺乏统一管理，极大地阻碍了基站定位的实现。此外，基站定位的精度在很大程度上依赖于基站的分布及覆盖范围的大小，有时误差会超过 1 km。由于这些原因，基站定位实际中使用较少。

除移动通信网基站外，WiFi 热点也可以用于定位。但是，WiFi 的建设比较分散，主要分布在繁华区域或图书馆、办公大楼等处，且 WiFi 热点本身的地理坐标通常没有进行测量，因此，在实际当中几乎没有采用 WiFi 来定位的。

2．卫星定位

卫星定位系统由绕地球运行的多颗卫星组成，能连续发射一定频率的无线电信号。只要持有便携式信号接收设备，无论身处陆地、海上还是空中，都能接收到卫星发出的特定信号。这就是卫星定位的原理。接收设备通常选取 4 颗卫星发出的信号进行计算就能确定接收设备持有者的位置。目前，智能手机基本上都配有卫星定位模块，该模块实际上就是卫星定位信号的接收设备。

目前，世界上已经建成或部分建成并对外提供服务的卫星定位系统有美国的 GPS(Global Positioning System，全球定位系统)、俄罗斯的 GLONASS(Global Navigation Satelite System，全球卫星导航系统)、中国的北斗卫星导航系统以及欧洲的伽利略卫星导航系统。

GPS 是美国历时 20 多年，耗资 200 多亿美元建立起来的卫星导航系统，其功能目前最为完备。GPS 系统对外国只提供低精度的卫星导航信号，一旦发生威胁自身安全的军事冲突，美国会马上切断卫星导航服务。GLONASS 是由俄罗斯建立的卫星导航系统，该项目于 1976 年启动，由 21 颗工作星和 3 颗备份星组成。GLONASS 系统完成全部卫星部署后，其卫星导航范围可覆盖整个地球表面和近地空间，定位精度将达到 1.5 m 之内。现在常见的绝大多数智能手机上都配置有 GPS 定位模块。也有相当多的智能手机配置有 GPS 和 GLONASS 双定位模块。

北斗卫星导航系统是我国自行研制的全球卫星定位与通信系统，是继美国 GPS 和俄罗斯 GLONASS 之后第三个成熟的卫星导航系统。2013 年北斗卫星导航系统正式投入商用，这不仅使我国摆脱对 GPS 的依赖，也衍生出惊人的卫星定位产业。

为了不让美国牵着鼻子走，欧盟在 20 世纪 90 年代末决定建立伽利略卫星导航系统。该系统于 2002 年正式启动，计划投入 42 亿多美元，发射 30 颗卫星，目标是建成覆盖全球的卫星导航系统。伽利略卫星导航系统的建设虽然早于北斗卫星导航系统，但目前建设进度明显要慢于北斗卫星导航系统。

3．混合定位

混合定位采用两种或两种以上系统用于定位，比如混合使用 GPS 和移动通信基站，或者混合使用 GPS 和 WiFi，或者同时使用 GPS 和北斗卫星导航系统等。

采用两种或两种以上系统有利于克服某一种单独的定位系统定位不准的难题。比如，在城市密集的建筑群区域，由于多路径反射造成的信号干扰，或者由于大楼对信号的吸收造成信号严重衰减等，不仅移动通信的基站信号会受到影响，卫星信号也可能受到影响。

同时，采用混合定位可以进一步提高定位精度。WiFi 和 4G 基站的覆盖范围相比于 2G、3G 的更小，但也就意味着它们的基站如果用于定位则精度更高。目前，GPS+基站、GPS+北斗卫星导航系统以及 GPS 与 WiFi 等定位技术融合已是大势所趋。为了更方便地实现混合定位，有的公司已经设计了多种具备混合定位功能的芯片。

6.2.2 北斗卫星导航系统

1．北斗卫星导航系统介绍

北斗卫星导航系统由空间段、地面段和用户段三部分组成。空间段由若干地球静止轨道卫星、倾斜地球同步轨道卫星和中圆地球轨道卫星三种轨道卫星组成混合导航星座。地面段包括主控站、时间同步/注入站和监测站等若干地面站。用户段包括北斗兼容其他卫星导航系统的芯片、模块、天线等基础产品，以及终端产品、应用系统与应用服务等。

北斗卫星导航系统的建设与发展，以应用推广和产业发展为根本目标，要求不仅要建成系统，更要用好系统，强调质量、安全、应用、效益，并遵循以下建设原则：

(1) 开放性：北斗卫星导航系统的建设、发展和应用将对全世界开放，为全球用户提供高质量的免费服务，积极与世界各国开展广泛而深入的交流与合作，促进各卫星导航系统间的兼容与互操作，推动卫星导航技术与产业的发展。

(2) 自主性：中国将自主建设和运行北斗卫星导航系统，北斗卫星导航系统可独立为全球用户提供服务。

(3) 兼容性：在全球卫星导航系统国际委员会(ICG)和国际电信联盟(ITU)框架下，使北斗卫星导航系统与世界各卫星导航系统实现兼容与互操作，使所有用户都能享受到卫星导航发展的成果。

(4) 渐进性：中国将积极稳妥地推进北斗卫星导航系统的建设与发展，不断完善服务质量，并实现各阶段的无缝衔接。

目前，我国正在实施北斗三号系统建设。根据系统建设总体规划，计划 2018 年面向“一带一路”沿线及周边国家提供基本服务；2020 年前后，完成 35 颗卫星发射组网，为全球用户提供服务。正在运行的北斗二号系统发播 B1I 和 B2I 公开服务信号，免费向亚太地区提供公开服务。服务区为南北纬 55 度、东经 55 度到 180 度区域，定位精度优于 10 m，测速精度优于 0.2 m/s，授时精度优于 50 ns。

2012 年 12 月 27 日，中国卫星导航系统公布了北斗卫星导航系统空间信号接口控制文件——公开服务信号 B1I(1.0 版)。北斗卫星导航系统空间信号接口控制文件也叫 ICD 文件，该文件规范了北斗卫星导航系统和用户接收机之间的信号接口关系，是开发制造接收机及芯片所必备的技术文件。该文件分中文、英文两个版本，具体内容可查阅北斗卫星导航系统政府网站。

已发布的北斗卫星导航系统空间信号接口控制文件——公开服务信号 B1I(1.0 版)，主要包括北斗系统概述、信号规范、导航电文几部分内容，详细定义了北斗卫星导航系统空间星座和用户终端之间公开服务信号 B1I 的相关内容。

2. 北斗卫星导航系统与 GPS 的对比

GPS 是当前国内民间使用最多的卫星定位系统。目前，北斗卫星导航系统与 GPS 相比，优势和劣势都比较明显。

1) 北斗卫星导航系统的劣势

首先，跟 GPS 相比，北斗卫星导航系统因为发展较晚，因而应用普及性较低，当前支持北斗卫星导航系统模块的厂家相对较少，模块价格较高。不过，随着北斗卫星导航系统在国内和附近国家、友好国家的不断推广，这一劣势势必会越来越减小。

其次，北斗卫星导航系统目前覆盖的范围还不如 GPS，GPS 已经是覆盖全球的系统，而北斗还处于发展之中，只能覆盖全球部分地区。

2) 北斗卫星导航系统的优势

作为后起的北斗卫星导航系统，也有着显著的后发优势，在很多功能和性能方面超过了 GPS。

(1) 安全：对国内而言，安全是北斗最大的优势。GPS 是美国的，信号是可以加密或关闭的，因此在国防方面，使用北斗卫星导航系统有着天然的安全优势。即使在民用领域，对安全的考虑也是非常重要的。

(2) 三频信号：GPS 使用的是双频信号。北斗使用的是三频信号，是全球第一个提供三频信号服务的卫星导航系统，这是北斗的后发优势。虽然 GPS 于 2010 年 5 月 28 日发射第一颗三频卫星，但等到 GPS 卫星全部老化报废更换为三频卫星还要好几年，这几年就是北斗的优势期。三频信号可以更好地消除高阶电离层的延迟影响，提高定位可靠性，增强数据预处理能力。而且如果一个频率信号出现问题，可使用传统方法利用另外两个频率进行定位，这提高了定位的可靠性和抗干扰能力。

(3) 有源定位及无源定位：有源定位就是接收机自己需要发射信息与卫星通信，无源定位则不需要。北斗二代使用的是无源定位，当能观测到的卫星信号质量很差，且卫星数量较少时(至少要4颗卫星)，仍然可以实现定位。

(4) 短报文通信服务：短报文通信服务提供了传统通信方式难以覆盖的地区或者紧急情况下的一种通信能力。基于这个功能，北斗还有一个优势是，用户不但能知道自己的位置，而且还能让别人知道自己的位置信息。当然，这个功能也是有容量限制的，所以并不适合作为日常通信功能，而是作为紧急情况通信比较合适。

3. 北斗卫星导航系统的发展前景

虽然目前GPS仍占据国内导航市场的垄断地位，但今后，北斗卫星导航系统有着巨大的替代需求和市场空间。由于北斗卫星导航系统是我国自行研发的，一定会得到政府的强力支持。首先是从安全性考虑，政府或央企将会优先采购北斗产品。此外，政府也会通过税收优惠、财政补贴、相关政策等大力支持北斗产业的发展。北斗卫星导航系统终将成为与GPS相抗衡的卫星导航系统。

6.3 GIS 技术

6.3.1 GIS 原理与优势

GIS(Geographic Information System，地理信息系统)是在计算机软硬件系统支持下，对现实世界各类空间数据及描述这些空间数据特性的属性进行采集、储存、管理、运算、分析、显示和描述的技术系统，也就是用于输入、存储、查询、分析和显示地理数据的计算机系统。GIS作为集计算机科学、地理学、测绘遥感学、环境科学、城市科学、空间科学、信息科学和管理科学于一体的新兴边缘学科，其应用正在由专业领域迅速向个人领域扩散。

通俗地说，GIS 系统将描述“在什么地方”的信息，与描述“这里有什么，具体情况如何”的信息以数据库方式相关联，并以电子地图方式呈现出来。与画在纸上的地图不同，一个GIS地图关联了许多不同的层信息。一幅画在纸上的地图，你所能做的操作就是打开它。这时候展现在你面前的是关于城市、道路、山峦、河流、铁道和行政区划的一些表现。城市在这些地图上只能用一个点或一个圈表示出来，道路是一条黑线，山峰是一个很小的三角，湖泊是一个蓝色的块。同纸质地图一样，GIS 产生的数字地图也是用像素或点来表示诸如城市这样的信息，用线表示道路这样的信息，用小块表示湖泊等信息。但不同的是，这些信息都来自数据库，并且只有在用户选择显示它们的时候才被显示。数据库中存储着诸如这个点的位置、道路的长度，甚至湖泊的面积等信息。

在实际当中，使用GIS技术会带来很多好处，比如：

(1) 提高管理资源的能力：GIS系统能够通过一些基于位置的数据(如地址等)将数据集关联在一起，帮助各个相关部门共享数据。通过建立共享数据库，一个部门可以从其他部门的工作中获利，数据只需要被收集和整理一次，但可以被不同部门多次使用。

(2) 为决策提供直观依据：GIS 可以用地图的形式，把所有数据都简洁而清晰地显示出来，或者出现在相关的报告中，使得决策制定者不必在分析和理解数据上再浪费精力，而可以直接关注真实的结果，为决策提供更直观的依据。

(3) 灵活地绘制地图：用 GIS 技术绘制地图比用传统的手工操作或自动制图工具更加灵活。GIS 系统从数据库中提取数据创建地图，现有的纸质地图也同样可以数字化并转化进 GIS 系统。基于 GIS 的绘图数据库可以是连续的，也可以以任意比例尺显示。也就是说，可以生产以任意地段为中心，任意比例尺的地图产品，并且可以有效地选择各种符号高亮显示某些特征。只要拥有一定的数据，就可以用任意比例尺多次创建某地图。

6.3.2　GIS 使用模式

GIS 的功能非常强大。一般来说，GIS 的使用模式有下面五种类型：

1．对“在什么地方”绘图

绘制“在什么地方”的地图可以帮人们确定所查询特征的正确位置，还可以了解下一步在什么地方采取行动。具体而言，一是可以发现某些特征，人们经常用地图对这些特征进行“在什么地方”或者“是什么”的查询；二是可以发现模式，通过在地图上对某一特征分布进行查询，可以帮助发现这一类特征的模式。例如，地图可以显示可能会对飞行器在离开或靠近机场时造成危害的人为目标(建筑物、天线和塔楼等)和地形特征的位置。

2．对数量绘图

人们对数量绘制地图，找到那些符合他们标准和需要采取行动的最大量或最小量的地方，或者了解它们之间的关系。这需要在简单的位置特征的地图基础上，加上更多的附加信息。

比如，童装公司不仅需要知道在他们的商店附近都有哪些邮政编码区，还需要知道那些有孩子的、高收入家庭所在的邮政编码区。再比如，公共卫生机构不仅要对医生的分布绘图，也许还要对在每个人口普查区内每 1000 人的平均医生数进行绘图，以了解什么地方可以得到良好的医疗服务，什么地方没有医疗服务。

3．对密度绘图

当人们在简单的位置特征地图上查看密度信息时，如果地图上有很多不同的特征，就很难在上面发现那些事件发生频率较高的地区。密度图可以衡量单位面积的特征物的数量，以便清楚地了解特征的分布情况。在对某一区域绘图时，密度图非常有用。该类地图可以显示人口普查区的人口数量，大区比小区有更多的人口数，但是某些小区域内单位面积的人口数可能会比某些大区域高，它们有更高的人口密度。

4．查询某区域里面或者紧邻有什么

用 GIS 可以监控哪些事件正在发生，并通过对特殊区域内部情况绘图，来确定是否采取特殊行动。比如，可以查询在重要政府机构 500 m 范围内是否有人群聚集，或者在中小学大门口 100 m 范围内是否有可疑人员等。如果有，安保人员就可以及时了解情况，并在必要时采取相应行动。

通过对相邻事务绘制地图，同样也可以了解在离特征物一定范围内所发生的情况。比

如，通过绘制针对性的 GIS 地图，当某一化工厂发生化学物品泄漏或者某个社区发生火灾时，有关部门可以迅速对一定范围内的所有居民进行情况通报，减少事故发生后的进一步损失。

5．对变化绘图

对一个区域的变化绘图，可以对特征的状态进行预测，判定行为的方向，对行为和政策的结果进行评估。第一，通过对过去一段时间经过的事务位置和行为绘图，可以对它们的行为有更深刻的理解。比如气象学家通过研究飓风的经过轨迹，可以对未来可能发生的情况的时间、地点进行预报。第二，变化趋势图可以对未来的需求提供参考。比如公安局需要对每个月的犯罪模式进行分析，以帮助他们决定哪个分局的警力需要加强。第三，对一个行为或事件前后的情况绘图，可以了解行为或事件所产生的影响。比如在商业分析中，对地区广告投入之前和之后的销售情况进行绘图，可以了解在什么地方的广告投入最为有效。

6.3.3 GIS 软件与地图

1．GIS 软件

GIS 软件提供了存储、分析和显示位置信息的功能和工具。GIS 软件的主要组件包括：

(1) 可以输入和操作诸如地址和行政区划等地理信息的工具集；

(2) 数据库管理系统(关系型数据库管理系统)；

(3) 建立分析、查询更多信息或打印发布的智能数字地图的工具集；

(4) 一个简单易用的图形用户界面(GUI)。

GIS 软件可以是低端的商业制图软件，用来简单显示销售区域，也可以是对复杂的自然保护区进行管理和研究的高端软件。

2．数据

在 GIS 系统中，自然界的信息被划分成不同主题而又相互关联的层进行存储。一个层可以是任何包含相似要素的集合，如用户群、建筑物、街道、湖泊或邮政编码。这些数据或者包含着明确的地理信息，如经纬度坐标，或者只是存储一些不明确的参考信息，如地址、邮编、人口普查区、森林观测站编号或道路名称。在工作中，GIS 系统需要明确的地理信息。

所有的数据必须正确匹配，显示时才能相互叠加。这就意味着它们必须在相同的地图投影和坐标系统中。在选择地图投影和坐标系统时需要考虑很多问题，包括地图数据位于什么区域，这个地区有多大，以及是否需要保证长度或面积的量算精度。地图投影将地球上的位置信息转化到了平面的地图上。所有的地图投影方式在显示地图要素时，都不同程度地扭曲了要素的形状、面积、距离或方向。

坐标系统定义了二维空间中定位要素所用的单位以及原点。经度和纬度就是一种坐标系，经常被称为地理坐标系统。如果使用一个原有的 GIS 数据库，那么可能在这个数据库中的数据使用的是相同的坐标系和投影。如果从不同的数据源采集数据，那么需要确认数据的坐标系和投影信息。

GIS 数据有三种基本的格式：

(1) 空间数据(Spatial data)。这是构成地图的基本数据，由点、线、面构成，是 GIS 系统的核心。空间数据用来表达位置和地图要素的形状信息，如建筑物、街道和城市。

(2) 表格数据(Tabular data)。表格数据是描述地图要素的数据，为地图添加信息。比如，一幅表现客户位置的地图可能同时链接到这些客户的人口统计信息上。

(3) 影像数据(Image data)。影像数据有许多不同的来源，比如卫星影像、航空影像，以及从纸质地图扫描得到的数据。应用影像可以建立起地图。

此外，GIS 数据可以被进一步划分为两种数据模型。

(1) 矢量数据模型(Vector data model)：不连续的要素，比如用户的位置以及区域数据通常用矢量数据描述。

(2) 栅格数据模型(Raster data model)：连续的数值，比如海拔高度、植被类型通常用栅格数据模型描述。

3. 如何选择数据

为 GIS 系统选择数据时，需要经过一个正确的数据选择过程。数据选择过程需要回答以下问题，只有这些问题考虑清楚了，才能对数据进行合理的选择。

(1) 用这些数据做什么？

是想绘制一幅地图还是进行一个特定类型的分析？是想将用户信息定位到街道地址或者是电话交换区？还是只想绘制一个正确的街道图？或者需要运用 GIS 软件开发一个投递路线图。

(2) 需要用到哪些特殊的地理要素？

为了使 GIS 系统更有效，要确定数据的详细程度。比如，是否需要所有的街道或主要高速公路数据？如果是，那么需要多少比例尺的数据，是 1∶24 000 的地区级比例尺的主要高速公路数据，还是 1∶3 000 000 的国家级比例尺的公路数据。即便像道路那样看似简单的地理特征，也需要确定是需要中心线数据、双线街道数据还是连通的路径数据。

(3) 需要这些地理要素的哪些属性？

以街道数据为例，参考将要建立的 GIS 应用目的，确定是否需要以下这些属性的一部分或全部：街道名、公路号、道路等级、道路表面等级、地址范围、交通流量以及地下通道和过街天桥等。

(4) 需要多大地理范围内的数据？

能够获得的数据可以小到一个邮政号码区或一个人口普查区，也可以大到整个世界，因而需要确定所需数据的范围。

(5) 在感兴趣的地区，需要研究哪一级别的地理信息？

感兴趣的地区通常可以分成更小的区域。比如对一个省，可能需要根据人口统计区、街区、邮政编码区或有线电视区进行统计研究。

(6) 数据需要时效性吗？

在一些应用中，比如利用遥感影像或航空影像进行土地利用规划的应用中，获得最新的数据是非常重要的。但是，在另外一些应用中，也许一到两年前采集的数据也可以被接受。

(7) 硬件环境是什么？

确定你的硬件环境，是 Windows 还是 Windows NT，或者是 Linux，也可能是 UNIX 工作站，或者这些你都需要。

(8) 用什么 GIS 软件？

这个问题的答案决定了需要哪种格式的数据。

(9) 有多少并发用户同时访问数据？这些用户的分布情况如何？

是单用户或在同一位置的多个用户访问服务器，还是一般多用户访问一个服务器，或者是分布在几个地区办事处的独立用户访问服务器，在购买数据许可类型的时候需要考虑这些情况。

(10) 何时需要这些数据？

许多“即拿即用”的数据集可以在几个工作日内得到。但是如果需要自定义数据集，就要提前规划。完成那些需要按客户规格化的数据一般需要一段时间。

(11) 是否需要定期的数据更新？如果是，更新周期是多少？

应确定是否需要完全的数据替换，还是只需要事务性的数据更新(只更新变化的部分)。数据提供商对维护数据有多种处理方法。有时最好在数据使用协议中加入数据的维护条款。

(12) 哪些数据集需要同一个数据商提供？

也许在一些成功的应用中所有的数据都是来自于不同的数据提供商，但是请记住这些数据提供商都是按照自己的特色独立地开发数据，并且数据来源也不一样。因此，并不能保证来自不同数据供应商的数据集可以精确匹配，也不能保证在不同数据集中要素的关键属性是相同的。这时需要考虑建立一个通用的坐标系统。

(13) 是计划从小系统开始，然后再对系统进行扩充？还是希望一步到位？

有许多理由都决定要从小的系统着手，比如先建立一个省会地区的数据库，然后再将数据库扩展到整个省或整个国家。如果是这样，期望的数据库扩展时间表是什么？数据提供商在做报价和提供数据使用许可时应将时间表考虑进去。

(14) 是否想发布这些数据的衍生产品？

如果计划创建一些硬拷贝或印刷地图来分发或销售，不论这种行为是在企业内部还是外部，都取决于数据的使用许可方式。在互联网和企业内部网上发布数据都需要授权。大多数数据提供商在使用协议中限制这种再分发的情况。如果不确定这种情况是否合法，请与销售代表联系。

(15) 如何获取数据源？

一个 GIS 系统有多种数据来源，包括标准的或专有的地图和图形文件、影像、CAD 数据、电子表格、关系型数据库等许多其他数据源。数据可能是免费的或付费的，可以由商业机构、非盈利机构、教育单位和政府部门提供，也可以从 GIS 用户内部获得。

4．地理属性

任何一个地理要素都会有一个或多个属性来识别这个要素是什么，这些属性包括类别、级别、计数和数量、比率、连续和不连续值等。

(1) 类别。类是相同元素的集合。它可以帮助你组织和使用数据。具有相同类别值的所有要素都在某些方面具有相似性，并且与其他类别值的要素相区别。比如，你可以用高速公路、公路和城市道路来对道路进行分类；用入室抢劫、行窃、袭击等对犯罪进行分类。

类的值可以用数值编码或文字来描述。为了在表格中节约空间，文字的值经常被写成缩写形式。

(2) 级别。分级把要素按从高到低的顺序排列。当直接的量测比较困难或者数值代表一个综合因素时，就进行分级。比如，很难量化一条河流的风景值。可是你可以认定流经高山峡谷的那段河流的景色要比流过农场的景色好。既然级别是相对的，那么仅仅知道那些要素的排列顺序即可，而并不需要知道这个值比那个值高多少或低多少。比如，你只需要知道 3 级比 2 级高，比 4 级低，但你并不知道究竟高多少或低多少。可以根据其他的一些要素属性(通常是类型或类别)进行分级，比如，你可以按照某一农作物的土壤适宜性对所有土壤进行分级。

(3) 计数和数量。计数和数量显示了总数。计数代表地图要素的真实数目。数量可以是要素的任何相关度量值，运用计数和数量可以使你发现每个要素的真实值以及数量。

(4) 比率。比率是用要素中的一个量除以另一个量，得出两个量之间的对比关系。比如，用一个地区中人口的数据除以这一地区的家庭数，就得出了每个家庭的平均人口数。运用比率统一了面积大和小、要素多和少等区域间的不同，因此地图可以更精确地显示要素分布状态。

(5) 连续和不连续值。类别和级别不是连续的值，它们在数据层中是一个固定的数字，并且许多要素都有相同的值。计数、数量和比率都是连续的值，其每个要素都可以从最大值到最小值范围内取任何唯一的值。认识到这一点是非常重要的，因为知道了从最大值到最小值的分布情况，可以帮助确定如何对它们进行分组描述，这样就可以了解数据的模式。

5．元数据

元数据经常被定义为“关于数据的数据”，也就是为了运用这些数据所必须了解的一些信息，它描述了关于数据的一组典型特征，但通常不包含数据本身。具体地说，元数据包括：

(1) 现有数据的详细清单；
(2) 名称和数据项定义；
(3) 名称和定义的关键字列表；
(4) 数据清单索引和访问关键字列表；
(5) 数据生成的操作步骤记录，包括数据是如何采集的；
(6) 数据结构和使用的数据模型文档；
(7) 数据用于分析的操作步骤记录。

6．绘图

制图是 GIS 最基本的功能。地图为显示数据提供了一个其他方式所不能提供的途径。更重要的是，不是熟练的绘图专家，也可以运用 GIS 制图。GIS 通过从 GIS 数据库中提取数据来创建地图，GIS 数据库中的任何修改都可以自动地在下次制图中得到体现，用最小的投入就可以更新地图。

GIS 提供了一个制图版面和绘图工具，帮助人们创建一目了然并且引人注目的文档。GIS 还可以结合多媒体技术，在地图、图表和表格中链接视频和音频信息。应用 GIS 创建地图，需要“好”的数据。比如，如果你想了解客户的位置，要利用客户地址数据库创建地图。为了让地图可用，你就必须确保用户地址是正确无误的。

6.3.4 部分 GIS 地图服务商

要使用 GIS 平台，通常有以下两种方式：第一种方式是利用 GIS 软件商提供的开发工具包，如用 ArcGIS 工具包开发自己的 GIS 应用系统；第二种方式是利用 GIS 平台提供的服务，通过调用 GIS 平台提供的 API 接口，实现自己的软件功能。

第一种方式需要做大量复杂的工作，动辄几百万元的开发费用，需要有强大的资金和技术实力，一般适用于电信、广电、电力、石油、管道、公路等大型企业。并不是所有公司都具备开发自己的 GIS 平台的资金实力。大量的移动互联网应用采用第二种方式，当然不可能做到像第一种方式那样可以与企业原有各种系统深度集成。

目前，国内外提供 GIS 软件或平台服务的公司有很多，包括百度、ArcGIS、超图、天地图等。

超图公司是国内领先的 GIS 服务供应商之一，该公司提供的产品和服务包括 GIS 基础软件、GIS 应用软件、GIS 云与大数据等。

Android 版 ArcGIS API 也将提供第三方使用，利用它可使用 Java 构建多种应用程序(这些应用程序将运用 ArcGIS 服务器提供的强大制图、地理编码、地理处理和自定义功能)并将它们部署到 Android 设备。该 API 包括一个 Eclipse 集成开发环境的插件，其中提供了丰富的工具、文档和示例，可帮助开发者使用 Android 版 ArcGIS API 创建应用程序。

百度地图移动版 API 是一套基于移动互联网设备的应用程序接口，支持 IOS/Android 平台。通过该接口，你可以轻松访问百度服务和数据，构建功能丰富、交互性强的地图应用程序。百度地图移动版 API 不仅包含构建地图的基本接口，还提供了诸如定位服务、本地搜索、路线规划等数据服务，你可以根据自己的需要进行选择。百度地图移动 API 的服务是免费的，任何非盈利性程序均可使用。

天地图是国家地理信息公共服务平台的简称，是国家测绘地理信息局主导建设的网络化地理信息共享与服务门户，集成了各级测绘地理信息部门，以及相关政府部门、企事业单位、社会团体、公众的地理信息公共服务资源，向各类用户提供权威、标准、统一的在线地理信息综合服务。“天地图”属于基础性、公益性服务平台，针对不同用途设计了多种数据版本和服务模式，用户可根据自身需求进行使用。随着地理信息系统在国民经济发展中地位的不断提升，“天地图”将成为国内最主要的地理信息提供平台。

6.4 Android 平台定位功能

Android 提供了对手机定位功能的强大支持，基于定位和地图的应用为移动终端带来了极具吸引力的用户体验。

1. 定位服务

Android 允许应用程序访问定位服务，终端设备通过 android.location 包为定位服务提供支持。位置服务框架的核心部件是 LocationManager 系统服务，它提供了确定位置的 API。

就像其他系统服务一样，不需要直接安装 LocationManager，只需要通过调用 getSystemService(Context.LOCATION_SERVICE)向系统申请一个实例即可。该方法返回 LocationManager 实例的一个句柄。一旦应用程序有了一个 LocationManager，就可以做以下三件事：

(1) 查询最近已知用户位置的所有 LocationProvide 列表。

(2) 周期性地从位置提供者处注册/注销，以便更新用户的位置。

(3) 如果设备处于一个指定经/纬度的确定范围(以米为单位定义)内，可以通过注册/注销方式解除一个指定的 Intent。

开发一个 Android 定位应用时，可以使用 GPS 和 Android 网络定位两种方式来获取用户的位置。尽管 GPS 很准确，但只适合于在室外，而且很快会耗尽电池，也不会像用户希望的那样快速返回位置数据。Android 网络定位可以使用移动基站和 WiFi 信号来定位，既适合于室内也适合于室外，反应速度更快，也不会很快耗尽电池。为获取用户的位置，可以同时使用 GPS 和网络定位，也可以只使用其中一种方式定位。

2. 确定用户位置的挑战

从移动终端获得用户位置很复杂，有以下原因可能导致定位得到错误或者不准确的结果：

(1) 多定位源。GPS、基站和 WiFi 都可以提供有关用户位置的信息，使用哪一个取决于对精度、速度和电池效率的权衡。

(2) 用户移动。由于用户位置不断变化，需要频繁计算用户移动的距离，重新建立用户的位置坐标。

(3) 精度变化。通过每种定位方式所得结果的精度都不是持续不变的，10 秒钟前从一个定位源获取的定位可能比 10 秒钟后从另一个定位源或同一个定位源获取的位置更准确。

上述这些问题都给获取用户的可靠位置带来困难。下面我们将介绍如何克服这些困难以得到更可靠的位置信息，也为如何使应用程序具有更准确、更灵敏的地理定位提供可行的思路。

3. 请求位置更新

在 Android 平台，可以通过回调方式获取用户位置。调用 requestLocationUpdates()，表示想从 LocationManager 获得位置更新，并把它传递给 LocationListener。当用户位置变化或设备状态变化时，LocationListener 必须使用 LocationManager 的几种回调方法。

下面的例子描述了如何定义一个 LocationListener 及如何请求更新位置。

```
//获得一个 LocationManager
  LocationManager locationManager = (LocationManager) this.getSystemService
  (Context.LOCATION_SERVICE);

// 定义一个响应位置更新的监听器
 LocationListener locationListener = new LocationListener() {
            public void onLocationChanged(Location location) {
                        // 当网络位置提供商发现新位置时被调用
                        makeUseOfNewLocation(location);
```

```
        }
        public void onStatusChanged(String provider, int status, Bundle extras) {}
        public void onProviderEnabled(String provider) {}
        public void onProviderDisabled(String provider) {}
          };

// 用 LocationManager 注册监听器以获得位置更新
  locationManager.requestLocationUpdates(LocationManager.NETWORK_PROVIDER, 0, 0,
  locationListener);
```

requestLocationUpdates() 的第一个参数是位置提供商类型(在这里，它是提供基于移动基站和 WiFi 定位的网络定位提供商)。可以用第二个、第三个参数来控制监听器接收位置更新的频度。第二个参数是发通知的最小时间间隔，第三个参数是发通知的距离最小变化。两个参数都设置为零，表示能更新多快就更新多快。最后一个参数是 LocationListener，它负责接收位置更新的回调。

要从 GPS 获得位置更新，用 GPS_PROVIDER 代替 NETWORK_PROVIDER 即可。通过两次调用 requestLocationUpdates() 来请求 GPS 和网络定位的位置更新，一次用来请求 NETWORK_PROVIDER，一次用来请求 GPS_PROVIDER。

4．申请用户授权

为了通过 NETWORK_PROVIDER 或 GPS_PROVIDER 获得位置更新，必须分别声明 ACCESS_COARSE_LOCATION 或者 ACCESS_FINE_LOCATION 授权来申请用户授权，例如：

```
<manifest ... >
<uses-permission android:name="android.permission.ACCESS_FINE_LOCATION"
/>       ...  </manifest>
```

如果没有这些授权，应用程序在运行时就会出错。如果要同时使用 NETWORK_PROVIDER 和 GPS_PROVIDER，只需 ACCESS_FINE_LOCATION 授权即可，因为它已经包括对两种定位源的授权(ACCESS_COARSE_LOCATION 授权仅对 NETWORK_PROVIDER 授权)。

5．定义最佳性能模型

基于定位的应用现在已经非常普及，但是由于精度不太高、用户的移动、获得用户位置方式的多样性以及出于节省电池的考虑，获得用户位置的工作是很复杂的。为了克服这些困难，得到更精确的用户位置且节省电源，需要定义一个一致的模型，包括指定应用程序如何获取用户位置，什么时候开始和停止监听以获得位置更新，以及什么时候对位置数据进行缓存等。

6．获取用户位置的流程

下面是典型的获取用户位置数据的流程：

(1) 启动应用程序；

(2) 稍后，启动对来自所选位置源位置更新信息的监听；

(3) 通过过滤出新的但稍欠精确的位置值，来维护一个对当前位置的最佳估计；
(4) 停止监听位置更新；
(5) 使用最新的位置源估计值。

图 6-3 在时间轴上直观地显示了应用程序监听位置更新的周期以及发生的事件。

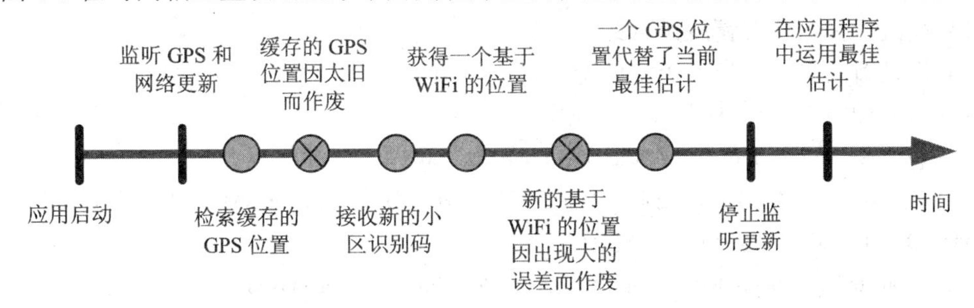

图 6-3　位置监听过程时间链

7. 决定什么时候启动监听位置更新

你可能想要应用程序一启动就开始监听位置更新，或者只想要在用户激活了某一功能后才开始监听位置更新。一个长的监听过程会消耗很多电量，但是短的监听过程可能达不到足够的定位精度。作为以上过程的演示，可以通过调用 requestLocationUpdates()来开始监听位置更新，代码如下：

```
String locationProvider = LocationManager.NETWORK_PROVIDER;
//或者使用 GPS 位置数据
String locationProvider=LocationManager.GPS_PROVIDER;
locationManager.requestLocationUpdates(locationProvider, 0, 0, locationListener);
```

8. 用最后已知的位置进行快速修正

LocationListener 接收第一个位置修正值所花费的时间常常让用户等待太长时间，在一个更准确的位置提供给 LocationListener 之前，应该通过调用 getLastKnownLocation(String)来使用缓存的位置数据。代码如下：

```
String locationProvider = LocationManager.NETWORK_PROVIDER;
// 或者使用 LocationManager.GPS_PROVIDER
Location lastKnownLocation = locationManager.getLastKnownLocation(locationProvider);
```

9. 决定何时停止监听位置更新

决定什么时候不再需要进行位置修正的逻辑取决于应用程序，可以非常简单，也可以非常复杂。当位置获得与位置使用之间间隔较小时，可以提高位置估计的准确性。请务必注意，如果监听很长一段时间，则将消耗大量的电池电量。所以只要已经获得了所需要的信息，就应该通过调用 removeUpdates(PendingIntent)来停止监听更新，代码如下：

```
// 去除先前增加的监听器
locationManager.removeUpdates(locationListener);
```

10. 保持当前最佳估计

你可能期待最新的位置修正是最准确的，但是，由于位置修正的准确性是变化的，最新的修正并不总是最好的。应该基于多个标准来选择位置修正，这些标准也应根据应用和测试环境的不同而变化。

可以用来使修正位置准确性有效的几个步骤如下：

(1) 检查检索出的位置是否比先前的估计要显著的新。

(2) 检查声称的位置精度是否比先前的好。

(3) 检查新的位置来自哪个定位源，是否可信。

依照这个逻辑的一个复杂的例子的代码如下：

```
private static final int TWO_MINUTES = 1000 * 60 * 2;
  /**确定一次位置读取是否比当前的位置更好。参数 location 为你想要的最新位置； 参数
currentBestLocation 为当前修正位置 */
protected boolean isBetterLocation(Location location, Location currentBestLocation) {
if (currentBestLocation == null) {
// 新获得的位置总是比没有位置数据要好
return true;      }
// 检查新的位置修正是新还是旧
long timeDelta = location.getTime() - currentBestLocation.getTime();
boolean isSignificantlyNewer = timeDelta > TWO_MINUTES;
boolean isSignificantlyOlder = timeDelta < -TWO_MINUTES;
boolean isNewer = timeDelta > 0;
// 如果当前位置信息已经过去超过两分钟，则使用新的位置，
// 因为用户很可能已经移动
     if (isSignificantlyNewer) {
         return true;
// 如果新位置已经过去超过两分钟，它就是不好的数据
  } else if (isSignificantlyOlder) {
         return false;       }
 // 检查新的位置修正是更精确还是更差了
        int accuracyDelta = (int) (location.getAccuracy() - currentBestLocation.getAccuracy());
     boolean isLessAccurate = accuracyDelta > 0;
     boolean isMoreAccurate = accuracyDelta < 0;
     boolean isSignificantlyLessAccurate = accuracyDelta > 200;
       // 检查新旧位置是否来自同一个定位源
     boolean isFromSameProvider = isSameProvider(location.getProvider(),
     currentBestLocation.getProvider());
       // 联合使用时间链和精度决定位置的质量
     if (isMoreAccurate) {
         return true;       }
                         else if (isNewer && !isLessAccurate) {
         return true;       }
```

```
else if (isNewer && ! isSignificantlyLessAccurate && isFromSameProvider) {
        return true;    }
    return false;  }
/** 检查两个定位源是否是同一个 */
private boolean isSameProvider(String provider1, String provider2) {
if (provider1 == null) {
        return provider2 == null;     }
    return provider1.equals(provider2);  }
```

11．调整模型以节省电池和数据交换

要获得良好的位置估计和性能，需要在测试应用程序时对模型进行一些调整，以便在两者之间实现平衡。调整内容包括：

(1) 减少监听窗口的大小。一个小的位置更新监听窗口意味着可以更少地与 GPS 和网络位置服务互动，从而延长电池使用时间。

(2) 降低定位源位置更新反馈频率。减少定位窗口期间位置更新的次数同样可以提高电池效率，但是要付出准确性的代价，对二者的权衡取决于如何使用应用程序。可以通过在 requestLocationUpdates()中增加参数的方法减小位置更新频率，该参数用于指定更新时间间隔和最小变化距离。

(3) 限制一组定位源。根据应用程序的使用环境和期望的定位精度，可以选择只使用网络定位或 GPS 定位，或者两者同时使用。虽然只与一个服务互动可以减少电池电量的使用，但可能付出精确度的代价。

12．常见的应用案例

如果需要在应用程序中获取用户的位置，可以采用下面一些方法。每种场景中还介绍了有关什么时候应该启动监听和什么时候应该停止监听的好做法，以便阅读并有助于延长电池使用时间。

(1) 用位置标记用户创建的内容。你可能会创建一个应用程序，用位置来标记用户创建的内容。例如，想让用户分享他们的本地体验；或者为一家餐厅发布评论；或者录制一些由其当前位置增强的内容。图 6-4 显示了一个关于位置服务的相互作用可能会如何发生的模型。

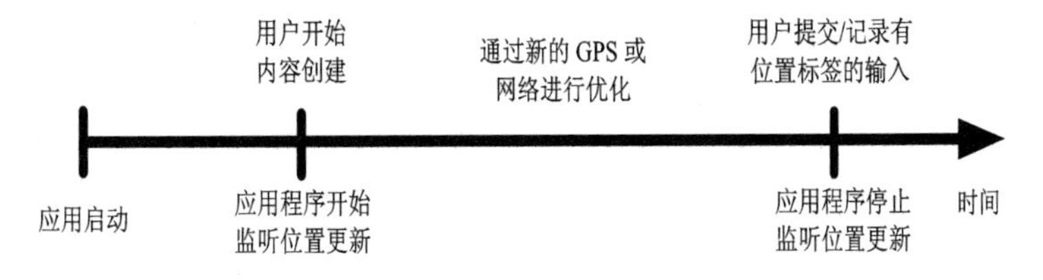

图 6-4 当用户使用当前位置时获取和停止监听的时间窗口

为了获得最佳定位精度，应该选择在用户刚开始创建内容时，甚至是应用程序刚刚启动时就启动对位置更新的监听。然后，当内容已经准备好且随时可以发布或记录时，停止对位置更新的监听。

(2) 帮助用户决定去哪里。你可能会创建一个应用程序，试图为用户提供一组去哪里

的选项。例如，你正在试图为用户提供一个有关附近餐馆、商店、娱乐场所的选项，以及根据用户的位置对建议的次序进行调整。设计逻辑如下：

- 当获得一个新的位置最佳估计时，重新对建议进行安排；
- 当建议的次序已经稳定下来，则停止进行位置更新监听。

图 6-5 是用户位置变化时动态数据更新的时间窗口。

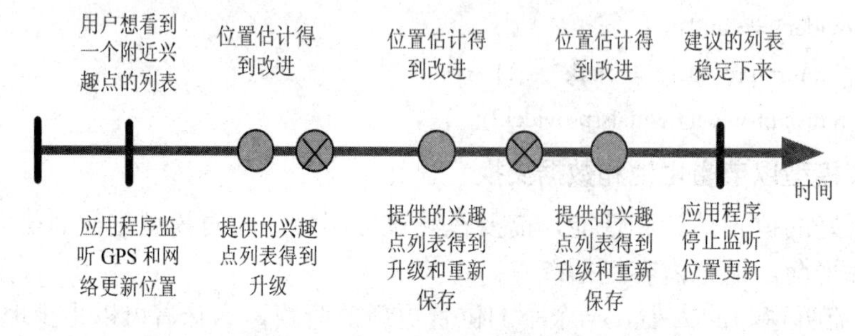

图 6-5 用户位置变化时动态数据更新的时间窗口

6.5 百度地图定位实例

6.5.1 Android 定位 SDK 介绍

1. 百度地图开放平台

百度地图开放平台(http://lbsyun.baidu.com/)提供了丰富的开发接口，使开发者可以很容易地开发各种基于百度地图 API 和 SDK 的应用。这些 API 和 SDK 包括用于 Web 开发的 JavaScript API、微信小程序 JavaScript API，用于 Android 开发的 Android 地图 SDK、Android 定位 SDK、Android 鹰眼轨迹 SDK、Android 导航 SDK、Android 导航 HUD SDK、Android 全景 SDK 等，如图 6-6 所示。

百度地图 开放平台 lbsyun.baidu.com
首页 开发 解决方案 合作 社区

Web开发	Android开发	iOS开发	服务接口	工具支持
JavaScript API	Android地图SDK	iOS地图SDK	LBS云	API控制台
微信小程序JavaScript API	Android定位SDK	iOS鹰眼轨迹SDK	鹰眼轨迹服务	数据管理平台
	Android鹰眼轨迹 SDK	iOS导航SDK	Web服务API	鹰眼轨迹管理台
	Android导航SDK	iOS导航HUD SDK	全景静态图API	坐标拾取器
	Android导航HUD SDK	iOS全景SDK	静态图API	地图生成器
	Android全景SDK		URI API	地图名片
				坐标系说明
				底图编辑工具
				Openmap专题地图
				开发资源

图 6-6 百度地图 API 和 SDK

2. Android 定位 SDK

无论是学习一个新的开发工具，还是学习基于类似于百度地图开放平台这样的平台进行开发，从其提供的 Demo 程序或开发指南着手，都是一个非常快速且有效的方法。建议读者根据自己的环境条件和兴趣，参照上述开发指南，搭建环境，开始自己的开发之旅。下面，我们仅以 Android 定位 SDK 为例，来说明百度地图 API 和 SDK 的用法。图 6-7 是 Android 定位 SDK 开发介绍，包含了概述、获取密钥、开发指南、相关问题等。

图 6-7　Android 定位 SDK 开发介绍

6.5.2　申请密钥

在开始开发前，开发者首先需要申请密钥。百度的 Android 定位 SDK 自 v4.0 版本之后开始引入百度地图开放平台的统一的密钥(AK)验证体系。通过 AK 机制，开发者可以更方便、更安全地配置自身使用的百度地图资源，如设置服务配额等。随着百度地图开放平台的发展，未来开发者还可通过 AK 获得更多服务。

每个 AK 仅对唯一 1 个应用验证有效，即对该 AK 配置环节中使用的包名匹配的应用有效。因此，多个应用(包括多个包名)需申请多个 AK，或者对 1 个 AK 进行多次配置。若需要在同一个工程中同时使用 Android 定位 SDK 和 Android 地图 SDK，可以使用同一个 AK。使用 v3.3 及之前版本 SDK 的开发者，则不需要使用 AK。限于篇幅，这里省略了 AK 的申请过程，读者可以参照图 6-7 中的开发指南来申请自己的 AK。

6.5.3　开发环境配置

开发环境配置主要包括四项工作，分别是导入库文件、设置 AndroidManifest.xml、设置 AccessKey 和 import 相关类。

1．导入库文件

导入库文件的步骤如下：

(1) 在“相关下载”里下载最新的库文件。

(2) 使用 Eclipse 开发的开发者，将 SO 文件的压缩文件解压出来，把对应架构下的 SO 文件放入开发者自己 APP 的对应架构下的文件夹中(建议全部放入以提高程序兼容性)。然后，将 JAR 文件拷贝到工程的 libs 目录下，这样即可在程序中使用 Android 定位 SDK。

使用 AndroidStutio 的开发者除了上述操作外，还需要在 build.gradle 中配置 SO 文件的使用，代码如下：

```
sourceSets {
        main {
          jniLibs.srcDirs = ['libs']
        }
}
```

如果开发的是系统应用，除了需要在工程中配置 SO 文件，还需要手动把对应架构的 SO 文件拷贝到“/system/lib”目录下。如果是 64 位系统，则需要将 64 位的 SO 文件拷贝到“/sytem/lib64”目录下。(注意：对于新版本的定位 SDK，开发者除了要更新 JAR 包之外，同时需要关注 SO 文件是否有更新。如果 SO 文件名称改变，即 SO 文件有更新，开发者要及时替换掉老版本的 SO 文件，否则会导致定位失败。)

2．设置 AndroidManifest.xml

在 Application 标签中声明 SERVICE 组件，每个 APP 都拥有自己单独的定位 SERVICE。声明 SERVICE 组件的代码如下：

```
<service android:name="com.baidu.location.f" android:enabled="true" android:process=":remote">
</service>
```

定位 SDK v3.1 版本之后，以下权限已不需要，请取消声明，否则将会由于 Android 5.0 多账户系统加强权限管理而导致应用安装失败。

```
<uses-permission
    android:name="android.permission.BAIDU_LOCATION_SERVICE"></uses-permission>
<!-- 这个权限用于进行网络定位-->
<uses-permission
    android:name="android.permission.ACCESS_COARSE_LOCATION"></uses-permission>
<!-- 这个权限用于访问 GPS 定位-->
<uses-permission
    android:name="android.permission.ACCESS_FINE_LOCATION"></uses-permission>
<!-- 用于访问 WiFi 网络信息，WiFi 信息会用于网络定位-->
<uses-permission
    android:name="android.permission.ACCESS_WIFI_STATE"></uses-permission>
<!-- 获取运营商信息，用于支持提供运营商信息相关的接口-->
```

```
<uses-permission
    android:name="android.permission.ACCESS_NETWORK_STATE"></uses-permission>
<!-- 这个权限用于获取 WiFi 的获取权限，WiFi 信息会用于网络定位-->
<uses-permission
    android:name="android.permission.CHANGE_WIFI_STATE"></uses-permission>
<!-- 用于读取手机当前的状态-->
<uses-permission
    android:name="android.permission.READ_PHONE_STATE"></uses-permission>
<!-- 写入扩展存储，向扩展卡写入数据，用于写入离线定位数据-->
<uses-permission
    android:name="android.permission.WRITE_EXTERNAL_STORAGE"></uses-permission>
<!-- 访问网络，网络定位需要上网-->
<uses-permission android:name="android.permission.INTERNET" />
<!-- SD 卡读取权限，用户写入离线定位数据-->
<uses-permission
    android:name="android.permission.MOUNT_UNMOUNT_FILESYSTEMS"></uses-permission>
```

3．设置 AccessKey

Android 定位 SDK 4.2 及之后的版本需要在 Mainfest.xml 中正确设置 Accesskey(AK)。如果设置错误，将会导致定位和地理围栏服务无法正常使用。设置 AK，可在 Application 标签中加入如下代码：

```
<meta-data
    android:name="com.baidu.lbsapi.API_KEY"
    android:value="AK" />                //key:开发者申请的 Key
```

4．import 相关类

import 相关类及其代码如下：

```
import com.baidu.location.BDLocation;
import com.baidu.location.BDLocationListener;
import com.baidu.location.LocationClient;
import com.baidu.location.LocationClientOption;
import com.baidu.location.BDNotifyListener;  //假如用到位置提醒功能，需要 import 该类
import com.baidu.location.Poi;
```

6.5.4　获取位置

获取终端位置需要用到综合定位功能。综合定位功能指的是根据用户实际需求，返回用户当前位置的基础定位服务，包含 GPS 定位和网络定位(WiFi 定位和基站定位)功能。基本定位功能同时还支持位置描述信息功能、离线定位功能、位置提醒功能和位置语义化功能。获取位置的具体步骤如下：

1．初始化 LocationClient 类

LocationClient 类必须在主线程中声明，需要 Context 类型的参数，且应是全进程有效的 Context，推荐用 getApplicationConext 获取全进程有效的 Context。LocationClient 类是定位 SDK 的核心类，具体方法见百度地图开放平台提供的类参考。

```
public LocationClient mLocationClient = null;
public BDLocationListener myListener = new MyLocationListener();
public void onCreate() {
    mLocationClient = new LocationClient(getApplicationContext());
    //声明 LocationClient 类
    mLocationClient.registerLocationListener( myListener );
    //注册监听函数
}
```

2．配置定位 SDK 参数

定位参数包括：定位模式(高精度定位模式、低功耗定位模式和仅用设备定位模式)，返回坐标类型，是否打开 GPS，是否返回地址信息、位置语义化信息、POI 信息等。设置定位参数 LocationClientOption 类，该类用来设置定位 SDK 的定位方式。代码如下：

```
private void initLocation(){
    LocationClientOption option = new LocationClientOption();
    option.setLocationMode(LocationMode.Hight_Accuracy);
    //可选，默认高精度，设置定位模式，高精度，低功耗，仅设备
    option.setCoorType("bd09ll");
    //可选，默认 gcj02，设置返回的定位结果坐标系
    int span=1000;
    option.setScanSpan(span);
    //可选，默认 0，即仅定位一次，设置发起定位请求的间隔需大于等于 1000 ms 才是有效的
    option.setIsNeedAddress(true);
    //可选，设置是否需要地址信息，默认不需要
    option.setOpenGps(true);
    //可选，默认 false，设置是否使用 GPS
    option.setLocationNotify(true);
    //可选，默认 false，设置是否当 GPS 有效时按照 1 s/1 次频率输出 GPS 结果
    option.setIsNeedLocationDescribe(true);
    //可选，默认 false，设置是否需要位置语义化结果，可以在 BDLocation.getLocationDescribe
里得到，结果类似于“在北京天安门附近”
    option.setIsNeedLocationPoiList(true);
    //可选，默认 false，设置是否需要 POI 结果，可以在 BDLocation.getPoiList 里得到
    option.setIgnoreKillProcess(false);
```

```
    //可选，默认 true，定位 SDK 内部是一个 SERVICE，并放到了独立进程，设置是否在 stop
的时候杀死这个进程，默认不杀死
    option.SetIgnoreCacheException(false);
    //可选，默认 false，设置是否收集 CRASH 信息，默认收集
    option.setEnableSimulateGps(false);
    //可选，默认 false，设置是否需要过滤 GPS 仿真结果，默认需要
    mLocationClient.setLocOption(option);
}
```

高精度定位模式：这种定位模式会同时使用网络定位和 GPS 定位，优先返回最高精度的定位结果；

低功耗定位模式：这种定位模式不会使用 GPS 进行定位，只会使用网络定位(WiFi 定位和基站定位)；

仅用设备定位模式：这种定位模式不需要连接网络，只使用 GPS 进行定位，这种模式下不支持室内环境的定位。

返回坐标类型包括：

(1) gcj02：国测局坐标；

(2) bd09：百度墨卡托坐标；

(2) bd09ll：百度经纬度坐标。

注意：海外地区定位结果默认且只能是 WGS84 类型坐标。

3. 实现 BDLocationListener 接口

BDLocationListener 为结果监听接口，能够异步获取定位结果，其实现代码如下：

```
public class MyLocationListener implements BDLocationListener {

    @Override
    public void onReceiveLocation(BDLocation location) {

        //获取定位结果
        StringBuffer sb = new StringBuffer(256);
        sb.append("time : ");
        sb.append(location.getTime());           //获取定位时间
        sb.append("\nerror code : ");
        sb.append(location.getLocType());        //获取返回错误码
        sb.append("\nlatitude : ");
        sb.append(location.getLatitude());       //获取纬度信息
        sb.append("\nlontitude : ");
        sb.append(location.getLongitude());      //获取经度信息
        sb.append("\nradius : ");
        sb.append(location.getRadius());         //获取定位精准度

        if (location.getLocType() == BDLocation.TypeGpsLocation){
```

```
        // GPS 定位结果
        sb.append("\nspeed : ");
        sb.append(location.getSpeed());          //单位：km/h
        sb.append("\nsatellite : ");
        sb.append(location.getSatelliteNumber()); //获取卫星数
        sb.append("\nheight : ");
        sb.append(location.getAltitude());       //获取海拔高度信息，单位：m
        sb.append("\ndirection : ");
        sb.append(location.getDirection());      //获取方向信息，单位：度
        sb.append("\naddr : ");
        sb.append(location.getAddrStr());        //获取地址信息
        sb.append("\ndescribe : ");
        sb.append("gps 定位成功");
    } else if (location.getLocType() == BDLocation.TypeNetWorkLocation){
        // 网络定位结果
        sb.append("\naddr : ");
        sb.append(location.getAddrStr());        //获取地址信息
        sb.append("\noperationers : ");
        sb.append(location.getOperators());      //获取运营商信息
        sb.append("\ndescribe : ");
        sb.append("网络定位成功");
    } else if (location.getLocType() == BDLocation.TypeOffLineLocation) {
        // 离线定位结果
        sb.append("\ndescribe : ");
        sb.append("离线定位成功，离线定位结果也是有效的");
    } else if (location.getLocType() == BDLocation.TypeServerError) {
        sb.append("\ndescribe : ");
        sb.append("服务端网络定位失败，可以反馈 IMEI 号和大体定位时间到
        loc-bugs@baidu.com，会有人追查原因");
    } else if (location.getLocType() == BDLocation.TypeNetWorkException) {
        sb.append("\ndescribe : ");
        sb.append("网络不同导致定位失败，请检查网络是否通畅");
    } else if (location.getLocType() == BDLocation.TypeCriteriaException) {
```

```
                sb.append("\ndescribe : ");
                sb.append("无法获取有效定位依据导致定位失败，一般是由于手机的原因，处于
                        飞行模式下一般会造成这种结果，可以试着重启手机");
            }
            sb.append("\nlocationdescribe : ");
            sb.append(location.getLocationDescribe());      //位置语义化信息

            List<Poi> list = location.getPoiList();          //POI 数据
            if (list != null) {
                sb.append("\npoilist size = : ");
                sb.append(list.size());
                for (Poi p : list) {
                    sb.append("\npoi= : ");
                    sb.append(p.getId() + " " + p.getName() + " " + p.getRank());
                }
            }

            Log.i("BaiduLocationApiDem", sb.toString());
        }
    }
```

BDLocation 类封装了定位 SDK 的定位结果，在 BDLocationListener 的 onReceive()方法中获取。通过该类，用户可以获取错误码、位置的坐标、精度半径等信息。具体方法见百度地图开放平台提供的类参考。

获取定位返回错误码的函数如下：

```
public int getLocType ()
```

该函数的返回值包括：

61：GPS 定位结果，GPS 定位成功。

62：无法获取有效定位依据，定位失败，请检查运营商网络或者 WiFi 网络是否正常开启，尝试重新请求定位。

63：网络异常，没有成功向服务器发起请求，请确认当前测试手机网络是否通畅，尝试重新请求定位。

65：定位缓存的结果。

66：离线定位结果。通过 requestOfflineLocaiton 调用时对应的返回结果。

67：离线定位失败。通过 requestOfflineLocaiton 调用时对应的返回结果。

68：网络连接失败时，查找本地离线定位时对应的返回结果。

161：网络定位结果，网络定位成功。

162：请求串密文解析失败，一般是由于客户端 SO 文件加载失败造成的，请严格参照开发指南或 Demo 开发，放入对应的 SO 文件。

167：服务端定位失败，请您检查是否禁用获取位置信息权限，尝试重新请求定位。

502：AK 参数错误，请按照说明文档重新申请 AK。

505：AK 不存在或者非法，请按照说明文档重新申请 AK。

601：AK 服务被开发者自己禁用，请按照说明文档重新申请 AK。

602：key mcode 不匹配，您的 AK 配置过程中安全码设置有问题，请确保 SHA1 正确，“;”分号是英文状态，且包名是您当前运行应用的包名。请按照说明文档重新申请 AK。

501～700：AK 验证失败，请按照说明文档重新申请 AK。

如果不能定位，请记住返回值并到百度 LBS 开放平台论坛 Andriod 定位 SDK 版块中交流。若返回值是 162～167，请将错误码、IMEI 和定位时间反馈至邮箱 loc-bugs@baidu.com，百度公司会跟进追查问题。

4．开始定位

开启定位 SDK，代码如下：

```
mLocationClient.start();
```

(1) start()函数：启动定位 SDK；

(2) stop()函数：关闭定位 SDK。

调用 start()之后只需要等待定位结果自动回调即可。开发者定位场景如果是单次定位，在收到定位结果之后直接调用 stop()函数即可。如果调用 stop()之后仍然想进行定位，可以再次调用 start()等待定位结果回调即可。如果开发者想按照自己的逻辑请求定位，可以在调用 start()之后按照自己的逻辑请求 locationclient.requestLocation()函数主动触发定位 SDK 内部的定位逻辑，然后等待定位回调即可。

5．位置提醒使用

位置提醒最多提醒 3 次，3 次过后将不再提醒。假如需要再次提醒，或者要修改提醒点坐标，可以通过函数 SetNotifyLocation()来实现。代码如下：

```
//位置提醒相关代码
mNotifyer = new NotifyLister();
mNotifyer.SetNotifyLocation(42.03249652949337,113.3129895882556,3000,"gps");
//4 个参数代表要位置提醒的点的坐标，具体含义依次为：纬度，经度，距离范围，坐标系类型
(gcj02,gps,bd09,bd09ll)
mLocationClient.registerNotify(mNotifyer);
//注册位置提醒监听事件后，可以通过 SetNotifyLocation 来修改位置提醒设置，修改后立刻生效
//BDNotifyListener 实现
public class NotifyLister extends BDNotifyListener{
    public void onNotify(BDLocation mlocation, float distance){
        mVibrator01.vibrate(1000);
        //振动提醒已到设定位置附近
    }
}
//取消位置提醒
mLocationClient.removeNotifyEvent(mNotifyer);
```

思考与练习题

1. 电子地图、数字地图及 GIS 地图的区别是什么？GIS 地图有什么优势？

2. 一个比较完整的手机定位系统包括哪些组成部分？它们在系统中的作用分别是什么？

3. 与 GPS 相比，北斗卫星导航系统有何优势和劣势？

4. 请参照百度地图开放平台相关指南，设计一个简单的基于百度地图 SDK 的手机应用，实现在 GIS 地图中显示自己所在的城市。

第7章 移动视频监控系统

移动互联网使传统上以有线网络为传输载体的视频不再受有线网络覆盖范围的制约，人们可以随时随地对现场情况进行视频采集和上传，或者远程观看网络视频监控图像。移动视频监控系统利用智能手机作为视频采集或播放的工具，是一类非常重要且特色鲜明的移动行业应用。

7.1 流媒体技术原理与标准

7.1.1 流媒体技术的概念

日常生活中我们所说的视频，实际上是音视频的结合体而非单纯的视频。音视频文件一般比文本、图片等文件要大得多，如果采用通常的下载/浏览模式，需要很长时间下载才能完成，效率很低。而且，音视频文件要占用很大的硬盘空间，如果不定期删除，硬盘很快会被占满。为避免这个问题，音视频文件在网络上的传输采用一种称为流媒体的技术，以“流”的形式进行多媒体数据传输。客户端播放器在播放一个多媒体内容之前，预先下载媒体内容的一部分作为缓存。然后，一边从缓存按顺序取出数据进行播放，一边持续从服务器下载数据送进缓存。由于缓存的调节作用，尽管下载速度可能时快时慢，但播放速度会保持大体稳定，实现所谓“边下载，边播放”的流式播放模式。

流媒体具有实时性、连续性和网络流量平稳的特点。由于互联网是以TCP/IP协议为基础的一种“尽力而为”的网络，除非能够提供足够的冗余带宽，否则难以保证传输的可靠性和稳定性。因此，需要解决多媒体数据在互联网传输的实时性要求，避免或者减小播放中停顿、延迟和马赛克现象，保证用户的视觉效果。

流媒体技术从两方面着手，很好地解决了上述几个问题。一是流媒体编解码技术，二是流媒体网络传输控制技术。前者在保证视频质量的前提下尽可能地压缩原始内容的大小，减小音视频流传输所需要的带宽；后者通过控制机制，在有限的网络带宽下能使音视频流的传输效果更好。

7.1.2 音视频编解码技术与标准

1. 音视频压缩技术

一幅没有经过压缩的640×480(水平方向像素数×垂直方向像素数)大小的静态图片转

化为文件只有约几百 KB 大小，利用很小的网络带宽瞬间就可以传输完毕；而相同幅面的未经压缩的音视频传输则需要高达 175 Mb/s 的带宽。这样高的带宽需求对于目前的传输网络来说是不现实的。只有在个别特殊场合，比如公安部门的视频监控专网才会采用高带宽网络传输，这样每个视频监控点位的视频图像都需要使用一条光纤作为传输介质，成本很高。

为了减少音视频传输对带宽的需求，需要采用压缩技术。压缩的思路有：一是去除冗余信息，二是在可接受的前提下牺牲一定质量。一段连续视频，其内容在时间和空间上都是相关的。比如，视频中的图像在后一时刻与前一时刻只有很少的改变，甚至没有改变；再比如，视频中图像某一个位置周围的颜色、亮度等都是非常接近的。从信息表达的角度来说，即存在大量的冗余信息，包括时域冗余信息和空(间)域冗余信息，压缩技术就是利用人的视觉心理特性，如视觉暂留、大块着色原理以及信息论等，将其中的冗余信息去掉。

根据去除冗余信息的不同方式，音视频压缩技术可分为帧间无关压缩、帧间压缩和帧内压缩三种方式。

(1) 帧间无关压缩。帧间无关压缩方式是把一段连续视频按一定时间间隔，分解成若干个固定的画面一幅一幅地传输。原本连续的视频画面变成了离散的视频画面，或者原本时间间隔很小的一幅幅画面变成了时间间隔较大的一幅幅画面。这种压缩方式采用一种非常简单的方式减少了需要传输的内容，但由于人的视觉暂留，并不会明显感觉到其中的差异。

(2) 帧间压缩。帧间压缩方式是区分每幅图像的差异并且只传送差别部分。这种方式采用的技术称为帧间编码技术，包括运动补偿、运动表示和运动估计三部分。运动补偿是通过先前的局部图像来预测、补偿当前的局部图像，它是减少帧序列冗余信息的有效方法；运动表示是对不同区域的图像使用不同的运动矢量来描述运动信息，运动矢量可通过熵编码进行压缩；运动估计是从视频序列中抽取运动信息的一整套技术。这种压缩方式的代表是 MPEG 和 H.263。

(3) 帧内压缩。帧内图像有大量空域冗余信息。去除空域冗余信息，主要使用的是帧内编码技术和熵编码技术，包括变换编码、量化编码和熵编码。变换编码将空域信号变换到另一正交矢量空间，使其相关性下降，数据冗余度减小。空域信号经过变换编码后，产生一批变换系数，对这些系数进行量化，使编码器的输出达到一定的速率，不过这一过程会导致精度的降低。熵编码是无损编码，它是对变换、量化后得到的系数和运动信息做进一步压缩。

2. 音视频编解码标准

目前，国际上音视频编解码标准主要分两大系列，分别是 ISO/IEC JTC1 制定的 MPEG 系列标准和 ITU 制定的 H.26x 系列视频编码标准及 G.7 系列音频编码标准。1994 年由 MPEG 和 ITU 合作制定的 MPEG-2 是第一代音视频编解码标准的代表，也是目前国际上最为通行的音视频标准。目前音视频信源编码标准有四个，分别是 MPEG-2、MPEG-4、MPEG-4 AVC(简称 AVC，也称 JVT 或 H.264)和 AVS。从制订者来分，前三个标准是由 MPEG 专家组完成的，第四个是我国自主制定的；从发展阶段来分，MPEG-2 是第一代标准，其余三个为第二代标准；从编码效率来比较，MPEG-4 是 MPEG-2 的 1.4 倍，AVS 和 AVC 相当，都是 MPEG-2 的 2 倍以上。

传统压缩编码技术建立在香农信息论基础上，以经典集合论为工具，用概率统计模型来描述信源，其压缩思想基于数据统计，只能去除数据冗余，属于低层压缩编码的范畴。MPEG-1、MPEG-2、H.261 和 H.263 都是采用第一代压缩编码技术，着眼于图像信号的统计特性来设计编码器，属于波形编码的范畴。这种编码方案把视频序列按时间先后分为一系列帧，每一帧图像又分成宏块以进行运动补偿和编码。常用的压缩算法是由 ISO 制订的，包括 JPEG 和 MPEG 等算法。JPEG 是静态图像压缩标准，适用于连续色调彩色或灰度图像。它包括两部分：一是基于 DPCM(空间线性预测)技术的无失真编码，二是基于 DCT(离散余弦变换)和哈夫曼编码的有失真算法。前者压缩比很小，实际当中主要用的是后一种算法。

在非线性编码中，最常用的是 MJPEG 算法，即 Motion JPEG。它是将视频信号 50 帧/秒(PAL 制式)变为 25 帧/秒，然后按照 25 帧/秒的速度使用 JPEG 算法对每一帧进行压缩。MPEG 算法是适用于动态视频的压缩算法，它除了对单幅图像进行编码外还利用图像序列中的相关原则将冗余去掉，这样可以大大提高视频的压缩比。

以 MPEG-4 为代表的基于模型/对象的第二代压缩编码技术，除了继承第一代视频编码的核心技术，如变换编码、运动估计与运动补偿、量化、熵编码外，还充分利用了人眼视觉特性，抓住了图像信息传输的本质，从轮廓、纹理思路出发，支持基于视觉内容的交互功能。这适应了多媒体信息的应用由播放型转向基于内容的访问、检索及操作的发展趋势。

H.264 标准的推出是视频编码标准的一个重要进步。它与现有的 MPEG-2、MPEG-4 SP 及 H.263 相比，具有明显的优势，特别是提高了编码效率，使之能用于许多新的领域。尽管 H.264 的算法复杂度是现有编码压缩标准的 4 倍以上，但随着集成电路技术的快速发展，H.264 的算法复杂度问题也正在得到解决。H.264 不仅比 H.263 和 MPEG-4 节约了 50%的码率，而且对网络传输具有更好的支持能力。它引入了面向 IP 包的编码机制，有利于网络中的分组传输，支持网络中视频的流媒体传输，具有较强的抗误码特性，可适应丢包率高、干扰严重的无线信道中的视频传输。

3. VCD 标准和 DVD 标准

严格地说，VCD 和 DVD 标准并不是独立的标准，它们从属于 MPEG 系列标准。由于 VCD 和 DVD 广为人们熟悉，这里对它们做一点介绍，便于读者更直观地体会不同音视频标准的图像质量。

VCD 采用 MPEG-1 标准，适用于不同带宽的设备，如 CD-ROM、Video-CD 等。经过 MPEG-1 标准压缩后，数据压缩率为 1/100～1/200，音频压缩率为 1/6.5，声音接近于 CD-DA 的质量。MPEG-1 允许超过 70 分钟的高质量的视频和音频存储在一张 CD-ROM 盘上。MPEG-1 的编码速率最高可达 4 Mb/s～5 Mb/s，但随着速率的提高，其解码后的图像质量有所降低，因此一般情况下使用的编码速率在 1.5 Mb/s 左右。

DVD 采用了 MPEG-2 标准，图像分辨率为 720 × 480，编码速率达到了 1 Mb/s～10 Mb/s。MPEG-2 的分辨率比 VCD 的 MPEG-1 的分辨率提高了 4 倍多，因此其数据量也增大了很多，同时音效质量也有所提高，并且支持外挂的字幕和声道，以及多角度欣赏等数码控制功能。

如果说MPEG-1文件小但质量差，而MPEG-2质量好但更占空间的话，那么MPEG-4则很好地结合了前两者的优点，MPEG-1和MPEG-2正逐渐为MPEG-4等所替代。

4．视频质量指标

音视频压缩技术关注的是对音视频本身的压缩效果，但使用者更关注图像的主观感受。通常采用主观五级损伤制评价体系评价图像的显示质量，如表7-1所示。一般显示图像应达到四级(含四级)以上图像质量等级，对于电磁环境特别恶劣的现场，图像质量应不低于三级。高风险对象的图像存储、回放质量应不低于图像的显示质量。

表7-1 主观损伤制评价体系

主观评价	图像等级
察觉不出图像损伤	五(优)
可察觉出图像损伤，但可以接受	四(良)
可明显觉察出图像损伤，令人较难接受	三(中)
图像损伤严重，令人难以接受	二(差)
图像损伤极严重，不能观看	一(劣)

上述评价等级因其主观性太强，不宜在工程设计中直接采用。图像的质量主要取决于以下几个因素：

(1) 图像大小和总像素数。原始画面的大小是通过纵横像素的数目来表示的，例如，分辨率为352×240，则总像素是84 480。图像的像素数越高，就有越多的信息供压缩。

(2) 压缩比。现行的压缩方法，其目的都是要减少原始数字化视频的大小，压缩比越大，图像就被压缩得越厉害，画面质量也就越逊色。

(3) 图像分辨率。常见的图像分辨率有352×288，176×144，640×480，1024×768，分辨率的单位为dpi。

在实际工程实践中，人们常用QCIF、CIF、2 CIF、4 CIF、D1等图像格式来表示不同的图像质量，它们具有不同的图像分辨率，如表7-2所示。

表7-2 不同图像格式、分辨率比较

图像格式	分辨率	带宽需求(b/s)
QCIF	PAL 176×144，NTSC 176×120	300 k
CIF	PAL 352×288，NTSC 352×240	300 k～512 k
2 CIF	PAL 704×288，NTSC 704×240	512 k～700 k
4 CIF	PAL 704×576，NTSC 704×480	1.5 M～2 M
D1	720×576水平(480线，隔行扫描)	1.5 M～2 M

在这些图像格式中，市场中多数产品采用的是CIF分辨率。其主要原因是目前能提供给视频监控应用的传输带宽不是太高，而CIF格式又能满足大多数应用对图像质量的需要。不过，随着通信技术的提高和通信网络的发展，对更高分辨率图像传输的支持能力越来越强，在实际应用中采用更高等级的图像质量是大势所趋。

7.1.3 流媒体网络传输技术

流媒体的特点决定了它对网络传输有较高的要求，需要专门的网络传输控制技术。目前，流媒体主要采用的技术有三个。

1. 缓存技术

一个实时音视频源或静态音视频源文件，在传输中要被分解为许多分组。由于网络是动态变化的，各个分组选择的路由可能不尽相同，因而到达目的地的时间延迟也就不同，甚至先发的分组有可能后到。为此，需要使用缓存来克服这种影响，并保证分组的顺序正确，从而使媒体数据能连续输出，而不会因为网络暂时拥塞使播放出现停顿。

与普通分组交换不同，流媒体缓冲区中的数据以堆栈方式进出缓冲区，不需要等待数据全部到达客户机后才从缓冲区中被释放出来。当然，缓存的作用是有限的，当网络较长时间拥塞时，流出缓冲区的数据持续多于流入数据时，也会出现内容播放过程中画面停顿和马赛克现象。但有了缓存机制，那种瞬时的、短期的网络波动，将不会影响视频的平稳播放。经常上网看电影的读者应该都有体会，启动播放后播放器并不立即播放，而是先下载一定量进入缓存，然后才开始播放，就是这个道理。

2. 流媒体播放方式

有人把流媒体的传输方式分为顺序流式传输和实时流式传输两种方式。这里我们从一种读者更能理解的角度按播放方式的不同，把流媒体分为视频点播方式和实时流方式。

1) 视频点播方式

在视频点播方式下，视频源作为一个文件存储于服务器或数据库系统中。客户端播放器在用户点播后，文件按顺序从服务器下载。文件开始下载后播放器并不马上开始播放，而是先缓存数据达到一定量后，才开始播放。接下来，在下载文件的同时用户观看视频。在整个视频播放过程中，播放器一边从服务器下载数据放入缓存入口，一边从缓存出口取出数据供播放器播放，数据在各个功能单元之间是一种顺序的流动。但是，服务器/播放器也支持“跳看”功能，也就是说已经看过一段视频又停下来又从前面某个位置重新开始观看，或者前面的内容还没有看完就停下来又从后面一个位置开始观看。

2) 实时流方式

实时流方式播放的典型应用是视频监控，它需要保证网络带宽不小于流媒体信号带宽。视频源是前端摄像头拍摄并经过编码设备编码的、连续的、稳定的视频流。传输通道短暂的停顿(比如几毫秒)和网络带宽不大的起伏是可以忍受的，因为有缓存机制进行调节。但是，更长时间的停顿(比如几秒钟)和传输带宽较长时间低于视频流所需带宽，就超出了缓存的容量限度，这会导致一些视频内容丢失。

3. 流媒体网络传输与控制协议

流媒体的传输在带宽、时延、同步和可靠性等方面，都需要比普通的 IP 包(比如网页数据)传输有更高的指标，需要有专门的协议来保证传输带宽和传输过程的控制。当前在实际中常用于流媒体传输和实时控制的协议主要有以下四种。

1) HTTP

HTTP 协议主要用于 HTML 文件的传输，但也可以用于一些特定类型的实时流传输。通常情况下，每当 Web 服务器响应完一个浏览器的请求后就立即关闭这个连接。而在用于传输流式数据时，它并不关闭这个连接，而是周期性地向客户端发送数据。这种形式的流经常用于股票数据、选举实时数据等更新场合，它的特点是传输的数据量都不大。另一种方式则比较简单，就是把流媒体文件当成一个普通文件，实质上是进行文件下载，不能算严格意义上的流媒体。

2) RTP/RTCP 协议

RTP(Realtime Transfer Protocol)/RTCP(Realtime Transfer Control Protocol)是端对端基于组播的应用层协议。其中，RTP 用于数据传输，RTCP 用于统计、管理和控制 RTP 传输，两者协同工作，能够显著提高网络实时数据的传输效率。

RTP 和 RTCP 都定义在 RFC 1889 中。RTP 用于在单播或多播情况下传输实时数据，通常工作在 UDP 上。RTP 协议的核心在于其数据包格式，但并不规定负载的大小，能够灵活应用于各种媒体环境，可用于多媒体的多个领域，包括 VOD、VoIP、电视会议等。但 RTP 协议本身也不提供数据包的可靠传输和拥塞控制，必须依靠 RTCP 提供这些服务。RTCP 的主要功能是为应用程序提供媒体质量信息。在 RTP 会话期间，每个参与者周期性地彼此发送 RTCP 控制包。包中封装了发送端或接收端的统计信息，包括发送包数、丢包数、包抖动等。这样发送端可以根据这些信息改变发送速率，接收端则可以判断包丢失等问题出在哪个网络段。

3) RTSP 协议

RTSP(Real Time Streaming Protocol)协议定义了一对多应用程序如何有效地通过 IP 网络传输多媒体数据。RTSP 在体系结构上位于 RTP 和 RTCP 之上，它使用 TCP 或 RTP 完成数据传输。HTTP 与 RTSP 相比，HTTP 通常用于传输 HTML，而 RTP 用于传输多媒体数据。HTTP 请求由客户机发出，服务器作出响应；使用 RTSP 时，客户机和服务器都可以发出请求，即 RTSP 可以是双向的。RTSP 也是基于 TCP 和 UDP 的，RTSP 服务器的 TCP 和 UDP 缺省端口都是 554。

4) RSVP 协议

资源预留协议 RSVP(Resource reSerVation Protocol)并不是专门针对流媒体传输设计的，它是针对 IP 网络传输层不能保证 QoS 和支持多点传输而提出的协议。RSVP 在业务流传送前先预约一定的网络资源，建立静态或动态的传输逻辑通路，从而保证每一业务流都有足够的“独享”带宽。因而 RSVP 能够克服网络的拥塞和丢包，提高 QoS 性能。

7.1.4　移动流媒体技术

流媒体技术应用到移动网络和终端上，称之为移动流媒体技术。移动流媒体技术具有三个突出特点：

(1) 能够实时播放音视频等多媒体内容，也可以对多媒体内容进行点播，具有交互性。可以让用户摆脱被动接收内容的苦恼，从而灵活自主、随时随地地选择自己想观看的内容，更加个性化。

(2) 播放的流媒体文件不需要在客户端保存，减少了对客户端存储空间的要求，也减少了缓存容量的需求。

(3) 由于流媒体文件不在客户端保存，从而在一定程度上解决了媒体文件的版权保护问题。

移动流媒体采用的编解码格式有 MPEG-4、H.263、H.264，微软公司的 WMV 和 ASF，Real 公司的 RM 等。

移动流媒体采用的网络控制协议也是 RTP/RTCP、RSVP、RTSP 以及 SDP 等。SDP(会话描述协议)是服务器端生成的描述媒体文件的编码信息以及所在的服务器的链接等信息，客户端通过它来配置播放软件的设置。它是一个简单、可扩展语法的文本协议。

3G-324M 作为 3GPP 提出的第三代移动通信流媒体传输标准，可确保有线视频传输系统与第三代移动视频传输系统之间的互操作性。它适用于 UMTS 移动网络中的 64 kb/s 电路交换链路，其复用协议为 H.223；控制协议为 H.245；视频编码器采用 H.264 及 MPEG-4；缺省语音编码器则为 GSM-AMR 和 G.723.1。3GPP 还采纳了基于 IP 协议的流媒体传输架构，推荐将基于流媒体技术的 H.264 作为 MPEG-4 音视频流媒体网络传输协议。

7.2 移动视频监控组网

移动视频监控系统是指现场实时采集视频源，并部分或全部通过移动互联网进行实时传输的信息应用系统。

7.2.1 移动视频监控模式设计

1. 移动视频监控系统适用场合

移动视频监控系统适用的场合包括：

(1) 对处于运动状态下外部环境需要视频监控的场合。如渣土车、长途运输车、巡逻车等车辆，经常需要在车上安装摄像机，通过移动通信方式把实时图像传回监控中心。

(2) 对不固定地点的视频监控的场合。比如临时会场、拆迁现场、纠纷处理现场等，为了保障现场的秩序，公安部门经常需要掌握现场的实时状况。

(3) 对固定通信线路难以敷设地点的视频监控。比如环境保护、森林防火、大坝监控等，对一些比较偏僻的地方进行实时监控，需要采用移动方式解决固定线路难以达到的问题。

(4) 在移动状态下需要对固定监控点、移动监控点进行视频监控的场合。人们在路上、办公场所之外，经常需要了解某些地方的现场状况，比如驾车时通过手机视频监控方式查看前方交通拥堵情况，企业领导对自己企业现场进行远程监控等。

2. 移动视频监控系统应用模式

图 7-1 为移动视频应用系统的示意图。图像采集方式可以分为三种：

(1) 处于运动状态的移动方式图像采集：采用固定摄像头和 4G 视频服务器，或者 4G

无线网络摄像机作为视频采集设备。

(2) 不固定地点的移动方式图像采集：采用智能手机自带的摄像机作为视频采集设备，通过智能手机本身的 4G 通信功能进行图像上传。

(3) 固定方式图像采集：采用固定摄像头和有线网络作为视频采集设备。

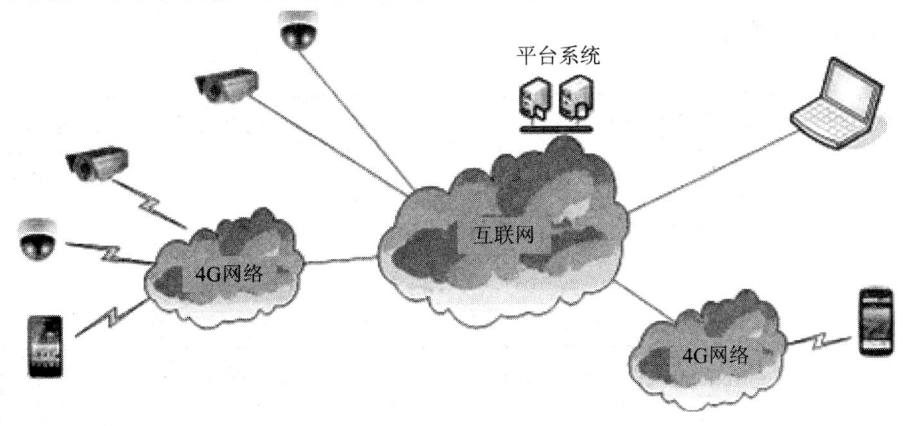

图 7-1　移动视频应用系统示意图

根据图像采集方式的不同，视频监控模式可以分为两种：

(1) 固定方式监控：采用电视墙、PC 机作为监控终端，通过有线网络获取视频监控图像。

(2) 移动方式监控：采用智能手机作为视频监控终端和视频监控图像传输载体。

在一个实际的应用系统中，这三种基本的图像采集模式和两种监控模式可以进行不同的组合，产生多种使用模式，在实际使用中可以灵活处理。

7.2.2　移动视频传输方式

视频监控信号的传输通常采用三种方式，分别是数字方式、网络方式和 4G 无线方式。

1. 数字方式

这种方式如图 7-2 所示。现场场景经过摄像机拍摄后转换形成模拟电信号；模拟电信号进入发射端视频光端机，实现数字化和电/光转换，变为激光信号；激光信号通过光纤传输后，进入接收端视频光端机，经过光/电转换和模拟化，恢复为模拟电信号；模拟电信号再送入监视器进行显示或者由硬盘录像机进行保存。

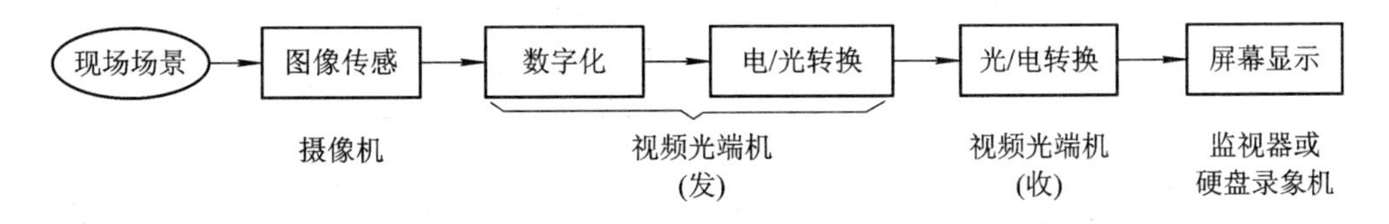

图 7-2　视频监控系统(数字方式)信号转换过程示意图

很多人习惯上笼统地把这种视频信号称为模拟信号，严格地讲这是不准确的，因为在中间传输环节信号实际上体现为数字化的光信号。

2．网络方式

这种方式如图 7-3 所示。现场场景经过摄像机拍摄后转换形成模拟电信号；然后进入视频服务器，实现数字化、视频压缩编码和网络化；然后，网络方式视频信号通过一对背靠背的光收发器，实现光纤传输，并输出网络方式视频信号；网络方式视频信号进入计算机，就可以实现屏幕显示和硬盘存储。

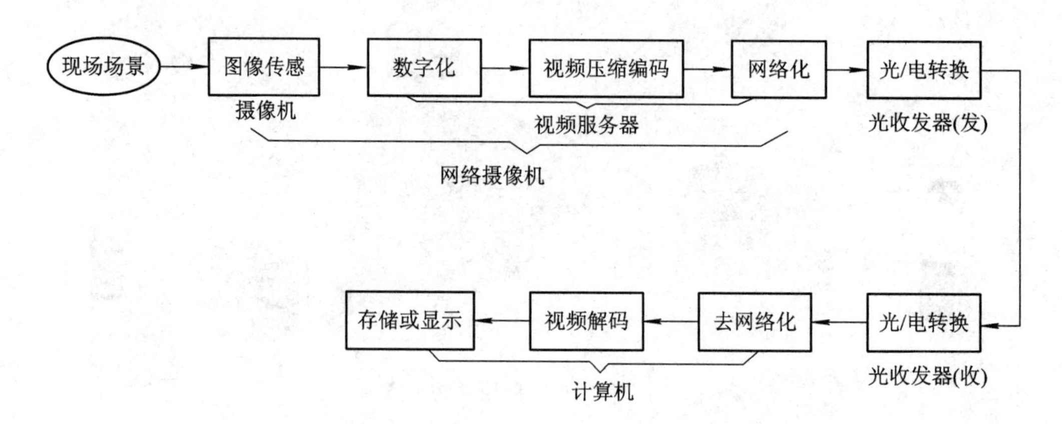

图 7-3 视频监控系统(网络方式)信号转换过程示意图

有一种把摄像机和视频服务器集成在一起的设备，称为网络摄像机，这种集成设备减少了设备数量，提高了系统可靠性。而且，网络摄像机中通常还内嵌 Web 服务器，通过网络可以直接访问摄像机拍摄的视频。

3．4G 无线方式

这种方式如图 7-4 所示。与网络方式不同的是，这种方式的视频信号经过数字化、视频压缩编码和网络化后，还要进行 4G 无线化。4G 无线方式的视频信号经过 4G 网络后，通过有线网络进入计算机，实现屏幕显示和硬盘存储。

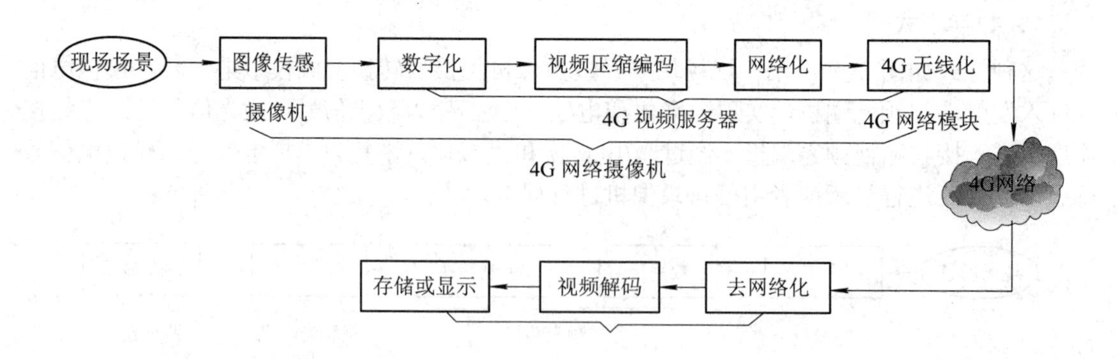

图 7-4 视频监控系统(4G 无线方式)信号转换过程示意图

这种方式也有一种把摄像机、4G 视频服务器和 4G 网络模块集成在一起的设备，称为 4G 网络摄像机。此外，视频信号在 4G 网络中传输和在普通 IP 网上传输时的环境条件是不同的，需要进行相应的编码。

7.3 Android 平台摄像头功能

7.3.1 摄像头及使用申请

Android 平台支持摄像头和硬件设备上的摄像头功能，允许在应用程序中捕捉图像和视频。这个功能是通过 Camera API 或者 Camera Intent实现的，相关的类包括：

- Camera：该类是控制设备摄像头的主要 API，用于在构建应用时获得图像和视频。
- SurfaceView：该类用来提供在线摄像头的预览。
- MediaRecorder：该类用于从摄像头记录视频。
- Intent：该类提供了一个快捷方式，使你的应用可以通过 Internet 类来引用一个已经存在的 Android 摄像头应用，从而不需要额外的代码，便可获取图像或视频。

这个快捷方式 ACTION_VIDEO_CAPTURE，它可用于拍摄图像或视频，而无需直接使用摄像头对象。

在使用摄像头 API 开发应用程序前，应该在 Manifest.xml 文件中进行适当的声明，申请使用摄像头硬件和其他相关功能。

(1) 摄像头权限。应用程序必须请求许可使用设备摄像头，代码如下：

```
<uses-permission android:name="android.permission.CAMERA" />
```

不过，如果通过 intent 方式使用摄像头，应用程序并不需要请求这个权限。

(2) 摄像头功能。应用程序必须声明使用摄像头功能，代码如下：

```
<uses-feature android:name="android.hardware.camera"/>
```

在 Manifest.xml 文件中添加摄像头功能，可以使 Google Play 防止把应用程序安装到无摄像头的设备，或者不支持你所指定摄像头功能的设备。如果你的应用程序可以使用摄像头或摄像功能正常运行，但并不需要它，你应该在 Manifest.xml 文件中通过 android:required 方式指定，将其属性设置为 false，代码如下：

```
<uses-feature android:name="android.hardware.camera" android:required="false" />
```

(3) 存储权限。如果应用程序要把图片或视频保存到外部存储(SD 卡)，必须在 Manifest.xml 文件中声明，代码如下：

```
<uses-permission android:name="android.permission.WRITE_EXTERNAL_STORAGE" />
```

(4) 录音权限。使用摄像头录制音频，必须请求音频捕获权限，代码如下：

```
<uses-permission android:name="android.permission.RECORD_AUDIO" />
```

(5) 地点权限。如果应用程序要使用 GPS 位置信息来标记图像，就必须申请位置权限，代码如下：

```
<uses-permission android:name="android.permission.ACCESS_FINE_LOCATION" />
```

7.3.2 构建一个摄像头应用程序

有些开发者可能需要一个摄像头的用户界面，定制应用程序的外观或提供特殊的功能。

创建自定义的摄像头活动比 Intent 需要更多的代码，但它可以为用户提供更具吸引力的体验。为应用程序创建自定义摄像头接口的一般步骤如下：

(1) 检测和访问摄像头。创建代码来检查摄像头是否存在，若存在则请求访问。

(2) 创建预览类。创建一个扩展的 SurfaceView 摄像头预览类并实现 SurfaceHolder 接口。这个类可以预览摄像头的实时图像。

(3) 建立一个预览布局。有了摄像头预览类后，创建一个视图布局，把预览类和自己想要的用户界面控件集成在一起。

(4) 为采集设置监听器。将监听器与界面控件关联起来，以响应用户的动作，如按下一个按钮，启动图像或视频采集。

(5) 采集和保存文件。设置拍摄照片或采集视频的代码，并保存输出。

(6) 释放摄像头。使用完毕后，应用程序必须正确地释放摄像头，以便其他应用程序能够使用。

摄像头硬件是一个共享资源，必须认真对其加以管理，避免各种应用程序在使用摄像头时发生冲突。

1．检测摄像头硬件

如果你的应用程序没有特别的要求，那么首先应该检查摄像头在应用程序运行时是否可用。要执行这项检查，可以使用 PackageManager.hasSystemFeature()方法，代码如下：

```
/** 检查设备是否有一个摄像头*/
private boolean checkCameraHardware(Context context) { if
context.getPackageManager().hasSystemFeature(PackageManager.FEATURE_CAMERA))
    {           return true;            // 有一个
      } else{
     return false;                     // 没有
    }
```

Android 设备可以有多个摄像头，例如背面用于照相的摄像头和前面用于视频通话的摄像头。Android 2.3(API 等级 9)及更高版本允许使用 Camera.getNumberOfCameras()方法来检查设备上摄像头的数量。

2．访问摄像头

如果你已经确定正在运行应用程序的设备上有一个摄像头，你必须申请访问它，以得到一个摄像头实例(除非你是使用intent 方式访问摄像头)。要访问主摄像头，就要使用 Camera.open()方法并且一定要捕获所有的异常，代码如下：

```
/** 一个安全获得摄像头对象的方法*/
public static Camera getCameraInstance()
{
    Camera c = null;
    try {
        c = Camera.open();        // 试图获取摄像头的实例
    }
```

```
    catch (Exception e){
        // 摄像头不能用 (正在使用或不存在)
    }
    return c;                   // 如果不存在，则返回 null
}
```

注意：使用Camera.open()时务必时常捕获异常，如果摄像头在使用中或不存在而又未捕获异常，将导致应用程序被系统关闭。对运行 Android 2.3(API 等级 9)或更高版本 Android 的设备，可以使用 Camera.open(INT)访问特定的摄像头。当有一个以上摄像头时，上面的示例代码将访问第一个摄像头，即设备背面的摄像头。

3．检查相机功能

一旦获得访问摄像头的权限，就可以进一步使用Camera.getParameters()得到更多有关其功能的信息，并通过返回的 Camera.Parameters 参数对象来检查摄像头所支持的功能。当使用 API 9 或更高版本时，应使用Camera.getCameraInfo()来确定摄像头是在正面还是背面，以及图像的方向。

4．创建预览类

为了使用户能够有效地拍照或摄像，必须使用户能够看到设备上的摄像头捕捉到的图像。摄像头预览类是一个 SurfaceView，可以显示来自摄像头的实时图像数据，因此用户可以取景并拍摄照片或视频。

下面的示例代码演示了如何创建一个可以包含在一个视图布局中的基本摄像头预览类。这个类实现了 SurfaceHolder.Callback，以捕捉创建和销毁的回调事件，这个功能是分配摄像头预览输入所需要的。代码如下：

```
/** 一个基本的摄像头预览类 */
public class CameraPreview extends SurfaceView implements SurfaceHolder.Callback {
    private SurfaceHolder mHolder;
    private Camera mCamera;
    public CameraPreview(Context context, Camera camera) {
        super(context);
        mCamera = camera;
    // 安装一个 SurfaceHolder.Callback 以便在潜在的界面创建和注销时得到通知
    mHolder = getHolder();
        mHolder.addCallback(this);
        // 过时的设置，但 Android3.0 以前的版本需要
        mHolder.setType(SurfaceHolder.SURFACE_TYPE_PUSH_BUFFERS);
    }
    public void surfaceCreated(SurfaceHolder holder) {
        // 界面已创建，告诉摄像头把预览绘制在哪儿
        try {
            mCamera.setPreviewDisplay(holder);
```

```
                mCamera.startPreview();
            } catch (IOException e) {
                Log.d(TAG, "Error setting camera preview: " + e.getMessage());
            }
        }
        public void surfaceDestroyed(SurfaceHolder holder) {
            // 空的。注意在活动中释放摄像头预览
        }
        public void surfaceChanged(SurfaceHolder holder, int format, int w, int h) {
            // 如果你的预览能够变化或旋转，注意这里的事件
            // 确认在变化尺寸和重新格式化前停止预览
            if (mHolder.getSurface() == null){
              // 预览界面不存在
              return;
            }
            // 变化前停止预览
            try {
                mCamera.stopPreview();
            } catch (Exception e){
              // 忽略: 试图停止一个不存在的预览
            }
            // 设置预览尺寸，并在这里实现任何尺寸调整、旋转和重新格式化
            // 按新的设置启动预览
            try
            {
                mCamera.setPreviewDisplay(mHolder);
                mCamera.startPreview();
            } catch (Exception e){
                Log.d(TAG, "Error starting camera preview: " + e.getMessage());
            }
        }
    }
```

如果想将摄像头预览设置为一个特定的大小，应在 surfaceChanged()方法中进行设置。设置预览尺寸时，必须使用从 getSupportedPreviewSizes()得到的值，不要在 setPreviewSize()中随便设置值。

5. 在布局中放置预览

一个摄像头预览类必须放置在一个活动的且有其他用户界面控件的布局中才能拍摄照片或视频。下面的代码实现了一个基本的视图，用于显示摄像头预览。在这个例子中，

FrameLayout 的元素是摄像头预览类的容器，这种布局类型是用来使摄像头的实时预览图像上额外的图像信息或控制按钮可以被覆盖。代码如下：

```
<?xml version="1.0" encoding="utf-8"?>
<LinearLayout xmlns:android="http://schemas.android.com/apk/res/android"
    android:orientation="horizontal"
    android:layout_width="fill_parent"
    android:layout_height="fill_parent"
    >
  <FrameLayout
    android:id="@+id/camera_preview"
    android:layout_width="fill_parent"
    android:layout_height="fill_parent"
    android:layout_weight="1"
    />
  <Button
    android:id="@+id/button_capture"
    android:text="Capture"
    android:layout_width="wrap_content"
    android:layout_height="wrap_content"
    android:layout_gravity="center"
    />
</LinearLayout>
```

大多数设备摄像头预览的默认方向是横屏的，这个例子的布局指定为水平，下面的代码把应用程序的方向固定为横向。为了简化摄像头预览渲染，应该通过添加以下代码到 Manifest.xml 文件，把应用程序的预览活动方向定为横向。代码如下：

```
<activity android:name=".CameraActivity"
          android:label="@string/app_name"
          android:screenOrientation="landscape">
          <!--设置该活动为横向 -->
          <intent-filter>
        <action android:name="android.intent.action.MAIN" />
        <category android:name="android.intent.category.LAUNCHER" />
    </intent-filter>
</activity>
```

摄像头预览并非只能是横向模式，从 Android 2.2(API 等级 8)开始，可以使用 setDisplayOrientation()方法来设置预览图像的旋转。为了在用户手机方向改变时使用预览类的 surfaceChanged()方法改变预览方向，首先要用 Camera.stopPreview()方法来停止预览，然后再用 Camera.startPreview( )来开始预览。

摄像头视图活动中，应添加自己的预览类到上面例子中所示的 FrameLayout 元素中。还必须确保当它被暂停或关闭时，摄像头活动释放摄像头。下面的例子演示了如何修改摄像头的活动，以满足创建预览类的需要。代码如下：

```
public class CameraActivity extends Activity {
    private Camera mCamera;
    private CameraPreview mPreview;
    @Override
    public void onCreate(Bundle savedInstanceState) {
        super.onCreate(savedInstanceState);
        setContentView(R.layout.main);
        // 创建一个摄像头实例
        mCamera = getCameraInstance();
        // 创建预览视图并设置为活动的内容
        mPreview = new CameraPreview(this, mCamera);
        FrameLayout preview = (FrameLayout) findViewById(R.id.camera_preview);
        preview.addView(mPreview);
    }
}
```

6. 拍摄图片

一旦已经建立了一个预览类和一个显示它的布局视图，就可以通过应用程序开始拍摄照片了。在程序代码中，必须为用户界面控制设置监听器，以响应用户拍摄照片的操作。要获取一张照片，需要使用 Camera.takePicture()方法。这个方法利用三个参数从摄像头接收数据。要接收 JPEG 格式的数据，必须使用Camera.PictureCallback接口接收图像数据，并将其写入一个文件中。下面的代码显示了一个Camera.PictureCallback接口基本的实现，它保存了从摄像头接收到的图像。代码如下：

```
private PictureCallback mPicture = new PictureCallback() {
    @Override
    public void onPictureTaken(byte[] data, Camera camera) {
        File pictureFile = getOutputMediaFile(MEDIA_TYPE_IMAGE);
        if (pictureFile == null){
            Log.d(TAG, "Error creating media file, check storage permissions: " +
                e.getMessage());
            return;
        }
        try {
            FileOutputStream fos = new FileOutputStream(pictureFile);
            fos.write(data);
            fos.close();
```

```
            } catch (FileNotFoundException e) {
                Log.d(TAG, "File not found: " + e.getMessage());
            } catch (IOException e) {
                Log.d(TAG, "Error accessing file: " + e.getMessage());
            }
        }
    };
```

通过调用Camera.takePicture()方法来触发照片拍摄。下面的示例代码显示了如何通过一个按钮的View.OnClickListener调用此方法。代码如下：

```
    // 为拍摄按钮添加一个监听器
    Button captureButton = (Button) findViewById(id.button_capture);
    captureButton.setOnClickListener(
        new View.OnClickListener() {
            @Override
            public void onClick(View v) {
                // 从摄像头得到一个图像
                mCamera.takePicture(null, null, mPicture);
            }
        }
    );
```

当应用程序使用完摄像头后，要及时调用Camera.release()来释放摄像头对象。

7. 拍摄视频

采用 Android 框架拍摄视频需要仔细管理摄像头对象并使之与 MediaRecorder 类协调。当用摄像头录制视频时，必须管理 Camera.lock() 和 Camera.unlock() 调用以允许 MediaRecorder 访问摄像头硬件。此外，还要管理 Camera.open()和 Camera.release()调用。从 Android 4.0 (API 等级 14)开始，Camera.lock() 和 Camera.unlock()改为自动管理。

与拍摄照片不同，拍摄视频需要很特殊的调用次序，必须按照一个特殊的次序执行，才能使应用程序成功地准备和拍摄视频，其过程如下：

(1) 打开摄像头。使用 Camera.open()得到摄像头对象的实例。

(2) 连接预览。通过 Camera.setPreviewDisplay()把 SurfaceView 与摄像头连接起来，从而准备一个摄像头实时图像预览。

(3) 调用 Camera.startPreview()，开始显示摄像头实时图像。

(4) 开始录制视频。为了成功录制视频，必须完成下面的步骤：

① 解锁摄像头。调用 Camera.unlock()为 MediaRecorder 的使用解锁摄像头。

② 配置 MediaRecorder。按次序调用以下 MediaRecorder 方法：

a. setCamera()：设置拍摄视频的摄像头，使用应用程序中运行的摄像头实例。

b. setAudioSource()：使用 MediaRecorder.AudioSource.CAMCORDER 设置音频源。

c. setVideoSource()：使用 MediaRecorder.VideoSource.CAMERA 设置视频源。

d. 设置视频输出的格式和编码，对 Android 2.2(API 等级 8)及更高平台，使用 MediaRecorder.setProfile()方法，并用 CamcorderProfile.get()获得一个 profile instance using。对于 Android 2.2 以前的版本，必须设置视频输出的格式和编码参数：

- setOutputFormat()：设置输出格式，指定为默认设置或 MediaRecorder.OutputFormat.MPEG_4。
- setAudioEncoder()：设置音频编码类型，指定为默认设置或 MediaRecorder.AudioEncoder.AMR_NB。
- setVideoEncoder()：设置视频编码类型，指定为默认设置或 MediaRecorder.VideoEncoder.MPEG_4_SP。

e. setOutputFile()：设置输出文件，使用“保存媒体文件”一段例子中的 getOutputMediaFile(MEDIA_TYPE_VIDEO)。

f. setPreviewDisplay()：为应用程序指定界面布局元素，使用与指定的连接预览相同的对象。

③ 准备 MediaRecorder。通过调用 MediaRecorder.prepare()，按提供的设置准备 MediaRecorder。

④ 启动 MediaRecorder。调用 MediaRecorder.start() 开始录制视频。

(5) 停止录制视频。按以下顺序完成视频录制：

① 停止 MediaRecorder。调用 MediaRecorder.stop()停止录制视频。

② 重新设置 MediaRecorder。可选用 callingMediaRecorder.reset()清除设置。

③ 释放 MediaRecorder。调用 MediaRecorder.release()释放 MediaRecorder。

④ 锁定摄像头。锁定摄像头以便将来 MediaRecorder 会话可以通过调用 Camera.lock()来使用它。从 Android 4.0 (API 等级 14)开始，除非调用 MediaRecorder.prepare()失败，否则不再需要这个调用。

(6) 停止预览。当使用摄像头的活动结束时，使用 Camera.stopPreview()停止预览。

(7) 释放摄像头。释放摄像头以便其他应用程序可以通过调用 Camera.release()来使用它。

注意：使用 MediaRecorder 无需先创建一个摄像头预览或者跳过这个过程的前几个步骤都是有可能的。如果应用程序通常用于录制视频，开始预览前设置 setRecordingHint (boolean)为“true”，此设置可以减少开始录制所花费的时间。

8．配置 MediaRecorder

当使用 MediaRecorder 类来录制视频时，必须按指定的顺序执行配置步骤，然后调用 MediaRecorder.prepare()方法来检查和实施配置。下面的代码示例演示了如何为视频录制正确配置并准备 MediaRecorder 类。代码如下：

```
private boolean prepareVideoRecorder(){
    mCamera = getCameraInstance();
    mMediaRecorder = new MediaRecorder();
    // 第一步：解锁并把摄像头设置为 MediaRecorder
    mCamera.unlock();
```

```
        mMediaRecorder.setCamera(mCamera);
        // 第二步：设置源
        mMediaRecorder.setAudioSource(MediaRecorder.AudioSource.CAMCORDER);
      mMediaRecorder.setVideoSource(MediaRecorder.VideoSource.CAMERA);
        // 第三步：设置 CamcorderProfile (需要 API 等级 8 或更高)
    mMediaRecorder.setProfile(CamcorderProfile.get(CamcorderProfile.QUALITY_HIGH));
        // 第四步：设置输出文件
    mMediaRecorder.setOutputFile(getOutputMediaFile(MEDIA_TYPE_VIDEO).toString());
        // 第五步：设置预览输出
    mMediaRecorder.setPreviewDisplay(mPreview.getHolder().getSurface());
        // 第六步：准备配置 MediaRecorder
        try {
            mMediaRecorder.prepare();
        } catch (IllegalStateException e) {
            Log.d(TAG, "IllegalStateException preparing MediaRecorder: " + e.getMessage());
            releaseMediaRecorder();
            return false;
        } catch (IOException e) {
            Log.d(TAG, "IOException preparing MediaRecorder: " + e.getMessage());
            releaseMediaRecorder();
            return false;
        }
        return true;
    }
```

在 Android 2.2(API 等级 8)以前的版本中，必须直接设置输出文件的格式和编码，而不是使用 CamcorderProfile。代码如下：

```
    // 第三步：设置输出文件的格式和编码(对 API 等级 8 以前的版本)
    mMediaRecorder.setOutputFormat(MediaRecorder.OutputFormat.MPEG_4);
    mMediaRecorder.setAudioEncoder(MediaRecorder.AudioEncoder.DEFAULT);
    mMediaRecorder.setVideoEncoder(MediaRecorder.VideoEncoder.DEFAULT);
```

有些 MediaRecorder 视频录制参数通常设置为默认，但是，也可能根据需要为应用程序调整这些参数的设置。这些参数如下：

- setVideoEncodingBitRate()
- setVideoSize()
- setVideoFrameRate()
- setAudioEncodingBitRate()
- setAudioChannels()
- setAudioSamplingRate()

9．启动和停止 MediaRecorder

当使用 MediaRecorder 类来启动和停止视频录制时，必须按照以下特定的顺序：

(1) 使用 Camera.unlock()解锁摄像头；

(2) 按上面的示例代码配置 MediaRecorder；

(3) 使用 MediaRecorder.start()启动视频录制；

(4) 录制视频；

(5) 使用 MediaRecorder.stop()停止视频录制；

(6) 使用 MediaRecorder.release()释放 MediaRecorder；

(7) 使用 Camera.lock()锁定摄像头。

下面的示例代码演示了使用摄像头和 MediaRecorder 类时，如何连接一个按钮来启动和停止视频录制。注意在完成视频录制时，不要释放摄像头，否则预览将停止。

```
private boolean isRecording = false;
// 为拍摄按钮添加一个监听器
Button captureButton = (Button) findViewById(id.button_capture);
captureButton.setOnClickListener(
    new View.OnClickListener() {
        @Override
        public void onClick(View v) {
            if (isRecording) {
                // 停止录制，释放摄像头
                mMediaRecorder.stop();  //停止录制
                releaseMediaRecorder(); //释放 MediaRecorder 对象
                mCamera.lock();          //让摄像头从 MediaRecorder 返回
                // 告知用户录制已停止
                setCaptureButtonText("Capture");
                isRecording = false;
            } else {
                //初始化摄像头
                if (prepareVideoRecorder()) {
        // 摄像头已具备并解锁，MediaRecorder 准备好了，现在可以开始录制了
                    mMediaRecorder.start();
                    // 告知用户录制已开始
                    setCaptureButtonText("Stop");
                    isRecording = true;
                } else {
                    // 准备工作没有做好，释放摄像头
                    releaseMediaRecorder();
                    // 告知用户
```

```
                }
            }
        }
    }
);
```

在上述例子中，prepareVideoRecorder() 方法是指配置 MediaRecorder 一节中给出的示例代码。这种方法需要关注摄像头的锁定，配置和准备 MediaRecorder 实例。

10．释放摄像头

摄像头是设备上所有应用程序的共享资源。应用程序可以通过获得摄像头的一个实例来使用它。必须特别注意，当应用程序不再使用它或者出现停顿时，一定要释放摄像头。如果应用程序没有正确地释放摄像头，所有后续访问摄像头的尝试，包括来自当前应用程序的尝试，都将会失败，并且可能导致你自己的或其他应用程序被关闭。要释放摄像头对象的一个实例，可以使用 Camera.release()方法。代码如下：

```
public class CameraActivity extends Activity {
    private Camera mCamera;
    private SurfaceView mPreview;
    private MediaRecorder mMediaRecorder;
    ...
    @Override
    protected void onPause() {
        super.onPause();
        releaseMediaRecorder();           // 使用 MediaRecorder 前，先释放它
        releaseCamera();                  // 出现停顿时立即释放摄像头
    }
    private void releaseMediaRecorder(){
        if (mMediaRecorder != null) {
            mMediaRecorder.reset();       // 清除 MediaRecorder 配置
            mMediaRecorder.release();     // 释放 MediaRecorder 对象
            mMediaRecorder = null;
            mCamera.lock();               // 为后续用户锁定摄像头
        }
    }
    private void releaseCamera(){
        if (mCamera != null){
            mCamera.release();            // 为其他应用程序释放摄像头
            mCamera = null;
        }
    }
}
```

11．保存媒体文件

由用户创建的媒体文件，如图片和视频，应该被保存到外部存储设备(SD 卡)的目录中，以节省系统空间，并使用户在该设备之外能够访问这些文件。设备上有很多可能的目录位置可用来保存媒体文件，但作为一名开发人员，应该只考虑以下两个标准的位置：

(1) Environment.getExternalStoragePublicDirectory(Environment. DIRECTO RY_PICTURES)。此方法返回用于保存照片和视频的标准的、共享的和建议的位置。这个目录是共享的，所以其他应用程序可以很容易地发现、读取、更改和删除保存在此位置的文件。如果应用程序被用户卸载，保存到这个位置的媒体文件将不会被删除。为避免干扰用户现有的照片和视频，应该为应用程序的媒体文件在这个目录中创建一个子目录，如下面的代码示例所示。这种方法在 Android 2.2(API 等级 8)中已提供。

(2) Context.getExternalFilesDir(Environment.DIRECTORY_PICTURES)。该方法返回一个与应用程序关联的标准位置，用于保存照片和视频。如果应用程序被卸载，任何保存在此位置的文件将被删除。这个位置的文件安全不是强制的，其他应用程序可以读取，更改和删除它们。

下面的示例代码演示了如何为媒体文件创建一个文件或 URI 位置，当要使用 Intent 调用设备的摄像头或者建立一个摄像头应用时可以使用这种方法。代码如下：

```
private static File getOutputMediaFile(int type){
    // 为了安全, 应检查 SD 卡是否挂上
    // 这样做之前使用 Environment.getExternalStorageState()
    File mediaStorageDir = new File(Environment.getExternalStoragePublicDirectory(
              Environment.DIRECTORY_PICTURES), "MyCameraApp");
    // 如果要创建共享照片，这个位置要工作正常
    // 如果不存在，创建存储目录
    if (! mediaStorageDir.exists()){
        if (! mediaStorageDir.mkdirs()){
            Log.d("MyCameraApp", "failed to create directory");
            return null;
        }
    }
    // 创建媒体文件名称
    String timeStamp = new SimpleDateFormat("yyyyMMdd_HHmmss").format(new Date());
    File mediaFile;
    if (type == MEDIA_TYPE_IMAGE){
        mediaFile = new File(mediaStorageDir.getPath() + File.separator +
        "IMG_"+ timeStamp + ".jpg");
    } else if(type == MEDIA_TYPE_VIDEO) {
        mediaFile = new File(mediaStorageDir.getPath() + File.separator +
        "VID_"+ timeStamp + ".mp4");
    } else {
```

```
            return null;
        }

        return mediaFile;
    }
```

7.4　手机视频采集与上传实例

下面介绍一个通过手机进行视频采集和上传的实例。在该实例中，采用 3G 智能手机作为现场视频采集和 3G 互联网通信的工具，采集的视频上传至一台运行视频接收和显示程序的 PC 机。系统组网很简单，用智能手机连通互联网，而 PC 机在互联网上有一个合法的 IP 地址。再在手机上安装运行一个由 org.wanghai.CameraTest.GetIP 项目生成的 Android 手机端应用程序，同时在 PC 机上运行一个由 ImageServer.java 生成的服务器端程序。这组程序源代码来自 wanghai 的开源免费学习软件，下载网页为 http://www.linuxidc.com/Linux/2012-08/69412.htm。图 7-5 是 org.wanghai.CameraTest.GetIP 项目的浏览界面。该项目包含很多文件，但其中最关键的是 CameraTest.java 和 GetIP.java 两个源文件以及一个项目清单文件 AndroidManifest.xml。

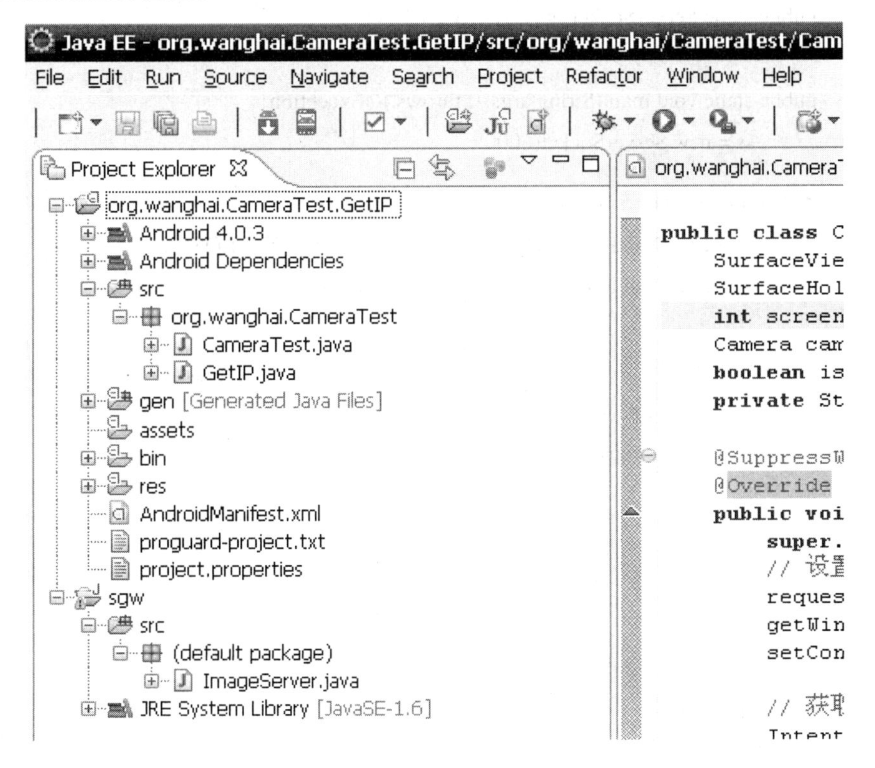

图 7-5　org.wanghai.CameraTest.GetIP 项目浏览界面

下面给出上述文件的源代码并对部分语句的功能做必要的解释和说明。

(1) 文件 ImageServer.java 的源代码如下：

```
/*
*    @version 1.2 2012-06-29
*    @author wanghai
*/
import java.awt.*;
import java.awt.event.ActionEvent;
import java.awt.event.ActionListener;
import java.io.*;

import javax.imageio.*;
import javax.swing.*;
import java.net.Socket;
import java.net.ServerSocket;

/**
*在服务器开启的情况下，启动客户端，创建套接字接收图像
*/

public class ImageServer {
    public static ServerSocket ss = null;

    public static void main(String args[]) throws IOException{
        ss = new ServerSocket(6000);

        final ImageFrame frame = new ImageFrame(ss);
        frame.setDefaultCloseOperation(JFrame.EXIT_ON_CLOSE);
        frame.setVisible(true);

       while(true){
            frame.panel.getimage();
            frame.repaint();
       }
    }

}
/**
    图像面板一个帧
*/
@SuppressWarnings("serial")
class ImageFrame extends JFrame{
```

```
    public ImagePanel panel;
    public JButton jb;

    public ImageFrame(ServerSocket ss){
        // 获取屏幕尺寸
        Toolkit kit = Toolkit.getDefaultToolkit();
        Dimension screenSize = kit.getScreenSize();
        int screenHeight = screenSize.height;
        int screenWidth = screenSize.width;

        // 屏幕中间的一帧
        setTitle("ImageTest");
        setLocation((screenWidth-DEFAULT_WIDTH)/2, (screenHeight-DEFAULT_HEIGHT)/2);
        setSize(DEFAULT_WIDTH, DEFAULT_HEIGHT);

        // add panel to frame
        this.getContentPane().setLayout(null);
        panel = new ImagePanel(ss);
        panel.setSize(640,480);
        panel.setLocation(0, 0);
        add(panel);
        jb = new JButton("拍照");
        jb.setBounds(0,480,640,50);
        add(jb);
        saveimage saveaction = new saveimage(ss);
        jb.addActionListener(saveaction);
    }

    public static final int DEFAULT_WIDTH = 640;
    public static final int DEFAULT_HEIGHT = 560;
}

@SuppressWarnings("serial")
class ImagePanel extends JPanel {
    private ServerSocket ss;
    private Image image;
    private InputStream ins;

    public ImagePanel(ServerSocket ss) {
        this.ss = ss;
    }
```

```
        public void getimage() throws IOException{
            Socket s = this.ss.accept();
            System.out.println("连接成功!");
            this.ins = s.getInputStream();
            this.image = ImageIO.read(ins);
            this.ins.close();
        }

        public void paintComponent(Graphics g){
            super.paintComponent(g);
            if (image == null) return;
            g.drawImage(image, 0, 0, null);
        }

    }

    class saveimage implements ActionListener {
        RandomAccessFile inFile = null;
        byte byteBuffer[] = new byte[1024];
        InputStream ins;
        private ServerSocket ss;

        public saveimage(ServerSocket ss){
            this.ss = ss;
        }

        public void actionPerformed(ActionEvent event){
            try {
                Socket s = ss.accept();
                ins = s.getInputStream();

                // 文件选择器以当前的目录打开
                JFileChooser jfc = new JFileChooser(".");
                jfc.showSaveDialog(new javax.swing.JFrame());

                // 获取当前的选择文件引用
                File savedFile = jfc.getSelectedFile();

                // 已经选择了文件
                if (savedFile != null) {
                    // 读取文件的数据，可以每次以快的方式读取数据
                    try {
                        inFile = new RandomAccessFile(savedFile, "rw");
```

```
                } catch (FileNotFoundException e) {
                    e.printStackTrace();
                }
            int amount;
            while ((amount = ins.read(byteBuffer)) != -1) {
                inFile.write(byteBuffer, 0, amount);
            }
            inFile.close();
            ins.close();
            s.close();
            javax.swing.JOptionPane.showMessageDialog(new javax.swing.JFrame(),
                    "已经保存成功", "提示!", javax.swing.JOptionPane.PLAIN_MESSAGE);
        } catch (IOException e) {
            e.printStackTrace();
        }
    }
}
```

(2) 文件 CameraTest.java 的源代码如下：

```
package org.wanghai.CameraTest;

import java.io.ByteArrayInputStream;
import java.io.ByteArrayOutputStream;
import java.io.IOException;
import java.io.OutputStream;
import java.net.Socket;

import android.app.Activity;
import android.content.Intent;
import android.graphics.ImageFormat;
import android.graphics.Rect;
import android.graphics.YuvImage;
import android.hardware.Camera;
import android.hardware.Camera.Size;
import android.os.Bundle;
import android.util.Log;
import android.view.SurfaceHolder;
import android.view.SurfaceHolder.Callback;
import android.view.SurfaceView;
import android.view.Window;
```

```
import android.view.WindowManager;

public class CameraTest extends Activity {
        SurfaceView sView;
        SurfaceHolder surfaceHolder;
        int screenWidth, screenHeight;
        Camera camera;                                  // 定义系统所用的摄像头
        boolean isPreview = false;                      // 是否在预览中
        private String ipname;

        @SuppressWarnings("deprecation")
        @Override
        public void onCreate(Bundle savedInstanceState) {
                super.onCreate(savedInstanceState);
                // 设置全屏
                requestWindowFeature(Window.FEATURE_NO_TITLE);

        getWindow().setFlags(WindowManager.LayoutParams.FLAG_FULLSCREEN,WindowManag
er.LayoutParams.FLAG_FULLSCREEN);
                setContentView(R.layout.main);

                // 获取 IP 地址
                Intent intent = getIntent();
                Bundle data = intent.getExtras();
                ipname = data.getString("ipname");

                screenWidth = 640;
                screenHeight = 480;
                sView = (SurfaceView) findViewById(R.id.sView); // 获取界面中 SurfaceView 组件
                surfaceHolder = sView.getHolder();              // 获得 SurfaceView 的 SurfaceHolder
                // 为 surfaceHolder 添加一个回调监听器
                surfaceHolder.addCallback(new Callback() {
                        @Override
                        public void surfaceChanged(SurfaceHolder holder, int format, int width,int height) {

                        }
                        @Override
                        public void surfaceCreated(SurfaceHolder holder) {
                                initCamera();                           // 打开摄像头
                        }
                        @Override
                        public void surfaceDestroyed(SurfaceHolder holder) {
```

```
                // 如果 camera 不为 null，释放摄像头
                if (camera != null) {
                    if (isPreview)
                        camera.stopPreview();
                    camera.release();
                    camera = null;
                }
                System.exit(0);
            }
        });
        // 设置该 SurfaceView 自己不维护缓冲
        surfaceHolder.setType(SurfaceHolder.SURFACE_TYPE_PUSH_BUFFERS);

    }

    private void initCamera() {
        if (!isPreview) {
            camera = Camera.open();
        }
        if (camera != null && !isPreview) {
            try{
            Camera.Parameters parameters = camera.getParameters();
                    // 设置预览照片的大小
                parameters.setPreviewSize(screenWidth, screenHeight);
                    // 每秒显示 20 帧~30 帧
                parameters.setPreviewFpsRange(20,30);
                    // 设置图片格式
                parameters.setPictureFormat(ImageFormat.NV21);
                    // 设置照片的大小
                parameters.setPictureSize(screenWidth, screenHeight);
                    // Android 2.3.3 以后不需要此行代码
                //camera.setParameters(parameters);
                    // 通过 SurfaceView 显示取景画面
                camera.setPreviewDisplay(surfaceHolder);
                camera.setPreviewCallback(new StreamIt(ipname));    // 设置回调的类
                camera.startPreview();                               // 开始预览
                camera.autoFocus(null);                              // 自动对焦
            } catch (Exception e) {
                e.printStackTrace();
            }
```

```
                isPreview = true;
            }
        }
    }

    class StreamIt implements Camera.PreviewCallback {
        private String ipname;
        public StreamIt(String ipname){
            this.ipname = ipname;
        }

        @Override
        public void onPreviewFrame(byte[] data, Camera camera) {
            Size size = camera.getParameters().getPreviewSize();
            try{
              //调用 image.compressToJpeg()将 YUV 格式图像数据 data 转为 jpg 格式
              YuvImage image = new YuvImage(data, ImageFormat.NV21,size.width,size.height, null);
              if(image!=null){
                    ByteArrayOutputStream outstream = new ByteArrayOutputStream();
                    image.compressToJpeg(new Rect(0, 0, size.width, size.height), 80, outstream);
                    outstream.flush();
                    //启用线程将图像数据发送出去
                    Thread th = new MyThread(outstream,ipname);
                    th.start();
              }
            }catch(Exception ex){
                Log.e("Sys","Error:"+ex.getMessage());
            }
        }
    }

    class MyThread extends Thread{
        private byte byteBuffer[] = new byte[1024];
        private OutputStream outsocket;
        private ByteArrayOutputStream myoutputstream;
        private String ipname;

        public MyThread(ByteArrayOutputStream myoutputstream,String ipname){
            this.myoutputstream = myoutputstream;
            this.ipname = ipname;
            try {
                myoutputstream.close();
```

```
            } catch (IOException e) {
                e.printStackTrace();
            }
        }

        public void run() {
            try{
                //将图像数据通过 Socket 发送出去
                Socket tempSocket = new Socket(ipname, 6000);
                outsocket = tempSocket.getOutputStream();
                ByteArrayInputStream inputstream=new ByteArrayInputStream(myoutputstream.
                    toByteArray());
                int amount;
                while ((amount = inputstream.read(byteBuffer)) != -1) {
                  outsocket.write(byteBuffer, 0, amount);
                }
                myoutputstream.flush();
                myoutputstream.close();
                tempSocket.close();
            } catch (IOException e) {
                e.printStackTrace();
            }
        }
    }
```

(3) 文件 GetIP.java 的源代码如下：

```
package org.wanghai.CameraTest;

import android.app.Activity;
import android.app.AlertDialog;
import android.app.AlertDialog.Builder;
import android.content.DialogInterface;
import android.content.DialogInterface.OnClickListener;
import android.content.Intent;
import android.os.Bundle;
import android.view.Window;
import android.view.WindowManager;
import android.widget.EditText;
import android.widget.TableLayout;

public class GetIP extends Activity {
    String ipname = null;
```

```
    @Override
    public void onCreate(Bundle savedInstanceState) {
        super.onCreate(savedInstanceState);
        // 设置全屏
        requestWindowFeature(Window.FEATURE_NO_TITLE);

    getWindow().setFlags(WindowManager.LayoutParams.FLAG_FULLSCREEN,WindowManag
er.LayoutParams.FLAG_FULLSCREEN);
        setContentView(R.layout.main);

        final Builder builder = new AlertDialog.Builder(this); //定义一个 AlertDialog.Builder
        builder.setTitle("登录服务器对话框");        // 设置对话框的标题
        TableLayout loginForm = (TableLayout)getLayoutInflater().inflate( R.layout.login, null);
        final EditText iptext = (EditText)loginForm.findViewById(R.id.ipedittext);
        builder.setView(loginForm);                  // 设置对话框显示的 View 对象
        // 为对话框设置一个“登录”按钮
        builder.setPositiveButton("登录"
            // 为按钮设置监听器
            new OnClickListener()
            {
                @Override
                public void onClick(DialogInterface dialog, int which) {
                    //此处可执行登录处理
                    ipname = iptext.getText().toString().trim();
                    Bundle data = new Bundle();
                    data.putString("ipname",ipname);
                    Intent intent = new Intent(GetIP.this,CameraTest.class);
                    intent.putExtras(data);
                    startActivity(intent);
                }
            });
        // 为对话框设置一个“取消”按钮
        builder.setNegativeButton("取消"
            new OnClickListener()
            {
                @Override
                public void onClick(DialogInterface dialog, int which)
                {
                    //取消登录，不做任何事情
                    System.exit(1);
```

```
                    }
                });
            //创建并显示对话框
            builder.create().show();
        }
    }
```

(4) 文件 AndroidManifest.xml 的源代码如下：

```
<?xml version="1.0" encoding="utf-8"?>
<manifest xmlns:android="http://schemas.android.com/apk/res/android"
    package="org.wanghai.CameraTest"
    android:versionCode="1"
    android:versionName="1.0" >

    <uses-sdk android:minSdkVersion="15" />

    <!-- 授予程序使用摄像头的权限 -->
    <uses-permission android:name="android.permission.CAMERA" />
    <uses-feature android:name="android.hardware.camera" />
    <uses-feature android:name="android.hardware.camera.autofocus" />
    <uses-permission android:name="android.permission.INTERNET"/>
    <uses-permission android:name="android.permission.KILL_BACKGROUND_PROCESSES"/>
    <uses-permission android:name="android.permission.RESTART_PACKAGES"/>

    <application
        android:icon="@drawable/ic_launcher"
        android:label="@string/app_name" >

        <activity
            android:name=".GetIP"
            android:screenOrientation="landscape"
            android:label="@string/app_name" >
            <intent-filter>
                <action android:name="android.intent.action.MAIN" />
                <category android:name="android.intent.category.LAUNCHER" />
            </intent-filter>
        </activity>
        <activity
            android:name=".CameraTest"
            android:screenOrientation="landscape"
            android:label="@string/app_name" >
        </activity>
```

```
    </application>
</manifest>
```

为了增加对该实例的理解，建议读者不妨搭建实际环境，对程序进行调测和试运行，具体可按以下步骤进行：

第一步，新建 Android 应用项目，把手机端源代码导入开发环境，进行编译调测。由于开发包版本和手机的 Android 版本存在差异，编译中可能会出现一些异常或错误，可能需要读者进行小规模的修改。

第二步，新建 Java 应用项目，对服务器端程序进行编译调测。

第三步，安装并启动手机端程序，登录界面如图 7-6 所示。

图 7-6　手机端程序登录界面

第四步，检查 PC 机与互联网的连接情况，读取其 IP 地址。然后，在 PC 机上启动服务器端程序，使其处于监听状态，等待手机端程序发起连接并传输视频数据。

第五步，在输入框中填入服务器端 IP 地址，然后点击“登录”按钮，开始摄像和上传。这时，摄像头开始摄像，并把视频显示在屏幕上，如图 7-7 所示。

图 7-7　手机端实时视频监控图像

第六步，观察 PC 机上的服务器程序，PC 机上会很快出现和手机屏幕上同样的视频，如图 7-8 所示。

图 7-8　PC 端实时视频监控图像

至此，这个试验和演示过程就完成了。接下来，读者可以根据该系统实际的运行和相关的功能，进一步分析和学习源代码。

7.5　手机视频播放实例

上一节介绍了如何用手机进行视频的采集和上传，这个技术主要用于把手机作为前端视频采集系统的主要设备的场合。如果要用手机对远程视频进行监控，或者浏览服务器端的视频文件，还要用到视频播放技术。Android 系统的内置播放器 VideoView 支持流媒体的播放。其中，MediaController 可对视频播放进行进度控制、暂停、播放等操作。下面的代码演示了如何用手机来播放网络上一个视频文件，读者可以把视频文件地址 http://192.168.0.1/my.mp4 换成自己能找到的视频文件所在的网络地址。代码如下：

```
// 流媒体地址
String rtspUrl = "http://117.27.144.51/12-09/1357219407.mp4";
// 实例化一个播放器
VideoView mVideoView.setVideoURI(Uri.parse(rtspUrl));
// 开始播放
mVideoView.start();
```

具体的代码如下：

1. AndroidManifest.xml

```
<manifest xmlns:android="http://schemas.android.com/apk/res/android"
    package="com.example.media"
    android:versionCode="1"
```

```
        android:versionName="1.0" >

        <uses-sdk
            android:minSdkVersion="8"
            android:targetSdkVersion="15" />

        <application
            android:icon="@drawable/ic_launcher"
            android:label="@string/app_name" >
            <activity
                android:name=".MainActivity"
                android:label="@string/title_activity_main"     android:screenOrientation="landscape"
android:theme="@android:style/Theme.Black.NoTitleBar">
                <intent-filter>
                    <action android:name="android.intent.action.MAIN" />
                    <category android:name="android.intent.category.LAUNCHER" />
                </intent-filter>
            </activity>
        </application>

        <uses-permission android:name="android.permission.INTERNET" />

    </manifest>
```

2. MainActivity.java

```
    package com.example.media;
    import android.app.Activity;
    import android.content.DialogInterface;
    import android.media.MediaPlayer;
    import android.net.Uri;
    import android.os.Bundle;
    import android.view.View;
    import android.view.View.OnClickListener;
    import android.widget.MediaController;
    import android.widget.Toast;
    import android.widget.VideoView;
    /**
     * <p>Title: 在线流媒体播放</p>
     * <p>Description: </p>
     * <p>@author: caijj              </p>
     * <p>Copyright: Copyright (c) 2012    </p>
     * <p>Create Time: 2012-9-7          </p>
```

```
 */
public class MainActivity extends Activity {
    private VideoView mVideoView;                // 播放器
    private MediaController mMediaController;   // 播放控制

    private String rtspUrl = "http://117.27.144.51/12-09/1346657219407.mp4";

    @Override
    public void onCreate(Bundle savedInstanceState) {
        super.onCreate(savedInstanceState);
        setContentView(R.layout.activity_main);

        mVideoView = (VideoView) findViewById(R.id.videoView);
        mVideoView.setVideoURI(Uri.parse(rtspUrl));
        // 设置播放监听
        findViewById(R.id.play).setOnClickListener(new OnClickListener() {
            @Override
            public void onClick(View v) {
                mVideoView.start();
            }
        });
        // 设置暂停监听
        findViewById(R.id.stop).setOnClickListener(new OnClickListener() {
            @Override
            public void onClick(View v) {
                mVideoView.pause();
            }
        });
        // init videoview
        mMediaController = new MediaController(this);
        mVideoView.setMediaController(mMediaController);
        mVideoView.requestFocus();
        mVideoView.setOnPreparedListener(new OnPreparedListener());
        mVideoView.setOnErrorListener(new OnErrorListener());
        mVideoView.setOnCompletionListener(new OnCompletionListener());

    }
    private class OnPreparedListener implements android.media.MediaPlayer.OnPreparedListener {
        @Override
        public void onPrepared(MediaPlayer mp) {
            mp.setLooping(false); // 不循环
```

```
                mp.setScreenOnWhilePlaying(true);
            }
        }
        // 视频播放异常，弹出提示框
        private class OnErrorListener implements android.media.MediaPlayer.OnErrorListener {
            @Override
            public boolean onError(MediaPlayer mp, int what, int extra) {
                Alert.showMessage(MainActivity.this, "对不起，无法获取该视频内容。", new
DialogInterface.OnClickListener() {
                    @Override
                    public void onClick(DialogInterface dialog, int which) {
                        finish();
                    }
                });
                return true;
            }
        }

        // 视频播放结束
        private class OnCompletionListener implements android.media.MediaPlayer. OnCompletionListener {
            @Override
            public void onCompletion(MediaPlayer mp) {
              Toast.makeText(MainActivity.this,"视频播放结束...",Toast.LENGTH_LONG).show();
                finish();
            }
        }
    }
```

3. Alert.java

```
    package com.example.media;

    import android.app.AlertDialog;
    import android.content.Context;
    import android.content.DialogInterface;

    public class Alert {
        public static AlertDialog showMessage(Context context, String sMessage,
                DialogInterface.OnClickListener listener) {
            AlertDialog alertDlg = new AlertDialog.Builder(context).create();
            alertDlg.setTitle("提示");
            alertDlg.setMessage(sMessage);
```

```
            DialogInterface.OnClickListener click = null;
            if (listener != null) {
                click = listener;
            } else {
                click = new DialogInterface.OnClickListener() {
                    public void onClick(DialogInterface iDlg, int which) {
                        iDlg.cancel();
                    }
                };
            }
            alertDlg.setButton("确定", click);
            alertDlg.show();
            return alertDlg;
        }
    }
```

思考与练习题

1. 什么是流媒体？流媒体有哪些特点？

2. 音视频压缩技术有哪几种？各自的原理是什么？

3. 流媒体缓存区能起到什么作用？

4. 在实际工程实践中，代表不同图像质量的图像格式有哪些？对应的分辨率和带宽需求分别是多少？

5. 移动视频监控系统适用的场合有哪些？它有哪些应用模式？

6. 实验：参考本章提供的实例，自己搭建开发环境，实现一个通过手机采集实时视频图像并通过 PC 机来实时播放的应用系统。

7. 思考如何实现通过一个手机采集实时视频图像并通过另一个手机进行实时播放？试给出主要设计思路。

第 8 章　物联网技术与应用

物联网是继计算机、互联网之后信息产业发展的第三次浪潮，它通过各种传感器和电子标签技术把互联网从 PC 或手机终端延伸到各种“物”的世界，使千千万万的各类设备有机连接起来，形成各种丰富多彩的智能化应用。

8.1　物联网概述

8.1.1　物联网的概念

物联网(Internet of Things，IoT)是物与物相连的网络。这有两层意思：其一，物联网的核心和基础仍然是互联网，物联网是在互联网的基础上延伸和扩展的网络；其二，其用户端延伸和扩展到了任何物品与物品之间。物联网通过智能感知、识别技术与普适计算等技术，广泛应用于众多领域。物联网是互联网的扩展，与其说物联网是网络，不如说物联网是业务和应用，应用创新是物联网发展的核心，以用户体验为核心的创新是物联网发展的灵魂。

国际电信联盟(ITU)对物联网做了如下定义：物联网是通过二维码识读设备、射频识别(RFID)装置、红外感应器、全球定位系统和激光扫描器等信息传感设备，按约定的协议，把任何物品与互联网相连接进行信息交换和通信，以实现智能化识别、定位、跟踪、监控和管理的一种网络。

物联网主要解决物品与物品(Thing to Thing，T2T)，人与物品 (Human to Thing，H2T)，人与人(Human to Human，H2H)之间的互连。但是，与传统互联网不同的是，H2T 是指人利用通用装置与物品之间的连接，从而使得物品连接更加简化；而 H2H 是指人与人之间不依赖于 PC 而进行的互连。因为互联网并没有考虑到对于任何物品连接的问题，故我们使用物联网来解决这个传统意义上的问题。有人在讨论物联网时，提出了一个 M2M 的概念，它可以解释为人与人(Man to Man)、人与机器(Man to Machine)、机器与机器(Machine to Machine)。从本质上而言，人与机器、机器与机器的交互，大部分是为了实现人与人之间的信息交互。

8.1.2　物联网体系结构

物联网作为一个网络系统，与其他网络一样，也有其内部特有的架构。物联网的体系结构如图 8-1 所示，自下而上分为感知层、网络层和应用层三个层次。也有人把物联网分为五个层级，即支撑层、感知层、传输层、平台层以及应用层。两种分层方式没有本质区别，只是后一种分得更细而已。

- 感知层：利用 RFID、传感器、二维码等感知设备随时随地获取物体的信息；
- 网络层：通过各种电信网络与互联网的融合，将物体的信息实时准确地传递出去；
- 应用层：对从感知层得到的信息进行处理，实现智能化识别、定位、跟踪、监控和管理等实际应用。

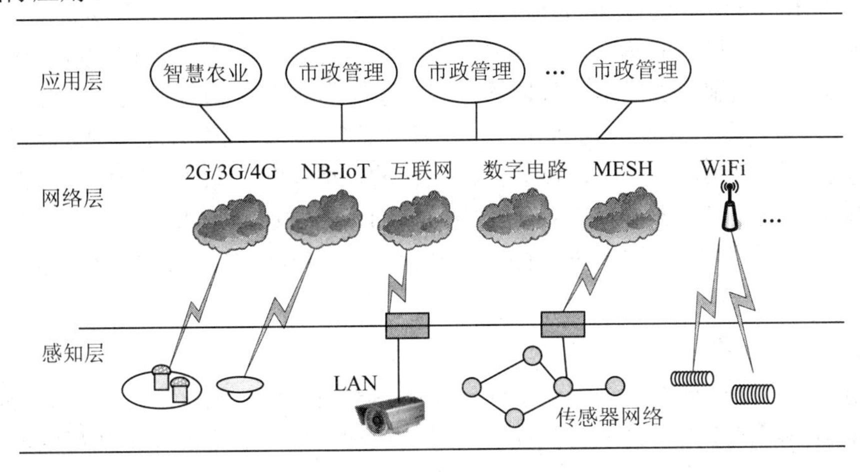

图 8-1　物联网体系结构

8.2　物联网关键技术

构成物联网的技术非常庞杂，物联网是一个结合了多种技术的复杂体系。限于篇幅，下面仅简要介绍其部分关键技术。

8.2.1　感知层主要技术

1. 传感器技术

国家标准 GB7665—87 对传感器下的定义是：“能够感受规定的被测量(信号)并按照一定的规律转换成可用输出信号的器件或装置，通常由敏感元件和转换元件组成”。这里所说的“可用输出信号”是指便于加工处理、便于传输利用的信号。传感器是一种检测装置，能测量监测对象信息，并转换为电信号或其他形式的信息输出，以满足信息的传输、处理、存储、显示、记录和控制等需要。传感器是实现自动检测和自动控制的首要环节，按其原理，主要分为物理传感器和化学传感器。

(1) 物理传感器。物理传感器应用的是物理效应，诸如压电效应，磁致伸缩现象，离化、极化、热电、光电、磁电等效应。被测信号量的微小变化都将转换成电信号。

(2) 化学传感器。化学传感器包括那些以化学吸附、电化学反应等现象为因果关系的传感器，被测信号量的微小变化也将转换成电信号。

大多数传感器是以物理原理为基础运作的。化学传感器技术问题较多，例如可靠性问题，规模生产的可能性，价格问题等，解决了这些难题，化学传感器的应用将会有巨大增长。

2．RFID 技术

1) RFID 的概念

射频识别(Radio Frequency Identification，RFID)是一种非接触式的自动识别技术，它通过射频信号自动识别目标对象并获取相关数据，识别工作无需人工干预，可工作于各种恶劣环境。具有射频识别功能的卡又称电子标签、感应卡、非接触卡、电子条码等。

RFID 技术可识别高速运动物体并可同时识别多个标签，操作方便快捷。短距离射频产品不怕油渍、灰尘污染等恶劣的环境，可在这样的环境中替代条码，例如用在工厂的流水线上跟踪物体。长距离射频产品多用于交通，识别距离可达几十米，如自动收费或识别车辆身份等。作为物联网感知层的重要技术，RFID 充当了让物品“开口应答”甚至“抢答”的角色。

2) RFID 的工作原理

无线电信号是通过调成无线电频率的电磁场，把数据从附着在物品上的标签传送出去，以自动辨识与追踪该物品。某些标签在识别时从识别器发出的电磁场中就可以得到能量，并不需要电池；也有标签本身拥有电源，且可以主动发出无线电波(调成无线电频率的电磁场)。标签包含了电子存储的信息，数米之内都可以识别。与条形码不同的是，射频标签不需要处在识别器“视线”之内，也可以嵌入被追踪物体中。

当电子标签进入磁场后，接收读卡器发出的射频信号，凭借感应电流所获得的能量发送出存储在芯片中的产品信息，或者由电子标签主动发送某一频率的信号，读卡器读取信息并解码后，送至中央信息系统进行有关数据处理。

从电子标签到阅读器之间的通信及能量感应方式来看，系统一般可以分成两类，即电感耦合(Inductive Coupling)系统和电磁反向散射耦合(Backscatter Coupling)系统。电感耦合通过空间高频交变磁场实现耦合，依据的是电磁感应定律；电磁反向散射耦合，即雷达原理模型，发射出去的电磁波碰到目标后反射，同时携带回目标信息，依据的是电磁波的空间传播规律。

3) RFID 的系统组成

在实际当中，RFID 技术通常利用射频信号及其空间耦合和传输特性，来对静止或移动物体进行自动识别。一个完整的 RFID 系统的硬件通常由电子标签、读写器、读写器天线、通信设施和计算机等组成。

(1) 电子标签是 RFID 系统的信息载体，目前电子标签大多是由耦合原件(线圈、微带天线等)和微芯片组成的无源单元，它是一个微型的无线收发装置，主要由内置天线和芯片组成。

(2) 读写器是 RFID 系统信息的控制和处理中心，分为“只读”和“读/写”两种。读卡器通常由耦合模块、收发模块、控制模块和接口单元组成。读卡器和电子标签之间一般采用半双工通信方式进行信息交换，同时读卡器通过耦合给无源电子标签提供能量和时序。

在实际应用中，可进一步通过以太网或 WLAN 等实现对物体识别信息的采集、处理及远程传送等功能。

(3) 读写器天线是一种以电磁波形式把前端射频信号功率接收或辐射出去的设备，是电路与空间的界面器件，用来实现导行波与自由空间波能量的转化。在 RFID 系统中，天线分为电子标签天线和读写器天线两大类，分别承担接收能量和发射能量的作用。

(4) 通信设施为不同的 RFID 系统管理提供安全通信连接，是 RFID 系统的重要组成部分。通信设施包括有线或无线网络和读写器或控制器与计算机连接的串行通信接口。

3. 嵌入式系统

嵌入式系统(Embedded System)，是一种“完全嵌入受控器件内部，为特定应用而设计的专用计算机系统”。根据英国电气工程师协会的定义，嵌入式系统是控制、监视或辅助设备、机器或用于工厂运作的设备。与个人计算机这样的通用计算机系统不同，嵌入式系统执行的通常是带有特定要求的预先定义的任务。由于嵌入式系统只针对一项特殊的任务，设计人员能够对它进行裁剪、优化，减小内存占用。

国内普遍认同的嵌入式系统定义为：以应用为中心，以计算机技术为基础，软硬件可裁剪，适应应用系统对功能、可靠性、成本、体积、功耗等严格要求的专用计算机系统。通常，嵌入式系统是一块控制程序存储在 ROM 中的嵌入式处理器控制板。事实上，所有带有数字接口的设备，如手表、微波炉、录像机、汽车等，都使用嵌入式系统。有些嵌入式系统还包含操作系统，但大多数嵌入式系统都是由单个程序实现整个控制逻辑。

嵌入式系统的出现最初是基于单片机的。20 世纪 70 年代单片机的出现，使得汽车、家电、工业机器、通信装置等成千上万种产品可以通过内嵌电子装置来获得更好的使用性能：更容易使用、更快、更便宜。这些装置已经初步具备了嵌入式的应用特点，但是这时的应用只是使用 8 位的芯片，执行一些单线程的程序，还谈不上“系统”的概念。最早的单片机是 Intel 公司的 8048，它出现在 1976 年。Motorola 同时推出了 68HC05，Zilog 公司推出了 Z80 系列。这些早期的单片机均含有 256 字节的 RAM、4K 的 ROM、4 个 8 位并口、1 个全双工串行口、两个 16 位定时器。80 年代初，Intel 又进一步完善了 8048，在它的基础上研制成功了 8051，这在单片机的历史上是值得纪念的一页。迄今为止，8051 系列单片机仍然是最为成功的单片机芯片，在各种产品中有着非常广泛的应用。

从 20 世纪 80 年代早期开始，嵌入式系统的程序员开始用商业级的“操作系统”编写嵌入式应用软件，这样可以获取更短的开发周期、更低的开发资金和更高的开发效率，“嵌入式系统”真正出现了。确切点说，这个时候的操作系统是一个实时核，这个实时核包含了许多传统操作系统的特征，包括任务管理、任务间通信、同步与相互排斥、中断支持、内存管理等功能。其中比较著名的有 Ready System 公司的 VRTX、Integrated System Incorporation(ISI)的 PSOS 和 IMG 的 VxWorks、QNX 公司的 QNX 等。这些嵌入式操作系统都具有嵌入式的典型特点：(1) 它们均采用占先式的调度，响应的时间很短，任务执行的时间可以确定；(2) 系统内核很小，具有可裁剪、可扩充和可移植的特性，可以移植到各种处理器上；(3) 较强的实时性和可靠性，适合嵌入式应用。这些嵌入式实时多任务操作系统的出现，使得应用开发人员得以从小范围的开发解放出来，同时也促使嵌入式有了更为广阔的应用空间。

90年代以后，随着对实时性要求的提高，软件规模不断上升，实时核逐渐发展为实时多任务操作系统(RTOS)，并作为一种软件平台逐步成为目前国际嵌入式系统的主流。这时候更多的公司看到了嵌入式系统的广阔发展前景，开始大力发展自己的嵌入式操作系统。除了上面几家老牌公司的操作系统以外，还出现了Palm OS，WinCE，嵌入式Linux，Lynx，Nucleux，以及国内的Hopen和Delta OS等嵌入式操作系统。

8.2.2 网络层主要技术

物联网网络层技术可以分为本地组网技术和广域组网技术。本地组网实现传感器信息到本地中心节点的网络连接，其主要技术包括WiFi、LAN、2G/3G/4G、NB-IoT、LoRa、ZigBee、Ad Hoc、Mesh等。

1. WiFi、LAN

WiFi是一种短程无线传输技术，其有效距离通常不超过100 m，当然也可以提高功率使传输距离更远。随着IEEE 802.11a及IEEE 802.11g等标准的相继出现，IEEE 802.11这个标准族已被统称为WiFi。当WiFi工作在2.4 GHz频段时，所支持的速度最高可达54 Mb/s。

能够访问WiFi网络的地方被称为WiFi热点。WiFi热点是通过在互联网连接上安装访问点来创建的。当一台支持WiFi的设备遇到一个热点时，这个设备就可以用无线方式连接到那个网络。

无线网络最基本的使用方式是一个无线网卡接入一台AP(Access Point，接入点设备)，配合既有的有线架构来分享网络资源，其架设费用和复杂程度远远低于传统的有线网络。如果只是几台电脑组成对等网，也可以不要AP，只需要每台电脑配备无线网卡即可。现在的智能手机也都配备了WiFi功能模块，在有WiFi热点的地方可以替代移动通信功能上网。

至于LAN，也就是通常我们在办公室、实验室等场合使用的局域网技术。原来局域网有很多种技术，包括以太网、令牌环网等，但目前以太网(Ethernet)已经成为局域网绝对的主流。以太网由Xerox公司创建并由Xerox、Intel和DEC公司联合开发，使用CSMA/CD(载波监听多路访问及冲突检测)技术，并以10 Mb/s的速率运行在多种类型的电缆上。以太网与IEEE 802.3系列标准相类似。以太网分为标准的以太网(10 Mb/s)、快速以太网(100 Mb/s)和10 G(10 Gb/s)以太网。

2. 互联网与2G/3G/4G

目前，互联网是世界上最庞大的网络，其覆盖范围从城市到农村，从办公室到家庭，从工厂到山林、江河。它为物联网的组建提供了最为强大的网络层支撑。物联网利用现有互联网作为网络层，能够方便实施和降低成本，特别是2G、3G、4G移动通信技术提供的互联网接入能力，更加方便了物联网的广域组网。

3. NB-IoT

NB-IoT(Narrow Band Internet of Things)即基于蜂窝的窄带物联网，是物联网领域一项非常热门的新兴技术。NB-IoT只消耗大约180 kHz的带宽，可直接部署于当前的移动通信网络，以降低部署成本、实现平滑升级。NB-IoT支持低功耗设备的数据连接，也被叫做低功耗广域网(LPWAN)。据说 NB-IoT 设备电池寿命可以提高至少 10 年，同时还能提供非常全面的室内蜂窝数据连接覆盖。

NB-IoT 具备四大特点：一是广覆盖，将提供改进的室内覆盖，在同样的频段下，NB-IoT 比现有的网络增益提高 20 dB，覆盖面积扩大 100 倍；二是具备支撑海量连接的能力，NB-IoT 一个扇区能够支持 10 万个连接，支持低延时敏感度、超低的设备成本、低设备功耗和优化的网络架构；三是更低功耗，NB-IoT 终端模块的待机时间可长达 10 年；四是更低的模块成本，企业预期的单个接连模块不超过 5 美元。

覆盖广、连接多、速率低、成本低、功耗低、架构优等特点，使 NB-IoT 拥有巨大的应用前景，如远程抄表、资产跟踪、智能停车、智慧农业等。目前，我国电信运营商已经开展了 NB-IoT 试点。

4. LoRa 技术

LoRa 是美国 Semtech 公司采用和推广的一种基于扩频技术的超远距离无线传输方案，作为低功耗广域网(LPWAN)的一种长距离通信技术，近些年受到越来越多的关注。

1) LoRa 及其特点、优势

许多传统的无线系统使用频移键控(FSK)调制作为物理层，因为它是一种实现低功耗的非常有效的调制方式。LoRa 基于线性调频扩频调制，它保持了与 FSK 调制相同的低功耗特性，但明显地增加了通信距离。LoRa 技术本身拥有超高的接收灵敏度(RSSI)和超高的信噪比(SNR)。此外，LoRa 使用跳频技术，通过伪随机码序列进行频移键控，使载波频率不断跳变而扩展频谱，防止定频干扰。目前，LoRa 主要在全球免费频段运行，包括 433 MHz、868 MHz、915 MHz 等。

LoRa 的最大特点是传输距离远、工作功耗低、组网节点多。LoRa 的技术特点与优势如表 8-1 所示。

表 8-1　LoRa 的技术特点与优势

特　　点	优　势
灵敏度为 −148 dBm 通信距离大于 15 km	远距离
基础设施成本低 使用网关/集中器扩展系统容量	易于建设和部署
电池寿命大于 5 年 接收电流为 10 mA，休眠电流小于 200 mA	延长电池寿命
免牌照的频段 节点/终端成本低	低成本

2) LoRa 组网

LoRa 通常采用星型组网方式。在网状网络中，个别终端节点转发其他节点的信息，以增加网络的覆盖范围。但是，这样虽然增加了范围，却也增加了复杂性，降低了网络容量，也降低了电池寿命，因为节点需要接收和转发来自其他节点的与其不相关的信息。当实现长距离连接时，长距离星型架构可以有效延长电池寿命。

如果把网关安装在现有移动通信基站的位置，且发射功率为 20 dBm(100 mW)，那么在高建筑密集的城市环境可以覆盖 2 km 左右，而在密度较低的郊区，覆盖范围可达 10 km。

5. ZigBee

ZigBee 是基于网络底层 IEEE 802.15.4 的短距离数据通信网络协议，主要用于距离短、功耗低且传输速率不高的各种电子设备之间进行数据传输，以及典型的有周期性数据、间歇性数据和低反应时间数据传输的应用。

ZigBee 具有以下特点：

(1) 自动组网，网络容量大。ZigBee 网络可容纳多达 65 000 个节点，网络中的任意节点之间都可以进行数据通信。网络有星状、片状和网状网结构。在有模块加入和撤出时，网络具有自动修复功能。

(2) 网络时延短。ZigBee 的响应速度较快，一般从睡眠状态转入工作状态只需 15 ms，节点连接进网络只需 30 ms，这进一步节省了电能。相比较而言，蓝牙连接网络需要 3～10 s，WiFi 需要约 3 s。

(3) 模块功耗低，通信速率低。模块具有较小的发送接收电流，支持多种睡眠模式。一个 10 A・h 的电池，在 ZigBee 水表中可使用 8 年。ZigBee 通信速度最高可达 250 kb/s，适合用于设备间的数据通信，但不太适合用于声音、图像的传输。

(4) 传输距离可扩展。以 DIGI 的 XBEE 增强型模块为例，相邻模块通信距离可达 1.6 km，有效距离范围内的模块可自动组网，网络中的各节点可自由通信。

(5) 成本低。ZigBee 模块工作于 2.4 GHz 全球免费频段，故只需要先期的模块费用，无需持续支付频段占用费用。

(6) 可靠性好，安全性高。ZigBee 具有可靠的发送和接收握手机制，可以保证数据的发送和接收的可靠性。另外，ZigBee 采用 AES 128 位密钥，可以保证数据传输的安全性。

6. Ad Hoc 与 Mesh

Ad Hoc 是为不固定位置的无线网络节点实现组网而设计的一种网络，它是一个由移动节点组成的临时的、多跳的、对等的自治系统。Ad Hoc 网络不需要固定基础设施支撑，不需要预先配置主机，能够在任何时间、任何地点快速组建一个无线通信网络；节点可以任意移动，网络拓扑结构动态变化；没有专用的固定基站或路由操作作为网络的管理中心，网络中每个节点都兼有主机和路由器的功能；节点间以对等的方式进行通信，具有高度的协作性；网络路由协议通常采用分布式控制方式，比中心结构的网络具有更强的鲁棒性和抗毁性等。由于无线 Ad Hoc 网络具有以上特点，因此组网灵活，在媒体会议、抢险、救灾、探险、军事行动及传感器网络等领域，具有十分广泛的应用前景。

Ad Hoc 也存在一个问题：网络节点的层次越高，对节点处理能力要求就越高，功率要求也就越大，移动性也就越低；反之，网络层次越低，对节点处理能力要求就越低，功率要求也就越低，而移动性也就越好。这个矛盾导致组成大型 AD Hoc 网络难度非常大，为了解决这个问题，从 AD Hoc 中分离出一种称为 Mesh 的技术，它具有频谱效率高、覆盖面广、可扩展性强和可靠性高等特点，弥补了 AD Hoc 的不足。

Mesh 网络与 Ad Hoc 网络的区别是：(1) Mesh 网络的节点一般是静止的，而 Ad Hoc 网络是由移动节点组成的无线分布式多跳网络，一般没有静止节点和设备；(2) Mesh 网络的拓扑结构比较稳定，一般只在节点接入和有干扰时有变化，而 Ad Hoc 网络的拓扑处于不定状态；(3) Mesh 旨在用户接入，而 Ad Hoc 的目的是实现用户之间的通信；(4) Mesh 用户数多，可以用于骨干网，稳定性、吞吐量较高，而 Ad Hoc 用户数少，采用比较快速的路由算法；(5) Mesh 的目的是组成一个异构的大网，而 Ad Hoc 的目的是组成可自由通信的小网，两者是互补关系，同时存在一定程度的重叠。

8.2.3　应用层主要技术

物联网应用层采用的技术主要有云计算技术、大数据技术、人工智能技术和虚拟现实技术。这些技术本书都有专门的章节介绍，下面仅就它们在物联网应用中的作用作一简要介绍。

1. 云计算技术

对于大型的物联网系统来说，云计算技术可以为整个系统的部署提供便利，降低部署的成本，可以方便地支持系统规模从小到大的弹性拓展。此外，由于云平台本身多部署在互联网核心节点位置，采用云平台作为物联网系统的中心平台，对于降低物联网数据的传输时延和丢包率也有着得天独厚的优势。

2. 大数据技术

有的物联网系统数据量很小，传统的数据库完全可以满足。有的物联网系统数据量巨大，比如一些云监控系统、现场实验数据采集系统等，有大量的数据需要进行存储和处理，这时就要采用大数据技术。

3. 人工智能技术

为了对物联网系统前端采集到的各类数据进行深度处理，从而实现更复杂、更智能的应用，人工智能技术则是不可或缺的。人工智能技术有各种复杂度不一的算法，如神经网络、混沌算法、深度学习等，能够协助人们从传感器采集的数据中发现新的规律，并做出更加智能化的决策。

4. 虚拟现实技术

从内容展示角度来看，虚拟现实技术是对传统展示技术的极大升级。借助虚拟现实提供的三维动态展示效果，可以对物联网应用的结果进行更具形象化和体验化地展示。

8.2.4　物联网安全技术

1. 物联网安全架构

物联网使人们的生活更加方便、快捷的同时，也不可避免地带来了一些安全问题。加之物联网体系结构的复杂性，使物联网的安全成为一个至关重要的问题。对应于物联网的三层结构，物联网安全架构也包含三个层面，如图 8-2 所示。

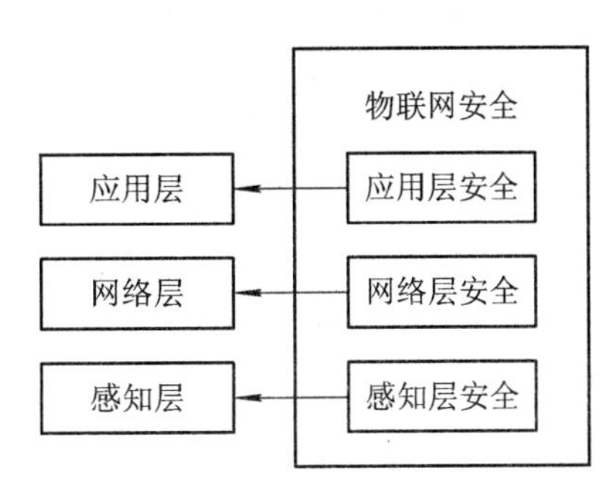

图 8-2　物联网安全架构

2. 物联网安全需求及对策

物联网中的很多应用都与我们的生活息息相关，如摄像头、智能恒温器等设备，通过它们对信息进行采集，可直接或间接地暴露用户的隐私信息。由于生产商缺乏安全意识，很多设备缺乏加密、认证、访问控制管理的安全措施，使得物联网中的数据很容易被窃取或非法访问，造成数据泄露。为此，需要采取以下措施：

(1) 提高隐私保护。隐私保护是物联网安全问题中应当注意的问题之一。

(2) 提高认证安全。物联网环境中的部分访问无认证或认证采用默认密码、弱密码，导致安全性降低。为此，在设计时应确保用户在首次使用系统时修改默认密码，尽可能使用双因素认证，对于敏感功能，需要再次进行认证等。作为用户，则应该提高安全意识，采用强密码并定期修改密码。

(3) 访问控制管理。未来的智能家庭安全将会是一个关注点，随着家庭中智能设备的增多，设备本身的访问控制并不足以抵抗日益复杂的网络攻击，如果设备本身存在漏洞，攻击者将可能绕过设备的认证环节。一个自然的思路是在网络的入口做统一的访问控制，只有认证的流量才能够访问内部的智能设备。

(4) 数据保护。物联网的数据泄露和篡改问题。比如基于修改的医疗数据，医疗服务提供者有可能错误地对患者进行诊断和治疗。因此，要加强对数据的保护，一个有效的手段是对数据进行有效的加密。

(5) 物理安全。部署在远端的缺乏物理安全控制的物联网资产有可能被盗窃或破坏。这个问题并非技术层面的问题，但应作为物联网安全管理的一部分进行规范，尽可能加入已有的物理安全防护措施。

(6) 设备维护。物联网设备的数量巨大使得常规的更新和维护操作面临挑战，因此，需要根据物联网实际组成，研究制定完善的维护保障体系。

8.3 物联网应用

8.3.1 物联网应用分类

物联网应用按照其用途，可以归结为三种基本模式：

1. 用于对象的身份识别、位置定位和管理

通过 RFID、二维码等技术标识特定的对象，识别设备通过对这些标识的识别，来实现对对象身份的识别。例如，在生活中我们使用的各种智能卡和条码标签，其基本用途就是用来获得对象的识别信息。此外，通过智能标签还可以获得对象物品所包含的扩展信息，如智能卡上的金额余额，二维码中所包含的网址和名称等。

2. 用于对现场环境进行监控

利用多种类型的传感器和分布广泛的传感器网络，实现对某个对象的实时状态的获取和特定对象行为的监控。比如使用分布在市区的各个噪音探头监测噪声污染；通过二氧化碳传感器监控大气中二氧化碳的浓度；通过 GPS 标签跟踪车辆位置；通过交通路口的摄像头捕捉实时交通流量等。

3. 用于对象的智能控制

物联网基于云计算平台和智能网络，可以依据传感器网络获取的数据进行决策，改变对象的行为，或进行控制和反馈。例如，根据光线的强弱调整路灯的亮度，根据车辆的流量自动调整红绿灯的时间间隔等。

8.3.2　物联网应用实例——家庭安防报警系统

大部分家庭都对家庭安防报警系统有强烈的需求。传统的报警系统产品多采用警铃或短信等传统报警方式，当警报发生时，通过声光报警或发送报警短信进行报警。虽然这类传统的报警系统具有成本低廉、结构简单、安全可靠的特点，但只能以短信和电话方式报警，误报率高、实用性差。本案例则通过 4G 网络，以短信和电话方式提醒用户，以远程视频方式来察看现场情况，以达到防盗防险双重作用。

1. 系统构成与功能

图 8-3 所示是家庭安防报警系统构成示意图。

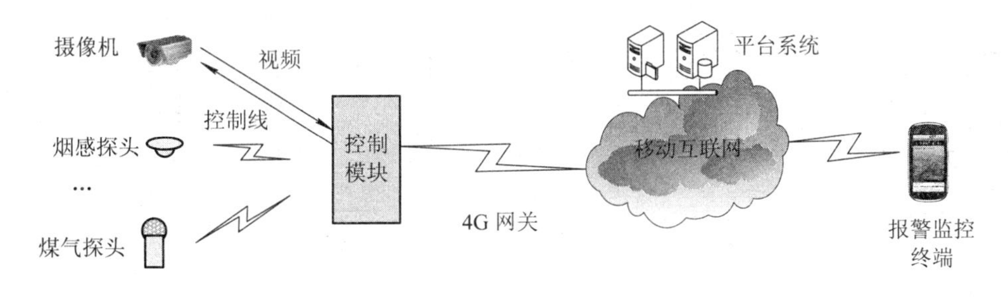

图 8-3　家庭安防报警系统构成示意图

前端子系统主要由报警监控主机以及摄像机、烟感探头、煤气泄漏检测探头等各种传感器组成。摄像机输出的视频信号为 PAL、NTSC 自动兼容制式，控制信号为 RS485 总线，连接到报警监控主机，其他传感器则以 ZigBee 方式与报警监控主机进行通信。报警监控主机接收各种传感信号并进行本地处理，满足设定条件时则向客户端发出短信和电话呼叫方式的报警信息，并能接收客户端指令对摄像机进行控制，向客户端传送实时监控视频。报警监控主机与 3G 网关的连接通过以太网方式实现。

客户端子系统是一部安装了安防报警系统客户端软件的智能手机，负责接收前端子系统的报警信息和向前端子系统发出视频监控指令用户可以通过指令控制摄像机的转动和调焦等动作，浏览实时监控视频，需要时可以拍照或存储录像。

平台系统的作用：一是实现对用户的管理，因为这个系统是面向家庭用户的，可以同时供很多用户使用；二是为前端子系统与客户端子系统的通信过程提供支持，因为从数据通信的角度，前端子系统与客户端子系统所获得的 IP 地址都是动态的，必须有一个具有固定 IP 地址的平台作为双方都能随时找到的中间人，以便获知每次工作时对方的 IP 地址。

2. 工作原理

家庭安防报警系统的工作原理如图 8-4 所示。该系统的主要工作流实际上是在传感器、报警主机、平台和客户端四个实体之间展开。移动互联网作为传输网络，各子系统的网络接口对于整个系统的工作流是透明的，并不需要专门考虑。

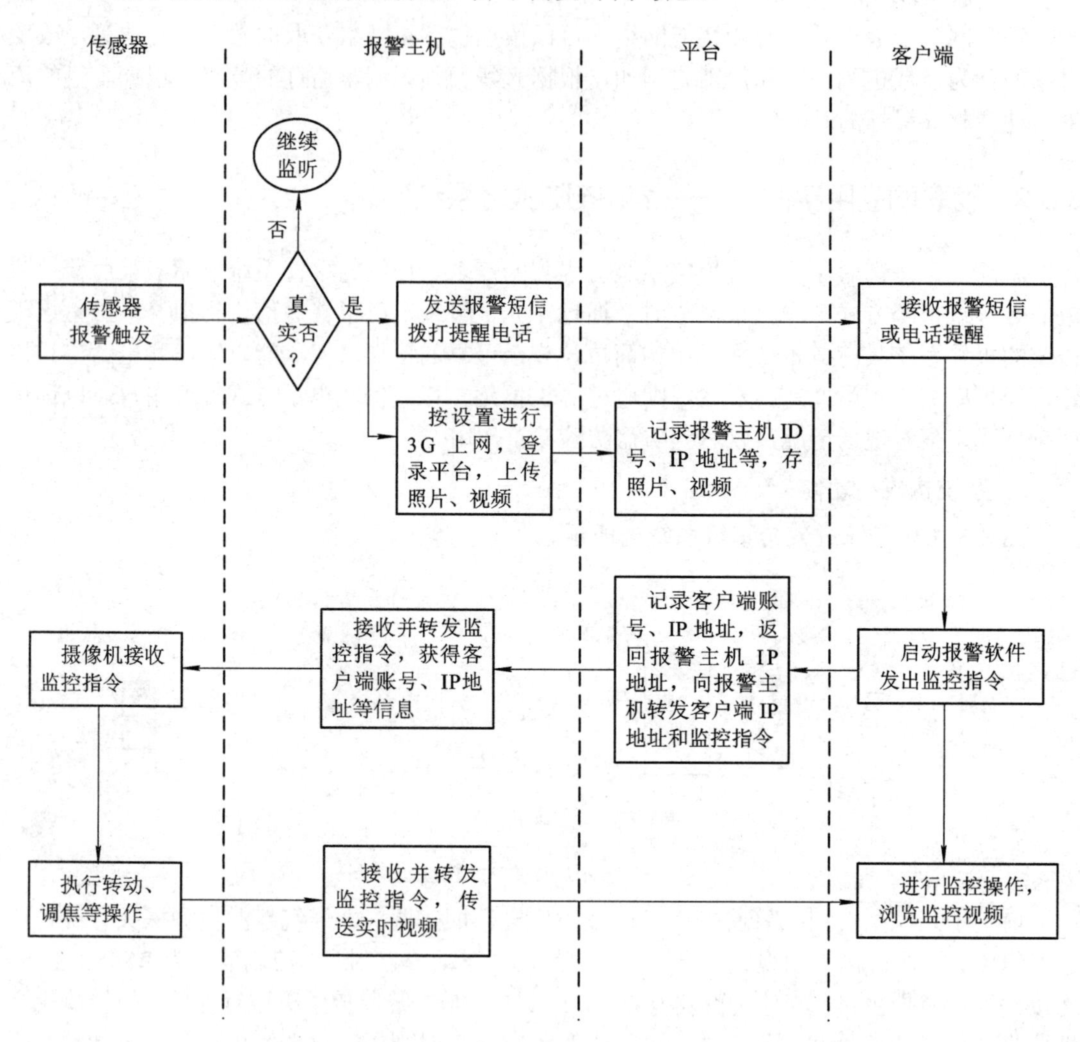

图 8-4　家庭安防报警系统的工作原理

3. 系统集成和开发工作

家庭安防报警系统的开发涉及系统集成和软件开发，对于一个实际项目来说，其工作量很大，这里不展开描述，仅对主要工作进行介绍。

1) 组网设计

组网设计包括网络结构设计、网络线路选择、线路带宽估算等。比如，在图 8-3 所示系统中，平台系统通过什么方式接入互联网？带宽多大？3G 线路选用哪一家电信运营商的网络？前端部分采用哪种无线传感网络技术？

2) 设备选型

系统中的报警主机、3G 网关、传感器等设备不可能自己开发，应根据需要从市场上购买，因此需要选择设备的品牌和型号。设备的功能和性能要满足系统的设计要求；设备的价格要合理，与同类型的其他厂家设备相比有竞争力；设备是否已经有过成功的实用案例，这比说明书更具可信性；设备厂家信誉、售后服务等也很重要，是设备能够长期使用的保证。如有必要，对关键设备或者自己没有把握的设备甚至可以先进行测试。

3) 系统软件选择

系统软件包括平台系统、客户端系统的操作系统、数据库、中间件等软件。这些软件也是购买现成的成熟软件，但也存在一个根据系统需要的选择过程。比如，如果想要服务器维护简单，可以选 Windows 作为操作系统；如果想要服务器的响应和负载性能好，可以选 Linux 作为操作系统。

4) 软件开发

软件开发是这类项目最核心的工作，当然如果是采用某个厂家成熟的软件，则只需要按照安装配置手册来安装就行了。但一般来说，由于很多用户对移动传感系统的需求个性化要求多，还是需要专门开发。采用的技术取决于开发者自身的特长和经验，设计步骤是典型的软件工程中提供的方法，从需求分析着手，再进行整体框架设计、流程图设计、数据库表设计，然后就是组织编代码、测试代码。

5) 联调

待平台系统软件、客户端软件初步设计完成后，就要把整个系统的软硬件和网络按设计安装、连接在一起，测试每一个功能的实现和性能情况，并根据测试结果对相关硬件的配置、系统软件的配置和参数设置进行修改，对平台系统和客户端系统的软件进行调整。

6) 试运行和优化

联调通过后，并不代表开发工作全部完成，还要进行试运行。因为很多软硬件存在的问题并不一定会马上暴露出来，需要有一定的条件。通过较长时间的试运行，为问题的暴露提供足够时间。对暴露出来的问题，要分析问题产生的原因，以便消除这些问题。需要注意的是，有时候不留意，在解决老问题的时候会带来新问题，因此要特别小心。

7) 正式运行

试运行只能尽可能地暴露问题，并不能百分之百暴露问题，因而即使进入正式运行期，也可能偶尔会出错，整个系统的运行过程都可能需要进行一些修改或优化。

8.3.3 物联网应用二——平安校园系统

物联网应用系统的开发涉及系统集成和软件开发等工作。系统集成主要针对系统中的硬件和系统软件。软件开发工作主要集中在应用平台软件的开发、用户终端软件的开发和感知层信息处理软件的开发。应用平台软件的开发、用户终端软件的开发与移动办公系统的开发并无二致，只有感知层信息处理软件的开发需要用到射频识别等物联网技术。

1. 系统构成与功能

一段时间以来，校园安全问题引起政府部门高度重视，各地相继采取了一系列措施，提升学生的安全监管手段。为了使家长和老师能及时掌握学生进出校情况，有关部门组织开发了一个基于物联网技术的城市平安校园系统。该系统成为对学生安全和迟到、旷课行为进行监护的有效手段。该系统采用先进的远距离射频识别、移动互联网和自动控制等技术，覆盖该城市所有区县、500所学校、几十万射频卡和学生用户，延伸到几十万学生家长，是物联网在国内大规模应用的一个实例。

系统总体结构如图8-5所示，按信息传递路径，自下而上依次为感知层、校级信息处理层、网络层、短信发布层，以及业务与管理平台。每所学校均有一台校级服务器，各自通过互联网VPN连接短信网关和业务与管理平台。

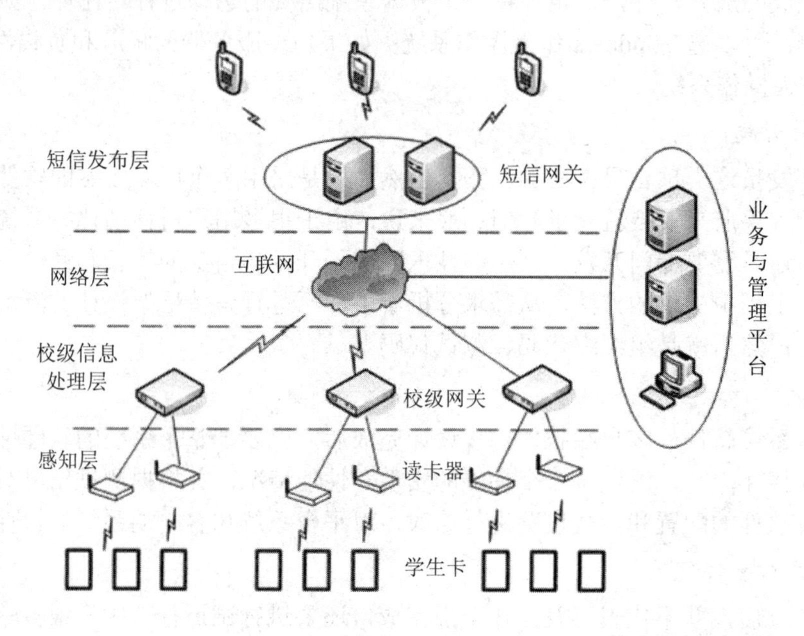

图8-5 平安校园系统示意图

系统的工作过程如下：当佩带有唯一号码射频卡的学生进出校门时，安装在校门通道的读卡器就会检测到射频卡的卡号等信息；校级服务器对读写器送来的信息按一定规则进行处理，判断学生进出，并根据卡号提取家长手机号码，向短信网关发送该学生几点几分进出学校的信息，再由短信网关向学生家长发送手机短信。

射频识别技术是一种利用射频信号通过交变电磁场空间耦合实现无接触信息传递，并通过所传递的信息达到识别目的的技术。该技术使用低频、高频、超高频等几个频段，其基本组成包括射频卡(电子标签)、读写器/天线、信息处理器等。读写器/天线接收来自射频卡的信号并由信息处理器针对不同的设定做出相应的处理和控制。射频识别技术的最大优点是其非接触性，适用于实现自动化且不易损坏，可识别高速运动物体；其次，可同时识别多个射频卡；最后，可以实现高速读写。这三个特点决定了射频识别技术非常适合用于学生进出校门识别，因为中小学学生进出校门的特点是上学、放学时间有大量学生集中通过校门，每个人主动去刷卡是不可行的。

网络层采用4G移动互联网和VPN专线，短信网关和业务与管理平台则通过光纤专线方式的专用通道接入网络。业务与管理平台是为平安校园系统进行学校和班级管理、学生资料录入与修改、群发短信编辑以及网络系统网管提供支撑的远程集中管理平台。该平台采用中间件技术，有与短信网关、校级服务器连接的接口，为学校老师、业务受理人员、网络与系统管理人员提供基于Web的操作界面。

2. 进出校门的识别原理

1) 识别算法

对学生进出校门的识别利用了校门通道概念。校门内外一片学生进出必经的区域一般是一个矩形，称这个矩形区域为校门通道。在校门通道内、外两侧安装读卡器/天线 *B* 和 *A*，分别覆盖校门通道内、外侧，且不能产生重叠，如图 8-6 所示。检测射频卡在校门通道外侧和内侧出现的时间先后，就可以判断学生是进入还是离开学校。

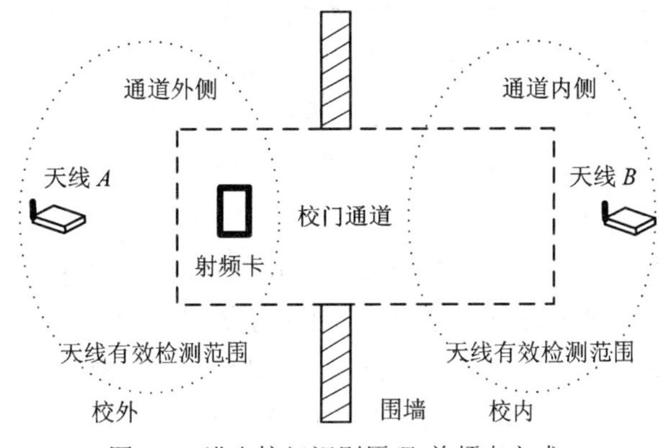

图 8-6　进出校门识别原理(单频点方式)

判断学生进出的基本规则是：

- *A* 接收到有效信号→*B* 接收到有效信号，判断为进门；
- *B* 接收到有效信号→*A* 接收到有效信号，判断为出门；
- *B* 在其覆盖范围内多次读到卡号，才认为是有效信号。

这个规则解决了理想状况下的进出识别，但还需要对多种异常情况进行处理，比如：

- 当学生携卡在 *A* 范围活动，而不进入 *B* 范围时，不做进出判断；
- 当学生携卡在 *A* 和 *B* 之间的混合区逗留时，不做进出判断；
- 当学生携卡从 *A* 和 *B* 之间的混合区离开，又回到 *A* 时，取消进校机制检测，不做进出判断；
- 当学生携卡进入到只有 *B* 的范围时，判断为学生进校。

2) 扁平型通道处理

实际中，有的校门通道宽度小而进深长(称为狭长型通道)，有的校门很宽且内外都是开阔区域(称为扁平型通道)，有的则介于两者之间。狭长型通道因通道内外两侧距离远，采用 2.4 GHz RFID 单频点定向天线，通过调整天线功率和接收信号阈值，可以较容易地实现 *A*、*B* 覆盖范围不重叠。

但对于扁平型通道，要使 *A*、*B* 天线覆盖范围不重叠则困难得多。西安平安校园系统采用双频点复合频率技术，发射频率 132 kHz、接收频率 2.4～2.5 GHz/315 MHz，以地埋感应线圈作为发射天线，有效解决了这一困难。

双频点方式如图 8-7 所示。在校门内外侧地面下 20 mm 处分别埋设一个与读卡器相连的感应线圈，线圈长度覆盖校门通道的宽度。工作时，当射频卡接近线圈时，线圈发出的低频信号激活射频卡，然后射频卡再发出超高频信号被读卡器的超高频天线接收。调整地埋线圈的信号强度，可以实现内外侧低频信号覆盖范围不重叠。

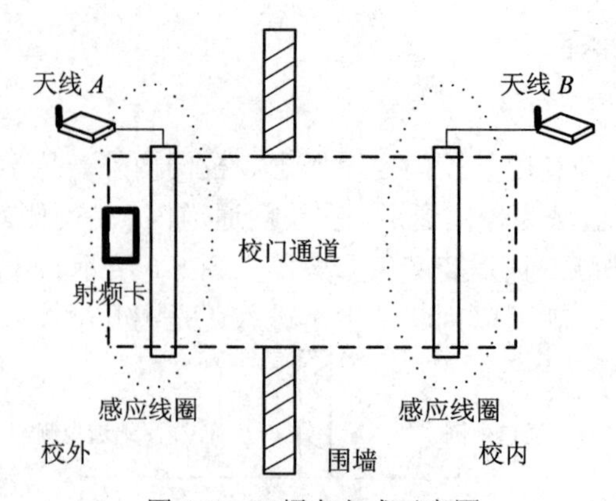

图 8-7 双频点方式示意图

3) 双频点复合频率技术

下面以某远距离射频识别系统产品为例说明双频点复合频率技术的原理。如图 8-8 所示，该系统产品由软件系统和硬件系统组成。其中，软件系统包括应用软件和嵌入式软件两部分组成，用于完成信息采集、识别、加工及其传输。硬件系统由发射天线、接收天线、天线调谐器、阅读器和射频卡组成，用于完成信息采集和识别。

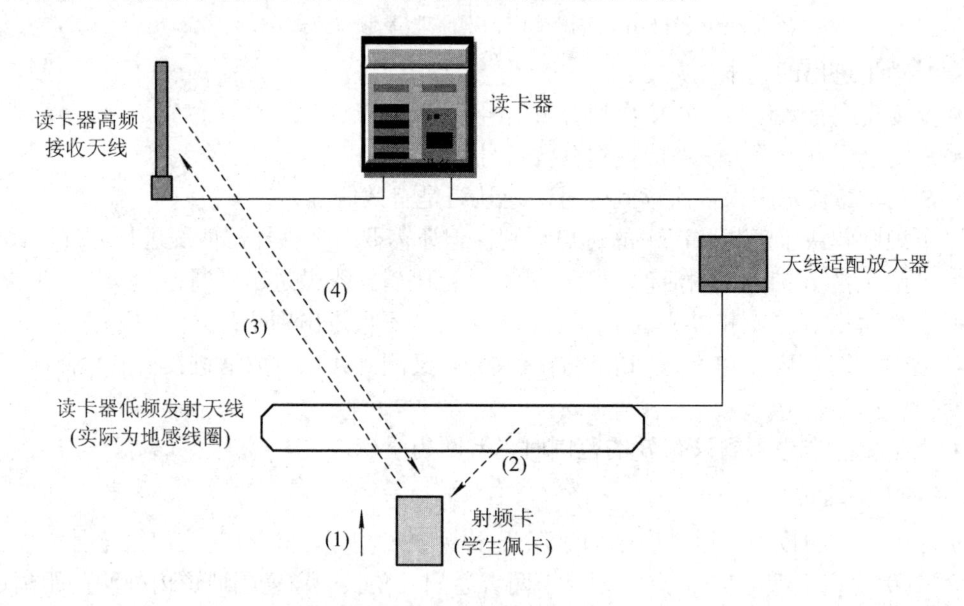

图 8-8 双频点复合频率方式示意图

双频点复合频率技术的工作过程如下：

(1) 读卡器不断向周围发送一组固定频率为 13.56 MHz 的电磁波；

(2) 射频卡的天线串联谐振频率与读卡器发送信号的频率相同。当它进入读卡器的工作区域内时，在电磁激励下，谐振电路产生共振；

(3) 共振使射频卡内的电容有了电荷。电容的一端接有一个单向导通的电子泵，它会将电容内的电荷送到另一个电容内存储。当所积累的电荷达到 2 V 时，此电容可作为电源为集成电路提供工作电压；

(4) 射频卡与读卡器进行交互，由读卡器发送命令，通过射频卡内部的数字逻辑控制模块，根据要访问的相应扇区的访问控制条件来决定命令的可操作性，并发送相应的信息或数据；

(5) 读卡器向工作区射频场内所有的卡发送请求响应命令，射频卡在上电后，根据ISO/IEC14443A 协议的 ATQA，可以响应请求命令。在防冲突循环过程中，读卡器读出卡的 ID 序列号，如读卡器在其工作范围内有多张卡时，可通过唯一的序列号来识别，并选中其中一张卡作为下一步操作的对象，没被选中的射频卡返回到待命模式，等待下一个请求命令；

(6) 读卡器发出选卡命令后，选中一张卡来认证并对相关存储器进行操作。然后，读卡器根据要访问的存储器位置，采用相应的密钥来进行三重相互认证过程。在这个过程中，对存储器的操作都是加密的。在认证通过后即进行读块、写块、加、减、恢复、转移、终止等操作。加是将块中的内容加上一个值，并把结果保存到一个临时的数据寄存器中；减是将块中的内容减去一个值，并把结果保存到一个临时的数据寄存器中；恢复是将块中内容移到临时的数据寄存器中；转移是将临时寄存器中的内容写到指定的块中。读卡器和智能卡的无线通信是采用信息块的 16 位 CRC，以及对每个字节带一个奇偶校验位来保证数据传输的可靠性的。

双频点复合频率技术的优势有：

■ 无需将射频卡靠近读卡设备读卡，卡可放在书包里，携带方便。

■ 信号穿透力和绕射力强，系统识别无方向性。

■ 系统的正常工作不受天气条件变化的影响(包括刮风、下雨、天寒等)，保证在恶劣天气环境下能够连续正常工作。

■ 使用频道隔离技术，多个设备工作互不干扰，系统运行安全、稳定、可靠，前端识别率高，误码率极小。

■ 具有信息防冲撞功能，RS485 通信方式可同时识别 100 张射频卡。

■ 识别距离可以调整。

■ 射频卡采用超低功耗设计。

4) 射频卡

学生携带的是 2.4 GHz 有源主动式射频卡，通过里面的电池供电，电池的寿命是 2～3 年。有源主动式射频卡激活后不断主动向外发出无线信号(1 秒钟发送 3 次，其发送功率可以根据用户要求进行修改)，并且无线信号能够传输很远的距离。该无线信号是有编码的，且每个卡有唯一编码。

3. 软件开发

该系统涉及的软件开发主要包括校级网关应用程序、短信网关内应用程序和业务与管理平台应用程序，与传感系统相关的核心软件是校级网关应用程序。校级网关应用程序采用 J2EE 开发，这主要是考虑到 Java 具有良好的跨平台能力，特别适合于嵌入式设备。

因为这是一个工程级商用的系统，软件系统非常庞大，下面仅提供与判断进出校门相关的一些代码供读者参考。代码如下：

```
public class ServiceMain extends Thread{
    static Logger logger = Logger.getLogger("ServiceMain");
    private int SocketConnectionInteval = 3000;
    private int RecvClientMSGInteval = 500;
    public Map <Integer,studentRfid> sMap= Collections.synchronizedMap(new HashMap
<Integer,studentRfid>());
    private int headId=0;
    private int tailId=0;
    private int idCount=0;
    private int idCount0=0;
    private int idCount1=0;
    private static int delayTime1=0;                //定点判断时间，单位为 ms
    private static int delayTime2=180000;           //出校判断延时，单位为 ms
    private static int delayTime3=5000;             //A 点判断时间，单位为 ms
    private static int delayTime4=5000;             //B 点初始化进校判断时间，单位为 ms
    private static int delayTime5=90000;            //入校判断延时
    private static int bCount=0;                    //入校判断 B 点读卡数
    private static int aCount=3;                    //A 点位置判断读卡数
    public static String schoolId="1130100415";  //学校名
    public static String DeviceId="113010041501";
    public static Sender sender=null;
    private static String serverIP="125.76.238.117";
    private static int serverPort=20202;
    public static boolean senderFlag=false;         //集中平台发送标记
    public static boolean debugFlag=true;           //调试标志
    public static int sensorType=1;                 //1 艾博特   2 地感线圈

    /**
     * 构造函数，初始化 Socket 服务端
     *
     */
    public ServiceMain() {
        sender=new Sender(serverIP,serverPort,sMap);
        sender.start();
    }

    public ServiceMain(int dtime3) {
        delayTime3=dtime3;
        sender=new Sender(serverIP,serverPort,sMap);
        sender.start();
```

```
}
public ServiceMain(String sId,String servIP,int servPort,int dtime3) {
    delayTime3=dtime3;
    DeviceId=sId;
    serverIP=servIP;
    serverPort=servPort;
    senderFlag=true;
    sender=new Sender(serverIP,serverPort,sMap);
    sender.start();
}

class receiveConnnect extends Thread {
    private int comN;
    private int comPort;
    public receiveConnnect(int n,int cmpt) {
            comN=n;
            comPort=cmpt;
    }
    public void run() {
            SerialBean sb=new SerialBean(comPort);
            int rfid=0;
            studentRfid s;
            while (true) {
                    try{
                            rfid=sb.readId();
                            if (rfid==0) continue;
                            if (headId==0) {
                                    headId=rfid;
                                    tailId=rfid;
                                    idCount++;
                                    sender.headId=headId;
                            }
                            if (!sMap.containsKey(rfid)){
                                    s=new studentRfid(comN);
                                    sMap.put(rfid, s);
                                    sMap.get(tailId).nextId=rfid;
                                    tailId=rfid;
                                    idCount++;
                                    s.Count[comN-1]++;
```

```
            s.cTime[comN-1]=System.currentTimeMillis();
            if (comN==2) idCount1++ ; else idCount0++;
        }else{
            s=sMap.get(rfid);
            switch (comN) {
            case 1:         //A 点读到
                if (s.cTime[comN-1]==0) idCount0++;
                s.cTime[0]=System.currentTimeMillis();
                switch(s.place) {
                case 0:
                  if ((System.currentTimeMillis()-s.cTime[0]>delayTime3)||
                        (s.Count[0]>aCount)) s.place=1;
                  s.cTime[0]=System.currentTimeMillis();
                  s.Count[0]++;
                  break;
                case 1:
                  s.Count[0]++;
                  s.cTime[0]=System.currentTimeMillis();
                  break;
                case 2:
                  s.cTime[0]=System.currentTimeMillis();
                  break;
                }
                break;
             case 2:        //B 点读到
                if (s.cTime[comN-1]==0) idCount1++;
                s.Count[comN-1]++;
                s.cTime[comN-1]=System.currentTimeMillis();
                switch(s.place){
                case 0:
                  if (s.cTime[0]==0) s.place=2; else{
                  if ((System.currentTimeMillis()-s.cTime[0]>delayTime4)||
                      (s.Count[1]>bCount)){
                          SysUtil.errlog2(rfid+" 入校 !!");
                          s.place=2;
                          s.Count[comN-1]=1;
                          s.Count[0]=0;
                          s.sendFlag=true;
                          }
```

```
                        }
                        break;
                    case 1:
                        if (s.Count[1]> bCount){
                            SysUtil.errlog2(rfid+" 入校 !!");
                            s.place=2;
                            s.Count[comN-1]=1;
                            s.Count[0]=0;
                            s.sendFlag=true;
                            s.cTime[1]=System.currentTimeMillis();
                        }
                        break;
                    case 2:
                        s.Count[0]=0;
                        s.cTime[comN-1]=System.currentTimeMillis();
                        break;
                    }
                    break;
                }
            }
        }catch(Exception e){
                SysUtil.errlog2(e.getMessage());
        }
    }
  }
}
/**
 * 接收消息
 *
 */
public void run() {
  int rfid;
  studentRfid s;

  while(true) {
      rfid=headId;
      try {
        if (((System.currentTimeMillis()+28800000)%86400000)/10000==0) SysUtil.initLog();
        if ((((System.currentTimeMillis()+28800000)%86400000)/10000==5400)||
```

```
        (((System.currentTimeMillis()+28800000)%86400000)/10000==0)) {
            sMap.clear();
            idCount0=0;
            idCount1=0;
            headId=0;
        }
        while(rfid!=0){
            s=sMap.get(rfid);
            switch(s.place){
            case 0:
            case 1:
                if ((System.currentTimeMillis()-s.cTime[1]>delayTime5)&&
                    (s.cTime[1]-s.cTime[0]>delayTime1)){
                        SysUtil.errlog2(rfid+" 入校 !!");
                        s.place=2;
                        s.Count[0]=0;
                        s.Count[1]=1;
                        s.cTime[1]=System.currentTimeMillis();
                        s.sendFlag=true;
                    }
                    break;
            case 2:
                if ((System.currentTimeMillis()-s.cTime[0]>delayTime2)&&
                    (s.cTime[0]-s.cTime[1]>delayTime1)){
                        SysUtil.errlog2(rfid+" 出校 !!");
                        s.place=1;
                        s.Count[0]=1;
                        s.Count[1]=0;
                        s.cTime[0]=System.currentTimeMillis();
                        s.sendFlag=true;
                    }
                    break;
            }
            rfid=s.nextId;
        }
        Thread.sleep(2000);
    } catch (Exception e) {
        SysUtil.errlog2(e.getMessage());
```

```
        }
    }
}
```

4．系统性能测试

系统性能测试是对系统是否达到设计指标的检验。对平安校园系统的性能测试主要包括对识别准确率、系统容量、系统稳定性等指标的测试，只有这些指标达到要求，系统才能实际投入使用。

1) 识别准确率测试

识别准确率是指在一定并发射频卡数量和通过速度的前提下，能正确识别出的卡数量占全部通过的卡数量的比率。实际测试中，可以采用在一张木板上平铺 50 张或 100 张射频卡的方法，以不同速度多次进出校门，然后在短信发送接口统计正确识别出的卡数量。

试验中，射频卡经过校门的速度模拟了学生各种情况下通过校门的速度，且并发射频卡数量则比学生密集进出(列队)时的数量更多。同样的试验进行 5 次以上并对识别准确率取平均数，对每个学校进行单独测试。目前，能够达到的识别准确率如表 8-2 所示。对于单个射频卡，在可能的通过速度下(快走、慢走和跑步)，识别准确率均能达到 100%。

表 8-2　识别准确率测试结果

卡数量(张)	通过速度(m/s)	识别准确率
1	快走、慢走或跑步	100%
50	1.2～1.5	99.6%
	0.9～1.2	100%
100	1.0～1.3	99.5%
	0.7～1.0	100%

2) 系统容量测试

系统容量是指在一定通过速度和识别准确率的前提下，系统所能支持的学生数量。相比于识别准确率，系统容量是一个更为综合的指标，它不仅与传感系统的响应速度相关，与学生进出学校的并发数量和速度特征有关，而且与校级服务器的处理速度及短信存储转发能力有关。直接进行测试不易实现，因此该指标的测试只能依靠对服务器系统的压力测试和对在现有学校实际运行效果进行的评估。

压力测试结果：在半小时内(一个正常的上学或放学时间段)，校级服务器及短信接口能够支持超过 5000 个射频卡通过校门。而从已实际投入运行的学校来看，学生数量少则近 1000 名，最多的有 3000 多名，识别准确率都能够达到要求。

3) 系统可用性测试

系统稳定性是指整个系统无障碍运行时间占整个时间的比率，它是一个综合指标，涉及系统各个环节的可靠性。目前，平安校园系统经过初期对天线系统、供电系统、数据库、业务系统以及网络系统的多次优化，系统可用性已经达到 99.8%以上且趋于平稳。

思考与练习题 

1. 试比较 NB-IoT 与 LoRa 的技术特点及优势。
2. 什么是射频识别？其工作原理是什么？
3. 简述 WSN 与 Ad Hoc 的区别与联系。
4. 某蔬菜合作社有蔬菜大棚 100 个，分散在几个村子，分别由多个农户经管。现在合作社希望让技术员能随时了解每个大棚的温湿度情况，以便随时指导农户，调节大棚内温湿度。请设计一个应用系统，实现这一要求。(说明：只要设计系统构成，说明系统运行原理，如何组网，不同子系统采用什么技术和什么功能的设备即可)
5. 现在大多数停车场采用 IC 卡方式，司机每次进出停车场都需要停下车来刷卡，很不方便。试采用 RFID 技术，设计一个不需要司机停车刷卡的停车场管理系统。(说明：只要设计系统构成，说明系统运行原理，采用什么技术和使用什么功能的设备即可)

第 9 章　大数据技术及应用

在互联网出现之前，数据主要由人机会话方式产生，以结构化数据为主，通过传统关系型数据库来管理。互联网的出现和快速发展，尤其是移动互联网的发展和数码设备的大规模使用，使得今天数据的来源除了人机会话外，更多的是由各种设备、服务器、应用自动产生。与此同时，传统行业的数据也迅猛增加，这些数据以非结构化、半结构化为主。机器产生的数据也以近乎指数方式增长，如基因数据、各种用户行为数据、定位数据，图片、视频、气象、地震、医疗等数据。传统关系型数据库对这些数据的管理力不从心，大数据处理技术应运而生。

9.1　大数据应用概述

9.1.1　大数据的概念与意义

1. 大数据的概念

大数据(Big Data)是指无法在一定时间范围内用常规软件工具进行捕捉、管理和处理的数据集合，是需要通过新的处理模式才能使其具有更强决策力、洞察发现力和流程优化能力的海量、高增长率和多样化的信息资产。

在维克托·迈尔·舍恩伯格及肯尼斯·库克耶编写的《大数据时代》中，大数据是指不使用随机分析法(抽样调查)这样的捷径进行数据分析，而是对所有的数据进行分析处理的方法。IBM 则提出，大数据具有 5 V 特点，即 Volume(大量)、Velocity(高速)、Variety(多样)、Value(低价值密度)、Veracity(真实性)。麦肯锡全球研究所给出的定义则是：大数据是一种规模大到在获取、存储、管理、分析方面大大超出了传统数据库软件工具能力范围的数据集合，具有海量的数据规模、快速的数据流转、多样的数据类型和价值密度低四大特征。

实际上，上述关于大数据的概念都或多或少有着互联网的烙印，有其合理性的一面，但过分强调了“大”和“高速”的一面，把很多现实生活中的应用场景排除在外，如数据量没那么大的场合，数据产生没有那样高速的场合等。因此，在实际工作中，我们应该参考这些概念，但是不要被这些概念束缚住手脚。

2. 大数据的意义

阿里巴巴创始人马云提到，未来的时代将不是 IT 时代，而是 DT 的时代。大数据的价值并不在“大”，而在于“有用”，价值含量、挖掘成本比数量更为重要。对于很多行业而言，如何利用这些大规模数据是赢得竞争的关键。

而当物联网发展到一定规模时，借助条形码、二维码、RFID 等能够唯一标识产品，传感器、可穿戴设备、智能感知、视频采集、增强现实等技术可实现实时的信息采集和分析。采集的这些数据能够支撑智慧城市、智慧交通、智慧能源、智慧医疗、智慧环保等理念的需要。

未来的大数据除了将更好地解决社会问题、商业营销问题、科学技术问题外，还有一个可预见的趋势，那就是以人为本的大数据方针。人才是地球的主宰，大部分的数据都与人类有关，要通过大数据解决人的问题。比如，建立个人数据中心，将每个人的日常生活习惯、身体体征、社会网络、知识能力、爱好性情、疾病嗜好、情绪波动等记录下来。换言之，就是记录每一人从出生那一刻起的每一分每一秒，将除了思维之外的一切都储存下来，这些数据可以被充分利用。

不过，“大数据”在经济发展中的巨大意义并不代表它能取代一切对于社会问题的理性思考，科学发展的逻辑不能被湮没在海量数据中。著名经济学家路德维希·冯·米塞斯曾提醒过：“就今日言，有很多人忙碌于资料之无益累积，以致对问题之说明与解决，丧失了其对特殊的经济意义的了解。”

9.1.2 大数据的主要分类

从数据结构角度来看，大数据可以分为结构化数据、半结构化数据和非结构化数据。从内容来源角度来看，大数据可以分为互联网大数据、政务大数据、企业大数据和个人大数据。

1. 互联网大数据

互联网上的数据每年增长 50%，每两年便将翻一番。IDC 预测，到 2020 年全球将总共拥有 35ZB 的数据量。互联网是大数据发展的前锋，随着 Web 2.0 时代的发展，人们似乎都习惯了将自己的生活通过网络进行数据化，方便分享、记录和回忆。

对于互联网上的大数据，很难清晰地界定其分类界限，我们先看看百度、阿里巴巴和腾讯的大数据：

百度拥有两种类型的大数据：一是用户搜索表征的需求数据；二是爬虫和阿拉丁获取的公共 Web 数据。搜索巨头百度围绕数据而生。爬虫能够实现对网页数据的抓取、网页内容的组织和解析，并通过语义分析对搜索需求的精准理解，进而从海量数据中找准结果。精准的搜索引擎关键字广告，实质上就是一个数据的获取、组织、分析和挖掘的过程。搜索引擎在大数据时代面临的挑战有：更多的暗网数据；更多的 Web 化但是没有结构化的数据；更多的 Web 化、结构化但是封闭的数据。

阿里巴巴拥有交易数据和信用数据。这两种数据更容易变现，挖掘出其商业价值。除此之外，阿里巴巴还通过投资等方式掌握了部分社交数据、移动数据，如微博和高德地图。

腾讯拥有用户关系数据和基于此产生的社交数据。通过这些数据可以分析人们的生活和行为，从里面挖掘出政治、社会、文化、商业、健康等领域的信息，甚至预测未来。

2. 政务大数据

政务大数据是政府部门在对整个社会活动进行管理的过程中产生并使用的各类巨量数据，包括工业数据、农业数据、工商数据、纳税数据、环保数据、海关数据、土地数据、房地产数据、气象数据、金融数据、信用数据、电力数据、电信数据、天然气数据、自来水数据、道路交通数据等各种数据，以及针对个人的人口、教育、收入、安全刑事案件、出入境数据、旅游数据、医疗数据、教育数据、消费数据等各种数据。这些数据通过平台互联互通，形成有内在关系的大数据，可以用于政府宏观管理，企业和个人征信查询等各种场合。

这些数据在每个政府部门里面看起来是单一的、静态的。但是，如果政府可以将这些数据关联起来，并对这些数据进行有效的关联分析和统一管理，这些数据必定将获得新生，其价值是无法估量的。智能电网、智慧交通、智慧医疗、智慧环保、智慧城市等都依托于大数据，大数据为智慧城市的各个领域提供决策支持。

在城市规划方面，通过对城市地理、气象等自然信息，以及经济、社会、文化、人口等人文社会信息的挖掘，可以为城市规划提供决策，强化城市管理服务的科学性和前瞻性。在交通管理方面，通过对道路交通信息的实时挖掘，能有效缓解交通拥堵，并快速响应突发状况，为城市交通的良性运转提供科学的决策依据。在舆情监控方面，通过网络关键词搜索及语义智能分析，能提高舆情分析的及时性、全面性，能全面掌握社情民意，提高公共服务能力，有助于应对网络突发的公共事件，打击违法犯罪。在安防与防灾领域，通过大数据的挖掘，可以及时发现人为或自然灾害、恐怖事件，提高应急处理能力和安全防范能力。

3. 企业大数据

企业大数据是企业在业务管理和运营当中产生和使用的各类巨量数据。一些大型企业因其在行业的主导地位，其数据具有两重性，即其数据既是企业数据也是政府关注的数据。比如，电力企业、电信运营商、银行、主流电商等大型企业，作为企业，庞大的运营数据、设备数据等是企业自己的数据；但同时，这些企业面向宏观层面的数据，也是该行业的政务大数据。

普通企业也有自己的大数据，比如大型制造企业、大型连锁企业等，甚至一些中小企业也会产生可观的数据，再比如机床、汽车、电器等产品在长期使用中积累的数据等。在工业领域，德国提出的工业 4.0 战略和我国提出的智能制造战略，主张从产品的设计到生产，到使用，再把使用中的信息实时反馈到设计环节，实现个性化定制。在这一过程中会产生各类巨量数据。对于智慧农业、智慧医疗、智慧环保等领域的很多企业，这一概念同样成立，也会产生各类巨量数据。

这些数据经过深入分析和挖掘，既可以用于企业自身的生产和经营活动，也可以提供给第三方使用。对于企业的大数据，有一种预测：数据将逐渐成为企业的一种资产，数据产业也将会向传统企业的供应链模式发展，最终形成数据供应链。这里尤其有两个明显的现象：一是外部数据的重要性日益超过内部数据。在互联互通的互联网时代，单一企业的内部数据与整个互联网数据相比只是沧海一粟；二是能提供包括数据供应、数据整合与加工、数据应用等多环节服务的公司会有明显的综合竞争优势。

4. 个人大数据

个人大数据是指与个人相关联的各种数据。个人信息被有效采集后，可由本人授权提供给第三方进行处理和使用。目前，个人信息分散在各个系统中，比如派出所有个人身份信息，淘宝有很多人的购物记录，教育机构有每个人的学习记录等。未来，每个用户可以在互联网上注册个人的数据中心，以存储个人大数据信息。通过可穿戴设备或植入芯片等感知技术，还可以采集个人的健康大数据，比如，牙齿监控数据、心率数据、体温数据、视力数据、记忆数据、地理位置信息、社会关系数据、运动数据、饮食数据、购物数据等。

个人大数据的特点是：数据仅留存在个人中心，其他第三方机构只被授权使用，且数据使用授权有一定的期限；采集个人数据应该明确分类，除了国家立法明确要求接受监控的数据外，其他类型数据都由用户自己决定是否被采集。

9.1.3 大数据应用总体框架

大数据应用开发的完整过程如图 9-1 所示，分为需求分析、数据采集、数据存储与处理、数据分析与挖掘、数据应用等前后贯通的五个环节。在这一过程中，除了需要相关技术人员的参与外，绝大多数环节都需要行业专家的参与。大数据应用系统具有比较复杂的架构，但由于所需要解决的问题、系统所处环境及所采用技术的不同，不同的大数据应用系统又具有个性化特点。

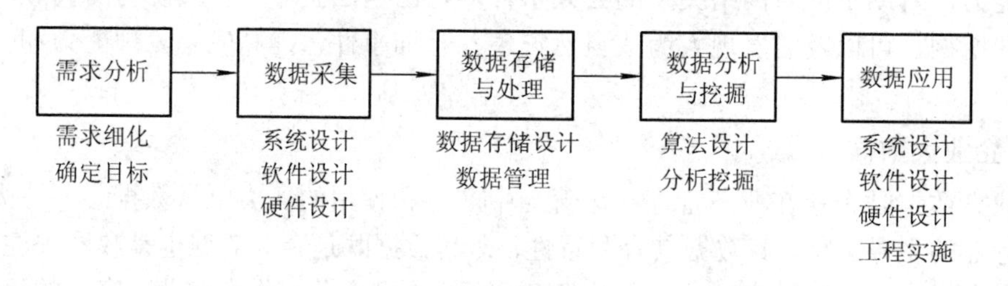

图 9-1 大数据应用开发过程

需求分析是所有系统开发的出发点，通过技术专家与行业专家及未来使用者的深入交流，全面掌握系统所需要实现的功能和性能，在此基础上，由技术专家对需求进行细化和规范化，以便为下一步开发提供依据。

相比于普通软件开发，对于大数据应用系统的需求分析要复杂得多。普通软件开发的数据源基本上由用户方提供或者提出采集方法。而对于大数据系统，行业专家一般只能提出对于系统能实现功能的需求，具体采集什么数据以及如何采集，需要由技术专家和行业专家在充分交流的基础上共同确定。行业专家主要负责确认所要采集的数据对于系统是否合理，所要采用的数据采集方式在用户场景下是否可行；技术专家主要负责确认数据的采集方法和技术是否可行。

举一个智慧农业大数据采集的例子：在这里，行业专家便是农业科学家，技术专家便是软件专家。只有农业科学家才能确定农田里哪些数据对于智慧农业是有用的，比如土壤湿度、环境温度、土壤各种养分含量、重金属含量，以及对于一块实际的农田，在哪些地方进行数据采集才是可行的等。而技术专家则要提出对这些数据进行采集和处理所需要的技术方案，包括数据采集、数据传输、数据处理与分析等。

9.2　大数据的采集

如前所述，大数据大体上可以分为结构化数据，半结构化和非结构化互联网数据，以及结构化物联网数据三大类。三类数据特点不同，所需要的数据采集与预处理方法也不同。所谓结构化数据，是指尽管数据种类很多，但每类数据均具有自己固定的结构。所谓非结构化数据，是指即使是同一类数据，每个数据单元的结构也不固定。而所谓半结构化数据，是指数据单元部分结构是固定的，但也有部分不固定。网页本身就是一种半结构化数据，因为 HTML 定义了网页的基本格式，但网页的具体构成、所嵌套的图片、视频等信息是不固定的。

1. 结构化数据

结构化数据包括由各种电子政务系统，企业的 OA、ERP、CRM、进销存系统，电商平台等产生的数据，其特点是数据已经结构化，每条记录的每个字段都有着确定的意义。这些数据库中不同的库表包含不同的内容，不同库表以关系型数据库方式关联，可以刻画更复杂的内容。

基于这些信息化系统的大数据系统，其实是在更高一个层次把众多这样的库表关联起来，以便根据特定目的提取新的信息。比如，政府构建的征信系统就是把工商系统、税务系统、公安系统、检察司法系统、金融系统等各种数据根据一定规则关联起来，以便判断企业的征信情况。由于原始数据的意义是确定的，数据格式是规范的，因此，数据采集的关键是根据业务需要，制定对原始数据的使用方式，这同时也就决定了原始数据关联的具体方式。

在进行数据采集时，首先需要确定从原有各系统采集数据的具体内容，其次制定与原有系统的接口规范。这一接口既可以是原有系统提供的程序接口，也可以是数据库接口，如图 9-2 所示。从原有系统采集数据，对数据进行简单关联处理，作为进一步大数据分析与挖掘的基础。

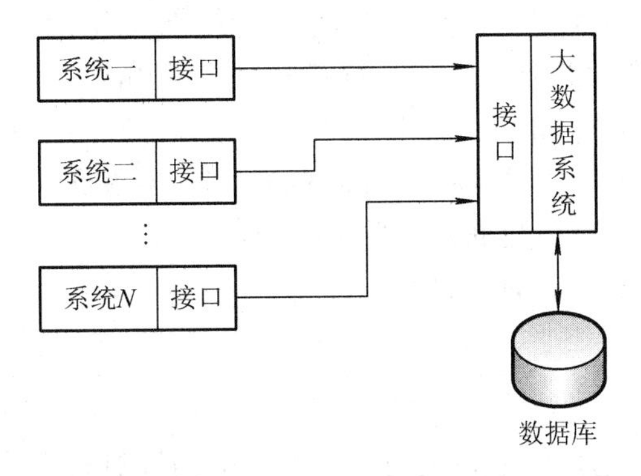

图 9-2　结构化数据采集示意图

2. 半结构化和非结构化互联网数据

相比于结构化数据，互联网的很多数据是以网页等方式存在的，具有分布广、格式多样、半结构化或者非结构化的特点，需要有针对性地对网页数据进行采集、转换、加工和存储。尤其在网页数据的采集和处理方面，需要更为复杂的方法。下面简要介绍网页数据的采集和处理的方法。

互联网网页数据采集，是一个获取相关网页内容，并从中抽取出用户所需要的属性内容的过程。而网页数据的处理，则是对抽取出来的网页数据进行内容和格式上的处理，进行转换和加工，使之能够适应用户的需求，并将之存储下来供以后使用。

互联网的网页大数据采集和处理的整体过程如图 9-3 所示，包含四个主要模块：爬虫、数据处理、URL 队列和数据。这四个主要模块的功能如下：

(1) 爬虫：从互联网上抓取网页内容，并抽取出需要的属性内容；

(2) 数据处理：对爬虫抓取的内容进行处理；

(3) URL 队列：为爬虫提供需要抓取数据网站的 URL；

(4) 数据：包含三方面，一是网站 URL，即需要抓取数据网站的 URL 信息；二是爬虫数据，即爬虫从网页中抽取出来的数据；三是数据处理后的数据，即经过数据处理之后的数据。

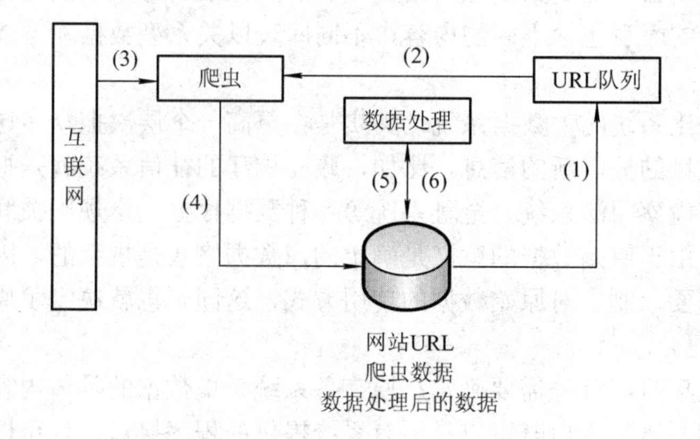

图 9-3 Web 数据抓取与处理

整个 Web 数据采集和处理的基本步骤如下：

(1) 将需要抓取数据的网站的 URL 信息(Site URL)写入 URL 队列；

(2) 爬虫从 URL 队列中获取需要抓取数据的网站的 Site URL 信息；

(3) 爬虫从互联网抓取与 Site URL 对应的网页内容，并抽取出网页特定属性的内容值；

(4) 爬虫将从网页中抽取出的数据(Spider Data)写入数据库；

(5) 数据处理单元读取爬虫数据，并进行处理；

(6) 数据处理单元将处理后的数据写入数据库。

3. 物联网数据

相比于结构化数据和非结构化互联网数据，物联网数据通常不是现成的，需要首先通过传感器对各种物理量进行信号采集与处理，转化为计算机系统可以识别的数据，然后才能做进一步分析和处理。在很多情况下，物联网数据是实时的、不断产生的，是一种流数据。

图 9-4 是一个典型的物联网数据采集系统(前端)示意图。传感器信号通过以太网、WiFi、

ZigBee 等本地网络接入网关，物联网网关一般通过 4G 或者 NB-IoT 远程接入数据中心。传感器不仅实现数据的采集和模数转化，而且实现数据的网络封装，以便在网络上传输。目前，主流的封装方式是 IP 封装，以便采用互联网的传输技术。

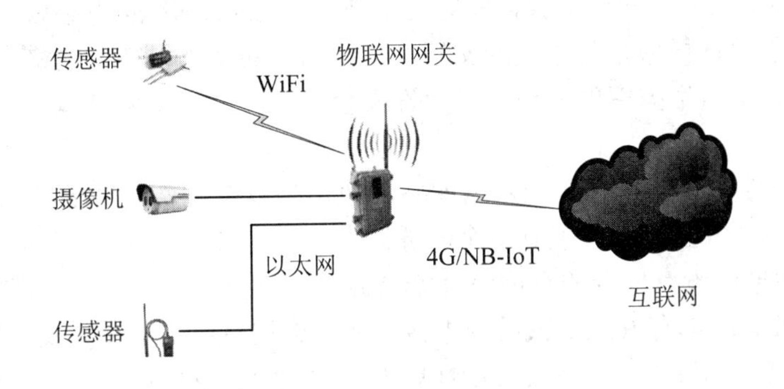

图 9-4　物联网数据采集示意图

9.3　大数据存储与处理

9.3.1　数据库技术回顾

数据库是长期储存在计算机内有组织的、可共享的数据集合。数据库中的数据以一定的数据模型组织、描述和储存在一起，具有尽可能小的冗余度、较高的数据独立性和易扩展性的特点，且可在一定范围内为多个用户共享。在大数据存储与处理过程中，既要用到传统关系型数据库技术，又要用到非关系型数据库技术；数据类型既有结构化数据，又有非结构化数据；而数据的存储方式，有行存储和列存储。

1．关系型数据库和非关系型数据库

关系型数据库中的关系模型是指二维表格模型。关系型数据库就是由二维表及其之间的联系组成的一个数据组织。当前，常见的数据库大多是关系型数据库，如 Oracle、DB2、SQL Server、Sybase、MySQL 等。关系型数据库是面向 OLTP(联机事务处理过程)需求而设计和开发的，以开发人机会话应用为主，其底层的物理存储格式都是行存储，适合对数据进行频繁的增删改操作，但对于大量数据的统计分析和查询类应用，行存储效率很低。

非关系型的数据库(NoSQL)，直译为“不仅仅是 SQL”。随着互联网的兴起，传统关系型数据库在应对超大规模和高并发的动态网站方面力不从心，暴露了很多难以克服的问题，而非关系型的数据库则由于其本身的特点得到了迅速发展。非关系型数据库在特定的场景下可以发挥出很高的效率和性能，是传统关系型数据库的一个有效补充。非关系型数据库主要有如下四类：

(1) 键值(Key-Value)存储数据库。键值存储数据库的特点主要是会使用到一个哈希表，这个表中有一个特定的键和一个指针指向特定的数据。对于 IT 系统来说，键值存储模型的优势在于简单、易部署。但是，如果只对部分值进行查询或更新，Key-Value 就显得效率低

下了。

(2) 列存储数据库。列存储数据库通常用来应对分布式存储的海量数据。键仍然存在，但是它们的特点是指向了多个列。这些列是由列家族来安排的，如 Cassandra、HBase 和 Riak。

(3) 文档型数据库。文档型数据库的灵感来自于 Lotus Notes 办公软件，与键值存储相类似。该类型的数据模型是版本化的文档，半结构化的文档以特定的格式存储。文档型数据库可以看作是键值数据库的升级版，允许嵌套键值，而且文档型数据库比键值数据库的查询效率更高。

(4) 图形数据库。图形结构的数据库同其他行列以及刚性结构的数据库不同，它使用灵活的图形模型，并且能够扩展到多个服务器上。

NoSQL 数据库没有标准的查询语言(SQL)，因此进行数据库查询需要制定数据模型。许多 NoSQL 数据库都有 REST 式的数据接口或者查询 API。NoSQL 适用的场合主要有以下几种：数据模型比较简单；需要灵活性更强的 IT 系统；对数据库性能要求较高；不需要高度的数据一致性；对于给定 Key；比较容易映射复杂值。

2．结构化数据与非结构化数据

结构化数据也称为行数据，是由二维表结构来逻辑表达和实现的数据，严格地遵循数据格式与长度规范，主要通过关系型数据库进行存储和管理。

非结构化数据是指数据结构不规则或不完整，没有预定义的数据模型，不方便用数据库二维逻辑表来表现的数据，包括所有格式的办公文档、文本、图片、XML、HTML、各类报表、图像和音频/视频信息等。

3．行存储与列存储的数据存储方式

目前，大数据存储有行存储和列存储两种方式。业界对这两种存储方案有很多争执，争执的焦点是：谁能够更有效地处理海量数据，且兼顾安全、可靠、完整性。目前看来，关系型数据库不适应巨大的存储量和计算要求。而在已知的几种大数据软件中，Hadoop 的 HBase 采用列存储，MongoDB 是文档型的行存储，Lexst 是二进制型的行存储。在这里，我们对行存储和列存储的存储特点以及由此产生的一些问题和相应的解决办法作进一步介绍。

1) *结构布局*

行存储数据排列如表 9-1 所示。列存储数据排列如表 9-2 所示。表格的灰色背景部分表示行列结构，白色背景部分表示数据的物理分布，两种方式存储的数据都是从上至下、从左向右的排列。行存储以一行记录为单位，列存储以列数据集合为单位。行存储的读写过程是一致的，都是从第一列开始，到最后一列结束。列存储的读取是列数据集中的一段或者全部数据；写入时，一行记录被拆分为多列，每一列数据追加到对应列的末尾处。

表 9-1　行存储数据排列

	Column 1	Column 2	Column 3	Column 4	Column 5
Row 1	Data 1-1	Data 1-2	Data 1-3	Data 1-4	Data 1-5
Row 2	Data 2-1	Data 2-2	Data 2-3	Data 2-4	Data 2-5
Row 3	Data 3-1	Data 3-2	Data 3-3	Data 3-4	Data 3-5

表 9-2　列存储数据排列

	Row 1	Row 2	Row 3
Column 1	Data 1-1	Data 2-1	Data 3-1
Column 2	Data 1-2	Data 2-2	Data 3-2
Column 3	Data 1-3	Data 2-3	Data 3-3
Column 4	Data 1-4	Data 2-4	Data 3-4
Column 5	Data 1-5	Data 2-5	Data 3-5

2) 行存储与列存储的比较

从表 9-1 和表 9-2 可以看出，行存储的写入是一次完成的。如果这种写入建立在操作系统的文件系统上，可以保证写入过程的成功或者失败，数据的完整性因此可以确定。列存储由于需要把一行记录拆分成单列保存，写入次数明显比行存储多，再加上磁头在盘片上移动和定位花费的时间，实际时间消耗会更大。所以，行存储在写入上占有很大的优势。

数据修改实际也是一次写入过程。不同的是，数据修改是对磁盘上的记录做删除标记。行存储是在指定位置写入一次，列存储是将磁盘定位到多个列上分别写入，这个过程所用的时间仍是行存储的列数倍。所以，数据修改也是以行存储占优。

数据读取时，行存储通常将一行数据完全读出，如果是只需要其中几列数据的情况，就会存在冗余列，出于缩短处理时间的考量，消除冗余列的过程通常是在内存中进行的。列存储每次读取的数据是集合的一段或者全部，如果读取多列时，就需要移动磁头，再次定位到下一列的位置继续读取。

再看两种存储的数据分布。由于列存储的每一列数据类型是同质的，不存在二义性问题，比如说，某列数据类型为整型，那么它的数据集合一定是整型数据。这种情况使数据解析变得十分容易。相比之下，行存储则要复杂得多，因为在一行记录中保存了多种类型的数据，数据解析需要在多种数据类型之间频繁转换，这个操作很消耗 CPU 时间，增加了解析的时间。所以，列存储的解析过程更有利于大数据的分析。

3) 优化

显而易见，两种存储格式都有各自的优缺点。行存储的写入是一次性完成，消耗的时间比列存储少，并且能够保证数据的完整性，其缺点是数据读取过程中会产生冗余数据，如果只有少量数据，此影响可以忽略；当数量大时，则可能会影响到数据的处理效率。列存储在写入效率、保证数据完整性上都不如行存储，它的优势是在读取过程中不会产生冗余数据，这对数据完整性要求不高的大数据处理领域，比如互联网，尤为重要。

改进方法集中在两方面：行存储读取过程中应避免产生冗余数据，列存储应提高读写效率。

(1) 行存储的改进。首先，用户在定义数据时应避免冗余列的产生；其次，应优化数据存储记录结构，保证从磁盘读出的数据进入内存后能够被快速分解，以消除冗余列。要知道，目前市场上即使最低端的 CPU 和内存的速度也比机械磁盘快 100～1000 倍。如果用上高端的硬件配置，这个处理过程还要更快。

(2) 列存储的改进。首先，在计算机上安装多块硬盘，以多线程并行的方式读写。多块硬盘并行工作可以减少磁盘读写竞用，这种方式对提高处理效率优势十分明显。这种方法的缺点是需要更多的硬盘，增加投入成本，尤其是在大规模数据处理应用中是不小的数目。其次，可考虑在写入过程中加入类似关系型数据库的“回滚”机制，当某一列发生写入失败时，此前写入的数据全部失效；同时加入散列码校验，进一步保证数据完整性。

两种存储方案还有一个共同改进的地方：频繁而小量的数据写入对磁盘影响很大，更好的解决办法是将数据在内存中暂时保存并整理，达到一定数量后再一次性写入磁盘，这样消耗的时间会更少一些。

4) 总结

两种存储方式的特点决定了它们都不可能是完美的解决方案。如果首要考虑是数据的完整性和可靠性，那么行存储是不二选择。列存储只有在增加磁盘并改进软件设计后才能接近这样的目标。如果以保存数据为主，行存储的写入性能比列存储高很多。在需要频繁读取单列集合数据的应用中，列存储是最合适的。两种存储方式的比较总结如表 9-3 所示。

表 9-3　两种存储方式的比较总结

	行 存 储	列 存 储
优点	写入效率高，数据完整性好	读取过程无冗余，数据定长的大数据计算效率高
缺点	数据读取有冗余，计算速度低	写入效率低，数据完整性差
改进方法	优化存储结构，确保能够在内存删除冗余数据	多磁盘、多线程并行写入、读取
适合场合	传统数据领域	互联网大数据

9.3.2 大数据数据处理技术概述

1. 大数据处理技术当前的发展概况

分布式存储和计算夯实了大数据处理的技术基础。在存储方面，谷歌于 2000 年提出的文件系统(GFS)以及随后 Hadoop 的分布式文件系统(HDFS)奠定了大数据存储技术的基础。与传统系统相比，GFS 和 HDFS 将计算和存储在物理上结合起来，从而避免了在数据密集计算中易形成的 I/O 吞吐量的制约。同时，这类存储系统的文件系统也采用了分布式架构，能达到较高的并发访问能力。大数据存储架构的变化如图 9-5 所示。

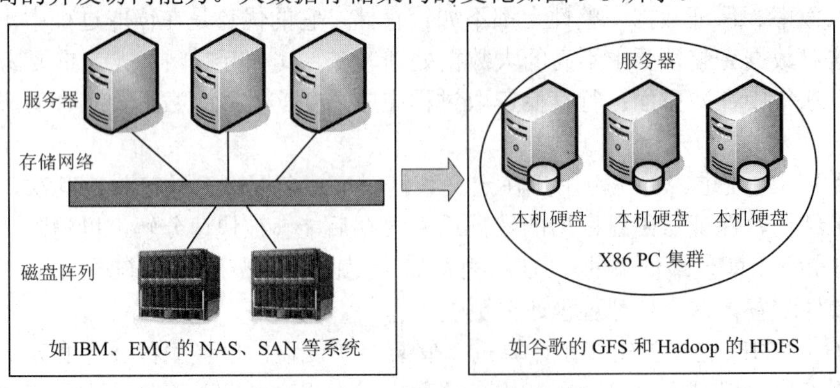

图 9-5　大数据存储架构的变化

在计算方面，谷歌在 2004 年公开的 MapReduce 分布式并行计算技术，是新型分布式计算技术的代表。一个 MapReduce 系统由廉价的通用服务器构成，通过添加服务器节点，可线性扩展系统的总处理能力，在成本和可扩展性上都具有巨大的优势。之后出现的 Apache Hadoop MapReduce 是谷歌 MapReduce 的开源实现，目前已经是应用最广泛的大数据计算软件平台。

2．大数据处理产品创新

过去十年间，用于大数据分析的产品如雨后春笋般出现。除了基于 Hadoop 环境下的各种非关系型数据库(NoSQL)外，还有一类是基于 Shared Nothing 架构的面向结构化数据分析的新型数据库产品(NewSQL)，如 Greenplum(被 EMC 收购)、Vertica(被 HP 收购)、Asterdata(被 TD 收购)，以及南大通用在国内开发的 GBase 8a MPP Cluster 等。目前，可以看到的类似开源和商用产品已达几十个，而且还有新的产品不断涌现。

这类新的分析型数据库产品的共性主要有：

- 架构基于大规模分布式计算(MPP)。
- 硬件基于 X86 PC 服务器；存储基于服务器自带的本地硬盘。
- 操作系统主要是 Linux。
- 拥有极高的横向扩展能力、内在的故障容错能力和数据高可用保障机制。
- 能大大降低每 TB 数据的处理成本，为大数据处理提供技术和性价比支撑。

总之，数据处理技术进入了一个新的创新和发展高潮，当前的总体趋势是在数据量快速增长、多类数据分析并存。在这种需求压力下，数据处理技术朝着细分方向发展，过去 30 年那种一种平台满足所有应用需求的时代已经过去。现在必须开始根据应用需求和数据量选择最适合的产品和技术来支撑应用。世界数据处理市场格局正在发生革命性的变化，由传统数据库(OldSQL)一统天下变成了 OldSQL+NewSQL+NoSQL+其他新技术(流、实时、内存等)共同支撑多类应用的局面。在大数据时代，需要的是数据驱动最优平台和产品的选择。

3．大数据存储技术路线

大数据存储技术路线有以下三种：

第一种是采用 MPP 架构的新型数据库集群，重点面向行业大数据，采用 Shared Nothing 架构，通过列存储、粗粒度索引等多项大数据处理技术，再结合 MPP 架构高效的分布式计算模式，完成对分析类应用的支撑，运行环境多为低成本 PC Server，具有高性能和高扩展性的特点，在企业分析类应用领域获得了极其广泛的应用。

这类 MPP 产品可以有效支撑 PB 级别的结构化数据分析，这是传统数据库技术无法胜任的。对于企业新一代的数据仓库和结构化数据分析，目前最佳的选择是 MPP 数据库。

第二种是基于 Hadoop 的技术扩展和封装，围绕 Hadoop 衍生出相关的大数据技术，适用于传统关系型数据库较难处理的数据和场景，例如针对非结构化数据的存储和计算等。这种方式充分利用 Hadoop 开源的优势，伴随相关技术的不断进步，其应用场景也将逐步扩大，目前最为典型的应用场景就是通过扩展和封装 Hadoop 来实现对互联网大数据存储、分析的支撑。这里面有几十种 NoSQL 技术，也可以进一步细分。对于非结构化与半结构化数据处理，复杂的 ETL 流程，复杂的数据挖掘和计算模型，Hadoop 平台更擅长。

第三种是大数据一体机，这是一种专为大数据的分析处理而设计的软、硬件结合的产品，由一组集成的服务器、存储设备、操作系统、数据库管理系统以及为数据查询、处理、分析用途而特别预先安装及优化的软件组成，高性能大数据一体机具有良好的稳定性和纵向扩展性。

4. Hadoop 与 Spark 的区别与联系

Hadoop 和 Spark 是目前大数据处理领域的主流技术，它们都是大数据框架，但是各自存在的目的不尽相同，二者既有密切联系，又有着本质区别，具体分析如下：

1) 作用不同

Hadoop 是一个分布式数据基础设施：它将巨大的数据集分派到一个由多台普通计算机组成的集群中的多个节点进行存储，这意味着不需要购买和维护昂贵的服务器硬件。同时，Hadoop 还会索引和跟踪这些数据，让大数据处理和分析效率达到前所未有的高度。Spark 则是一个专门用来对那些分布式存储的大数据进行处理的工具，它并不会进行分布式数据的存储。

2) 两者可合可分

Hadoop 除了提供 HDFS 分布式数据存储功能之外，还提供了名为 MapReduce 的数据处理功能。所以使用 Hadoop 时完全可以抛开 Spark，而只使用 Hadoop 自身的 MapReduce 来完成数据的处理。

相反，Spark 也不是非要依附在 Hadoop 身上才能生存，但它毕竟没有提供文件管理系统，所以必须和其他的分布式文件系统进行集成才能运作。当然，Spark 可以选择 Hadoop 的 HDFS，也可以选择其他的基于云的数据系统平台。但 Spark 默认还是被用在 Hadoop 上面，毕竟大家普遍认为它们的结合是最好的。

3) 数据处理速度迥异

Spark 因为其处理数据的方式不一样，比 MapReduce 要快得多。MapReduce 分步对数据进行处理的步骤如下：① 从集群中读取数据，进行一次处理，将结果写到集群；② 从集群中读取更新后的数据，进行下一次处理，将结果写到集群；③ 重复步骤①和②。

反观 Spark，它会在内存中以接近实时的时间完成所有的数据分析：从集群中读取数据，完成所有必需的分析处理，将结果写回集群，完成整个过程。Spark 的批处理速度比 MapReduce 快近 10 倍，内存中的数据分析速度则快近 100 倍。

如果需要处理的数据和结果需求大部分情况下是静态的，且用户也有耐心等待批处理完成的话，MapReduce 的处理方式也是完全可以接受的。但如果你需要对流数据进行分析，比如那些来自于工厂的传感器收集回来的数据，或者你的应用是需要多重数据处理的，那么更应该使用 Spark 进行处理。大部分机器学习算法都是需要多重数据处理的，通常会用到 Spark 的应用场景有以下四个方面：实时的市场活动、在线产品推荐、网络安全分析、机器日记监控等。

4) 灾难恢复

Hadoop 与 Spark 技术两者的灾难恢复方式迥异，但是都很不错。Hadoop 将每次处理后的数据都写入到磁盘上，所以它天生能很有弹性地对系统错误进行处理。

Spark的数据对象存储在弹性分布式数据集(Resilient Distributed Dataset，RDD)中。这些数据对象既可以放在内存中，也可以放在磁盘中，所以RDD同样也可以提供完成的灾难恢复功能。

5) 开发环境的搭建

鉴于Hadoop和Spark在当前大数据处理中的主流地位，需要对大数据做进一步学习的读者应该搭建开发环境，学习开发方法。目前，网上关于Hadoop和Spark环境搭建和开发的文档非常多，有条件的读者可以选择好的文档，按照文档介绍搭建开发环境并开发示例程序，本书在这里不做进一步介绍。

9.4 大数据分析与挖掘

有了数据库层面的支撑，还需要经过数据分析和挖掘才能得到有用的知识。数据分析是用适当的统计分析方法对收集来的大量数据进行分析，提取有用信息和形成结论而对数据加以详细研究和概括总结的过程。数据挖掘是数据库知识发现中的一个步骤，一般是指从大量的数据中通过算法搜索隐藏于其中的信息的过程。数据挖掘通常通过统计、在线分析处理、情报检索、机器学习、专家系统(依靠过去的经验法则)和模式识别等诸多方法来实现上述目标。

9.4.1 传统数据分析与挖掘技术

1. 传统数据分析

传统数据分析对已知的数据范围中好理解的数据进行分析。大多数数据仓库都有一个精致的提取、转换和加载(ETL)的流程和数据库限制，这意味着加载进数据仓库的数据是容易理解的，洗清过的，并符合业务的元数据。

传统数据分析是建立在关系型数据模型之上的，主题之间的关系在系统内就已经被创立了，而分析也是在此基础上进行的。同时，传统分析是定向的批处理，需要每晚等待提取、转换和加载(ETL)等工作的完成。在一个传统的分析系统中，并行是通过昂贵的硬件，如大规模并行处理(MPP)系统和/或对称多处理(SMP)系统来实现的。

传统数据分析主要通过联机分析处理(Online Analytical Processing，OLAP)方式来实现。OLAP技术基于用户的一系列假设，在多维数据集上进行交互式的数据查询、关联操作(一般使用SQL语句)来验证这些假设，代表了演绎推理的思想方法。

在典型的世界里，很难在所有的信息间以一种正式的方式建立关系，因此数据以图片、视频、移动产生的信息、无线射频识别(RFID)等非结构化的形式存在，需要用到新的分析技术。

2. 传统数据挖掘

数据挖掘技术是在海量数据中主动寻找模型，自动发现隐藏在数据中的模式，代表了归纳的思想方法。传统的数据挖掘算法主要有聚类、分类和回归。

1) 聚类

聚类又称群分析，是研究(样品或指标)分类问题的一种统计分析方法。它针对数据的相似性和差异性将一组数据分为几个类别。属于同一类别的数据间的相似性很大，但不同类别之间数据的相似性很小，跨类的数据关联性很低。企业通过使用聚类分析算法可以进行客户分群，再对分群客户进行特征提取和分析，从而抓住客户特点以推荐相应的产品和服务。

2) 分类

分类类似于聚类，但是目的不同，分类可以使用聚类预先生成的模型，也可以通过经验数据找出一组数据对象的共同特点，将数据分成不同的类，其目的是通过分类模型将数据项映射到某个给定的类别中。分类的代表算法是 CART(分类与回归树)。企业可以对用户、产品、服务等各业务数据进行分类，构建分类模型，再对新的数据进行预测分析，使之归于已有类中。分类算法比较成熟，分类准确率也比较高，对于客户精准定位、营销和服务有着非常好的预测能力，可以帮助企业进行决策。

3) 回归

回归反映了数据的属性值的特征，通过函数表达数据映射的关系来发现属性值之间的一般依赖关系。它可以应用到对数据序列的预测和相关关系的研究中。企业可以利用回归模型对市场销售情况进行分析和预测，以及时作出对应的策略调整。在风险防范、反欺诈等方面也可以通过回归模型进行预警。

3. 传统数据分析与挖掘技术的局限性

传统的数据分析方法，不管是传统的 OLAP 技术还是数据挖掘技术，都难以应付大数据的挑战。首先是执行效率低，传统数据挖掘技术都是基于集中式的底层软件架构开发的，难以并行化，因而在处理 TB 级以上的数据时效率低。其次是数据分析精度难以随着数据量的提升而得到改进，特别是难以应对非结构化数据。在人类全部数字化数据中，仅有非常小的一部分数值型数据得到了深入分析和挖掘(如回归、分类、聚类)，大型互联网企业对网页索引、社群数据等半结构化数据进行了浅层分析(如排序)，但是对占总量 60% 的语言、图片、视频等非结构化数据还难以进行有效分析。

所以，大数据分析技术需要在两个方面取得突破：一是对体量庞大的结构化和半结构化数据进行高效率的深度分析，挖掘隐性知识，如从自然语言构成的文本网页中理解和识别语义、情感、意图等；二是对非结构化数据进行分析，将海量复杂多源的语音、图像和视频数据转化为机器可识别的、具有明确语义的信息，进而从中提取有用的知识。目前看来，以深度神经网络等新兴技术为代表的大数据分析技术已经得到一定发展。

9.4.2 新兴大数据分析技术

1. 神经网络

神经网络是一种先进的人工智能技术，具有自身自行处理、分布式存储和高容错等特性，非常适合用于处理非线性的以及那些模糊、不完整、不严密的知识或数据，十分适合用于解决大数据挖掘问题。典型的神经网络主要分为三大类：第一类是以用于分类预测和模式识别的前馈式神经网络模型，其主要代表为函数型网络、感知机；第二类是用于联想记忆和优化算法的反馈式神经网络，以 Hopfield 的离散型和连续型为代表；第三类是用于聚类的自组织映射方法，以 ART 模型为代表。不过，虽然神经网络有多种模型及算法，但在特定领域的数据挖掘中使用何种模型及算法并没有统一的规则，而且人们很难理解网络的学习及决策过程。

2．深度学习

深度学习是近年来机器学习领域最令人瞩目的方向。自 2006 年深度学习泰斗 Geoffrey Hinton 在《Science》杂志上发表题目为 Deep Belief Networks 的论文之后，开启了深度神经网络的新时代。学术界和业界对深度学习热情高涨，并逐渐在语音识别、图像识别、自然语言处理等领域获得突破性进展，深度学习在语音识别领域获得 20%到 30%的准确率提升，突破了近十年的瓶颈。2012 年在图像识别领域的 ImageNet 图像分类竞赛中取得了 85%的 TOP5 准确率，并进一步在 2013 年将准确率提升到 89%。目前，谷歌、Facebook、微软、IBM 等国际巨头，以及国内的百度、阿里巴巴和腾讯等互联网巨头争相布局深度学习。由于神经网络算法的结构和流程特性，非常适合于在大数据分布式处理平台上进行计算，通过神经网络领域的各种分析算法实现和应用，公司可以实现多样化的分析，并在产品创新、客户服务、营销等方面取得创新性进展。

3．Web 数据的挖掘和分析

随着互联网与传统行业融合程度日益加深，对于 Web 数据的挖掘和分析成为了需求分析和市场预测的重要手段。Web 数据挖掘是一项综合性技术，可以从文档结构和使用集合中发现隐藏的从输入到输出的映射过程。

目前，较为常用的 Web 数据挖掘算法主要有 PageRank 算法、HITS 算法和 LOGSOM 算法。这三种算法所涉及的用户主要是指较为笼统的用户，没有较为鲜明的界限对用户进行详细、谨慎的划分。然而，当前 Web 数据挖掘算法也正迎来了一些挑战，比如用户分类层面、网站公布内容的有效性层面、用户停留页面时间长短的层面等。

上述三种算法中目前研究和应用比较多的是 PageRank 算法。PageRank 根据网站外部链接和内部链接的数量与质量衡量网站的价值。这个概念的灵感来自于学术研究中这样一个现象，即一篇论文被引述频度越高，一般会判断其权威性和质量越高。在互联网场景中，每个到页面的链接都是对该页面的一次投票，被链接越多，就意味着被其他网站的投票越多。这就是所谓的链接流行度，可以衡量多少人愿意将他们的网站和你的网站挂钩。让机器自动学习和理解人类语言中的近百万种语义，并从海量用户行为数据中总结归纳出用户兴趣是一项持续 20 多年的研究方向。腾讯公司研发的 Peacock 大规模主题模型机器学习系统，通过并行计算可以高效地对 10 亿乘 1 亿的大规模矩阵进行分解，从海量样本中学习 10 万到 10 万两级的隐含语义。这对于挖掘用户兴趣、相似用户扩展和精准推荐具有重大意义。

需要指出的是，数据挖掘与分析的行业与企业特点强，除了一些最基本的数据分析工具(如 SAS)外，目前还缺乏针对性的、一般化的建模与分析工具。各个行业需要根据自身业务构建特定数据模型。数据分析模型构建能力的强弱，成为不同企业在大数据竞争中取胜的关键。

9.5 大数据开发环境搭建

对于大多数初学者而言，大数据的开发环境还是相对陌生的。本节提供一个 Hadoop 部署文档，帮助初学者尽快熟悉这一环境，亦可作为开发环境部署的参考，更多知识可以登录 Hadoop 官网https://wiki.apache.org/hadoop自主学习。在按照下述步骤搭建测试环境前，请准备三台主机，分别为“master”、“slave1”、“slave2”。

9.5.1 机器系统配置准备

1. 修改 hosts 文件

在三台主机上分别配置 hosts 文件，执行如下命令：

```
vim /etc/hosts
```

三台主机配置案例：

```
ip1master
ip2slave1
ip3slave2
```

其中，ipN 代表一个可用的集群 IP，ip1 为 master 的主节点，ip2 和 ip3 为从节点。

2. SSH 互信(免密码登录)

注意这里配置的是 root 用户，所以以下的 HOME 目录是“/root”。如果你配置的是用户 xxxx，那么 HOME 目录应该是“/home/xxxx/”。

(1) 在主节点上执行下面的命令：

```
ssh-keygen -t rsa –P
```

(2) 一路回车直到生成公钥。

(3) 从 master 节点拷贝 id_rsa.pub 到 slave 主机上，并且改名为“id_rsa.pub.master”。

```
scp /root/.ssh/id_rsa.pub root@slave1:/root/.ssh/id_rsa.pub.master
scp /root/.ssh/id_rsa.pub root@slave2:/root/.ssh/id_rsa.pub.master
```

(4) 同上，下面使用 slaveN 代表 slave1 和 slave2。

```
scp /etc/hosts root@slaveN:/etc/hosts
```

(5) 统一 hosts 文件，让几个主机能通过 host 名字来识别彼此，在对应的主机下执行命令：

```
cat /root/.ssh/id_rsa.pub >> /root/.ssh/authorized_keys #master 主机
cat /root/.ssh/id_rsa.pub.master>> /root/.ssh/authorized_keys #slaveN 主机
```

这样 master 主机就可以无密码登录到其他主机，在运行 master 上启动脚本时和使用 scp 命令时，就可以不用输入密码了。

9.5.2 基础环境安装(Java 和 Scala 环境)

1. Java1.7 环境搭建

(1) 配置 master 的 Java 环境。安装 JDK 1.7 的 rpm 包，请在 Oracle 官方获取目标安装包，即

```
rpm -ivhjdk-6u31-linux-amd64.rpm
```

(2) 增加 JAVA_HOME。配置 vim etc/profile，#增加如下行：

```
#JAVA_HOME
    export JAVA_HOME=/usr/java/jdk1.7.0_*/
#刷新配置
    source /etc/profile
#当然 reboot 也是可以的
```

(3) 配置 slaveN 主机的 Java 环境。

```
#使用 scp 命令进行拷贝
    scp jdk-6u31-linux-amd64.rpmroot@slaveN:/root
#其他步骤与 master 节点一样配置
```

2. Scala 2.10.5 环境搭建

1) master 节点

(1) 下载 Scala 安装包。

安装 rpm 包

```
    rpm -ivh scala-2.10.5.rpm
#增加 SCALA_HOME
    vim /etc/profile
```

(2) 增加如下内容：

```
#SCALA_HOME
    export SCALA_HOME=/usr/share/scala
#刷新配置
    source /etc/profile
```

2) slaveN 节点

使用 scp 命令进行拷贝

```
    scp scala-2.10.5.rpmroot@slaveN:/root
```

其他步骤如 master 节点一样配置。

9.5.3 Hadoop 2.6.0 完全分布式环境搭建

1. master 节点

(1) 下载二进制包。下载链接如下：

```
wgethttp://www-eu.apache.org/dist/hadoop/common/hadoop-2.6.1/hadoop-2.6.1.tar.gz
```

(2) 解压并移动至相应目录。比如，将软件放置/opt 目录下：

```
tar -xvfhadoop-2.6.1.tar.gz
    mv hadoop-2.6.1 /opt
```

(3) 修改相应的配置文件。具体如下：

- /etc/profile

增加如下内容：

```
#hadoopenviroment
export HADOOP_HOME=/opt/hadoop-2.6.1/
export PATH="$HADOOP_HOME/bin:$HADOOP_HOME/sbin:$PATH"
export HADOOP_CONF_DIR=$HADOOP_HOME/etc/hadoop
export YARN_CONF_DIR=$HADOOP_HOME/etc/hadoop
```

- $HADOOP_HOME/etc/hadoop/hadoop-env.sh

修改 JAVA_HOME 如下：

```
export JAVA_HOME=/usr/java/jdk1.7.0_*/
```

- $HADOOP_HOME/etc/hadoop/slaves

```
slave 1
slave 2
```

- $HADOOP_HOME/etc/hadoop/core-site.xml

```
<configuration>
<property>
<name>fs.defaultFS</name>
<value>hdfs://master:9000</value>
</property>
<property>
<name>io.file.buffer.size</name>
<value>131072</value>
</property>
<property>
<name>hadoop.tmp.dir</name>
<value>/opt/hadoop-2.6.1/tmp</value>
</property>
</configuration>
```

- $HADOOP_HOME/etc/hadoop/hdfs-site.xml

```
<configuration>
<property>
```

```
<name>dfs.namenode.secondary.http-address</name>
<value>master:50090</value>
</property>
<property>
<name>dfs.replication</name>
<value>2</value>
</property>
<property>
<name>dfs.namenode.name.dir</name>
<value>file:/opt/hadoop-2.6.1/hdfs/name</value>
</property>
<property>
<name>dfs.datanode.data.dir</name>
<value>file:/opt/hadoop-2.6.1/hdfs/data</value>
</property>
</configuration>
```

- $HADOOP_HOME/etc/hadoop/mapred-site.xml

复制 template，生成 XML 文件：

```
cpmapred-site.xml.template mapred-site.xml
```

内容如下：

```
<configuration>
<property>
<name>mapreduce.framework.name</name>
<value>yarn</value>
</property>
<property>
<name>mapreduce.jobhistory.address</name>
<value>master:10020</value>
</property>
<property>
<name>mapreduce.jobhistory.address</name>
<value>master:19888</value>
</property>
</configuration>
```

- $HADOOP_HOME/etc/hadoop/yarn-site.xml

```
<!-- Site specific YARN configuration properties -->
<property>
<name>yarn.nodemanager.aux-services</name>
```

```
<value>mapreduce_shuffle</value>
</property>
<property>
<name>yarn.resourcemanager.address</name>
<value>master:8032</value>
</property>
<property>
<name>yarn.resourcemanager.scheduler.address</name>
<value>master:8030</value>
</property>
<property>
<name>yarn.resourcemanager.resource-tracker.address</name>
<value>master:8031</value>
</property>
<property>
<name>yarn.resourcemanager.admin.address</name>
<value>master:8033</value>
</property>
<property>
<name>yarn.resourcemanager.webapp.address</name>
<value>master:8088</value>
</property>
```

上述配置为最基本的配置项，如果要优化集群需增加更多的配置项，可以参见 Hadoop 官方配置文件部分的内容。至此 master 节点的 Hadoop 搭建完毕，在启动之前需要格式化 namenode，命令如下：

```
hadoopnamenode -format
```

2．slaveN 节点

- 复制 master 节点的 hadoop 文件夹到 slaveN 上。

```
scp -r /opt/hadoop-2.6.1root@slaveN:/opt
```

- 修改/etc/profile。

参照 master 配置。

9.5.4 Spark 1.6.0 完全分布式环境搭建

1．master 节点

(1) 下载如下文件：

```
spark-1.6.0-bin-hadoop2.6.1.tgz
```

(2) 解压并移动至相应的文件夹。

tar -xvfspark-1.6.0-bin-hadoop2.6.1.tgz
mvspark-1.6.0-bin-hadoop2.6.1 /opt

(3) 修改相应的配置文件。

■ /etc/profie

#配置 Spark 环境
export SPARK_HOME=/opt/ spark-1.6.0-bin-hadoop2.6.1/
export PATH="$SPARK_HOME/bin:$PATH"

■ $SPARK_HOME/conf/spark-env.sh

cp spark-env.sh.template spark-env.sh
#配置内容
export SCALA_HOME=/usr/share/scala
export JAVA_HOME=/usr/java/jdk1.7.0/
export SPARK_MASTER_IP=master
export SPARK_SLAVER_MEMORY=1g
export HADOOP_CONF_DIR=/opt/hadoop-2.6.1/etc/hadoop

■ $SPARK_HOME/conf/slaves

cpslaves.template slaves
#配置内容
master
slave 1
slave 2

2. slaveN 节点

(1) 将配置好的 spark 文件复制到 slaveN 节点，命令如下：

scp spark-1.6.0-bin-hadoop2.6.1root@slaveN:/opt

(2) 修改/etc/profile，增加 Spark 相关的配置，如 master 节点一样。

9.5.5 启动集群的脚本

启动集群的脚本 start-cluster.sh 如下：

```
#!/bin/bash
/opt/hadoop-2.6.1/sbin/start-all.sh
/opt/spark-1.6.0-bin-hadoop2.7/sbin/start-all.sh
jps
```

关闭集群的脚本 stop-cluser.sh 如下：

```
#!/bin/bash
/opt/spark-1.6.0-bin-hadoop2.7/sbin/stop-all.sh
/opt/hadoop-2.6.1/sbin/stop-all.sh
jps
```

9.5.6 集群测试

本节采用最简单、最常用的 Wordcount 来对集群进行测试。

1．测试 Hadoop

(1) 测试的源文件的内容如下：

Hello hadoop

hello spark

hellobigdata

(2) 执行下列命令：

hadoopfs -mkdir -p /Hadoop/Input

hadoopfs -put wordcount.txt /Hadoop/Input

hadoop jar /opt/hadoop-2.6.1/share/hadoop/mapreduce/hadoop-mapreduce-examples-2.6.1.jar wordcount /Hadoop/Input /Hadoop/Output

(3) 等待 mapreduce 执行完毕后，查看结果，命令如下：

hadoopfs -cat /Hadoop/Output/*

Hadoop 测试结果如图 9-6 所示。

```
[root@master ~]# hadoop fs -cat /Hadoop/Output/*
Hello   1
bigdata 1
hadoop  1
hello   2
spark   1
```

图 9-6 Hadoop 测试结果

上述测试结果表明，一个 Hadoop 集群就搭建成功了。

2．测试 Spark

为了避免麻烦，这里我们使用 spark-shell 做一个简单的 Wordcount 的测试。在测试 Hadoop 的时候我们已经在 HDFS 上存储了测试需要的源文件，可以直接使用该文件。

(1) 输入命令 spark-shell，进入 Spark 欢迎页，如图 9-7 所示。

```
[boco@cloud18 jilin]$ spark-shell
Setting default log level to "WARN".
To adjust logging level use sc.setLogLevel(newLevel).
Welcome to
                        version 1.6.0

Using Scala version 2.10.5 (Java HotSpot(TM) 64-Bit Server VM, Java 1.7.0_67)
Type in expressions to have them evaluated.
Type :help for more information.
17/04/07 16:52:12 WARN util.Utils: Service 'SparkUI' could not bind on port 4040. Attempting port 4041.
17/04/07 16:52:12 WARN util.Utils: Service 'SparkUI' could not bind on port 4041. Attempting port 4042.
Spark context available as sc (master = yarn-client, app id = application_1491464280518_0033).
SQL context available as sqlContext.

scala>
```

图 9-7 Spark 测试

(2) 输入以下命令，得如图 9-8 所示测试结果。

```
valfile=sc.textFile("hdfs://master:9000/Hadoop/Input/wordcount.txt")
valrdd = file.flatMap(line =>line.split("")).map(word => (word,1)).reduceByKey(_+_)
rdd.collect()
rdd.foreach(println)
```

```
scala> val file=sc.textFile("hdfs://master:9000/Hadoop/Input/wordcount.txt")
file: org.apache.spark.rdd.RDD[String] = hdfs://master:9000/Hadoop/Input/wordcount.txt MapPartitionsRDD[5] at textFile at <console>:24

scala> val rdd = file.flatMap(line => line.split(" ")).map(word => (word,1)).reduceByKey(_+_)
rdd: org.apache.spark.rdd.RDD[(String, Int)] = ShuffledRDD[8] at reduceByKey at <console>:26

scala> rdd.collect()
res0: Array[(String, Int)] = Array((Hello,1), (hello,2), (bigdata,1), (spark,1), (hadoop,1))

scala> rdd.foreach
foreach   foreachAsync   foreachPartition   foreachPartitionAsync

scala> rdd.foreach(println)
(spark,1)
(hadoop,1)
(Hello,1)
(hello,2)
(bigdata,1)
```

图 9-8　Spark 测试结果

退出可使用如下命令：

```
:quit
```

至此，Hadoop 环境搭建工作就完成了。

9.6　大数据应用实例

目前，大数据应用尚处于从热点行业和领域向传统领域渗透的阶段，大数据应用水平较高的行业主要分布在互联网、电信、金融等行业。下面介绍一下中兴通讯股份有限公司专门针对电信运营商开发的一个大数据应用平台。

1. 电信运营商面临的挑战

作为中兴通讯股份有限公司的客户，电信运营商普遍面临以下挑战：

(1) 电信行业同质化竞争严重。电信运营商需要改变以往粗放的网络经营，重新思考和精确定位，以差异化经营，从而在电信行业竞争中谋求发展，寻找经营蓝海；

(2) 网络管道化趋势明显，运营商以往以用户增长、流量增长、获得盈利增长的经营模式已经在新的市场环境下崩溃，运营商需要从暴涨的移动数据流量中挖掘信息应用需求，丰富自身的电信产品，以提升盈利能力；

(3) 行业发展趋于平稳。电信行业已告别高速增长的时期，简单的以成本换市场的运作思路已经不再适用，运营商必须提升内部效率，以更低的成本向用户提供丰富的、稳定的、高水平的服务体验。这是电信运营商在新的市场环境下赖以生存并持续发展的基础。

2. 方案概述

中兴通讯股份有限公司基于大数据的用户画像解决方案是利用大数据技术，对电信网络中的用户呼叫记录、信令等数据进行分析，为电信运营商细分用户群、挖掘新业务提供支撑。这主要体现在：

(1) 多维度的用户分类：从个人信息、业务使用、活跃时段、生活轨迹等方面对用户进行分析，并以标签形式对用户分类，帮助运营商深度了解用户群特点；

(2) 全场景分析用户行为：了解用户在不同生活场景下的操作行为，帮助运营商挖掘新业务；

(3) 社交化分析：分析用户社交圈和社交行为，为运营商业务创新和营销提供新视角；

(4) 内容和行为分析：分析用户兴趣爱好，提高业务创新和营销的准确度。

用户画像解决方案功能框架如图 9-9 所示。自下而上，最底层是数据源，数据有三个来源：一是来自电信运营商的 BSS、VAC、CDR 等运营系统，该类数据经过 ETL，即抽取(Extract)、转换(Transform)、加载(Load)，进入大数据存储；二是来自信令网，获得用户的实时位置；三是来自互联网页面，采用爬虫技术采集有用信息。

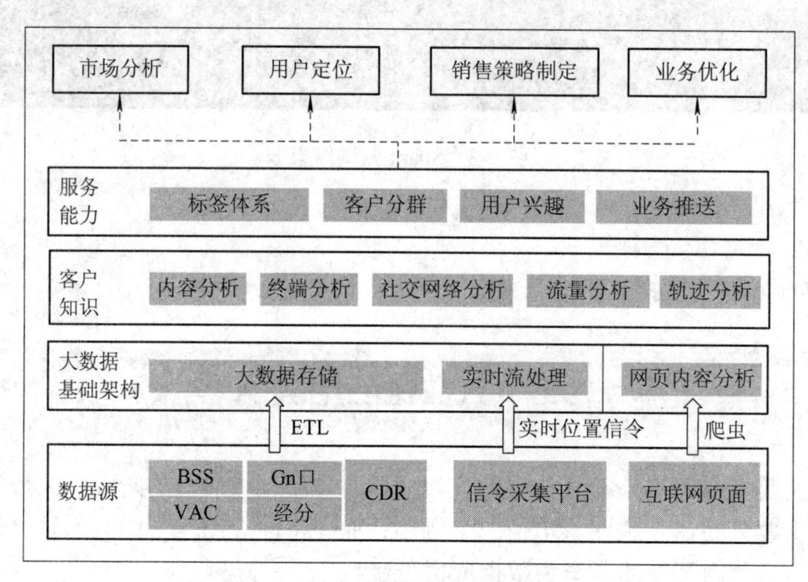

图 9-9 用户画像解决方案功能框架

第二层是大数据基础架构，包括对来自运营系统的大数据进行的大数据存储，对于实时位置信令的实时流处理，以及对爬虫采集到的互联网网页数据的内容分析。

第三层是客户知识。在对于第二层进行数据处理的基础上，通过内容分析、终端分析、社交网络分析、流量分析及轨迹分析，获取客户的行为特征。

第四层是服务能力。在获取客户特征后，通过建立标签体系、对客户进行分群、分析用户兴趣及业务推送等，形成大数据服务能力。

第五层也就是最顶层，是大数据系统的具体应用，包括市场分析、用户定位、销售策略制定及业务优化等。

3．方案特点

中兴通讯股份有限公司基于大数据的用户画像解决方案的特点可以从三个方面分析：

(1) 大数据造就远超以往的分析准确度。中兴通讯用户画像解决方案能够收集、分析不同设备，不同类型，不同结构的全部相关数据。分析的数据无论是丰富程度、及时性还是数据的量都是以往无法企及的。相应地，由此得到的分析结论也会比以往准确得多。实现这一切的关键，就是大数据技术；

(2) 全营销业务过程支持。中兴通讯用户画像解决方案能够提供用户洞察、用户行为分析、社交化分析、内容分析等能力，可以支持运营商从市场分析、客户筛选，营销执行到营销评估的整个营销业务过程；

(3) 易扩展的系统架构，满足应用需要。中兴通讯用户画像解决方案采用模块化设计，并且在应用模块与数据管理之间采用相对独立的接口，这种架构易于扩展应用功能，可以满足客户不断增加的商业需求。

思考与练习题

1. 什么是大数据？大数据有什么特点？
2. 简述大数据应用开发的过程。为什么把需求分析作为大数据应用开发的必要环节？
3. 在自己的电脑中，分别找出两个结构化数据和非结构化数据的样本，并说明理由。
4. 传统数据分析与挖掘技术有什么局限性？
5. 参考教材中的安装指南，并结合最新的软件更新，搭建 Hadoop/Spark 大数据开发环境。

第10章　云计算技术与应用

云计算是近年来正在迅速发展的一项新技术。云计算与移动互联网的结合，将计算和智能带到任意地方。如果没有移动互联网，数量庞大的移动用户将无法受益于云计算这项新兴的科技；同样，移动互联网如果没有云计算，其本身的能力要大打折扣，因为移动智能终端在计算能力上的局限性，需要云端强大的计算能力来互补。

10.1　云计算的概念

10.1.1　云计算的定义及特征

一般认为，云计算(Cloud Computing)的概念是由谷歌公司最先提出的。谷歌公司由于搜索业务需要足够的资源，需要对这些资源进行合理的组织和使用并按需提供，因此提出云计算概念有其必然性。按谷歌公司的观点，从技术角度来看，云计算是一种以按需、可扩展方式获得所需资源的架构；从商业角度来看，云计算是一种按需付费的商业方式。

“云”是对云计算服务模式的形象比喻。“云”概念最早起源于互联网，网络工程师常用一团云来表示一个网络，其含义是尽管实际网络具有非常庞大和复杂的构成，但对于网络终端的 PC 机来说，构成实际网络的这些设备极其复杂的相互连接方式是不可见的。PC 机能够透过这个网络设备直接“看见”服务器，就好像 PC 机和服务器之间只有透明的空气。因此有时人们也用“透明”来表述这种意思，比如说，网络对于 PC 机和服务器来说是“透明”的。“透明”的本质是通信协议的层次性和下层协议内部对上层协议的不可见性。

云计算则是谷歌公司受到“云”这个网络界术语的深刻影响，在总结和概括自己的搜索服务基础上最早提出来的概念。Google 搜索服务本身就是一种典型的云计算，只要输入关键字或者关键词，就同时有成千上万台分布于世界各地的服务器协同工作并返回搜索到的内容。用户除了能看到返回的结果，并不能“看见”后台有多少服务器以及它们是如何协同工作得到搜索结果的，因而是“透明”的。

微软认为，未来的互联网世界将会是“云+端”的组合，其中“端”指各种终端设备。在这个以“云”为中心的世界里，用户可以便捷地使用各种终端设备访问云中的数据和应用。这些设备可以是电脑和手机，甚至是电视等大家熟悉的各种电子产品。同时，用户在使用各种设备访问云服务时，得到的是完全相同的无缝体验。Sun 公司认为，云的类型有很多种，有很多不同的应用程序可以采用云来构建。由于云计算有助于提高应用程序的部署速度，有助于加快创新步伐，因而云计算可能还会出现我们现在还无法想象到的形式。作为提出“网络就是计算机”这一理念的公司，Sun 公司同时认为云计算就是下一代的网络计算。

工业和信息化部电信研究院认为，云计算具备四个方面的核心特征：一是宽带网络连接，“云”不在用户本地，用户要通过宽带网络接入“云”并使用服务，“云”内节点之间也通过内部的高速网络相连；二是对 ICT 资源的共享，“云”内的 ICT 资源并不为某一用户所专有；三是快速、按需、弹性的服务，用户可以按照实际需求迅速获取或释放资源，并且可以根据需求对资源进行动态扩展；四是服务可测量，服务提供者按照用户对资源的使用量进行计费。

按工业和信息化部电信研究院的定义，云计算是一种通过网络统一组织和灵活调用各种 ICT 信息资源，实现大规模计算的信息处理方式。云计算利用分布式计算和虚拟资源管理等技术，通过网络将分散的 ICT 资源(包括计算与存储、应用运行平台、软件等)集中起来形成共享的资源池，并以动态按需和可度量的方式向用户提供服务。用户可以使用各种形式的终端(如 PC、平板电脑、智能手机甚至智能电视等)通过网络获取 ICT 资源服务。

10.1.2　云计算的优势

相比于传统的方式，云计算技术不仅给信息系统的运行和维护带来了巨大便利，节省了成本，提高了效益，而且降低了企业信息化的门槛，助推企业加快创新发展的步伐。

1. 缩短运行时间和响应时间

对于弹性地运行批量作业的应用程序来说，云计算技术使得该应用程序可以很方便地临时使用大量服务器(比如 1000 台)的计算能力，在相当于单个服务器所需的千分之一的时间里完成一项任务。对于需要向其客户提供良好响应时间的应用程序来说，重构应用程序以便把任何 CPU 密集型的任务外包给云计算所提供的虚拟机，有助于缩短响应时间，同时还能根据需求进行伸缩，从而满足客户需求。

2. 最大限度地减小基础设施投资风险

IT 机构可以利用云计算技术来降低购置物理服务器所固有的风险。新的应用程序是否会成功？如果成功，需要多少台服务器？部署这些服务器的步骤是否能够跟得上工作负荷增加的速度？如果不能，投入服务器中的大量资金会不会付之东流？如果该应用程序的成功非常短命，IT 机构是否还会对在多数时间处于空闲状态的大量基础设施进行投资？凡此种种，都存在很大的不确定性，而这种不确定性也就意味着投资风险。

当把一个应用程序部署到云上时，可扩展性和购买太多或太少基础设施的问题就转移给了云提供商。云提供商的基础设施规模如此之大，以至于可以承受各个客户的业务量增长和工作负荷尖峰情况，因而减轻了这些客户所面临的经济风险。云计算最大限度地减轻基础设施风险的另一条途径是实现超负荷计算，企业数据中心 (也许是实现专用云的数据中心)可以通过向公用云发送超负荷工作来扩大其处理工作负荷尖峰情况的能力。

3. 降低入市成本

云计算的许多属性有助于降低进入新市场的成本。由于基础设施是租用而不是购买的，因而成本得以有效控制。同时，云提供商基础设施的巨大规模，也有助于因集约化而最大限度地降低成本，进而有助于降低租用成本。在云计算模式下，应用程序可以快速开发，有助于缩短入市时间，使在云环境中部署应用程序的机构先于竞争者入市。

4. 加快创新步伐

云计算的应用降低了进入新兴市场的成本，有助于使竞争各方处于同一起跑线，使新创企业可以快速且低成本地部署新的产品。小公司可以更有效地与在企业数据中心领域里所经历的部署过程长得多的传统机构进行竞争。增强竞争能力有助于加快创新步伐，而且由于许多创新是通过利用开源软件实现的，整个行业都会从云计算技术所促成的创新步伐加快中受益。

10.1.3 云计算的发展前景

目前，云计算方兴未艾，公有云服务竞争激烈，私有云服务市场需求不断增大，混合云逐渐成为云计算的主流模式。云计算领域新技术层出不穷且呈现不断融合的趋势，开源技术生态成为行业技术发展的重要力量，但产品和服务仍需完善。

2017 年 3 月 30 日，工业和信息化部发布了《云计算发展三年行动计划(2017—2019年)》，提出到 2019 年，我国云计算产业规模将达到 4300 亿元，突破一批核心关键技术，云计算服务能力将达到国际先进水平，对新一代信息产业发展的带动效应显著增强。云计算在制造、政务等领域的应用水平显著提升。

该计划发布云计算相关标准超过 20 项，形成较为完整的云计算标准体系和第三方测评服务体系。云计算企业的国际影响力显著增强，涌现两三家在全球云计算市场中具有较大份额的领军企业。云计算网络安全保障能力明显提高，网络安全监管体系和法规体系逐步健全。云计算成为信息化建设主要形态和建设网络强国、制造强国的重要支撑，推动经济社会各领域信息化水平大幅提高。

10.2 云计算体系结构与业务

10.2.1 传统应用系统体系结构

传统应用系统体系结构是“烟囱式”的，或者叫做“专机专用”系统，如图 10-1 所示。在这种架构中，新应用系统上线的时候需要分析该应用系统对于资源的需求，确定基础架构所需的计算、存储、网络等设备规格和数量。

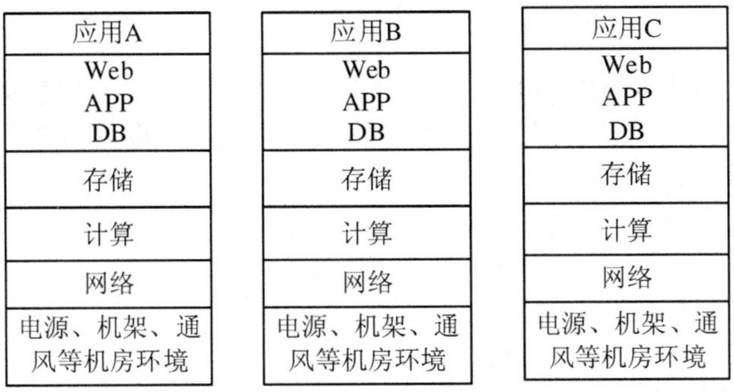

应用A	应用B	应用C
Web APP DB	Web APP DB	Web APP DB
存储	存储	存储
计算	计算	计算
网络	网络	网络
电源、机架、通风等机房环境	电源、机架、通风等机房环境	电源、机架、通风等机房环境

图 10-1　传统应用系统体系结构

这种传统部署模式主要存在以下两个方面的问题：

1. 硬件高配低用

考虑到应用系统未来 3～5 年的业务发展，以及业务突发的需求，为满足应用系统的性能、容量承载需求，往往在选择计算、存储和网络等硬件设备的配置时会留有一定比例的余量。但硬件资源上线后，应用系统在一定时间内的负载并不会太高，使得较高配置的硬件设备利用率不高。

2. 整合困难

用户在实际使用中也注意到了资源利用率不高的情形，当需要上线新的应用系统时，会优先考虑将其部署在既有的基础架构上。但因为不同的应用系统所需的运行环境、对资源的抢占会有很大的差异，更重要的是考虑到可靠性、稳定性、运维管理问题，将新、旧应用系统整合在一套基础架构上的难度非常大，更多的用户往往选择新增与应用系统配套的计算、存储和网络等硬件设备。

在这种部署模式下，每套硬件与所承载的应用系统构成"专机专用"，多套硬件和应用系统构成了"烟囱式"部署架构，使得整体资源利用率不高，占用过多的机房空间和能源。随着应用系统的增多，IT 资源的效率、可扩展性、可管理性都面临很大的挑战。

10.2.2　云计算服务类型及其体系结构

为了解决传统应用系统在体系结构方面日益突出的问题，云计算体系结构应运而生。它在传统体系结构计算、存储、网络硬件层的基础上，增加了虚拟化层、云层，并且广泛采用虚拟化技术，包括计算虚拟化、存储虚拟化、网络虚拟化等，屏蔽了硬件层自身的差异和复杂度，向上呈现为标准化、可灵活扩展和收缩、弹性的虚拟化资源池。在虚拟化基础上，对资源池进行调配、组合，根据应用系统的需要自动生成、扩展所需的硬件资源，将更多的应用系统通过流程化、自动化部署和管理，提升 IT 效率。相对于传统体系结构，在云计算体系结构下，应用系统共享资源池，实现高利用率、高可用性、低成本、低能耗，可以实现快速部署，易于扩展。

目前，常见的云服务类型主要包括三类，即 IaaS、PaaS、SaaS。此外，还有 DaaS 和 IDC 服务，这两类云服务也可以广义地归为云服务类型。DaaS 是指把数据作为服务(Data as a Service)。IDC 是指互联网数据中心(Internet Data Center)，实际上是指把自己的服务器托管在电信运营商提供的机房里。

1. IaaS

IaaS(Infrastructure as a Service)，即把基础设施作为服务，是指企业或个人可以使用云计算技术来远程访问计算资源，包括计算、存储以及应用虚拟化技术所提供的相关功能。IaaS 的体系结构如图 10-2 所示。

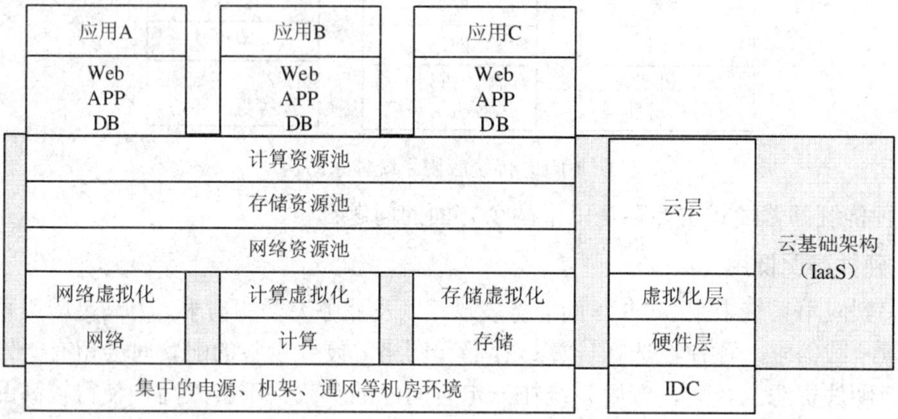

应用A　应用B　应用C
Web APP DB　Web APP DB　Web APP DB
计算资源池
存储资源池
网络资源池
网络虚拟化　计算虚拟化　存储虚拟化
网络　计算　存储
集中的电源、机架、通风等机房环境
云层
虚拟化层
硬件层
IDC
云基础架构（IaaS）

图 10-2　IaaS 体系结构

无论是最终用户、SaaS 提供商，还是 PaaS 提供商，都可以从 IaaS 服务中获得应用所需的计算能力，但无需对支持这一计算能力的基础 IT 软硬件付出相应的原始投资成本。服务器、存储系统、交换机、路由器和其他系统都是共用的，并且可以用来处理从应用程序组件到高性能计算应用程序的工作负荷。

2. PaaS

PaaS(Platform as a Service)，即把平台作为服务，是将一个完整的应用系统平台，包括应用设计、应用开发、应用测试和应用托管，都作为一种服务提供给客户。在这种模式下，客户不需要购买硬件和软件，只需要利用 PaaS 平台，就能够创建、测试和部署自己的应用和服务。有的平台还提供某一类应用的共用模块，开发者利用平台提供的共用模块和公共服务，可以大大节省开发时间，提高开发质量。

PaaS 的体系结构如图 10-3 所示。不同开发者开发的应用都运行在 PaaS 平台之上。

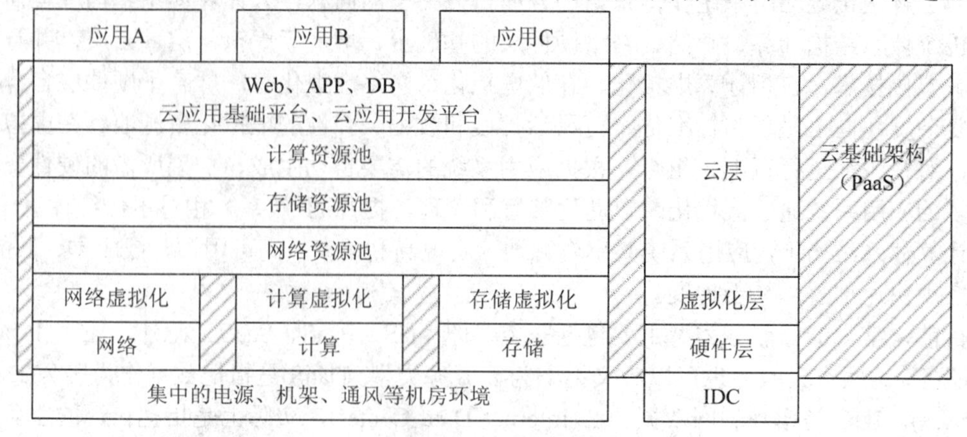

图 10-3　PaaS 体系结构

3．SaaS

SaaS(Software as a Service)，即把软件作为服务，是用户获取软件服务的一种新形式，其体系结构如图 10-4 所示。

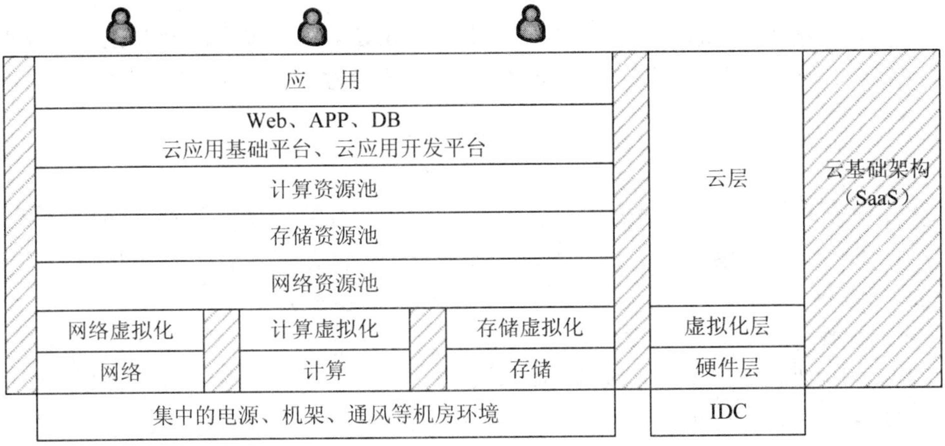

图 10-4　SaaS 体系结构

在这种模式下，客户不需要将软件产品安装在自己的电脑或服务器上，而是按某种服务水平协议直接通过网络向专门的提供商获取自己所需要的、带有相应软件功能的服务。本质上，SaaS 就是软件服务提供商为满足用户某种特定需求而提供其消费的软件的功能和计算能力。该软件的单个实例运行于云上，并为多个最终用户或客户机构提供服务。

SaaS 有各种典型的应用，如在线邮件服务、网络会议、网络传真、在线杀毒等各种工具型服务，还有在线 CRM、在线 HR、在线进销存、在线项目管理等各种管理型服务。SaaS 是未来软件业的发展趋势，不仅微软、Salesforce 等国外软件巨头推出了自己的 SaaS 应用，用友、金蝶等国内软件巨头也推出了自己的 SaaS 应用。传统的 Web 应用、APP 应用等，实质上都是 SaaS 应用。

4．DaaS

DaaS(Data as a Service)，即把数据(信息)作为服务，是指服务提供者承担数据采集、数据处理、数据分析等工作，然后集约化地把处理后的数据(或信息)提供给用户，DaaS 用户则无需关心这些数据实际上来自于哪些系统、经过了哪些处理。DaaS 和 SaaS 在体系结构上基本相同，只是在提供给用户的服务接口上，DaaS 提供的是经过处理的数据，而不是集应用功能和数据于一体的软件。

其实，尽管 DaaS 名词是新出现的，但 DaaS 所代表的服务形式并不是新出现的，原有很多检索服务本来就属于 DaaS。但是，在大数据和云计算背景下，才有可能使更多的跨平台数据、更大量的数据经过 DaaS 的分析处理后，以更通用化的方式提供给用户。

5．IDC

电源、机架、通风等机房环境本身是比计算机与网络设施更底层的基础设施，不能归于云计算体系结构。但在具体形态上，这些机房设施也和计算机与网络系统一样，可以集约化地提供给用户，减少用户自行建设机房环境设施的成本。这一业务也早已开展了十多年，称为 IDC(Internet Data Center，互联网数据中心)，其理念和云计算是完全一致的。因此，在本节，我们也把 IDC 作为一类特殊的云服务。

10.2.3 云计算业务

把云计算业务分为 DaaS、SaaS、PaaS、IaaS、IDC 等，是从云计算的层次结构角度来划分的。商务上通常根据云计算业务的具体内容对其进行包装，分为云服务、云平台软件和行业云等几个类型。

1. 云服务

云计算服务简称云服务，是指使用云计算技术架构建立资源共享池，向用户提供随需应变、可计量付费、快速灵活的自助服务，如天翼云、阿里云等。云服务可以替代用户本地自建的 IT 系统，用户可使用无处不在的网络接口访问服务。

1) SaaS软件

SaaS 是指软件厂家将软件移植到 SaaS 平台上，用户可以通过互联网使用应用软件，用户使用的系统实际上存在于 SaaS 厂商的服务器中，或者是由第三方厂商所提供的机器中，而不是在用户自己拥有的服务器中。目前，用友、金蝶等公司都能提供这种服务。

2) SaaS平台

SaaS 平台是运营 SaaS 软件的平台。SaaS 服务提供商为中小企业搭建信息化所需要的网络基础设施及软件、硬件运作平台，并负责前期实施、后期维护等一系列软件开发服务，用户无需购买软硬件、建设机房、招聘 IT 人员，只需前期支付一次性的项目实施费用和定期的软件租赁费用，即可通过互联网使用 SaaS 平台的软件。

3) 云主机

云主机整合了互联网应用三大核心要素：计算、存储、网络，面向用户提供公用化的互联网基础设施服务。云主机是在一组集群主机上虚拟出多个类似独立主机的部分，集群中每个主机上都有云主机的一个镜像，从而大大提高了虚拟主机的安全稳定性。只有所有的集群内主机全部出现问题，云主机才会无法访问。

4) 云存储

云存储是指通过集群应用、网格技术或分布式文件系统等功能，将网络中大量各种不同类型的存储设备通过应用软件集合起来协同工作，共同对外提供数据存储和业务访问功能。当云计算系统运算和处理的核心是大量数据的存储和管理时，就需要配置大量的存储设备，云计算系统就转变成为一个云存储系统，所以云存储是一个以数据存储和管理为核心的云计算系统。

5) 云会议

云会议是基于云计算技术的一种高效、便捷、低成本的会议形式。用户只需要通过互联网界面进行简单的操作，便可快速高效地与全球各地团队及客户同步分享语音、数据文件及视频，而会议中数据的传输、处理等复杂技术由云会议服务商帮助使用者进行操作。目前，云会议主要以 SaaS 模式为主，包括电话、网络、视频等服务形式。

6) 云开发

云开发是指通过互联网把软件开发、测试、部署、运行环境提供给用户，从而简化应用程序开发和部署工作。目前，云开发的发展方向分为两大类，一类是针对专业程序员的开发平台，另一类是附加更多商业价值的开发平台。

7) 网站云监控

云监控是基于云计算模式的监控网络、监控服务、监控平台等的技术与平台的总称。通过互联网进行监控，关注网站的可用性、响应时间、服务器资源等指标，以及提供智能多样的报警方式、信息统计，能及时发现问题所在，并进行问题分析。

8) 云测试

云测试是基于云计算的一种新型测试方案。服务商提供多种平台，用户在本地把自动化测试脚本写好，上传到服务供应商网站，在测试平台上运行测试脚本。云测试包括性能测试、安全测试、网站在线测试、网站优化等。

2. 云平台软件

云平台软件是指搭建云平台所需要的与虚拟化技术、存储管理、服务器虚拟化管理相关的软件，有商用软件和开源软件。目前，商业的 IaaS 软件主要有 VM 的 Vcenter，RedHat 的 RHEVM 等，开源的有 OpenStack 等。PaaS 软件更是数量众多，如中服云、泽塔云等。SaaS 软件如金蝶、中软等软件。

3. 行业云

云计算技术与各个行业原有的业务软件应用系统相结合，出现了众多的行业云。目前，这些云以教育云、工业云、医疗云、政府云、媒体云等最为常见。

(1) 教育云。教育云是向学校教职工和学生提供云服务的专业化云平台。教育云构建个性化教学的信息化环境，支持教师的有效教学和学生的主动学习，促进学生思维能力的培养，提高教育质量。

(2) 工业云。工业云是向工业企业提供工业设计、设备配套、设备维修等方面的云服务、云软件的云平台，它使工业企业的社会资源实现共享，大大降低了制造业信息建设的门槛，同时也大大降低了该行业的软件盗版率。

(3) 医疗云。医疗云是向医疗机构提供云服务的专业化云平台，使医疗机构可以低成本且便捷地使用影像存储管理、预约挂号、分级诊疗等应用，推动医院与医院、医院与社区、医院与急救中心、医院与家庭之间的服务共享，并形成一套全新的医疗健康服务系统。

(4) 政府云。政府云可提供对海量数据存储、分享、挖掘、搜索、分析和服务的能力，使得数据能够作为无形资产进行统一有效的管理。利用数据的集成和融合技术，打破政府部门间的数据堡垒，实现部门间的信息共享和业务协同。通过对数据的分析处理，将数据以更清晰直观的方式展现给决策者，为政府决策提供更好的数据支持。

(5) 媒体云。媒体云是向媒体提供云应用和服务的专业化云平台。用户可以在云平台存储和处理多媒体应用数据，而不需要在计算机或终端设备上安装媒体应用软件，进而减轻了其对多媒体软件维护和升级的负担，避免了在终端设备上进行高负荷计算，延长了移动终端的续航时间。

10.2.4　云计算的商业模式

按照商业模式的不同，云计算又可以分为公有云、私有云和混合云三大类。

1. 公有云

公有云是由 IDC 服务商或第三方提供资源面向公众提供的云服务，这些资源是在服务商的场所内部署，用户通过互联网来获取和使用这些资源。公有云提供商包括中国电信、阿里巴巴、腾讯等。公有云的优势是成本低，灵活性和扩展性好，可以实现工作负载的方便迁移，其缺点是对于云端的资源缺乏控制，数据的保密性可能需要采取额外措施保证。

2. 私有云

私有云是为客户单独使用而构建的，是企业传统数据中心的延伸和升级，能够针对各种功能提供弹性的存储容量和处理能力。私有云又分为内部私有云和外部私有云两种。

(1) 内部私有云。内部私有云也称为内部云，由机构在自己的数据中心内构建，其规模和资源可扩展性受到一定局限，投资和维护成本相对于公有云要大，适合那些需要对应用、平台配置和安全机制能够进行完全控制的机构。

(2) 外部私有云。外部私有云部署在组织外部，由第三方机构负责管理。第三方为该组织提供专用的云环境，并保证隐私和机密性。外部私有云成本更低，便于业务规模扩展。

3. 混合云(Hybrid Cloud)

在混合云模式中，云平台由公有云和私有云两种云构成，彼此之间通过标准化或专有技术实现绑定，能够进行数据和应用的移植。混合云发挥了公有云和私有云各自的优势，一个机构可以将次要应用和数据部署到公有云上，而将关键应用和数据放在私有云中。

10.3 云计算技术

10.3.1 云计算关键技术

云计算所涉及的主要技术包括虚拟化技术、分布式资源管理技术、并行编程技术、海量数据管理技术和云计算平台管理技术等。

1. 虚拟化技术

云计算虚拟化涵盖整个 IT 架构，包括资源、网络、应用和桌面等。其优势在于能够把所有硬件设备、软件应用和数据隔离开来，打破硬件配置、软件部署和数据分布的界限，实现 IT 设施的动态化和资源的集中管理，使应用能够动态地使用虚拟资源和物理资源，提高系统适应需求和环境的能力。

2. 分布式资源管理技术

云计算模式下，通常计算任务会在多个节点并发执行。要保证系统状态的正确性，必须保证分布数据的一致性。为此，很多公司和研究人员提出了各种各样的协议。但对于大规模甚至超大规模的分布式系统来说，这种方式无法保证各个分系统、子系统都使用同样的协议，也就无法保证分布的一致性。分布式资源管理技术则圆满解决了这一问题，比如谷歌公司的 Chubby，就是最著名的分布式资源管理系统。该系统实现了 Chubby 服务锁机制，使得解决分布一致性的问题不再仅仅依赖于一个协议或者一个算法，而是有了一个统一的服务。

3. 并行编程技术

在并行编程模式下，并发处理、容错、数据分布、负载均衡等细节都被抽象到一个函数库中，通过统一接口，用户大尺度的计算任务被自动并发和分布执行，一个任务自动分成多个子任务，并行地处理海量数据。

4. 海量数据管理技术

云计算需要对分布的、海量的数据进行处理、分析，因此，数据管理技术必须能够高效地管理大量的数据。由于云数据存储管理形式不同于传统的 RDBMS 数据管理方式，如何在规模巨大的分布式数据中找到特定的数据，也是云计算数据管理技术所必须解决的问题。同时，由于管理形式的不同会造成传统的 SQL 数据库接口无法直接移植到云管理系统中来。目前，一些研究关注为云数据管理提供 RDBMS 和 SQL 的接口，如基于 Hadoop 的子项目 HBase 和 Hive 等。同时，在云数据管理方面，如何保证数据安全性和数据访问高效性也是研究的重点问题之一。

5. 云计算平台管理技术

云计算资源规模庞大，服务器数量众多且分布在不同的地点，同时运行着数百种应用。如何有效管理这些服务器，保证整个系统提供不间断的服务，是一个巨大的挑战。云计算系统的平台管理技术能够使大量的服务器协同工作，方便地进行业务部署和开通，快速发现和恢复系统故障，通过自动化、智能化手段实现大规模系统的可靠运营。

10.3.2　当前云计算技术发展热点

中国信息通信研究院 2016 年 9 月发布《云计算白皮书》，对云计算技术在国际和国内呈现的很多热点进行了深入研究，其主要观点如下所述。

1. 全球云计算发展热点

(1) 容器技术助力云计算发展。

Docker 技术快速迭代。2014 年 1 月 Docker 1.0 正式发布，其前身是 DotCloud 的一个开源项目，它利用 Linux 和核心工具，支持容器之间的隔离。Docker 的迭代速度非常快，2015 年 11 月 Docker 1.9 正式发布，该版本包含了正式用于产品的 Swarm 和多宿主互联功能，为 Docker 增加了新的卷管理功能，并修改了 Compos 使其更好地支持多种环境。同月，Docker 公司宣布了对 Docker 平台安全方面的三个改进，即支持利用 Yubikey 进行硬件签名，对 Docker Hub 中镜像进行安全扫描，支持用户名字空间。

容器逐渐成为主流云计算技术之一。2014 年 OpenStack 社区开始支持容器和容器第三方开发者，创造一个多种技术混合的多元环境。VMware 已经宣布将支持容器，强调采用虚拟机作为介质部署容器可对容器安全性和管理控制进行补充。RedHat 将 Docker 集成到自己的操作系统 RHEL 中，以 KVM 承载 Docker，并推出了 RHEL7 Atomic HOST 容器虚拟化系统。Atomic 定义了 RedHat 认证的 Docker 宿主、容器元、容器开发包等，瞄准了原本安全堪忧的 Docker，对整体架构的各个层面进行可信认证。2014 年亚马逊推出弹性容器服务，提高了云移植性并降低了成本。

容器技术推动自动化运维。运维自动化最关键的部分是运行环境的定义。Docker 帮助开发者很轻松地实现开发环境和生产环境的一致，这意味着目录、路径、配置文件、储存用户名和密码的方式、访问权限、域名等细节的一致和差异处理的标准化。

(2) 更加高效的 Unikernel 技术引发关注。

对于 X86 架构，无论是传统的虚拟机还是新兴的容器技术，用户应用仍然运行在“用户态”，对硬件的访问和操作仍然需要借助运行在“内核态”的操作系统来进行。这样，应用对硬件资源的访问就需要经过用户态到内核态之间的上下文切换，从而损失了一定的性能。最近几年，以 LibOS 为基础的 Unikernel 技术受到了一定的重视。Unikernel 将应用及其依赖的运行时环境全部运行在“内核态”，即全部在 X86 CPU 的特权模式下运行，完全摒弃了传统意义上的操作系统，对硬件的访问完全由 Hypervisor 层实现。其优势在于：

- 更好的安全性。与传统操作系统相比攻击界面更小，受到攻击的可能性随之减小。
- 更小的体积。由于不需要完整操作系统的支撑，Unikernel 实例的大小仅为传统 VM 的 4%左右。
- 更短的启动时间。没有操作系统装载的过程，启动时间更短。
- Unikernel 目前仍处在研究阶段，主要的项目包括 ClickOS、Clive、MirageOS 等，商业化应用为时尚早。

(3) X86 在基础计算架构领域一统天下的局面或将改变。

X86 在基础计算架构领域一统天下的局面可能在未来几年改变。云计算产生的最初动力在于使用廉价的 X86 计算节点构建具有强大计算、存储和容错能力的高性能计算集群。X86 一直是公有云和私有云平台的最佳甚至是唯一选择，但这种情况近几年开始改变。IBM 从 2013 年开始投入 10 亿美元进行基于 Power 架构的 Linux 研发，并在同年将 Power 8 架构开源，力图建立完整的生态系统。2014 年，IBM 开始提供基于 Power 主机的企业云解决方案。Oracle 在 2015 年宣布向云计算全面转型，并在全球建立了 18 个数据中心提供公共云服务，其中大量采用了基于 SPARC 芯片的服务器。ARM 由于其低功耗、低成本的特点也成为构建基础云计算平台的新选择，Dell、HP、微软、亚马逊等公司都投入大量资金进行 ARM 服务器的开发，以替代云平台中的 X86 服务器。未来几年，云计算基础设施领域可能出现 X86、ARM、Power、SPARC 等多种架构竞逐的局面，这将深刻影响全球 IT 产业的格局。

(8) 云计算与物联网(IoT)技术的结合成为新的技术与业务发展方向。

随着“工业 4.0”、“ 工业互联网”等新概念的出现，以物联网(IoT)技术为基础，连接生产现场的各类传感器、执行器，进行大量数据采集并实时或离线分析，实现设备健康状态监控、预测维护、制造协同等，成为制造、交通、医疗、能源等多个行业新的技术趋势。对 IoT 海量数据进行分析需要庞大的计算能力，这成为云计算与 IoT 相互结合的最大动力。2015 年以来，来自 IT、互联网和制造业的巨头纷纷发布其面向 IoT 场景的云计算服务。2015 年 3 月，微软发布了“AzureIoT”服务，它可以与 Windows10 IoT 操作系统结合，将现场数据发送至 Azure 平台进行进一步分析。制造业巨头 GE 在 2015 年 8 月发布了“PredixCloud”

平台，可以通过内置在发动机、发电机等产品上的“PredixMachine”将现场数据发送至 Predix 平台，用户可以利用开放的 PaaS 环境开发 APP 应用对数据进行分析。亚马逊在 2015 年 10 月的 AWS 峰会上发布了“AWSIoT”服务，可以通过连接生产、生活中的各类设备，并利用 AWS 上已有的各类云服务进行数据的存储与分析。与 IoT 在技术和业务模式上的结合不仅将成为云计算向各垂直行业渗透的重要切入点，而且也将成为未来 10 到 20 年 ICT 技术的重要热点。

根据 2015 年 7 月份可信云大会发布的数据显示，目前通过认证的 37 个云主机服务，采用开源和自研的虚拟化方案的占比为 80.7%，采用开源和自研的虚拟化管理软件占比 61%，开源和自研所占比重较 2015 年 1 月份的数据提升近 15%。

2. 国内云计算领域技术亮点

目前，我国云服务厂商已成功自主研发出免重启热补丁技术。漏洞修补一直是影响云服务连续性的棘手问题，2015 年 3 月，XEN 的漏洞修补造成了亚马逊 AWS、IBMSoftLayer、Linode 及 Rackspace 多家云服务商的大面积主机重启。我国云服务厂商自主研发的免重启热补丁技术可实现免重启修复所有内核代码，并将热修复过程业务中断时间控制在 10 ms 之内。这项技术在 UCloud 云平台已经运行超过一年，通过热补丁修复了近 20 个内核故障，累计进行了约 5 万台次的热补丁修复，理论上避免了相应次数的服务器重启。

Docker 技术在我国云计算领域也逐步从实验阶段大踏步走向应用阶段。雪球的 SRE 团队借助 Docker 对整个公司的服务进行了统一的标准化工作，在 2015 年上半年已经把开发测试、预发布、灰度、生产环境的所有无状态服务都迁移到 Docker 容器中；蘑菇街采用 Openstack+Novadocker+Docker 的架构；蚂蚁金融云是蚂蚁金服推出的针对金融行业的云计算服务，旨在将蚂蚁金服的大型分布式交易系统中间件技术以 PaaS 的方式提供给相应客户，在整个 PaaS 产品中，蚂蚁金服通过基于 Docker 的 CaaS 层来为上层提供计算存储网络资源，以提高资源的利用率和交付速度；腾讯游戏从 2014 年初开始接触 Docker，经过一年的调研、测试、系统设计和开发，2014 年底整个系统开始上线运行，现在整个平台总共使用 700 多台物理机，3000 多个 Docker 容器，总体运行良好。

10.4 云平台实例

目前，云技术正处在大发展时期，已经建成的商用化云平台非常多，如百度云、阿里云、天翼云、医疗影像云、中服云等。本节仅对百度云和中国电信医疗影像云进行介绍，帮助读者对云平台有个更直观的认识。

10.4.1 百度云

百度云平台拥有丰富的云功能，包括云计算基础服务、天算·智能大数据、天像·智能多媒体、天工·智能物联网及天智·人工智能等。

1. 云计算基础服务

百度云平台由绿色低能耗数据中心、高质量网络、T 级带宽接入、超大规模分布式底层架构、新一代智能自动化运维系统等构成，提供全系列的计算、网络和存储服务，满足不同场景的 IT 需求，为用户提供云端基础 IT 设施服务。

2. 天算·智能大数据

天算·智能大数据平台提供完备的大数据托管服务及众多解决方案，包括生命科学、日志分析、数字营销、智能推荐、舆情分析等细分的解决方案。图 10-5 所示是其中的生命科学解决方案架构图。这个方案支持生物信息领域用户存储海量数据，并调度强大的计算资源来进行基因组、蛋白质组等大数据分析。而百度自行研发的基因大数据芯片则可以使运算速度得到数倍提升，使 IT 成本实现数量级的下降。通过海量可弹性调度的计算与存储资源，帮助生物信息 SaaS 服务提供商、测序中心、科研与临床用户便捷地在云端部署基因数据分析，乃至整个精准医疗与健康管理数据分析的全流程。

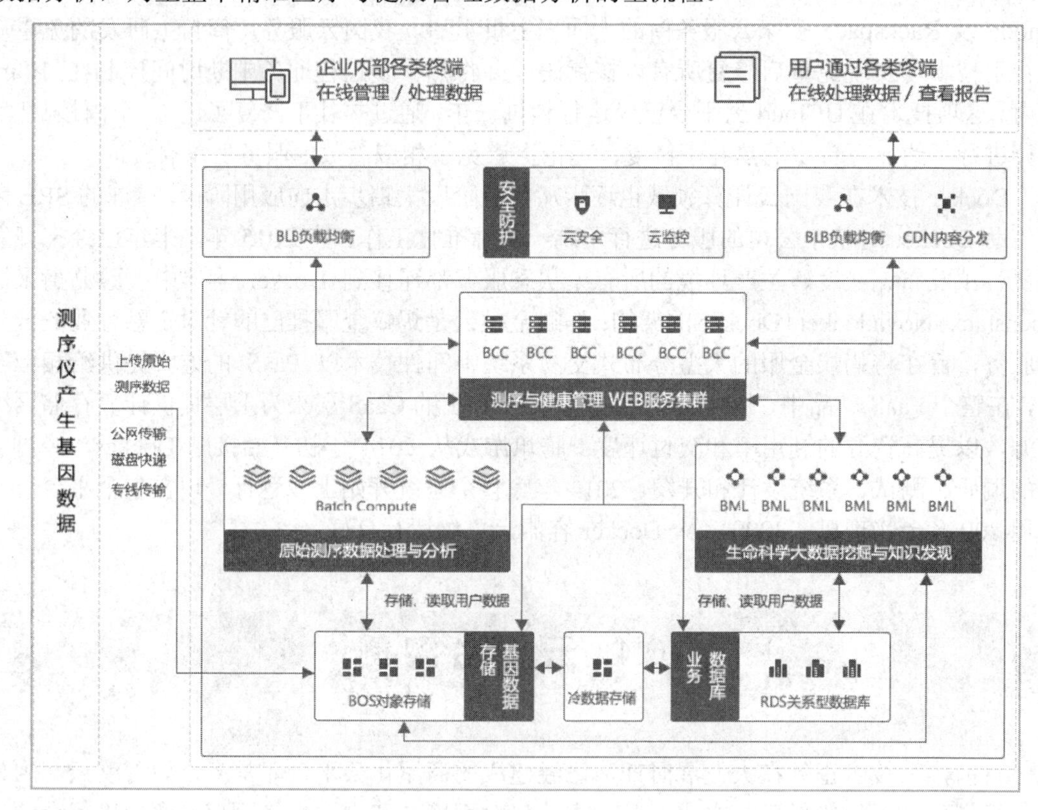

图 10-5 生命科学方案架构图

3. 天像·智能多媒体

天像·智能多媒体平台提供视频、图片、文档等多媒体处理、存储、分发等云服务。平台不仅开放了百度的人工智能，如图像识别、视觉特效等技术，使客户的应用更聪明、更有趣、更健康，而且开放了百度搜索、百度视频、品牌专区等强大内容生态资源，为用户提供优质的内容发布、品牌曝光、引流等服务。图 10-6 所示是天像智能教育解决方案框架。

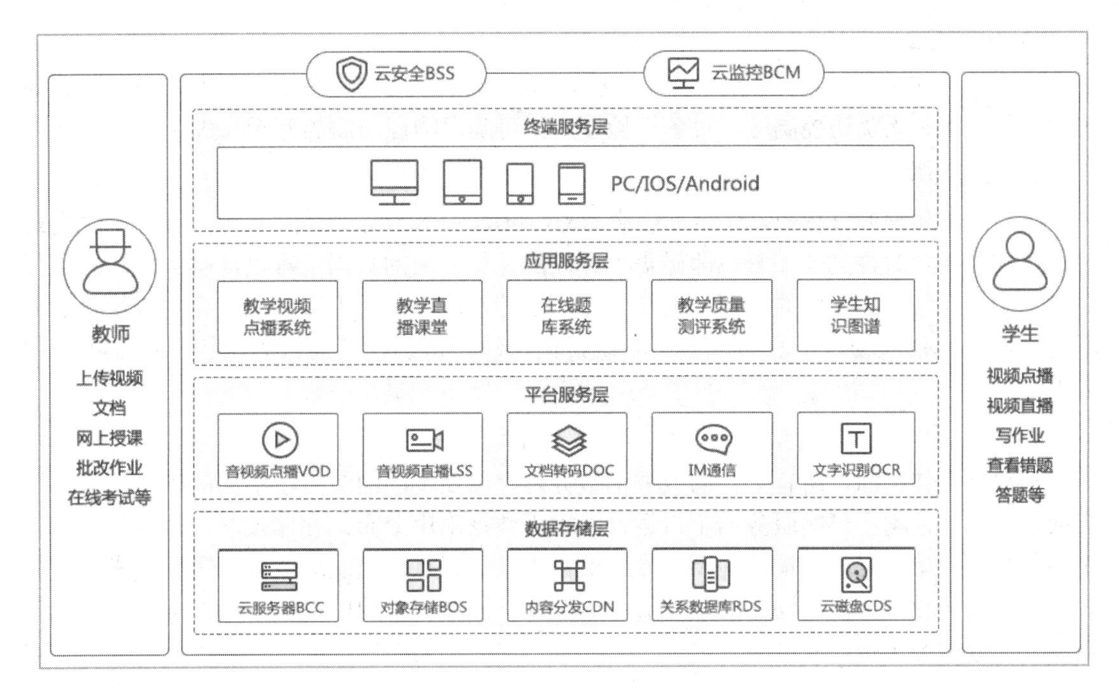

图 10-6 天像·智能教育解决方案框架

4. 天工·智能物联网

天工·智能物联网是基于百度云构建的，融合了百度大数据和人工智能技术的“一站式、全托管”智能物联网平台，提供物接入、物解析、物管理、规则引擎、时序数据库、机器学习等物联网核心产品和服务，帮助开发者快速实现从设备端到服务端的无缝连接，高效构建各种物联网应用，如数据采集、设备监控、预测性维保等。

5. 天智·人工智能

天智·人工智能是基于世界领先地位的百度大脑打造的人工智能平台，提供了语音技术、文字识别、人脸识别、深度学习和自然语言 NLP 等一系列人工智能产品及解决方案，帮助各行各业的客户打造智能化业务系统。

10.4.2 中国电信医疗影像云

中国电信医疗影像云提供 SaaS、PaaS、IaaS 和 DaaS 四种类型的云服务，可以很好地解决医疗影像信息按照影像数据的生命周期长期存储和备份的需求，有效降低了客户的建设成本及用户的使用成本，实现区域内、医联体内不同医院间 PACS 影像信息的互通、共享、存储。医疗影像云提高了管理部门对影像数据的监管能力，将原有各级医疗机构的影像信息孤岛连接起来，实现影像信息协作，减少重复投资和建设成本，有效利用医疗资源。

1. 影像归档存储云服务

中国电信医疗影像云为医院提供了医学影像数据的云端存储备份、归档加密、实时恢复等服务。

1) 物理安全性

平台部署在8级抗震、一级耐火、一级防水、通过ISO27001认证的数据中心，具备完善的门禁制度、人员访控制度、设备巡检制度，可确保物理层面的万无一失。

2) 数据加密

医院数据传输的过程中，采取了传输加密、自动VPN通道等安全措施，在医院数据最终写入物理磁盘时也会被加密，即磁盘上存储的是加密后的数据，难以破解。每个磁盘都对应一个由系统随机生成的密码，无法预测。这些密码活跃于内存之中，存储在特殊的区域，一般人无法获得。一旦磁盘拔出系统，由于缺乏密钥，其他人无法恢复磁盘上面的数据。

3) 数据备份

在数据存储层面，所有上传的数据都被分片存储在不同的节点、不同的磁盘，任何节点或磁盘失效，均不影响服务的正常运行。由于数据采用分布式存储技术，被分片存储在不同磁盘中，单一磁盘的损坏并不会导致数据丢失，坏盘后系统通过内部重构技术自动从其他节点进行数据恢复。同时，医疗影像云还提供同城及异地的数据备份，医院的影像数据会分片分散地灾备在同城多个数据中心之中，同时也会在电信云基地中进行更高级别的容灾备份。

2. 临床应用云服务

中国电信医疗影像云采用先进的图像处理及分析引擎技术，为临床医生提供临床应用云服务；可借助手机、平板、PC、移动推车、医用竖屏、会诊大屏等终端，让临床医生能够随时随地查阅病人的影像和影像报告，方便医生进行诊断辅助、病案讨论、协作会诊等。

1) 基础图像处理

中国电信医疗影像云提供医学影像基础图像显示，在实现医学影像调阅零下载的基础上，实现图像的快速显示，可以对图像进行2D查看，并进行测量、窗宽窗位调整、CT值测量、放大缩小、对比、胶片打印等基本功能。

2) 高级图像处理

中国电信医疗影像云提供医学影像高级图像处理功能，包括MPR(多平面重建)、MMPR(任意平面、任意角度重建)、MIP(最大密度投影)、MinIP(最小密度投影)、RayIP(平均密度投影)、平面重建、曲面重建、VR(容积重建)等功能；提供医学影像的分割与分析处理，包括心脏冠脉树提取、肺分割、DR/MG和弦、DSA剪影、虚拟内窥等功能。

3) 影像BI

中国电信医疗影像云提供影像BI功能。影像BI即医学影像智能分析决策，包括血管分析、钙化分析、灌注、肺结节探测、肺结节分析、乳腺探测、乳腺肿块分析。

4) 1∶1模拟手术

利用影像云可将病人的2D影像、3D重建图像、MPR图像进行1∶1运算，实现与真实病人大小、体积完全一致的手术模式，方便临床医生完成对患者从诊断、治疗评估、手术制定、手术过程指导、术后评估的全医疗过程的个性化先进影像即时服务。

5) 3D显示与打印

医学3D打印也是影像云应用/服务的一个重要内容。利用3D打印技术制作人体损伤组织，如耳、鼻、皮肤等，可以得到与患者精确匹配的相应模型，为医生诊断和治疗提供辅助。

3. PACS云服务

基于中国电信医疗影像云，为无PACS医院、需要远程影像协作的医联体医院、卫计主管部门提供PACS云服务，实现医院全工作流程影像协作应用服务，上级医院远程帮助下级医院影像阅片，实现影像数据的远程会诊。还有更多的个性化设置可以满足不同机构的不同需求。

1) 医院管理

PACS云服务可实现医院的科室管理、医生管理、权限管理、参数设置、流程管理、信息维护等功能，建立基础组织机构关系、影像处理流程。

2) 预约登记

PACS云服务可自动安排医生及其他工作人员在指定的时间、地点工作；实现患者的预约与临床预约，并根据ID卡或条码自动提取HIS患者信息，通过叫号系统叫号；支持手动登记模式，可根据登记的先后顺序，以及急诊/VIP患者自动进行分诊，并为体检病人提供检查报告批量打印，便于报告的集中发放。

3) 排序叫号

患者预约或登记后，PACS云服务可通过患者列表对患者进行排序，且排序可实时调整；它和医院叫号大屏对接后可在系统中直接叫号，并随时查询大屏显示情况。

4) 影像调阅

在系统中融合影像云客户端，医生可随时调阅本医院或联盟医院患者的影像，可进行旋转、测量、三维重建、钙化分析等多种操作。

5) 诊断会诊

诊断医师调阅患者的影像资料后，综合患者情况，可根据报告模板填写阅片意见，用于指导临床医生诊断。当影像复杂到医生无法独立完成时，可向本院或合作医院医生发起会诊申请，综合其他医生意见，完成影像诊断。

6) 报告审核

诊断医师完成影像诊断后，提交审核医师审核，包括影像初审、影像终审，审核医生由经验丰富的医师担任，可对诊断结果进行评判并添加自己的意见，确保诊断质量。

7) 差错识别

基于流程引擎的自动差错处理与预警，用于处理患者检查流程中的意外情况，比如终止检查、重新检查、补充检查、检查中的各种差错、流程环节的超时等，主要用于处理带有临床知识背景的特殊情况，这些情况往往占据了科室工作者相当大的脑力，且可能产生不少差错。

8) 临床报告

云平台可提供全院临床医生影像报告，临床医生可随时随地通过PC、iPad查看患者全影像数据和影像报告，这就解决了临床医生移动查看报告难的问题，并且可随时调阅患者全治疗周期任何时间内的影像数据及报告，以提高工作效率。

4. 影像教学实践云服务

中国电信医疗影像教学实践云基于云计算、大数据、物联网、移动互联网技术，形成影像信息数据平台，提供影像教学云、影像实践云、影像临床云服务，将学校与医院，教师、学生以及医生有机联系在一起，实现影像信息的互通、互联与共享。

1) 学校

云服务可以时间为准线容纳海量历史影像数据，为学校各学科发展规划提供精确的数据支持，按照影像数据分类提供不同讨论专区，活跃学校学术氛围。

2) 教师

影像教学云服务可为教师提供在线布置、批改作业功能，作业更具针对性，批注更准确。

3) 学生

利用云平台学生可书写诊断报告，报告模板百分百再现医生模板，使得学生可身临其境般地进行临床体验；查看答案功能支持学生进行自查，与标准答案进行比对，以提升练习质量。

4) 医生

影像教学云服务可为临床医生提供更多、更全、更专业的影像协助，丰富的影像后处理功能让影像诊断更专业、更安全。

5. 微影像云服务

基于中国电信医疗影像云平台，为患者提供便捷的影像查询，建立医院医生和患者良好的沟通渠道。

1) 影像查询

微影像云服务可帮助患者随时随地、随心所欲地调阅、查询个人全影像图像和检查诊断报告等数据；为医生提供患者历史诊疗数据，让看病有据可查。

2) 影像档案

微影像云服务可为医院患者提供个人影像档案管理和家庭影像档案管理，同时也能为健康者提供疾病预测，防患于未然。

3) 就诊卡绑定

微影像云服务可轻松绑定家人及朋友的就诊卡，实现体系化管理；无上限新增就诊卡可绑定，废弃就诊卡可一键删除，操作简易。

4) 影像分享

微影像云服务可帮助患者和医生一键快速多渠道分享影像资料；使沟通更畅通，方便多医生协同会诊，带来轻松顺畅的医患沟通；使检查更准确，多渠道核实查阅检测结果，多维度了解检测结果。

10.5 云应用开发

10.5.1 云应用开发概述

目前，云开发环境已经成为应用程序开发及测试领域的重要平台，利用公共云资源进行应用创建、测试及部署工作成效显著。云平台能够提供开发及测试环境，使开发者能够很方便地进行应用程序开发工作，能够快速将应用程序投入生产层面并根据需求对应用进行扩展，使开发者、架构师以及设计师得以顺利协作，共同处理应用程序创建过程中的各项任务。

1. 云应用的开发语言

云应用的开发并没有什么新的语言，使用的仍然是Java、C++等常用语言。不过，还有以下一些技术在云应用开发中会经常用到：

1) Hadoop

Hadoop是当前主流的大数据处理技术。Hadoop尽管并不是云计算，但它可以处理云计算产生的大数据，因此是云计算应用经常用到的一种技术方法。

2) OpenStack

OpenStack是一个开源的云管理平台，是用来统一管理多个虚拟化集群的框架，因而成为搭建云平台的一个重要技术，可以用来搭建公有云、私有云和混合云。

3) Cloud Foundry

Cloud Foundry是一个开源平台，它可以让开发者自由选择云平台、开发框架和应用服务。Cloud Foundry最初由VMware发起，得到了业界广泛的支持，这使得开发者能够更快更容易地开发、测试、部署和扩展应用。

4) NoSQL

NoSQL即Not only SQL，是一种比较低级的数据库。关系型数据库是由NoSQL数据库发展而来的。关系型数据库，顾名思义，数据库关系明确严谨，而NoSQL则是一种数据关系不严谨的数据库。

2. 云平台开发技术

完全从底层开始开发云应用需要很高的技术水平，对于云应用的初学者而言，当前为数众多的云平台提供了云应用开发的方便环境，利用云开发平台提供的各种引擎、组件、模块和接口，初学者也可以比较容易地进行云应用开发。

下面我们将以基于讯飞开放平台进行面向Android终端的开发为例，简要介绍云应用的开发。需要强调的是，每个平台都有自己的服务协议，对平台所有者和使用者的权限作了相应约束。同样，读者在使用讯飞平台提供的服务时也要遵守其服务协议。

10.5.2 讯飞开放平台服务接入流程

讯飞开放平台服务接入的总体流程如下：

第一步，注册/登录开放平台。要保证账号、联系方式的准确性。

第二步，申请 APPID。认真填写申请 APPID 相关的应用信息，不同平台的语音应用需单独申请。

第三步，开发集成，包括语音功能集成和语音功能测试两个阶段。开发者可以下载 SDK 进行集成开发。语音功能测试设定服务量为 500 次/日，主要是让开发者能对应用进行充分测试，以确保程序的稳定性和语音功能的正常使用。

第四步，提交审核。完成应用开发并测试没有问题后，在“我的应用”页面中点击对应应用的“提交审核”按钮，将安装包等信息提交至讯飞开放平台。工作人员在确认应用开发已经完成且可以正常使用后，便会将审核结果以短信的方式通知开发者。

第五步，应用上线。通过审核的应用将不受使用次数的约束，并且可以在“应用广场”填写相关信息提交审核，审核通过后便会在应用广场显示，广大开发者和用户可下载使用。

10.5.3 Android 平台开发

1. MSC 介绍

本节将从科大讯飞 MSC(Mobile Speech Client，移动语音终端)Android 版 SDK 的用户指南中择取部分内容，以便读者了解基于讯飞平台的语音听写、语音识别等接口的使用，进而对云计算应用开发有一个直观体会。MSC SDK 的主要功能接口如图 10-7 所示，包括语音听写、语音合成、声纹密码、语音转语义、文本转语义、语音评测、人脸识别等，可以支持实现基于科大讯飞先进的人工智能技术的各种应用。

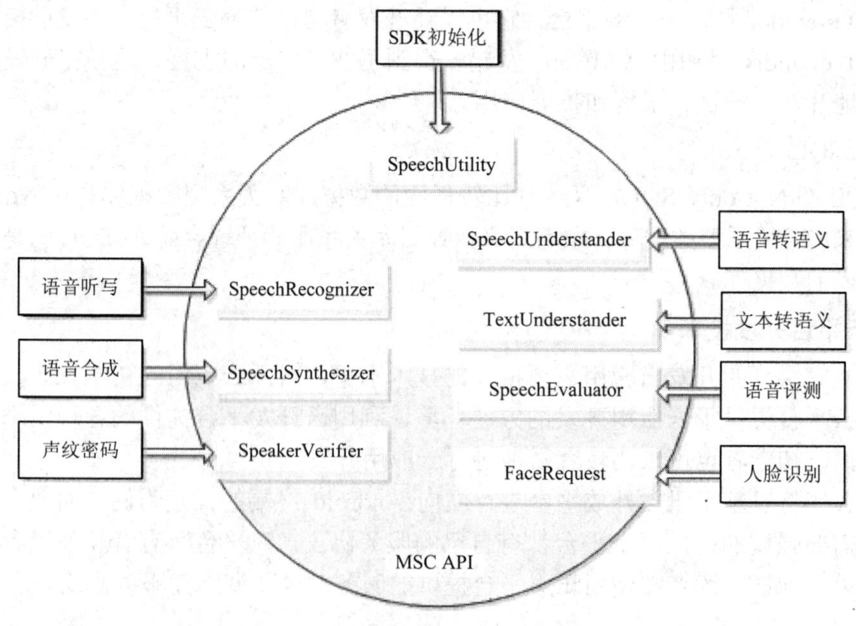

图 10-7　MSC 的主要功能接口

2. 预备工作

1) 导入SDK

将开发工具包中 libs 目录下的 Msc.jar 和 armeabi 复制到 Android 工程的 libs 目录中，如图 10-8 所示，如果工程中无 libs 目录，请自行创建。

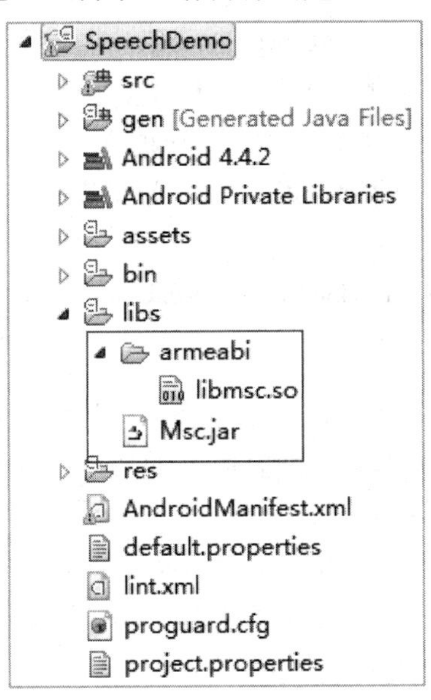

图 10-8　导入 SDK

2) 添加用户权限

在工程的 AndroidManifest.xml 文件中添加如下权限(Java 代码)：

```
<!--连接网络权限，用于执行云端语音能力 -->
<uses-permission android:name="android.permission.INTERNET"/>
<!--获取手机录音机使用权限，听写、识别、语义理解需要用到此权限 -->
<uses-permission android:name="android.permission.RECORD_AUDIO"/>
<!--读取网络信息状态 -->
<uses-permission android:name="android.permission.ACCESS_NETWORK_STATE"/>
<!--获取当前 WiFi 状态 -->
<uses-permission android:name="android.permission.ACCESS_WIFI_STATE"/>
<!--允许程序改变网络连接状态 -->
<uses-permission android:name="android.permission.CHANGE_NETWORK_STATE"/>
<!--读取手机信息权限 -->
<uses-permission android:name="android.permission.READ_PHONE_STATE"/>
<!--读取联系人权限，上传联系人需要用到此权限 -->
<uses-permission android:name="android.permission.READ_CONTACTS"/>
```

如果需要使用人脸识别，还要添加摄像头权限。代码如下：

```
<!--摄像头权限，拍照需要用到 -->
<uses-permission android:name="android.permission.CAMERA" />
```

如果需要在打包或者生成 APK 的时候进行混淆，请在 proguard.cfg 中添加如下代码：

```
-keep class com.iflytek.**{*;}
```

3) 初始化

初始化即创建语音配置对象，只有初始化后才可以使用 MSC 的各项服务。建议将初始化放在程序入口处(如 Application、Activity 的 onCreate 方法)。初始化代码如下：

```
// 将“12345678”替换成您申请的 APPID，申请地址为 http://open.voicecloud.cn
SpeechUtility.createUtility(context, SpeechConstant.APPID +"=12345678");
```

此接口在非主进程调用时会返回 null 对象。如果需要在非主进程使用语音功能，请使用如下参数：

```
SpeechConstant.APPID +"=12345678," + SpeechConstant.FORCE_LOGIN +"=true"
```

3. 语音听写

语音听写主要是指将连续语音快速识别为文字的过程，科大讯飞语音听写能识别通用常见的语句、词汇，而且不限制说法。语音听写的调用方法如下：

```
//创建 SpeechRecognizer 对象，第二个参数：本地听写时传 InitListener
SpeechRecognizer mIat= SpeechRecognizer.createRecognizer(context, null);
//设置听写参数，详见《科大讯飞 MSC API 手册(Android)》SpeechConstant 类
mIat.setParameter(SpeechConstant.DOMAIN, "iat");
mIat.setParameter(SpeechConstant.LANGUAGE, "zh_cn");
mIat.setParameter(SpeechConstant.ACCENT, "mandarin ");
//开始听写
        mIat.startListening(mRecoListener);
//听写监听器
private RecognizerListener mRecoListener = new RecognizerListener(){
//听写结果回调接口(返回 JSON 格式结果)；
//一般情况下会通过 onResults 接口多次返回结果，完整的识别内容是多次结果的累加；
//关于解析 JSON 的代码可参见 MscDemo 中 JsonParser 类；
//isLast 等于 true 时会话结束。
public void onResult(RecognizerResult results, boolean isLast) {
        Log.d("Result:",results.getResultString ());}
//会话发生错误回调接口
public void onError(SpeechError error) {
        error.getPlainDescription(true) //获取错误码描述}
//开始录音
public void onBeginOfSpeech() {}
//音量值 0~30
public void onVolumeChanged(int volume){}
//结束录音
public void onEndOfSpeech() {}
```

```
//扩展用接口
public void onEvent(int eventType, int arg1, int arg2, Bundle obj) {}
};
```

另外，还可以使用 SDK 提供的语音交互动画来使语音输入界面变得更加炫酷，也可以通过上传联系人和用户词表增强听写效果。

4．语音交互动画

为了便于快速开发，SDK 还提供了一套默认的语音交互动画以及调用接口。如果需要使用，请将 SDK 资源包 assets 路径下的资源文件拷贝至 Android 工程 assets 目录下，然后通过以下代码使用交互动画：

```
//1.创建 SpeechRecognizer 对象，第二个参数：本地听写时传 InitListener
RecognizerDialog iatDialog = new RecognizerDialog(this,mInitListener);
//2.设置听写参数，同上节
//3.设置回调接口
iatDialog.setListener(recognizerDialogListener);
//4.开始听写
iatDialog.show();
```

5．上传联系人

上传联系人可以提高联系人名称识别率，也可以提高语义理解的效果。每个用户终端设备对应一个联系人列表，联系人格式详见《科大讯飞 MSC API 手册(Android)》ContactManager 类。上传联系人的代码如下：

```
//获取 ContactManager 实例化对象
ContactManager mgr = ContactManager.createManager(context, mContactListener);
//异步查询联系人接口，通过 onContactQueryFinish 接口回调
mgr.asyncQueryAllContactsName();
//获取联系人监听器
private ContactListener mContactListener = new ContactListener() {
  @Override
  public void onContactQueryFinish(String contactInfos, boolean changeFlag) {
    //指定引擎类型
mIat.setParameter(SpeechConstant.ENGINE_TYPE, SpeechConstant.TYPE_CLOUD);
    mIat.setParameter(SpeechConstant.TEXT_ENCODING, "utf-8");
    ret = mIat.updateLexicon("contact", contactInfos, lexiconListener);
    if(ret != ErrorCode.SUCCESS){
      Log.d(TAG,"上传联系人失败：" + ret);
}
}};
//上传联系人监听器
```

```
private LexiconListener lexiconListener = new LexiconListener() {
    @Override
    public void onLexiconUpdated(String lexiconId, SpeechError error) {
        if(error != null){
            Log.d(TAG,error.toString());
        }else{
            Log.d(TAG,"上传成功！");
        }
    }
};
```

6. 上传用户词表

上传用户词表可以提高词表内词汇的识别率，也可以提高语义理解的效果。每个用户终端设备对应一个词表，用户词表的格式及构造方法详见《科大讯飞 MSC API 手册(Android)》UserWords 类。上传用户词表的代码如下：

```
//上传用户词表，userwords 为用户词表文件
String contents = "您所定义的用户词表内容";
mIat.setParameter(SpeechConstant.TEXT_ENCODING, "utf-8");
//指定引擎类型
mIat.setParameter(SpeechConstant.ENGINE_TYPE, SpeechConstant.TYPE_CLOUD);
ret = mIat.updateLexicon("userword", contents, lexiconListener);
if(ret != ErrorCode.SUCCESS){
    Log.d(TAG,"上传用户词表失败：" + ret);
}
//上传用户词表监听器
private LexiconListener lexiconListener = new LexiconListener() {
    @Override
    public void onLexiconUpdated(String lexiconId, SpeechError error) {
        if(error != null){
            Log.d(TAG,error.toString());
        }else{
            Log.d(TAG,"上传成功！");
        }
    }
};
```

7. 语音识别

语音识别即语法识别，主要指基于命令词的识别，识别指定关键词组合的词汇，或者固定说法的短句。语法识别分云端识别和本地识别，云端和本地分别采用 ABNF 和 BNF 语法格式。语法详解可通过访问“http://club.voicecloud.cn/forum.php?mod= viewthread&tid =

7595”查询。语音识别代码如下：

```
//云端语法识别：如果需要本地识别请参照本地识别
//1.创建 SpeechRecognizer 对象
SpeechRecognizer mAsr = SpeechRecognizer.createRecognizer(context, null);
// ABNF 语法示例，可以说“北京到上海”
String mCloudGrammar = "#ABNF 1.0 UTF-8;
languagezh-CN;
mode voice;
root $main;
$main = $place1 到$place2 ;
$place1 = 北京 | 武汉 | 南京 | 天津 | 天京 | 东京;
$place2 = 上海 | 合肥; ";
//2.构建语法文件
mAsr.setParameter(SpeechConstant.TEXT_ENCODING, "utf-8");
ret = mAsr.buildGrammar("abnf", mCloudGrammar , grammarListener);
if (ret != ErrorCode.SUCCESS){
  Log.d(TAG，"语法构建失败，错误码：" + ret);
}else{
  Log.d(TAG, "语法构建成功");
}
//3.开始识别,设置引擎类型为云端
mAsr.setParameter(SpeechConstant.ENGINE_TYPE, "cloud");
//设置 grammarId
mAsr.setParameter(SpeechConstant.CLOUD_GRAMMAR, grammarId);
ret = mAsr.startListening(mRecognizerListener);
if (ret != ErrorCode.SUCCESS) {
  Log.d(TAG，"识别失败，错误码： " + ret);
}
//构建语法监听器
private GrammarListener grammarListener = new GrammarListener() {
  @Override
  public void onBuildFinish(String grammarId, SpeechError error) {
    if(error == null){
      if(!TextUtils.isEmpty(grammarId)){
//构建语法成功，请保存 grammarId 用于识别
      }else{
Log.d(TAG，"语法构建失败，错误码：" + error.getErrorCode());
      }
    }};
```

8．语音合成

与语音听写相反，语音合成是指将一段文字转换成语音，可根据需要合成出不同音色、语速和语调的声音，让机器像人一样开口说话。语音合成的代码如下：

```
//1.创建 SpeechSynthesizer 对象，第二个参数：本地合成时传 InitListener
SpeechSynthesizer mTts= SpeechSynthesizer.createSynthesizer(context, null);
//2.合成参数设置，详见《科大讯飞 MSC API 手册(Android)》SpeechSynthesizer 类
mTts.setParameter(SpeechConstant.VOICE_NAME, "xiaoyan");//设置发音人
mTts.setParameter(SpeechConstant.SPEED, "50");//设置语速
mTts.setParameter(SpeechConstant.VOLUME, "80");//设置音量，范围 0～100
mTts.setParameter(SpeechConstant.ENGINE_TYPE, SpeechConstant.TYPE_CLOUD);//设置云端
//设置合成音频保存位置(可自定义保存位置)，保存在“./sdcard/iflytek.pcm”
//保存在 SD 卡需要在 AndroidManifest.xml 添加写 SD 卡权限
//如果不需要保存合成音频，注释该行代码
mTts.setParameter(SpeechConstant.TTS_AUDIO_PATH, "./sdcard/iflytek.pcm");
//3.开始合成
mTts.startSpeaking("科大讯飞，让世界聆听我们的声音", mSynListener);
//合成监听器
private SynthesizerListener mSynListener = new SynthesizerListener(){
  //会话结束回调接口，没有错误时，error 为 null
  public void onCompleted(SpeechError error) {}
  //缓冲进度回调
  //percent 为缓冲进度 0~100，beginPos 为缓冲音频在文本中的开始位置，endPos 表示缓冲
  //音频在文本中的结束位置，info 为附加信息
  public void onBufferProgress(int percent, int beginPos, int endPos, String info) {}
  //开始播放
  public void onSpeakBegin() {}
  //暂停播放
  public void onSpeakPaused() {}
  //播放进度回调
  //percent 为播放进度 0～100, beginPos 为播放音频在文本中的开始位置，endPos 表示播放
  //音频在文本中的结束位置
  public void onSpeakProgress(int percent, int beginPos, int endPos) {}
  //恢复播放回调接口
  public void onSpeakResumed() {}
//会话事件回调接口
      public void onEvent(int arg0, int arg1, int arg2, Bundle arg3) {}
```

思考与练习题

1. 与传统应用方式相比，云计算有哪些优势？

2. 什么是公有云？什么是私有云？二者有何区别？

3. 请从体系结构角度，比较IaaS、PaaS、SaaS三者之间的区别。

4. 请参考讯飞开放平台有关文档，搭建开发环境，实现一个基于Android终端的简单的语音识别应用。

第 11 章　虚拟现实(VR)技术与应用

虚拟现实(VR)技术的理论和实践已有几十年历史，但近年来，随着计算机技术和传感技术的发展，VR 技术正在成为一个热门话题。同时，增强现实(AR)和混合现实(MR)技术也相继出现，并迅速向各个领域扩展。VR、AR 和 MR 本质上都是以虚拟现实为特点的，但三者之间又有区别，AR 是虚拟现实的进一步发展，而 MR 则是虚拟现实和增强现实技术的融合。

11.1　VR 的概念及主要技术

11.1.1　VR 的概念及特征

1. VR 概念

VR(Virtual Reality)技术是一种可以创建和体验虚拟世界的计算机仿真系统，它利用计算机生成一种模拟环境。它是一种多源信息融合的、交互式的三维动态视景和实体行为的系统仿真，可使用户沉浸到该环境中。

VR 是仿真技术与计算机图形学、人机接口技术、多媒体技术、传感技术及网络技术等多种技术的集合，主要包括模拟环境、感知、自然技能和传感设备等方面技术。模拟环境是由计算机生成的、实时动态的三维立体逼真图像。感知，也称为多感知，是指理想的 VR 应该具有一切人所具有的感知，除计算机图形技术所生成的视觉感知外，还有听觉、触觉、力觉、运动等感知，甚至还包括嗅觉和味觉等。自然技能是指针对人的头部转动，眼睛、手势或其他人体行为动作，由计算机来处理与参与者的动作相适应的数据，并对用户的输入作出实时响应，再分别反馈到用户的五官。传感设备是指三维交互设备。

2. VR 的特征

VR 具有鲜明的技术特征，有人把 VR 的特点归结为“3I”，这里我们把其特点归结为以下四个：

(1) 多感知性。VR 的多感知性是指除一般计算机所具有的视觉感知外，还有听觉感知、触觉感知、运动感知，甚至还包括味觉、嗅觉等感知。理想的虚拟现实应该具有一切人所具有的感知功能。

(2) 存在感。VR 的存在感是指用户感到作为主角存在于模拟环境中的真实程度。理想的模拟环境应该达到使用户难辨真假的程度。

(3) 交互性。VR 的交互性是指用户对模拟环境内物体的可操作程度和从环境得到反馈的自然程度。

(4) 自主性。VR 的自主性是指虚拟环境中的物体依据现实世界物理运动定律动作的程度。

11.1.2　VR 的主要技术

VR 涉及诸多技术，具体而言包括实时三维计算机图形技术，广角(宽视野)立体显示技术，对观察者头、眼和手的跟踪技术，以及触觉/力觉反馈、立体声、网络传输、语音输入输出技术等。

1. 实时三维计算机图形

利用计算机模型产生图形图像并不是太难的事情，如果有足够准确的模型，又有足够的时间，就可以生成不同光照条件下各种物体的精确图像。但是，对 VR 来说，关键是实时性。比如，在飞行模拟系统中，图像的刷新相当重要，同时对图像质量的要求也很高，再加上非常复杂的虚拟环境，问题就变得相当困难。实时性的实现一是有赖于图形图像生成算法，二是需要具有足够处理能力的计算机。

2. 显示技术

人看周围的世界时，由于两只眼睛的位置不同，得到的图像略有不同。这些图像在脑子里融合起来，就形成了一个关于周围世界的整体景象，这个景象中包括了距离远近的信息。此外，距离信息也可以通过其他方法获得，例如眼睛焦距的远近、物体大小的比较等。

在 VR 系统中，双目立体视觉起了很大作用。用户的两只眼睛看到的不同图像是分别产生的，并显示在不同的显示器上。有的系统采用单个显示器，但用户带上特殊的眼镜后，一只眼睛只能看到奇数帧图像，另一只眼睛只能看到偶数帧图像，奇、偶帧之间的不同使视差产生了立体感。

3. 用户(头、眼)的跟踪

在人造环境中，每个物体相对于系统的坐标系都有一个位置与姿态，而用户也是如此。用户看到的景象是由用户的位置和头、眼的方向来确定的。

4. 跟踪头部运动的虚拟现实头套

在传统的计算机图形技术中，视场的改变是通过鼠标或键盘来实现的，用户的视觉系统和运动感知系统是分离的，利用头部跟踪来改变图像的视角，用户的视觉系统和运动感知系统之间就可以联系起来，使感觉更逼真。这种方法的另一个优点是，用户不仅可以通过双目立体视觉去认识环境，而且可以通过头部的运动去观察环境。

5. 用户与计算机的交互

在用户与计算机的交互中，键盘和鼠标是目前最常用的工具，但对于三维空间来说，它们都不太适合。因为在三维空间中有六个自由度，我们很难找出比较直观的办法把鼠标的平面运动映射成三维空间的任意运动。不过，现在已经有一些设备可以提供六个自由度，如 3Space 数字化仪和 SpaceBall 空间球等。另外，还有一些性能比较优异的设备，如数据手套和数据衣等。

6．声音

人能够很好地判定声源的方向。在水平方向上，人们靠声音的相位差及强度的差别来确定声音的方向，因为声音到达两只耳朵的时间或距离有所不同。常见的立体声效果就是靠左右耳听到在不同位置录制的声音来实现的，所以会有一种方向感。现实生活里，当头部转动时，听到的声音的方向就会改变。但在目前的 VR 系统中，声音的方向与用户头部的运动无关。

7．VR 感觉反馈

在一个 VR 系统中，用户可以看到一个虚拟的杯子。你可以设法去抓住它，但是你的手没有真正接触杯子的感觉，且有可能穿过虚拟杯子的“表面”，这在现实生活中是不可能的。解决这一问题的常用方法是在手套内层安装一些可以振动的触点来模拟触觉。

8．VR 语音

在 VR 系统中，语音的输入输出也很重要。这就要求虚拟环境能听懂人的语言，并且能与人实时交互。而让计算机识别人的语音是相当困难的，因为语音信号和自然语言信号有其“多边性”和复杂性。例如，连续语音中词与词之间没有明显的停顿，同一词、同一字的发音受前后词、字的影响，不仅不同人说同一词会有所不同，就是同一人发音也会因心理、生理和环境的影响而有所不同。

使用人的自然语言作为计算机输入目前存在两个问题：一是效率问题，为便于计算机理解，输入的语音可能会相当繁琐；二是正确性问题，计算机要能够准确理解语音。

11.1.3 沉浸感和交互作用原理

VR 用沉浸感带给人们身临其境的感受。在 VR 眼镜和头盔出现以前，VR装备基本是平面显示器，或者将产生的画面投影到一个弧形甚至是球形屏幕上，或者在这些屏幕上叠加左右眼分别的图像，从而产生更加立体的效果。这类装置往往很大，也很昂贵。而近几年发展起来的虚拟现实头戴式显示器，则同时实现了更好的沉浸感和更便宜的价格。

1. 沉浸感及其产生的原理

目前，VR 眼镜主要通过以下五个方面来获得沉浸感：

一是通过经过放大的显示屏技术。该技术能够在用户眼前显示出一个放大的局部虚拟时间景象。目前显示视场角在 90°～110°，在这个显示范围内，主要通过三维引擎技术产生实时的立体图像。

二是通过与头部的位置传感采集的数据相配合，让三维引擎响应头部转动方向和当前头部位置变化，以很高的频率实时改变显示的三维头像，使用户头部转动的角度刚好和三维引擎模拟的三维画面视觉一致，让用户觉得仿佛是通过一个大窗口在观察一个虚拟的三维世界。

三是通过凸透镜来放大人眼看到的即时图像范围。现在的 VR 眼镜大概会产生 90°～120°范围的图像视野，这样的视野大概和一个良好的三通道环幕投影系统产生的效果差不多，不过 VR 眼镜要更加贴近人眼一些，人眼被干扰的可能性大大降低。

四是通过头部的陀螺仪，当人转动头部时，陀螺仪能够及时通知图像生成引擎，使之及时更新画面，从而使人感觉到自己是在看一个环绕的虚拟空间，进而产生 360° 的三维空间感。

五是左右眼每一时刻看到的图像是不一样的，通过两幅区别左右眼位置的不同图像，可以产生很强烈的立体纵深感。

2. 交互作用

用户通过动作、手势、语言等人类自然的方式能够与虚拟世界进行有效的沟通。通常来讲，如果用户的双手动作或双脚行走在虚拟世界中能够产生用户能够理解的变化，就可以认为该虚拟世界对用户发生了反馈。那么，用户的动作和虚拟世界对用户的反馈组合在一起，就形成一次交互作用。

11.2　VR 开发入门

VR 开发环境包括 VR 设备、VR 引擎、VR 开发语言和 VR 平台四个部分。本节主要向读者介绍 VR 软件开发环境的搭建和开发入门，帮助读者较容易地进入 VR 开发领域，有兴趣的读者可以自行进行更多的深入学习。

11.2.1　VR 开发环境简介

1. VR 设备

VR 设备主要包括 VR 显示器、Touch 控制器、遥控器、红外传感器、VR 头盔(眼镜)等。目前市场上主要的 VR 设备有 Oculus Rift，Sumsang Gear VR，HTC Vive，Microsoft HoloLens，Sony PlayStation VR。国内 VR 设备则更多，销量较高的有蚁视和暴风魔镜等。

Oculus 的代表产品是 Oculus Rift。它是一个带有部分输入设备的虚拟现实显示器。这些输入设备包括一个遥控器，一个红外传感器，还有 Touch 控制器。Rift 的所有计算是在一台 PC 上进行的，在 Oculus Ready PCs 中可以看到 Rift 要求的 PC 配置。由于显卡的性能问题，Rift 目前并不支持 Mac，只能下载到基于 Windows 的 Runtime 中。

Samsung 的代表产品是 Gear VR，它由 Samsung 和 Oculus 共同开发，目前使用 Samsung 的 Galaxy S7/S7 edge、Note5、S6 和 S6 edge 来代替头显中原来的显示器。Gear VR 还内置传感器用于和三星手机配对，并且内置了触摸板用于操作。与 Oculus Rift 使用 PC 来进行计算不同，Gear VR 把计算放在了 Samsung 手机上。

HTC 的代表产品是 Vive，它是一款消费级 VR 设备，采用 Base Sations 设计，有电子围栏、多功能操纵手柄、StreamVR 等，能提供良好的用户体验，其推荐的 PC 配置与 Oculus 类似。

Microsoft 的代表产品是 HoloLens，它实质上是一台微型 Windows 10 一体机，其上的开发与在 Windows 10 开发 App 相差不多。

暴风魔镜是目前在国内宣传较多的一款产品，它与 Google Cardboard 类似，是一款能提供 VR 体验的廉价产品。

2. VR引擎

目前，对VR支持最好的3D引擎是Unity和Unreal，可以说是当前VR的标配引擎。除Unity和Unreal之外，还有下面一些在 VR/AR 界十分活跃的引擎和软件：

(1) OSVR。OSVR即Open Source Virtual Reality，是一个全面开源的软件平台，支持多种设备和引擎，Blender/MonoGame/StreamVR/Unity/Unreal/CryEngine/WebVR都在支持之列。在国内，OSVR 已经和 360 公司展开了合作。该软件平台致力于为所有虚拟现实技术树立开放标准，使得各款支持OSVR的虚拟设备与支持OSVR的软件能够顺利交互、结合。

(2) VRPN。VRPN即Virtual Reality Peripheral Network，是一个VR库，允许开发者共同建设，把自己的设备加进去。这个库支持非常多的设备，甚至直接包含了设备驱动支持硬件设备。VRPN已经在PC/Win32、PC/Cygwin、PC/Linux and Mac/OSX (32位机和64位机)、ARM Linux system和Android上测试过。

(3) MiddleVR。MiddleVR目前提供Unity插件，当然也可以直接使用它的SDK，它支持目前大多数主流的 HMD(Head-Mounted Display)设备。虽然它是由一家公司在维护，但目前可以免费使用。

3. VR开发语言

开发一款AR应用，软件方面需要有算法、应用开发、3D美工三部分。VR所采用的开发语言，目前就是3D引擎语言。没有3D引擎支持，VR是无法进行开发的。3D引擎和SDK采用的语言主要有：

(1) C/C++。大多数3D引擎都使用C++开发，Oculus 提供的SDK也是使用C++进行开发的。Gear VR是在安卓设备上运行的，需要使用Android NDK基于C++进行开发。Unreal引擎同样使用C++进行开发。MiddleVR提供了基于C++的SDK。

(2) C#。Unity把C#当作脚本语言使用。在VRPN中可以使用 .NET bindings for VRPN作为开发语言。

(3) JavaScript。JavaScript也是Unity的一种脚本语言，因为WebVR和JavaScript程序员数量巨大，所以 JavaScript 在使用人数上占有优势。即使不考虑 WebVR，单是 three.js和Babylon.js这类非常成熟的HTML5，3D引擎也足以印证JavaScript在3D上的强大生命力。

4. VR平台

目前看来，Oculus仅支持Windows和Android，MiddleVR仅支持Windows平台，其他几个引擎如OSVR/VRPN都是多平台支持的，Unity和Unreal当然也是多平台支持的。PlayStation VR仅能由PS支持，而HoloLens 则仅能由Windows支持。只有WebVR对多种平台具有适应性。

11.2.2 Unity下载

1. 安装包下载

首先登录官网(https://unity3d.com/)，在首页点击“下载Unity”按钮进入下载界面，然后选择“下载个人版”(免费)，接下来就会弹出对话框，提示要下载的安装文件为

UnityDownloadAssistant-5.6.0f3.exe，选择保存目录即可。

2．Unity 5.6 安装步骤

第一步，点击 UnityDownloadAssistant-5.6.0f3.exe 开始安装，安装启动界面如图 11-1 所示。

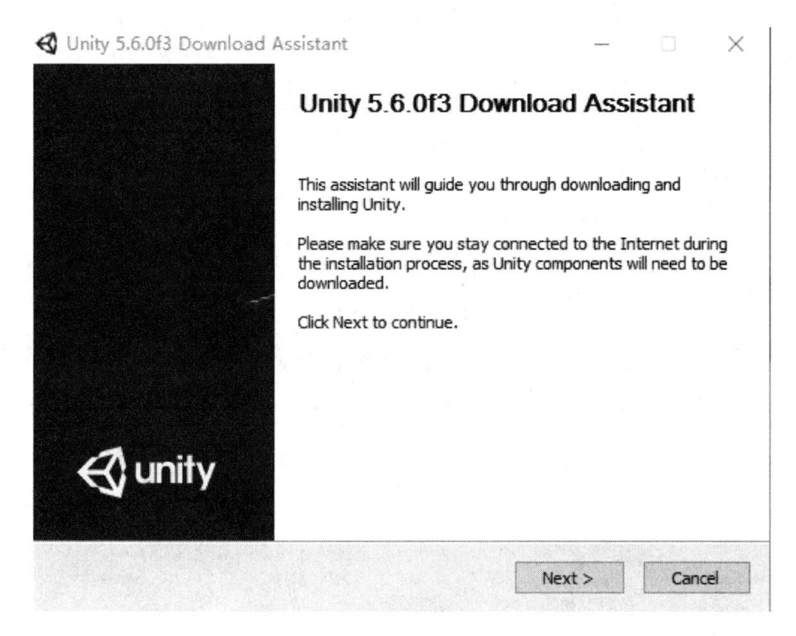

图 11-1　安装启动界面

第二步，点击 Next，进入 License 条款确认界面，如图 11-2 所示。

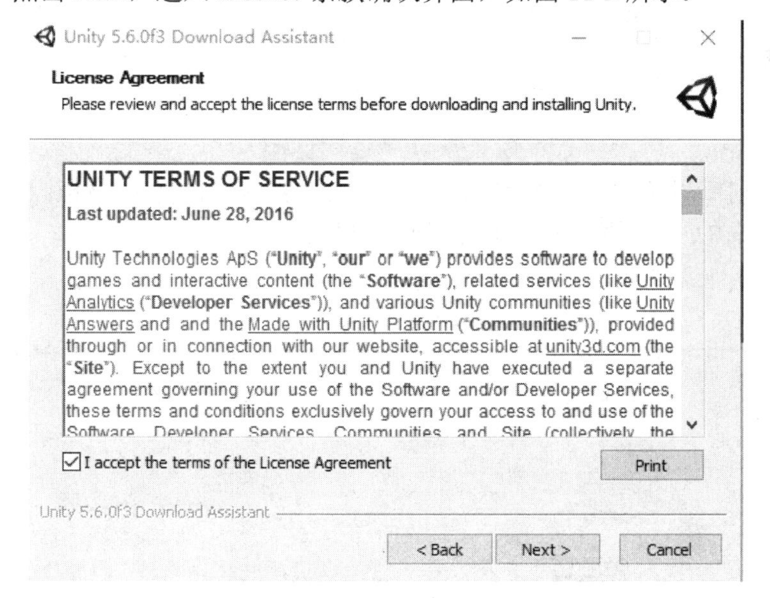

图 11-2　License 条款确认

第三步，选择“I accept the terms of the License Agreement”，然后进行安装包选择，如图 11-3 所示。

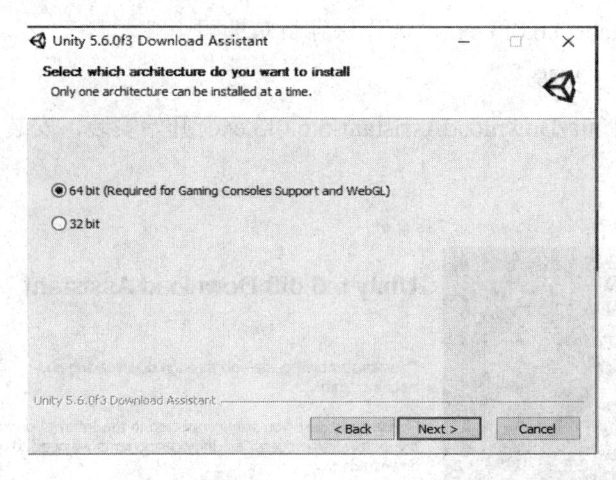

图 11-3　安装包选择

第四步，选择适合自己电脑操作系统的 Unity 部件，选择需要的相关程序和插件即可，如图 11-4 所示。注意，前四个为必选选项，后面的可以根据需求选择。然后点击 Next 继续。

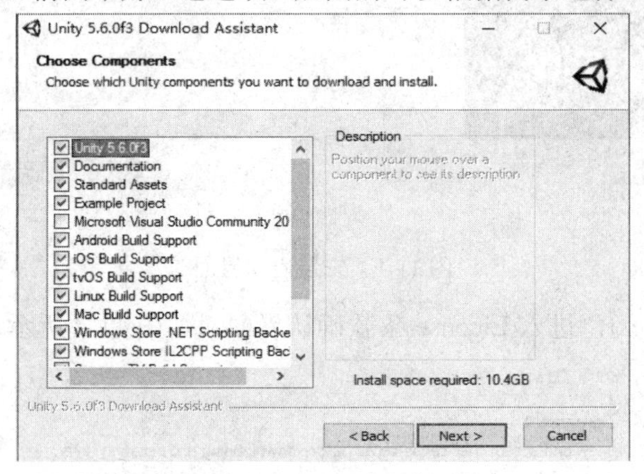

图 11-4　安装包部件选择

第五步，选择下载目录和安装目录，这里建议安装在 D 盘里面，如图 11-5 所示。因为程序太大，安装在 C 盘普通电脑会出现卡机的问题。

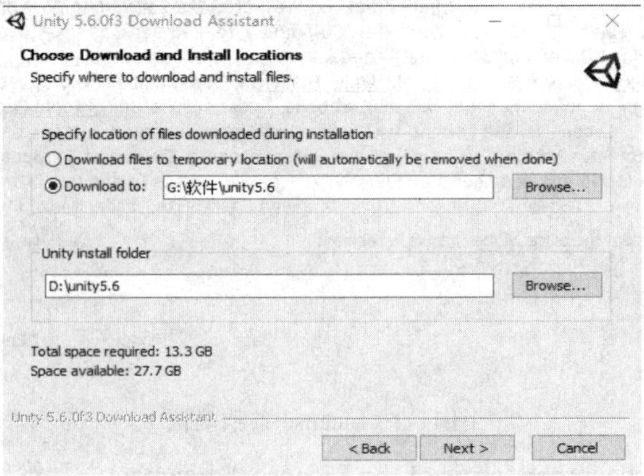

图 11-5　安装位置选择

第六步，静等电脑完成安装，注意不要中断网络连接。安装进程如图 11-6 所示。

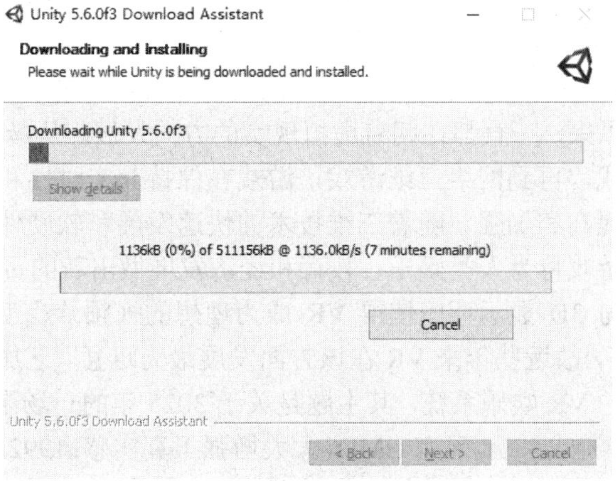

图 11-6　安装进程

第七步，安装完成后注册 Unity 账号。注册 Unity 账号界面如图 11-7 所示。

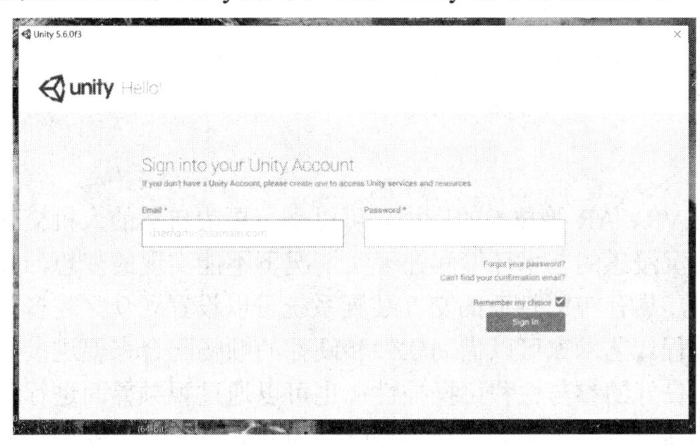

图 11-7　注册 Unity 账号界面

至此，Unity 便安装完成了，读者可以进一步自行学习和熟悉 Unity 开发环境。

11.2.3　VR 开发示范

Unity 提供了专门的技术论坛官网(http://forum.china.unity3d.com/)，该论坛既有 Unity 官方提供的 Demo 程序，也有 Unity 开发爱好者自己分享的小程序，资源非常丰富；既有示范程序开发过程的指导，又有相关的源代码。因此，这里作者就不再赘述，有兴趣的读者可以登录该网站，参考论坛提供的实例，在自己的开发环境下按照其指南，利用其源代码，实现示范程序的编辑和调测，以便对采用 Unity 进行 VR 开发有一个直观的体验。

11.3　VR 技术应用

VR 的应用领域非常广泛，难以一一列举。本书中，我们按 VR 的应用特点，把 VR 分为以下四类：VR 游戏、VR 展现、仿真设计和仿真训练。

11.3.1 VR 游戏

电脑游戏自产生以来，一直都在朝着虚拟现实的方向发展。从最初的文字 MUD 游戏，到二维游戏、三维游戏，再到网络三维游戏，游戏在保持其实时性和交互性的同时，逼真度和沉浸感正在稳步提高和加强。随着三维技术的快速发展和软硬件技术的不断进步，真正意义上的虚拟现实游戏将为人类娱乐、教育和经济发展做出新的贡献。

丰富的感知能力与 3D 显示环境使得 VR 成为理想的视频游戏工具。由于娱乐方面对 VR 的真实感要求提高，故近些年来 VR 在该方面发展最为迅猛。芝加哥开放了世界上第一台大型可供多人使用的 VR 娱乐系统，其主题是关于 3025 年的一场未来战争；英国开发的称为"Virtuality"的 VR 游戏系统，配有 HMD，大大增强了真实感；1992 年的一台称为"Legeal Qust"的系统由于增加了人工智能功能，使计算机具备了自学习功能，大大增强了趣味性及难度，使该系统获得该年度 VR 产品奖。另外，在家庭娱乐方面 VR 也显示出了很好的前景。

11.3.2 VR 展现

1. 艺术

艺术家通过对 VR、AR 等技术的应用，可以采用更为自然的人机交互手段控制作品的形式，塑造出更具沉浸感的艺术环境和在现实情况下不能实现的梦想，并赋予创造的过程以新的含义。比如，具有 VR 性质的交互装置系统可以设置观众穿越多重感官的交互通道以及穿越装置的过程。艺术家可以借助软件和硬件的顺畅配合来促进参与者与作品之间的沟通与反馈，创造良好的参与性和可操控性；也可以通过视频界面进行动作捕捉，存储访问者的行为片段，并以保持参与者的意识增强性为基础，同步放映增强效果和重新塑造、处理过的影像。

VR 所具有的临场参与感与交互能力可以将静态的艺术(如油画、雕刻等)转化为动态的，可以使观赏者更好地欣赏作者的思想艺术。另外，VR 提高了艺术表现能力，如一个虚拟的音乐家可以演奏各种各样的乐器，手足不便的人或远在外地的人可以在他所生活的居室中进入虚拟的音乐厅，从而欣赏音乐会等。

2. 教育

VR 对艺术的潜在应用价值同样适用于教育。比如，在直观展现物理和化学原理、解释复杂的系统抽象概念(如量子物理)等方面，VR 是非常有力的工具。Lofin 等人在 1993 年建立了一个"虚拟的物理实验室"，用于解释某些物理概念，如位置与速度，力量与位移等。

3. Web3D

Web3D 主要有四类运用方向，分别是商业、教育、娱乐和虚拟社区。企业和电子商务三维的表现形式，能够全方位地展现一个物体，具有二维平面图像不可比拟的优势。对计算机远程教育系统而言，引入 Web3D 内容必将达到很好的在线教育效果。对娱乐游戏业，

VR 永远是一个不衰的市场。现今，互联网上已不是单一静止的世界，动态 HTML、Flash 动画、流式音视频，使整个互联网生机盎然。动感的页面较之静态页面更能吸引更多的浏览者。

虚拟社区使用 Web3D 实现网络上的 VR 展示，它只需构建一个三维场景，人以第一视角在其中穿行。场景和控制者之间能产生交互，加之高质量的生成画面使人产生身临其境的感觉。对于虚拟展厅、建筑房地产虚拟漫游展示，VR 提供了解决方案。

11.3.3 仿真设计

1. 建筑设计

VR 作为一种设计工具，以视觉形式反映了设计者的思想。比如，装修房屋之前，你首先要做的事是对房屋的结构、外形做细致的构思；其次，为了使之定量化，你还需设计许多图纸，当然这些图纸只有内行人能读懂。而 VR 可以把这种构思变成看得见的虚拟物体和环境，使传统的设计模式提升到数字化的“即看即所得”的完美境界，大大提高了设计和规划的质量与效率。运用 VR技术，设计者可以完全按照自己的构思去构建装饰虚拟的房间，并且可以任意变换自己在房间中的位置，以便观察设计的效果，再修改直到满意为止。这样既节约了时间，又节省了做模型的费用。

2. 房地产开发

随着房地产业竞争的加剧，传统的展示手段如平面图、表现图、沙盘、样板房等已经远远无法满足消费者的需要。虚拟现实技术是集影视广告、动画、多媒体、网络科技于一身的最新型的房地产营销方式，在国内的广州、上海、北京等大城市，国外的加拿大、美国等经济和科技发达的国家都非常热门，它是当今房地产行业一个综合实力的象征和标志。同时，它在房地产开发中的其他重要环节(包括申报、审批、设计、宣传等方面)都有着非常迫切的需求。

房地产项目的表现形式可大致分为实景模式、水晶沙盘两种。其中，实景模式可对项目周边配套，红线以内建筑和总平面，内部业态分布等进行详细剖析展示，由外而内表现项目的整体风格，并且可以通过鸟瞰、内部漫游、自动动画播放等形式对项目逐一表现，增强了讲解过程的完整性和趣味性。

3. 工业仿真

当今世界工业已经发生了巨大的变化，大规模人海战术早已不再适应工业的发展，先进科学技术的应用显现出巨大的威力，特别是虚拟现实技术的应用正对工业进行着一场前所未有的革命。VR 已经被世界上一些大型企业广泛地应用到工业的各个环节，对企业提高开发效率，加强数据采集、分析、处理能力，减少决策失误，降低企业风险起到了重要的作用。VR 技术的引入，将使工业设计的手段和思想发生质的飞跃。

工业仿真系统不是简单的场景漫游，而是真正意义上用于指导生产的仿真系统。它结合用户业务层功能和数据库数据来组建一套完全的仿真系统，可组建 B/S、C/S 两种架构的应用，可与企业 ERP、MIS 系统无缝对接，支持 SQL Server、Oracle、MySQL 等主流数据库。工业仿真所涵盖的范围很广，从简单的单台工作站上的机械装配到多人在线协同演练系统。下面列举一些工业仿真的应用领域：

(1) 石油、电力、煤炭行业多人在线应急演练。

(2) 市政、交通、消防应急演练。

(3) 多人多工种协同作业(化身系统、机器人人工智能)。

(4) 虚拟制造/虚拟设计/虚拟装配(CAD/CAM/CAE)。

(5) 模拟驾驶、训练、演示、教学、培训等。

(6) 地形地貌、地理信息系统(GIS)。

(7) 生物工程(基因/遗传/分子结构研究)。

(8) 虚拟医学工程(虚拟手术/解剖/医学分析)。

(9) 建筑视景与城市规划、矿产、石油。

(10) 航空航天、科学可视化。

11.3.4 仿真训练

1. VR 医疗

VR 在医学方面的应用具有十分重要的现实意义。在虚拟环境中，可以建立虚拟的人体模型，借助于跟踪球、HMD、感觉手套，学生可以很容易地了解人体内部各器官结构，这比现有的采用教科书的方式要有效得多。Pieper 及 Satara 等研究者在 20 世纪 90 年代初基于两个SGI 工作站建立了一个虚拟外科手术训练器。该训练器可用于腿部及腹部外科手术模拟。这个虚拟的环境包括虚拟的手术台与手术灯，虚拟的外科工具(如手术刀、注射器、手术钳等)，虚拟的人体模型与器官等。借助于 HMD 及感觉手套，使用者可以对虚拟的人体模型进行手术。但该系统有待进一步改进，比如需要提高环境的真实感；需要增加网络功能，使其能同时培训多个使用者，或可在外地专家的指导下工作等。在手术后果预测及改善残疾人生活状况，乃至新型药物的研制等方面，VR 技术都有十分重要的意义。

在医学院校，学生可在虚拟实验室中进行“尸体”解剖和各种手术练习。采用这项技术，由于不受标本、场地等的限制，所以培训费用大大降低。一些用于医学培训、实习和研究的 VR 系统，仿真程度非常高。例如，导管插入动脉的模拟器，可以使学生反复实践导管插入动脉时的操作；眼睛手术模拟器，根据人眼的前眼结构创造出三维立体图像，并且带有实时的触觉反馈，学生利用它可以观察模拟移去晶状体的全过程，也可以观察眼睛前部结构的血管，虹膜和巩膜组织，角膜的透明度等。此外，还有麻醉虚拟现实系统、口腔手术模拟器等。

外科医生在真正动手术之前，通过 VR 技术的帮助，能在显示器上重复地模拟手术、移动人体内的器官、寻找最佳手术方案并提高熟练度。在远距离遥控外科手术、复杂手术的计划安排、手术过程的信息指导、手术后果预测及改善残疾人生活状况，乃至新药研制等方面，VR 技术都能发挥十分重要的作用。

2. 军事训练

模拟训练一直是军事与航天工业中的一个重要课题，也为 VR 提供了广阔的应用前景。美国国防部高级研究计划局 DARPA 自 80 年代起一直致力于研究称为 SIMNET 的虚拟战场系统，以提供坦克协同训练。该系统可连接 200 多台模拟器。另外，利用 VR 技术可模拟零重力环境，代替非标准的水下训练宇航员的方法。

3. 虚拟现实应急演练

定期进行应急演练对于灾害预防非常重要，但其投入成本高，每次演练都要投入大量的人力和物力，这使得演练不可能频繁进行。而 VR 技术则为应急演练提供了一种全新的开展模式。将事故现场模拟到虚拟场景中去，人为制造各种事故情况，组织参演人员做出正确响应。这样的演练大大降低了投入成本，提高了演练实训时间，从而保证了人们在面对事故灾难时的应对能力，并且可以打破空间的限制，方便地组织各地人员进行演练。虚拟演练有如下优势：

■ 仿真性

虚拟演练环境是以现实演练环境为基础搭建的，操作规则同样立足于现实中实际的操作规范，理想的虚拟环境甚至可以达到使受训者难辨真假的程度。

■ 开放性

虚拟演练打破了演练空间上的限制，受训者可以在任意地理环境中进行集中演练。身处任意地点的人员，只要通过相关网络通信设备即可进入相同的虚拟演练场所进行实时的集中化演练。

■ 针对性

与现实中的真实演练相比，虚拟演练的一大优势是可以方便地模拟任何培训科目。借助 VR 技术，受训者可以将自身置于各种复杂、突发环境中去，从而进行针对性训练，提高自身的应变能力与相关处理技能。

■ 自主性

借助虚拟演练系统，各单位可以根据自身的实际需求在任何时间、任何地点组织相关培训指导，并快速取得演练结果，进行演练评估和改进。受训人员亦可以自发进行多次重复演练，使受训人员始终处于培训的主导地位，大大增加演练时间和演练效果。

■ 安全性

虚拟的演练环境远比现实中安全，培训人员与受训人员可以大胆地在虚拟环境中尝试各种演练方案，即使闯下“大祸”，也不会造成“恶果”。通常，将这一切放入演练评定中去，作为最后演练考核的参考。这样，在确保受训人员人身安全的情况下，可以卸去事故隐患的包袱，尽可能极端地进行演练，从而大幅提高自身的技能水平，确保在实际操作中的人身与事故安全。

11.4　AR 与 MR

11.4.1　AR 技术

1. AR 概念

AR(Augmented Reality，增强现实)是一种将真实世界信息和虚拟世界信息无缝集成的新技术。它把现实世界中的一定时间和空间范围内的很难体验到的实体信息(视觉、声音、味道、触觉等信息)，通过电脑等技术模拟仿真后，再叠加到真实世界，被人类感官所感知，从而达到超越现实的感官体验。

AR 把真实的环境和虚拟的物体实时地叠加到了同一个画面或空间，不仅展现了真实世界的信息，而且将虚拟的信息同时显示出来，两种信息相互补充、叠加。在视觉化的增强现实中，用户利用头盔显示器，把真实世界与电脑图形重合成在一起，便可以看到真实的世界围绕着它。AR 技术包含了多媒体、三维建模、实时视频显示及控制、多传感器融合、实时跟踪及注册、场景融合等新技术与新手段。AR 系统具有三个突出的特点：

(1) 真实世界和虚拟的信息集成；

(2) 具有实时交互性；

(3) 是在三维尺度空间中增添定位虚拟物体。

2. AR 与 VR 的区别与联系

(1) 联系与相同点。AR 是在 VR 基础上发展起来的，与 VR 类似，AR 也需要使用一部配备传感器的可穿戴设备，比如谷歌眼镜或爱普生 Moverio 系列智能眼镜，但两者的相同点也仅限于此。

(2) 不同点。与 VR 不同的是，AR 是一种更偏实用性的技术。AR 的工作方式是在真实世界当中叠加虚拟内容。这些内容可以是简单的数字或文字通知，也可以是复杂的虚拟图像。使用者不需要在其他设备上查看相关信息，可以腾出双手进行其他任务。显然，AR 是一项更适合在现场环境中使用的技术，它让现场工作人员更方便快捷地获取到相关的信息。

最近，《精灵宝可梦 Go》的流行让人们对 AR 技术产生了极大的热情。这款游戏可以让玩家在现实世界当中捕捉任天堂精灵宝可梦系列当中的小精灵。在开启了 AR 模式之后，玩家就能在手机屏幕上看到“存在于”现实世界里的小精灵了。

3. AR 技术原理

AR 技术，提供了在一般情况下不同于人类可以感知的信息。一个完整的 AR 系统由一组紧密连接、实时工作的硬件部件与相关的软件系统协同实现，常用的有以下所述三种形式。

1) 显示器式

显示器式 AR 基于计算机显示器，其原理如图 11-8 所示。它将摄像机拍摄的现实世界图像输入到计算机中，并与计算机图形系统产生的虚拟景象合成，再将增强的图像输出到屏幕显示器。用户从屏幕上看到最终的增强场景图片。其优势是简单，其缺点是不能带给用户多少沉浸感。

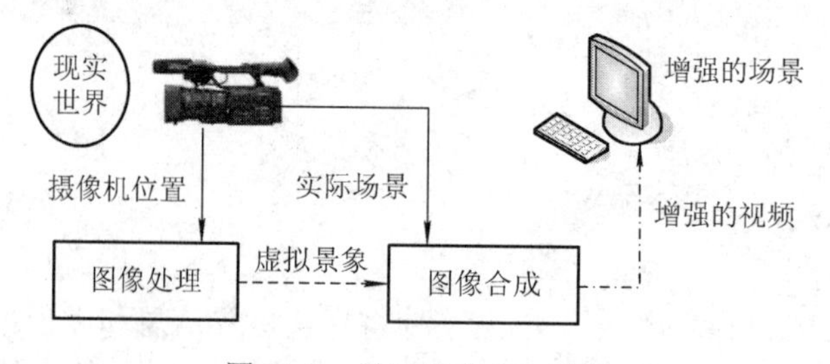

图 11-8 显示器式 AR 系统

2) 光学透视式

头盔式显示器(Head-Mounted Display，HMD)广泛应用于 VR 系统中，以增强用户的视觉沉浸感。AR 也采用了类似的技术，开发了在 AR 中广泛应用的穿透式 HMD。根据其具体实现原理，HMD 又划分为两大类，分别是基于光学原理的透视式 HMD 和基于视频合成技术的透视式 HMD。光学透视式 AR 系统实现方案如图 11-9 所示。

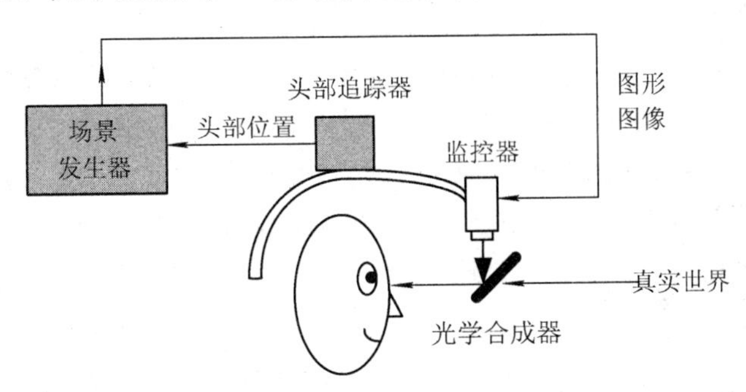

图 11-9　光学透视式 AR 系统

光学透视式 AR 系统具有简单、分辨率高、没有视觉偏差等优点，但它同时也存在着对定位精度要求高、延迟匹配难、视野相对较窄和价格高等不足。

3) 视频透视式

视频透视式 AR 采用的基于视频合成技术的穿透式 HMD(Video See-Through HMD)，其实现方案如图 11-10 所示。

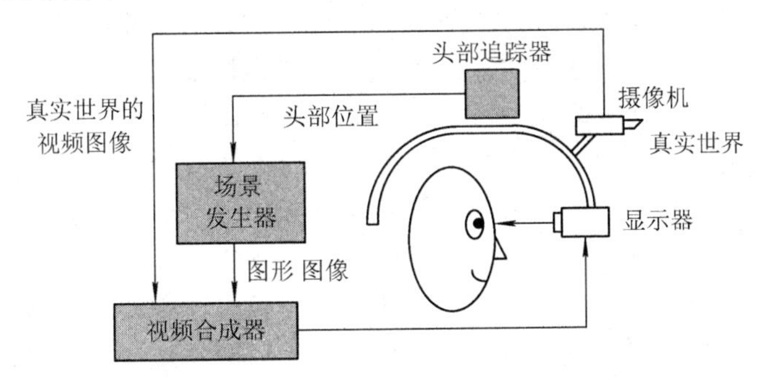

图 11-10　视频透视式 AR 系统

4. 一个 AR 应用案例：智能眼镜助力国家电网智能巡检

设备和线路巡检管理在企业管理中占有非常重要的地位，然而当前少数企业仍停留在通过人工方式登记、统计设备和线路巡检状态信息，还有部分企业采用 PDA 手持设备进行巡检。这种做法存在以下几个问题：

(1) 高空作业双手解放显得尤为重要。巡检人员双手无法得到解放，便无法集中精力专心工作，导致工作效率低下。

(2) 出现漏检。巡检过程工作量非常巨大，设备漏检及数据管理差错缺失不可避免。

(3) 数据实时性差。巡检人员无法实时获得巡检标准信息，难以定位缺陷，管理部门无法及时得到巡检的统计分析结果，不能保证管理的准确性和连贯性。

(4) 评估不准确。对巡检整个过程缺乏科学的监督，对巡检人员的考核方法不够客观，管理成本过高。

(5) 数据孤立，缺乏关联。巡检过程中会产生大量数据，但是巡检数据是孤立的，没有进行智能化关联分析，不能有效地预防或管理安全隐患。

(6) 后期处理难。传统巡检资料都是以纸质方式保存，这使得后期无论是数据统计还是资料查询都很困难。

针对电力行业存在的痛点，深圳增强现实技术有限公司将 AR 智能眼镜和增强现实技术、人工智能等新技术应用于国家电网的巡检，开发出一套 AR 智能眼镜全终端工作辅助和培训系统(简称 PSS)。系统包含实时指引、透明管理、知识沉淀、个人教练四大功能模块，并与智慧数据库形成智能电力巡检系统，系统中四大功能模块数据信息互通互联、互动互融形成智能化大数据电力巡检。其中与 AR 技术有关的主要功能包括：

1) 巡检过程实时指导

解放双手。智能眼镜解放了巡检人员的双手，使其集中精力完成任务，根据巡检人员需求随时将信息推送到眼前，从而提高工作效率。

操作手册可视化。通过 PSS 系统对现有的巡检内容(如文字、图片、视频、3D 动画)进行编辑，排序形成标准化的巡检流程，再转化成可视化巡检资料，从而可快速更新巡检资料。然后，将更新后的巡检资料传输给智能眼镜终端，实时指引巡检人员标准规范地完成巡检工作。

2) 通过智能眼镜将操作资料可视化

首先是设备识别，将设备、工具、环境数据通过 PSS 后台系统导入数据库，智能眼镜通过摄像头进行三维图像识别巡检对象，触发对应的巡检信息，从而准确判断巡检人员有没有到达准确地点并实际完成巡检项目。当环境和设备模糊导致三维图像识别失去作用时，还以通过识别铭牌来获取铭牌对应设备的巡检内容。而当极端环境下摄像头失去识别能力时，通过智能眼镜内置 Rift 电子标签与巡检对象内置电子标签进行互动，可以实时获取相关巡检信息。

其次是远程 AR 协助，当巡检人员遇到难以做出决策的巡检项目或者遭遇紧急事故需要处理，而以其自身的知识经验和现有的数据信息无法解决现场问题时，巡检人员可以通过智能眼镜摄像头以其第一视角将现场复杂的情景直接传送到远程专家处。专家可通过平板、手机、PC 等设备随时随地进行援助。由于获得的是巡检人员第一视角，就如亲临现场进行观察一样，远程专家通过语音和增强现实电子白板，可以直观地将数字信息远程直接叠加在巡检人员的视野中的操作对象上，现场巡检人员犹如获得现场专家的指导一样处理棘手问题，这极大地减少了沟通和交流成本。

11.4.2 MR 技术

1. MR 概念

在二十世纪七八十年代，为了增强简单自身视觉效果，让眼睛在任何情境下都能够“看到”周围环境，Steve Mann 设计出可穿戴智能硬件，这被认为是对 MR 技术的初步探索。

MR(Mixed Reality，混合现实)技术是虚拟现实技术的进一步发展，该技术通过在现实场景呈现虚拟场景信息，在现实世界、虚拟世界和用户之间搭起一个交互反馈的信息回路，以增强用户体验的真实感。MR 是一组技术的组合，它不仅提供新的观看方法，还提供新的输入方法。

MR 的核心优势是把 VR 和 AR 的优点集于一身。从理论上讲，MR 可让用户看到现实世界(类似 AR)，但同时又能呈现出可信的虚拟物体(类似 VR)。随后，它会把虚拟物体固定在真实空间当中，从而给人以真实感。在混合现实当中，体验者是可以感受到虚拟物体与现实世界之间的依存关系的。它也完全符合现实世界中的透视法则，走近看会变大，而离远之后会变小。

2. MR 与 VR、AR 的区别与联系

MR 是在 VR 和 AR 兴起的基础上才提出的一项概念，可以把 MR 视为 AR 的增强版。如果一切事物都是虚拟的那就是 VR 的领域了。如果展现出来的虚拟信息只能简单叠加在现实事物上，那就是 AR。MR 的关键点就是与现实世界进行交互和信息的及时获取。

VR 是纯虚拟数字画面，而 AR 是虚拟数字画面加上裸眼现实，MR 是数字化现实加上虚拟数字画面。从概念上来说，MR 与 AR 更为接近，都是一半现实一半虚拟影像。但传统 AR 技术运用棱镜光学原理折射现实影像，视角不如 VR 视角大，清晰度也会受到影响。

根据 Steve Mann 的理论，智能硬件最后都会从 AR 技术逐步向 MR 技术过渡。MR 和 AR 的区别在于，MR 通过一个摄像头让你看到裸眼都看不到的现实，AR 只管叠加虚拟环境而不管现实本身。MR 系统有以下三个主要特点：

(1) 它结合了 VR 与 AR 的优势，能够更好地将 AR 技术体现出来；

(2) 虚拟的 3D 注册；

(3) 实时运行。

3. MR 的应用前景

一般来说，VR 的常见载体是智能眼镜。而如今，第一款融合了 MR 技术的智能眼镜正在开发阶段，即将投入商用。真正的 MR 游戏可以把现实与虚拟互动展现在玩家眼前，让玩家同时保持与真实世界和虚拟世界的联系，并根据自身的需要及所处情境调整操作。

有研究机构预估，到 2020 年，全球头戴虚拟现实设备年销量将达到 4000 万台左右，市场规模约 400 亿元，加上内容服务和企业级应用，市场容量超过千亿元。国内一线科技企业已加入到 VR 设备及内容的研发中。在内容创造方面，也已经有了超次元 MR 这样的作品。这必然推动 VR 更快向 AR、MR 技术过渡。目前，全球从事 MR 领域的企业和团队都比较少，很多都处于研究阶段。

思考与练习题

1. 什么是虚拟现实？虚拟现实有哪些特征？
2. 虚拟现实中的沉浸感是如何产生的？
3. 请自己动手，搭建一个 Unity 开发环境。
4. 简述增强现实的技术原理。
5. 什么是混合现实？它与虚拟现实、增强现实有何关系？

第12章　人工智能技术及其应用

人工智能自诞生以来，理论和技术日益成熟，应用范围也不断扩大，包括机器人、深度学习、语音识别等领域。近年来，随着移动互联网的不断发展，智能化也已经日益成为移动互联网发展的新趋势和主要需求。本章我们主要讨论人工智能技术在移动互联网领域的应用。

12.1　人工智能产生的背景与基本概念

12.1.1　人工智能的概念

人工智能(Artificial Intelligence，AI)是研究、开发用于模拟、延伸和扩展人的智能的理论、方法、技术及应用系统的一门新的技术科学。人工智能是计算机科学的一个分支，也是自动化技术的自然演进，它力图揭示智能的本质，并生产出一种新的能以与人类智能相似的方式做出反应的智能系统。

除了计算机科学以外，人工智能还涉及信息论、控制论、自动化、仿生学、生物学、心理学、数理逻辑、语言学、医学和哲学等多门学科。人工智能研究的主要内容包括知识表示、自动推理、搜索方法、机器学习、知识获取、知识处理系统、自然语言理解、计算机视觉、智能机器人、自动程序设计等方面。

人工智能涵盖的技术领域非常广泛，包括语言识别、图像识别、自然语言处理、专家系统、机器人、智能设备等。而单是机器人又可以分为很多种类，如服务机器人、教学机器人、飞行机器人(无人机)、水下无人机、自动驾驶汽车等。人们认为，继互联网之后的信息化的下一个浪潮将是人工智能。

12.1.2　人工智能的基本原理

人工智能是模拟人的智能而来的。只要清楚了人类智能的机制，就能很容易理解人工智能的原理。

1．人类智能

人类智能的本质，是以记忆为基础，以复杂的数据处理方法为手段，对外界输入的信息做出复杂的神经反应，并以这种反应信号来控制身体的动作，从而构成一个复杂的反馈控制系统。如图12-1所示，在这一系统中，各种感觉器官如眼、耳、鼻、舌、皮肤等作为外界信息的获取途径，而口、四肢、头、脸等则作为实施大脑指令的器官。

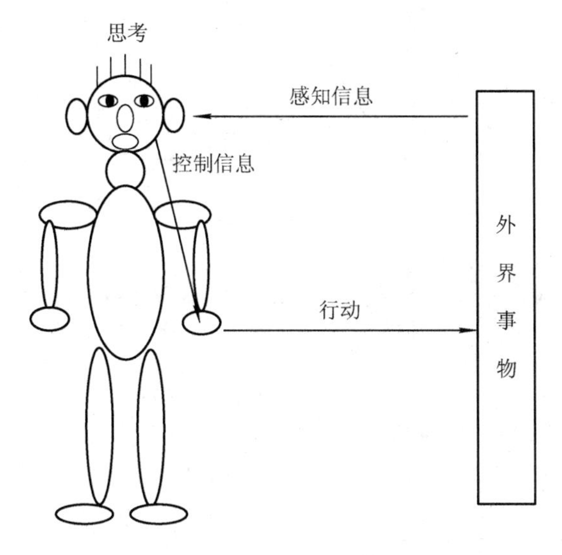

图 12-1　人类智能模式

记忆的内容既包括抽象化的事物的映像，又包括这些事物映像之间的因果关系，记忆的内容和其因果关系构成了人类智能的基础。人类大脑有一套非常复杂的信息处理系统，它既可以对新接收的信息进行处理，能动性地与原有知识体系融为一体，形成新的记忆，又可以通过复杂的运算处理，产生一整套用于控制行为的指令序列。

2. 人工智能

人工智能是对人类智能的模仿，其原理与人类智能基本相同。根据人工智能所实现智能水平的不同，本书中把它分为技术水平依次提高的三个类型：

1) 机巧设计

人类在蒙昧时期就已经学会制作人工智能系统了，如捕捉野兽的夹子。后来，随着知识的增长和制造技术水平的提高，人类不断制作出更多机巧型的设备，如用于导航的罗盘，用于计时的沙漏，用于室内安全防范的各种机关等。机巧型设计是机械时代的产物，是人类智能与机械装置的结合体。它对于外界信息的获取依赖的是机械力，对外界做出反应的算法融合在机械系统设计之中，执行反应动作的能量以机械能形式储藏在系统中。

2) 自动控制

当人类社会进入自动化时代后，人工智能也随之进入一个新的阶段。自动控制所依赖的核心技术是电子、电器和计算机技术。机床、仪器、仪表、飞机、轮船、汽车、冰箱、空调等，都属于自动控制型的人工智能系统。

自动控制型的特点是，系统通过各种传感器获取外界信息，系统的控制算法存储在电子系统(嵌入式计算机自然属于电子系统)中，执行反应动作的能量来自自身所带电池或外接电力系统。

3) 智慧系统

自动控制系统进一步具有了知识学习能力后，也就是具有机器学习能力后，便演进为智慧系统。智慧系统使用既有知识和新学习知识来对外界刺激做出响应。智慧系统的一个最新的具有轰动效果的例子是 AlphaGo。它已经战胜了围棋界顶级的选手，体现出超强的围棋博弈能力。

当前，有些自动控制系统正在逐步增加知识学习能力，使得自动控制系统与智慧系统的界限变得有些模糊，而这本来就是一个很正常的演进过程。当然，对于当前的大多数自动控制系统来说，其控制算法基本上还是固化的知识，尚没有形成新知识的学习能力。

12.2 人工智能的体系架构

在上一节中，我们把人工智能体系化地分为机巧设计、自动控制和智慧系统，其中机巧设计和自动控制采用的技术已经非常成熟。因此，在当前语境下，我们所说的"人工智能"，一般专指智慧系统。本节我们将对人工智能所涉及的技术做一简单介绍。

12.2.1 人工智能技术体系架构

人工智能是一门非常复杂的综合性技术。为帮助读者理清人工智能的技术体系，笔者在中国信通院徐贵宝先生所著《人工智能技术体系架构探讨》一文的基础上，对人工智能技术体系架构做了进一步分析，如图 12-2 所示。

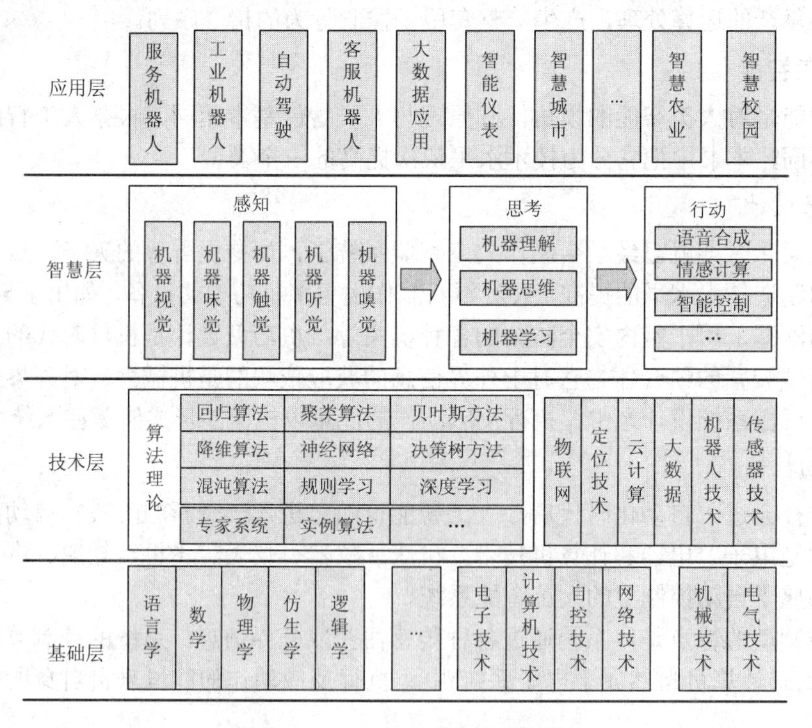

图 12-2 人工智能技术体系架构

1. 基础层

基础层是整个人工智能技术的理论和技术基础，包括语言学、数学、物理学、逻辑学、仿生学等基础理论，以及电子技术、计算机技术、自控技术、网络技术、机械技术和电气技术等。

2．技术层

技术层是在基础层技术上实现的功能化的技术领域，如用于数据分析和处理的各种算法，以及物联网、云计算、定位技术、机器人技术、传感器技术等。技术层是人工智能应用层得以实现的直接基础。

3．智慧层

智慧层是人工智能之智能的实现形式。与人类智能相仿，人工智能整体上也分为感知、思考和行动三个单元。感知单元主要实现机器视觉、听觉、味觉、嗅觉、触觉等，其实它就是各种传感器。传感器信号经适当处理后提交给系统的思考单元，思考单元运用技术层所提供的各种算法，实现机器理解、机器思维和机器学习，为进一步行动做好准备。行动单元则是在思考单元工作结果的基础上，执行语音合成、情感计算和智能控制等动作。

4．应用层

应用层是人工智能系统向外界提供服务的界面。目前，已通过将人工智能技术植入各种实体机器人、纯软件形态的客服机器人、自动驾驶、大数据应用、智慧城市、智慧校园、智慧农业等之中，实现其智慧化应用。

12.2.2　人工智能核心技术

图 12-2 展示了人工智能所依赖的庞大的知识和技术体系，但大多数都是通用的理论和技术。如果单就人工智能所依赖的个性化技术而言，一般认为人工智能主要包括计算机视觉、机器学习、自然语言处理、机器人和语音识别等。这些技术又包含传统的统计方法、神经网络、启发式算法、模糊逻辑、遗传算法等。

1．计算机视觉

计算机视觉是指计算机从图像中识别出物体、场景和活动的能力。计算机视觉技术运用先进的图像处理技术，能够从图像中检测物体的边缘及纹理，能够确定识别到的特征是否能够代表系统已知的一类物体等。

计算机视觉有着广泛的应用。比如，医疗成像分析被用来疾病预测、诊断和治疗，人脸识别被用来自动识别和指认嫌疑人，消费者可以用智能手机拍摄下产品以获得更多购买选择。机器视觉作为计算机视觉的一个子学科，泛指在工业自动化领域的视觉应用。在这些应用中，计算机能在高度受限的工厂环境里识别诸如生产零件一类的物体。因此相对于在非受限环境里操作的计算机视觉来说，计算机在受限环境寻找的目标更为简单。

2．机器学习

机器学习指的是计算机系统无需遵照显式的程序指令，而只依靠数据来提升自身性能的能力。其核心在于，机器学习是从数据中自动发现模式。模式一旦被发现便可用于预测。比如，给予机器学习系统一个关于交易时间、商家、地点、价格及交易是否正当等信用卡交易信息的数据库，系统就会学习到可用来预测信用卡欺诈的模式。处理的交易数据越多，预测就会越准确。

机器学习的应用范围非常广泛。针对那些产生庞大数据的活动，它几乎拥有改进一切性能的潜力。除了欺诈甄别之外，这些活动还包括销售预测、库存管理、石油和天然气勘探以及公共卫生等。机器学习技术在其他的认知技术领域也扮演着重要角色，比如在计算机视觉中，它能在海量图像中通过不断训练和改进视觉模型来提高其识别对象的能力。

目前，机器学习已经成为认知技术中最炙手可热的研究领域之一，在2011—2014年这段时间内就已吸引了近 10 亿美元的风险投资。谷歌也于 2014 年斥资 4 亿美元收购了Deepmind这家研究机器学习技术的公司。

3．自然语言处理

自然语言处理是指计算机拥有的人类般的文本处理的能力。比如，从文本中提取意义，甚至从那些可读的、风格自然、语法正确的文本中自主解读出含义。一个自然语言处理系统并不了解人类处理文本的方式，但是它却可以用非常复杂与成熟的手段巧妙地处理文本。例如，自动识别一份文档中所有被提及的人与地点；识别文档的核心议题；在一堆仅人类可读的合同中，将各种条款与条件提取出来并制作成表。以上这些任务通过传统的文本处理软件根本不可能完成，但是自然语言处理系统仅针对简单的文本匹配与模式就能进行操作。

像计算机视觉技术一样，自然语言处理将有助于实现目标的多种技术进行了融合，建立语言模型来预测语言表达的概率分布。举例来说，用某一串给定字符或单词表达某一特定语义的最大可能性。选定的特征可以和文中的某些元素结合来识别一段文字，通过识别这些元素可以把某类文字与其他文字区别开来，比如将垃圾邮件与正常邮件区别开来。

4．机器人

将机器视觉、自动规划等认知技术整合至极小却高性能的传感器、制动器以及设计巧妙的硬件中，便催生了新一代的机器人。它有能力与人类一起工作，能在各种未知环境中灵活处理不同的任务。

机器人应用的分法有很多种，从应用层面可以粗略地分为以下几个类别：第一类是工业机器人，因为人工成本越来越高，用工风险越来越高，所以应用机器人则可以在很大程度上解决这一问题；第二类是监护机器人，它可以在家里和医院里对病人、老人或孩子进行护理，帮助他们做具有一定复杂程度的事情。随着老龄化问题的不断加剧，人们对监护机器人的需求越来越迫切；第三类是探险机器人，用来采矿或者探险等，大大避免了人所要经历的危险。此外还有用来打仗的军事机器人等。

网络媒体Business Insider预测，机器人将在许多岗位上替代人类，例如电话营销员、校对员、手工裁缝师、数学家、保险核保人、钟表修理师、货运代理商、报税员、图像处理人员、银行开户员、图书馆员、打字员等，因为它们的价格竞争力惊人。麦肯锡全球研究院的研究表明，当中国制造业工资每年增长 10%～20%时，全球机器人的价格每年下调10%，一台最便宜的低阶机器人只需花费美国人年平均工资的一半。国际研究机构顾能则预测，到2020年机器人将导致全球新一波失业潮。

5．语音识别

语音识别主要关注自动且准确地转录人类语音的技术。该技术必须面对一些与自然语言处理类似的问题，在不同口音的处理、背景噪声、区分同音异形/异义词方面存在一些困难，同时还需要具有跟上正常语速的工作速度。语音识别系统使用一些与自然语言处理系统相同的技术，再辅以其他技术，如描述声音和其出现在特定序列与语言中概率的声学模型等。

语音识别的主要应用包括医疗听写、语音书写、电脑系统声控、电话客服等。目前，科大讯飞的语音识别技术已经有了相当程度的发展，可以实现各种复杂的基于语音识别的应用，可以容易地识别各地的方言。

12.3 机器学习

在人工智能的技术体系中，机器学习无疑居于最为核心的位置。本节我们参考《计算机的潜意识》(博客园，http://www.cnblogs.com/subconscious/p/4107357.html)一文，对机器学习作一简要介绍。

12.3.1 机器学习的定义解读

从广义上来说，机器学习是一种能够赋予机器学习的能力，以此让它完成直接编程所无法实现的功能的方法。但从实践的意义上来说，机器学习是一种通过利用数据训练出模型，然后使用模型进行预测的一种方法。

举一个卖房子的例子。假设我们手里有一栋房子需要售卖，那么我们应该给它标上多高的价格？房子的面积是 100 m^2，价格是 100 万元、120 万元，还是 140 万元？很显然，我们希望获得房价与面积的某种规律。那么该如何获得这个规律呢？用报纸上的房价平均数据吗？还是参考别人面积相似的房子的定价？无论哪种，似乎都并不是太靠谱。

我们现在希望获得一个合理的定价，并且能够最大程度地反映面积与房价关系的规律。于是我调查了周边一些房子，获得了一组数据。这组数据中包含了大大小小房子的面积与价格，如图 12-3 所示。如果能从这组数据中找出面积与房价关系的规律，那么就可以设定房子的价格。

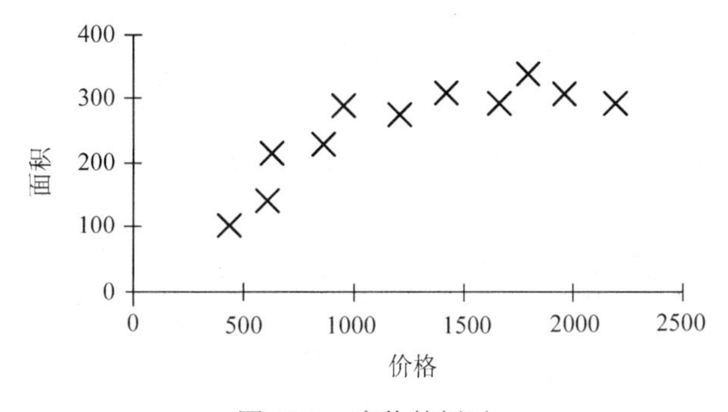

图 12-3　房价的例子

对规律的寻找很简单，拟合出一条直线，让它“穿过”所有的点，并且与各个点的距离尽可能小。通过这条直线，获得了一个能够最佳反映房价与面积关系的规律。这条直线所表明的函数是

$$房价 = 面积 \times a + b \tag{12-1}$$

式中，a、b 都是直线的参数。获得这些参数以后，我们就可以计算出房子的价格。假设 $a = 0.75$、$b = 50$，则房价 = 100 × 0.75 + 50 = 125 万元。这个结果与前面所列举的 100 万元、120 万元、140 万元都不一样。由于这条直线综合考虑了大部分的情况，因此从“统计”意义上来说，这是对房价一个最合理的预测。

上述求解过程中透露出了两个信息：

(1) 房价模型是根据拟合的函数类型决定的。如果是直线，那么拟合出的就是直线方程。如果是其他类型的线，例如抛物线，那么拟合出的就是抛物线方程。机器学习有众多算法，一些算法可以拟合出复杂的非线性模型用来反映一些直线所不能表达的关系。

(2) 数据越多，模型就越能够考虑更多的情况，由此对于新情况的预测效果可能就越好。这是机器学习界“数据为王”思想的一个体现。一般来说，数据越多，机器学习生成的模型预测的效果就越好。

通过上述拟合直线的过程，我们可以对机器学习过程做一个完整的回顾。首先，我们需要在计算机中存储历史数据。其次，需要通过机器学习算法对这些数据进行处理，这个过程在机器学习中叫做“训练”。处理的结果可以用来对新的数据进行预测，这个结果一般称之为“模型”。对新数据的预测过程在机器学习中叫做“预测”。“训练”与“预测”是机器学习中两个密切相关的过程，“模型”则是过程的中间输出结果。“训练”产生“模型”，“模型”指导“预测”。

下面我们把机器学习的过程与人类对历史经验归纳的过程做个对比，如图 12-4 所示。

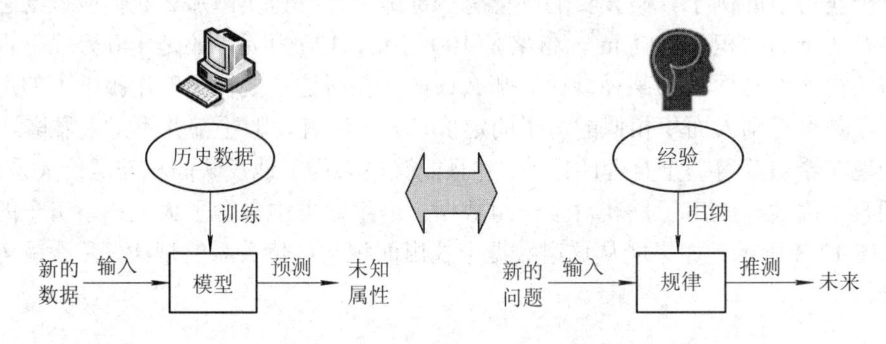

图 12-4　机器学习与人类思考的类比

人类在长期的成长和生活过程中积累了丰富的经验，人类定期地对这些经验进行“归纳”，获得了其中的“规律”。当人类遇到未知的问题或者需要对未来进行“推测”的时候，人类便使用这些“规律”对未知问题与未来进行“推测”，从而指导自己的生活和工作。

机器学习中的“训练”与“预测”过程则可以分别对应到人类的“归纳”和“推测”过程。通过这样的对应，我们会发现，机器学习的思想并不复杂，仅仅是对人类在生活中学习成长的一个模拟。由于机器学习不是基于编程形成的结果，因此它的处理过程不是因果逻辑，而是通过归纳思想得出的相关性关系。

12.3.2　机器学习与相关概念的区别与联系

机器学习与模式识别、数据挖掘、统计学习、计算机视觉、语音识别、自然语言处理等领域有着很深的联系，这里对其做一简要对比，便于读者更深入的理解。

1. 模式识别

模式识别 = 机器学习。两者的主要区别在于前者是从工业界发展起来的概念，后者则主要源自计算机学科。在《Pattern Recognition And Machine Learning》一书中，Christopher. M. Bishop 这样说道："模式识别源自工业界，而机器学习来自于计算机学科。不过，它们中的活动可以被视为同一个领域的两个方面，同时在过去的 10 年间，它们都有了长足的发展。"

2. 数据挖掘

数据挖掘 = 机器学习 + 数据库。近年来，数据挖掘概念很热，甚至达到炒作的程度。其实，数据挖掘仅仅是一种思考方式，告诉我们应该尝试从数据中挖掘出知识，但不是每个数据都能挖掘出金子。一个系统不会因为上了一个数据挖掘模块就变得无所不能，恰恰相反，一个拥有数据挖掘思维的人员才是关键，而且他还必须对数据有深刻的认识，这样才可能从数据中导出模式指引业务的改善。

3. 统计学习

统计学习近似等于机器学习。统计学习是一个与机器学习高度重叠的学科。因为机器学习中的大多数方法都来自统计学，甚至可以认为统计学的发展促进了机器学习的繁荣昌盛。例如著名的支持向量机算法就是源自于统计学科。但是，在某种程度上两者是有区别的：统计学习者重点关注的是统计模型的发展与优化，偏数学；而机器学习者更关注的是能够解决的问题，偏实践。

4. 计算机视觉

计算机视觉 = 图像处理 + 机器学习。图像处理技术用于将图像处理为适合进入机器学习模型中的输入形式，机器学习则负责从图像中识别出相关的模式。与计算机视觉相关的应用非常多，例如百度识图、手写字符识别、车牌识别等。机器学习向新领域深度学习的发展，大大促进了计算机图像识别的效果，因此未来计算机视觉界的发展前景不可估量。

5. 语音识别

语音识别 = 语音处理 + 机器学习。语音识别就是音频处理技术与机器学习的结合。语音识别技术一般不会单独使用，通常会结合自然语言处理的相关技术。

6. 自然语言处理

自然语言处理 = 文本处理 + 机器学习。自然语言处理是让机器理解人类的语言的一门技术。自然语言处理技术中大量使用了与编译原理相关的技术，例如词法分析、语法分析等。除此之外，在理解这个层面，自然语言处理则使用了语义理解、机器学习等技术。作为唯一由人类自身创造的符号，自然语言处理一直是机器学习界不断研究的方向。按照百度机器学习专家余凯的说法，"听与看，说白了就是阿猫和阿狗都会的，而只有语言才是人类独有的"。如何利用机器学习技术进行自然语言的深度理解，一直是工业和学术界关注的焦点。

12.3.3 机器学习常用算法

机器学习有很多算法，下面对几种常用的算法做一介绍。

1．回归算法

在大部分机器学习课程中，回归算法都是被介绍的第一个算法。其原因有两个：一是回归算法比较简单，介绍它可以让学生平滑地从统计学迁移到机器学习；二是回归算法是很多算法的基石，如果不理解回归算法，就无法学习那些强大的算法。

回归算法有两个重要的子类：线性回归和逻辑回归。

1) 线性回归

线性回归是利用数理统计中的回归分析来确定两种或两种以上变量间相互依赖关系的一种统计分析方法。在统计学中，线性回归是利用称为线性回归方程的最小平方函数对一个或多个自变量和因变量之间的关系进行建模的一种回归分析。这种函数是一个或多个称为回归系数的模型参数的线性组合。只有一个自变量的情况称为简单回归，多于一个自变量的情况叫做多元回归。

如果回归分析中只包括一个自变量和一个因变量，且二者的关系可用一条直线近似表示，那么这种回归分析称为一元线性回归分析。如果回归分析中包括两个或两个以上的自变量，且因变量和自变量之间是线性关系，则称为多元线性回归分析。

2) 逻辑回归

逻辑回归是一种与线性回归类似的算法，但是，从本质上讲，线性回归处理的问题类型与逻辑回归不一致。线性回归处理的是数值问题，也就是最后预测出的结果是数字。而逻辑回归属于分类算法。也就是说，逻辑回归的预测结果是离散的分类，例如判断这封邮件是否是垃圾邮件，以及用户是否会点击某广告等。

在实现方面，逻辑回归只是对线性回归的计算结果加上一个 Sigmoid 函数，将数值结果转化为了 0 到 1 之间的概率。Sigmoid 函数的图像一般来说并不直观，读者只需要理解“数值越大，函数越逼近 1；数值越小，函数越逼近 0”即可。然后，可以根据这个概率做预测，例如当概率大于 0.5 时，则认为这封邮件就是垃圾邮件。直观地说，逻辑回归是画出了一条分类线。

逻辑回归算法画出的分类线基本都是线性的，当然也有画出非线性分类线的逻辑回归。不过那样的模型在处理数据量较大的情况时效率会很低，这意味着当两类之间的界线不是线性时，逻辑回归的表达能力就不足。

2．神经网络

神经网络(也称为人工神经网络，ANN)算法是 20 世纪 80 年代非常流行的算法，不过在 90 年代一度衰落。近年来，随着深度学习的兴起，神经网络又重新回到舞台中央，成为最强大的机器学习算法之一。它是一种模仿动物神经网络行为特征，进行分布式并行信息处理的算法数学模型。这种网络根据系统的复杂程度，通过调整内部大量节点之间相互连接的关系，从而达到处理信息的目的。

神经网络的学习机理简单来说就是分解与整合。在著名的 Hubel-Wiesel 试验中，学者们研究猫的视觉分析机理是这样的：比如，一个正方形被分解为四个折线进入视觉处理的下一层，四个神经元各处理一个折线；每个折线再继续被分解为两条直线，每条直线再被分解为黑白两个面；于是，一个复杂的图像变成了大量的细节进入神经元，经神经元处理以后再进行整合，最后得出了看到的是正方形的结论。这就是大脑视觉识别的机理，也是神经网络工作的机理。

下面来看一个简单的神经网络的逻辑架构，如图 12-5 所示，神经网络分成输入层、隐藏层和输出层。输入层负责接收信号，隐藏层负责数据的分解与处理，最后的结果被整合到输出层。每层中的一个圆代表一个处理单元，模拟了一个神经元。若干个处理单元组成了一个层，若干个层再组成了一个网络，这就是神经网络。在神经网络中，每个处理单元事实上就是一个逻辑回归模型。逻辑回归模型接收上层的输入，并把模型的预测结果作为输出传输到下一个层次。通过这样的过程，神经网络可以完成非常复杂的非线性分类。

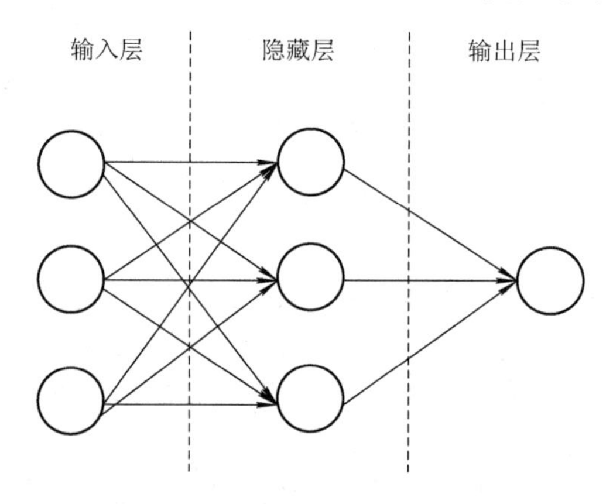

图 12-5　神经网络的逻辑架构

进入 20 世纪 90 年代，神经网络的发展进入了一个瓶颈期。其主要原因是尽管有 BP 算法的加速，神经网络的训练过程仍然很困难。90 年代后期，支持向量机(SVM)算法取代了神经网络的地位。但近年来，随着深度学习取得巨大成功，神经网络又重新受到人们的重视。

3. SVM(支持向量机)

支持向量机算法从某种意义上来说是逻辑回归算法的强化。它通过给予逻辑回归算法施加更严格的优化条件，获得比逻辑回归更好的分类界线。但是，如果没有某类函数技术，支持向量机算法最多算是一种更好的线性分类技术。高斯“核”就是这样一类函数，通过与高斯“核”结合，支持向量机可以表达出非常复杂的分类界线，从而达到很好的分类效果。“核”事实上就是一种特殊的函数，其最典型的特征就是可以将低维的空间映射到高维的空间。

支持向量机是一种数学成分很浓的机器学习算法(相比之下，神经网络则有生物科学成分)。在算法的核心步骤中，又进一步证明，将数据从低维映射到高维不会带来计算复杂性的提升。于是，通过支持向量机算法，既可以保持计算效率，又可以获得非常好的分类效果。因此，支持向量机在 20 世纪 90 年代后期一直占据着机器学习中最核心的地位，基本取代了神经网络算法。直到现在神经网络借着深度学习重新兴起，两者之间才又发生了微妙的平衡转变。

4. 聚类算法

人常说“物以类聚，人以群分”。在自然科学和社会科学中，存在着大量的分类问题。所谓类，通俗地说，就是指相似元素的集合。聚类分析起源于分类学。在古老的分类学中，人们主要依靠经验和专业知识来实现分类，而很少利用数学工具进行定量的分类。聚类分析又称群分析，它是研究样品或指标分类问题的一种统计分析方法，同时也是数据挖掘的一个重要算法。聚类(Cluster)是由若干模式(Pattern)组成的。通常，模式是一个度量(Measurement)的向量，或者是多维空间中的一个点。聚类分析以相似性为基础，在一个聚类中的模式之间比不在同一聚类中的模式之间具有更多的相似性。简单来说，聚类算法就是计算模式之间的距离，根据距离的远近将数据划分为多个聚类的方法。

随着科学技术的发展，对分类的要求越来越高，以致有时仅凭经验和专业知识难以确切地进行分类。于是人们逐渐地把数学工具引用到了分类学中，形成了数值分类学。之后，又将多元分析的技术引入到数值分类学中，形成了聚类分析。聚类分析内容非常丰富，有系统聚类法、有序样品聚类法、动态聚类法、模糊聚类法、图论聚类法、聚类预报法等。聚类算法中最典型的代表就是 K-Means 算法。

5. 降维算法

降维算法的主要特征是将数据从高维降低到低维层次。在这里，维度其实表示的是数据的特征量的大小。例如，房价包含房子的长、宽、面积与房间数量四个特征，也就是维度为四维的数据。可以看出，长与宽事实上与面积表示的信息重叠了，因为面积 = 长 × 宽。通过降维算法我们就可以去除冗余信息，将特征减少为面积与房间数量两个特征，即从四维的数据压缩到二维。于是，我们将数据从高维降低到了低维，这不仅有利于表示，而且能加速计算。

在上面这个例子中，降维过程中减少的维度属于肉眼可视的层次，同时压缩也不会带来信息的损失(因为信息冗余了)。其实，即使肉眼不可视，或者没有冗余的特征，降维算法也能工作，不过这样会带来一些信息的损失。但是从数学上证明，降维算法从高维压缩到低维的过程中，最大程度地保留了数据的信息。因此，使用降维算法仍然有很多的好处。

降维算法的主要作用是压缩数据与提升机器学习其他算法的效率。通过降维算法，可以将具有几千个特征的数据压缩至若干个特征。另外，降维算法的另一个好处是方便数据的可视化，例如将五维的数据压缩至二维，然后可以用二维平面来可视。降维算法的主要代表是 PCA 算法(即主成分分析算法)。

6. 推荐算法

推荐算法是目前非常火的一种算法，在电商界，如亚马逊、天猫、京东等得到广泛应用。推荐算法的主要特征是可以自动向用户推荐他们最感兴趣的东西，从而增加购买率，提升效益。推荐算法有以下两个主要的类别：

一类是基于物品内容的推荐，即将与用户购买的内容相似的物品推荐给用户。这样的前提是每个物品都需要有若干个标签，然后才可以找出与用户购买物品类似的物品。这样推荐的好处是关联程度较大。但是，由于每个物品都需要贴标签，因此工作量较大。

另一类是基于用户相似度的推荐，即将与目标用户兴趣相同的其他用户购买的东西推荐给目标用户。例如，用户甲历史上买了物品 *A* 和 *B*，经过算法分析，发现另一个与甲近似的用户乙购买了物品 *C*，于是将物品 *C* 推荐给用户甲。

两类推荐都有各自的优缺点，在一般的电商应用中，通常是将两类算法混合使用。推荐算法中最有名的算法是协同过滤算法。

7. 其他算法

除了以上算法之外，机器学习界还有其他的算法，如高斯判别、朴素贝叶斯、决策树等算法。但是，上面介绍的六个算法是使用最多、影响最广、种类最全的典型算法。机器学习界的一个特色就是算法众多。

此外，还有一些算法的名字在机器学习领域中也经常出现，但它们本身并不算是一个机器学习算法，而是为了解决某个子问题而诞生的。可以将它们理解为前述算法的子算法，用于大幅度提高训练过程。其中的代表有：(1) 梯度下降法，主要运用在线性回归、逻辑回归、神经网络和推荐算法中；(2) 牛顿法，主要运用在线性回归中；(3) BP 算法，主要运用在神经网络中；(4) SMO 算法，主要运用在 SVM 中。

12.4 人工智能的应用

12.4.1 大数据应用与智慧系统

1. 人工智能激活大数据应用

当前，大数据应用如雨后春笋般迅速兴起。大数据的核心是利用数据的价值。作为人工智能的核心技术，机器学习就是利用数据价值的关键技术。大数据为机器学习提供了非常好的场景。而对于机器学习而言，数据越多越可能提升模型的精确性。大数据与机器学习两者呈现互相促进、相依相存的关系。

机器学习与大数据紧密联系，但也必须清醒地认识到，大数据并不等同于机器学习。同理，机器学习也不等同于大数据。大数据中包含分布式计算、内存数据库、多维分析等多种技术。也就是说，机器学习仅仅是大数据分析中的一种而已。尽管机器学习的一些结果具有很大的魔力，在某种场合下是大数据价值最好的说明。但这并不代表机器学习是大数据下的唯一分析方法。

对人类而言，积累的经验越丰富，阅历越广泛，对未来的判断就越准确。例如，常说的“经验丰富”的人比“初出茅庐”的小伙子更有工作上的优势，这就在于经验丰富的人获得的规律比他人更准确。而在机器学习领域，一个著名的实验证实了机器学习界的一个理论：机器学习模型的数据越多，机器学习的预测效果就越好。各种不同算法在输入的数据量达到一定级数后，都有相近的高准确度。于是诞生了机器学习界的名言：“成功的机器学习应用不是拥有最好的算法，而是拥有最多的数据！”

在大数据时代，人工智能具有广阔的应用前景。随着物联网和移动设备的发展，我们拥有的数据越来越多，种类也愈加丰富，包括图片、文本、视频等非结构化数据，这使得机器学习模型可以获得越来越多的数据。同时，大数据技术中的分布式计算使得机器学习的速度越来越快，可以更方便使用。

2. 人工智能促使数字化系统升级为智慧系统

数字化和智慧化是信息化发展当中前后相继的两个阶段，比如数字化校园演进到智慧校园。区分这两个阶段最根本的标志是系统是否具有智能。而智能来自于通过人工智能技术对源自传统信息系统、物联网等的大数据进行的处理。看一看《重庆市智慧校园建设基本指南(试行)》对数字校园和智慧校园的界定，对这一点就会有一个更深入的理解。

数字校园是以数字化信息和网络为基础建立的对教学、科研、管理、技术服务、生活服务等校园信息进行收集、处理、整合、存储和传输，对各类资源进行优化利用的一种数字化教育环境。通过实现从环境(包括设备、教室等)、资源(如图书、讲义、课件等)到应用(包括教、学、管理、服务、办公等)的数字化，在传统校园基础上构建一个数字空间，拓展了校园的时间和空间维度，提升了传统校园的运行效率，扩展了传统校园的业务功能，奠定了全面实现教育过程信息化的基础。

智慧校园是教育信息化的更高级形态，是数字校园的进一步发展和提升。它综合运用智能感知、物联网、移动互联、云计算、大数据、社交网络、虚拟现实等新一代信息技术，感知校园物理环境，识别师生群体的学习、工作情景和个体特征，将学校物理空间和信息空间有机衔接，为师生建立智能开放的教育教学环境和便利舒适的工作生活环境，提供以人为本的个性化创新服务。

数字化系统、物联网、大数据、人工智能与智慧系统的关系如图 12-6 所示，传统数字化是基础，在增加了实时感知外界环境的物联网，存储、管理和处理各种形式数据的大数据以及人工智能后，才能成为一个真正的智慧系统。因此，说人工智能是智慧系统的灵魂也毫不为过。人工智能技术使得系统能够从传统数字化系统和物联网产生的大数据中发现其中的规律，进而实现具有不可思议智能性的功能。

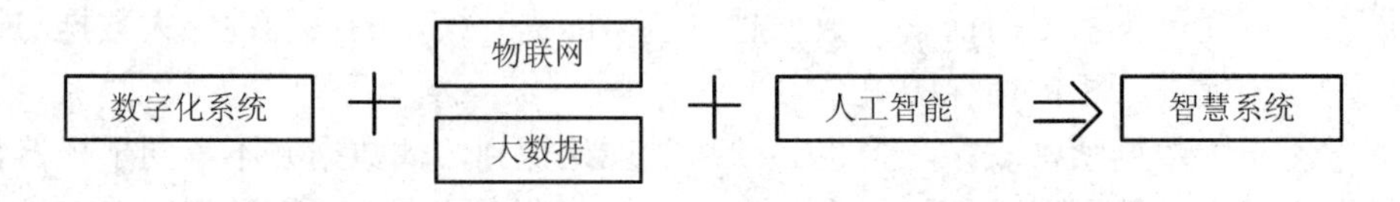

图 12-6　数字化系统、物联网、大数据、人工智能与智慧系统的关系

12.4.2 顶级棋手 AlphaGo

1. 深度学习

AlphaGo 连续战胜世界围棋顶级高手，让人们对人工智能的巨大威力刮目相看。AlphaGo 依托的核心技术是深度学习。深度学习概念由 Hinton 等人于 2006 年提出。他们提出的基于深度置信网络(Deep Belief Nets，简称 DBNs)的非监督贪心逐层训练算法，为解决深层结构相关的优化难题带来了希望，随后他们又提出了多层自动编码器深层结构。此外，Lecun 等人提出的卷积神经网络(Convolutional Neural Networks，简称 CNNs)，利用空间相对关系减少了参数的数目，从而显著提高了训练性能。

1) 深度学习模型

深度学习是机器学习中一种基于对数据进行表征学习的方法。观测值可以使用多种方式来表示，例如一幅图像可以用每个像素强度值的向量来表示，或者更抽象地表示成一系列边、特定形状的区域等。而使用某些特定的表示方法更容易从实例中学习任务，如人脸识别或面部表情识别。深度学习的好处是，用非监督式或半监督式的特征学习和分层特征来提取高效算法，以替代手工方式获取特征。

深度学习方法有监督学习与无监督学习之分，不同的学习框架下建立的学习模型很不相同。例如，卷积神经网络就是一种深度监督学习下的机器学习模型，而深度置信网则是一种无监督学习下的机器学习模型。

图 12-7 是一个含有 2 个隐藏层的深度学习模型，它实质上就是一个由输入、输出以及中间网络构成的神经网络。这种多隐藏层神经网络的一个属性是深度(Depth)，即从一个输入到一个输出的最长路径的长度。AlphaGo 算法便运用了这样的深度学习模型。不过使用的深度更深，方法更复杂。

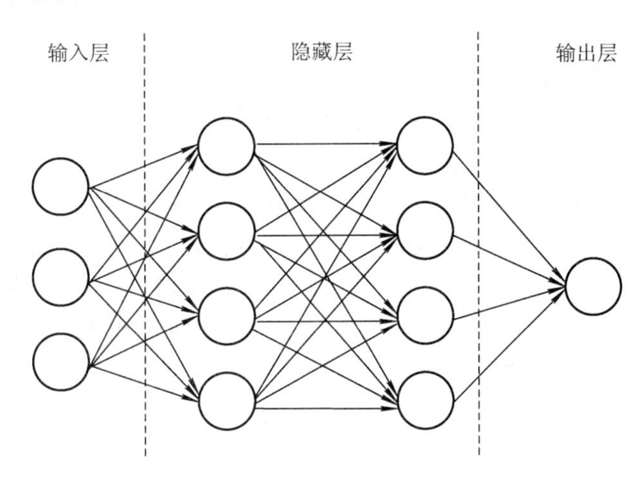

图 12-7　含 2 个隐藏层的深度学习模型

作为对比，大多数专家系统用大量“If - Then”规则定义的自上而下的思路，而人工神经网络 (Artifical Neural Network)则是一种自下而上的思路。神经网络没有一个严格的正式定义。它的基本特点是模仿大脑的神经元之间的信息传递来处理信息的模式。

2) 深度学习核心思想

假设我们有一个系统 *S*，它有 *n* 层(*S*1，*S*2，…，*Sn*)，它的输入是 *I*，输出是 *O*，形象地表示为：*I* =>*S*1=>*S*2=>….=>*Sn* => *O*。如果输出 *O* 等于输入 *I*，即输入 *I* 经过这个系统变化之后没有任何信息损失。设处理 *a* 信息得到 *b*，再对 *b* 处理得到 *c*，那么可以证明：*a* 和 *c* 的互信息不会超过 *a* 和 *b* 的互信息。这表明信息处理不会增加信息，大部分处理会丢失信息。而输出信息保持了不变，意味着输入 *I* 经过每一层 *Si* 都没有任何信息损失，即在任意一层 *Si*，它都是原有信息(即输入 *I*)的另外一种表示。现在回到主题，深度学习需要自动学习特征，假设我们有一堆输入 *I* (如一堆图像或者文本)，且设计了一个系统 *S*(有 *n* 层)，通过调整系统中的参数，使得它的输出仍然是输入 *I*，那么就可以自动地获取到输入 *I* 的一系列层次特征，即 $S1$，$S2$，…，Sn。

对于深度学习来说，其思想就是堆叠多个层，前一层的输出作为下一层的输入。通过这种方式，就可以实现对输入信息的分级表达。另外，要求输出严格地等于输入这样的限制太严格，有时也可以略微地放松这个限制，如只要使得输入与输出的差别尽可能小即可，这样的放松会导致另外一类不同的深度学习方法，这就是深度学习的基本思想。

把学习结构看作一个网络，则深度学习的核心思路如下：

- 无监督学习用于每一层网络的 Pre-train；
- 每次用无监督学习只训练一层，将其训练结果作为其高一层的输入；
- 用自顶而下的监督算法去调整所有的层。

2. AlphaGo 的诞生过程

长期以来，围棋一直被看作是对传统人工智能游戏的最大挑战，因为其状态空间实在太过于庞大，即使利用今天互联网化的分布式计算能力，也不可能利用简单搜索的方法穷尽。对这一问题深感兴趣的人当中有一位黄士杰(Aja Huang)博士，他在就读本科期间就已经获得了围棋业余 6 段，之后也一直从事围棋 AI 的研究，最终成了 AlphaGo 项目主程序员。回顾这一过程与这一过程的结果同样会带给人们巨大的启示。

在 AlphaGo 之前，围棋 AI 主要有两大类算法，它们分别是监督学习(Supervised Learning)和蒙特卡洛搜索(Monte-Carlo Search)。

(1) 监督学习是最容易想到的方法，即直接给人工智能围棋看人类围棋大师的棋谱，让它预测人类大师的下棋位置。很显然，这是一个分类问题：输入当前棋局状态，输出落子位置。但是，要怎么才能做好这样一个分类问题呢？2015 年之前，最强的基于监督学习的围棋 AI 只能达到 35%的分类准确率，根本没法跟人类顶尖棋手过招。

(2) 蒙特卡洛搜索法其实是一个常用的用于解决大规模规划问题的算法。围棋 AI 要做的就是确定下一步棋的落子位置。换句话说，如果能评估每个落子位置的最终成功率，然后选择成功率最高的就行。但是，由于围棋的状态空间非常庞大，每一步都对应着上百个落子位置，不可能通过暴力搜索来确定每个落子位置对棋局结局的贡献，这时候就得用蒙特卡洛搜索法了。

蒙特卡洛搜索法的思路非常简单，就是从给定落子位置开始，随机采样后续棋局(模拟)，得到一个模拟的结果。经过 N 次随机采样模拟之后，将平均成功率返回作为该点的成功率。从定性的角度上讲，蒙特卡洛搜索法就是用采样结果的频率来估计真实的概率。这就相当于我们随机抛硬币，只要抛的次数足够多，那么，正面朝上的频率会无限接近于 0.5。

黄博士的研究内容就是基于蒙特卡洛搜索法的围棋策略。黄博士加入 DeepMind 项目之后，每天刷围棋榜单，不论是用监督学习法还是蒙特卡洛搜索法，他自己做的围棋 AI 也只能达到 5 段左右的水平。在 David Silver 的帮助下，黄博士成功用深度卷积神经网络完成了对现有棋局的监督学习，达到了 57%的分类准确率。与传统的 GunGo 算法对弈，他的围棋 AI 的胜率达到了 97%。然而，跟人类棋手相比，也只能到大约 6 段的水平。这时候黄博士想到，基于分类的方法太过着眼于当前棋局，缺少大局观，能不能将分类网络与蒙特卡洛搜索法结合在一起呢？

原来的蒙特卡洛搜索法主要基于随机采样，那么后续的对弈对取胜率的贡献其实比较小。如果能在后续随机采样过程中加入人类棋手的下棋风格作为启发，岂不是能获得更准确的估值结果？于是，黄博士在蒙特卡洛搜索法的采样搜索步骤中，采用了前面训练好的DCNN。结果发现，DCNN + MC 的方法果然比只用 DCNN 的方法更好。但是，DCNN 非常慢，一个 13 层 CNN，计算一步落子位置就得大约 3 ms，再跟蒙特卡洛搜索法结合后效果更差。于是，黄博士训练了一个非常简单的分类器，尽管分类效果不高，但非常快。

这时候，黄博士的围棋 AI 已经能下赢他自己了，但是若对战柯洁等围棋高手，则它的水平依旧不够。黄博士意识到，人类就是在了解围棋规则的前提下，通过不断对弈来提高自己的水平。如果将这一学习机制赋予 AI，岂不是可以进一步提高 AI 的下棋水平？在David 的帮助下，黄博士掌握了强化学习的技能，围棋 AI 原来的 DCNN 网络变成了强化学习策略网络(RL Policy Network)，让已经通过 SL 过程训练好的 AI 自我对弈，不管对弈过程，只看对弈结果。如果胜了，就给予+1 的奖励；反之，给予−1 的惩罚。利用返回的奖惩值指导网络权值调整的大小与方向。当然，怎么利用这个 RL 策略网络依旧是一个问题。如果用它的输出结果直接进行落子判断显然效果不佳(缺乏全局观)；而如果将它跟蒙特卡洛算法相结合，速度就太慢了。

对此，David 和黄博士采用了一个新思路：蒙特卡洛算法就是为了估计落子位置的价值，那么，是不是可以用一个深度网络直接估计当前棋局每个落子位置的价值呢？于是，就有了 AlphaGo 体系中的最后一个网络，即价值网络(Value Network)。这个价值网络与前面的策略网络大致相同，可以提取相同特征，但是最后输出的结果不再是落子位置，而是落子位置的价值。

显然，这是一个回归问题，只需在 AlphaGo 自我对弈的过程中，随机抽取棋面信息，评估该棋面状态的输赢状态，用来训练价值网络。最终，这个价值网络的估值准确率与“蒙特卡洛搜索+强化学习策略网络”采样平均的估值结果接近，但是评估速度则要快 15 000 倍。

3. AlphaGo 下棋的基本思路

AlphaGo 是一套结合了深度学习增强学习(Reinforcement Learning)的系统。DeepMind 团队在《自然》杂志上发表的《Mastering the Game of Go with Deep Neural Networks and Tree Search》论文中详细介绍了 AlphaGo 是怎么下棋的，其核心思路如图 12-8 和图 12-9 所示。

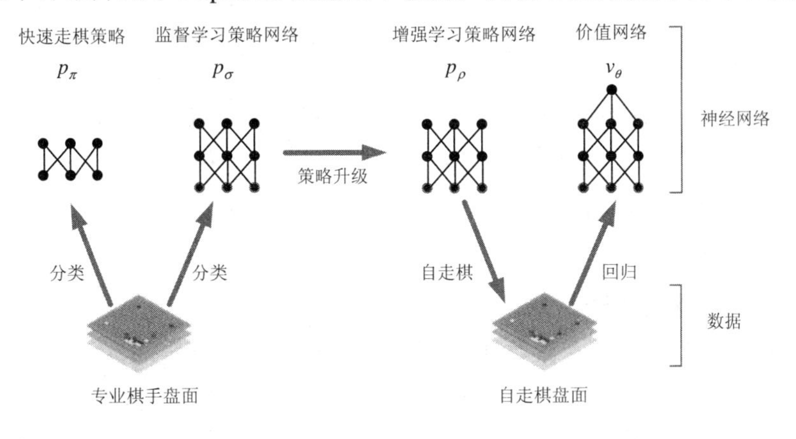

图 12-8 神经网络训练管道和架构(1)

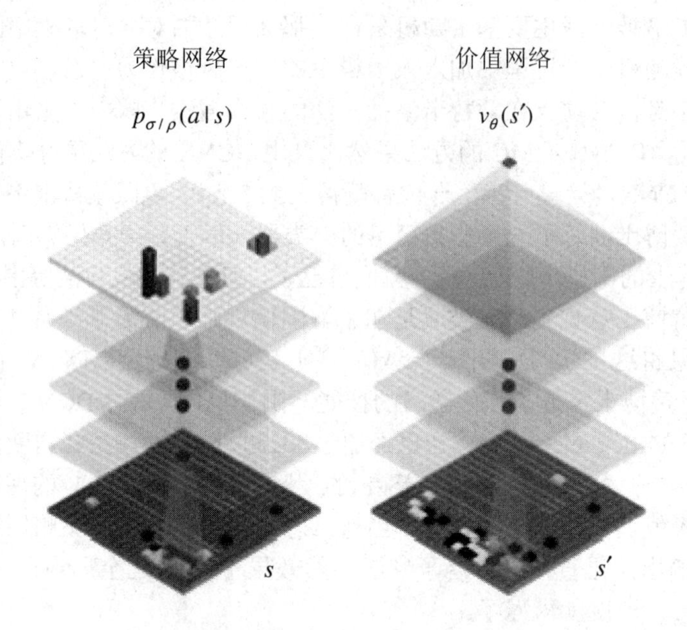

图 12-9　神经网络训练管道和架构(2)

(1) 如图 12-8 所示，首先，使用专业棋手的盘面数据，经过训练得到快速走棋策略 p_π 和监督学习策略网络 p_σ，用以预测专业棋手的走棋。实际上，快速走棋策略类似于人观察盘面获得的“直觉”。然后，对一个增强学习策略网络 p_ρ 进行初始化后，作用于监督学习策略网络 p_σ，并通过策略梯度学习得到提升，使其比先前训练好的策略网络更有效果(指赢得更多的棋局)。其实质是用新的策略网络与先前训练好的策略网络互相对弈，利用增强学习来修正参数，这类似于人类左右手互搏后得到一个类似于人类“深思熟虑”的结果。接下来，采用增强学习策略网络进行自走棋，得到一个新的数据集，再运用回归方法训练出一个价值网络 v_θ，以根据自走棋的盘面数据集来预测期望的效果(不管是否获胜)。

(2) 图 12-9 是 AlphaGo 所采用神经网络架构的简要表示：策略网络 $p_{\sigma/\rho}(a|s)$ 把代表性盘面作为其输入，使其通过分别以 σ（对于监督策略网络）和 ρ（对于增强策略网络）为参数的许多卷积层，输出合法走棋 a 的概率密度分布 $p_\sigma(a|s)$ 或者 $p_\rho(a|s)$，并以盘面的概率密度分布图来表示。相似的，价值网络 v_θ 也采用了以 θ 为参数的许多卷积层，但输出的是所预测的在 s' 位置的标量期望值 $v_\theta(s')$。这样，就可以对盘面上所有可能位置的价值进行“全局分析”判断，让程序有大局观，不会因蝇头小利而输掉整场比赛。

(3) 综合“直觉”、“深思熟虑”、“全局分析”的结果并进行评价，循环往复，找出最优落子点。

4．AlphaGo 的学习原理

郑宇和张钧波两位博士在多次阅读《Mastering the Game of Go with Deep Neural Networks and Tree Search》原文并收集了大量其他资料后，通过深入研究，一起完成了一张详细展示 AlphaGo 学习和博弈原理的图形，如图 12-10 所示。AlphaGo 总体上包含线下学习(图 12-10 上半部分)和在线对弈(图 12-10 下半部分)两个过程。

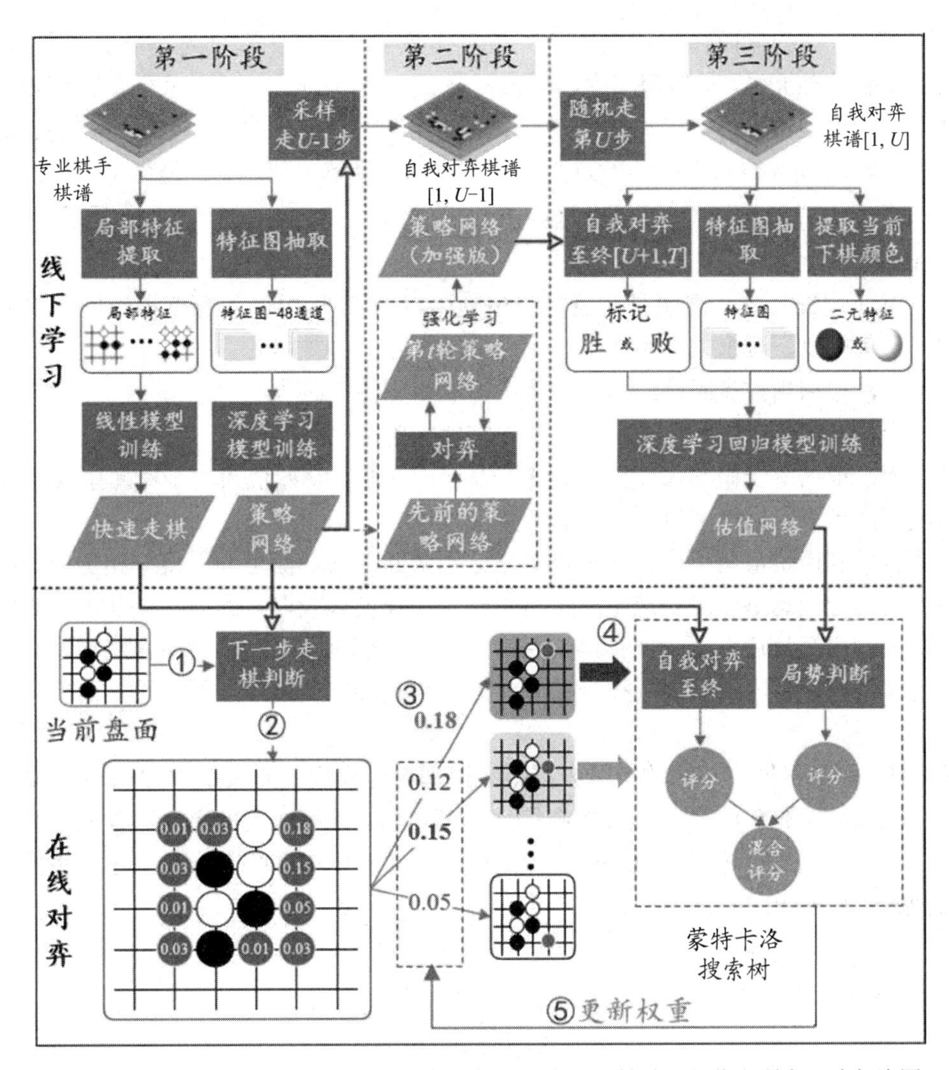

图 12-10　AlphaGo 学习和博弈的原理图(版权归郑宇、张钧波两位作者所有，请勿盗图)

1) 线下学习

线下学习过程分为以下三个训练阶段：

• **第一阶段**：利用 16 万幅以上专业棋手对局的棋谱来训练两个网络。其中一个是基于全局特征和深度卷积网络(CNN)训练出来的策略网络(Policy Network)，其主要作用一方面是给定当前盘面状态作为输入，输出下一步棋在棋盘其他空地上的落子概率，另一方面是利用局部特征和线性模型训练快速走棋策略(Rollout Policy)。策略网络速度较慢，但精度较高；快速走棋策略则反之。

• **第二阶段**：利用第 t 轮的策略网络与先前训练好的策略网络互相对弈，利用增强式学习来修正第 t 轮的策略网络的参数，最终得到增强的策略网络。

• **第三阶段**：先利用普通的策略网络来生成棋局的前 $U-1$ 步(U 是一个属于[1，450]的随机变量)，然后利用随机采样来决定第 U 步的位置(这是为了增加棋的多样性，防止过拟合)。随后，利用增强的策略网络来完成后面的自我对弈过程，直至棋局结束分出胜负。

此后，将第 U 步的盘面作为特征输入，胜负作为 Label，学习得到一个价值网络(Value Network)，用于判断结果的输赢概率。价值网络其实是 AlphaGo 的一大创新。围棋最为困难的地方在于很难根据当前的局势来判断最后的结果，这点职业棋手也很难掌握。通过大量的自我对弈，AlphaGo 产生了 3000 万盘棋局，用来训练价值网络。但由于围棋的搜索空间太大，3000 万盘棋局也不能帮 AlphaGo 完全攻克这个问题。

2) 在线对弈

在线对弈过程的核心思想是在蒙特卡洛搜索树(MCTS)中嵌入深度神经网络来减小搜索空间。它包括以下五个关键步骤：

第一步，根据当前盘面已经落子的情况提取相应特征；

第二步，利用策略网络估计出棋盘其他空地的落子概率；

第三步，根据落子概率来计算此处往下发展的权重，初始值为落子概率本身(如 0.18)。实际情况可能是一个以概率值为输入的函数。

第四步，利用价值网络和快速走棋策略分别判断局势，两个局势得分相加为此处最后走棋获胜的得分。这里使用快速走棋策略是一个用速度来换取量的方法，从被判断的位置出发，快速行棋至最后，每一次行棋结束后都会有个输赢结果，然后综合统计这个节点对应的获胜率。而价值网络只要根据当前的状态便可直接评估出最后的结果。两者各有优缺点，可以互补。

第五步，利用第四步计算的得分来更新之前那个走棋位置的权重(如从 0.18 变成 0.12)；此后，从权重最大的 0.15 那条边开始继续搜索和更新。这些权重的更新过程应该是可以并行的。当某个节点的被访问次数超过了一定的阈值时，则在蒙特卡洛树上进一步展开下一级别的搜索，如图 12-11 所示。

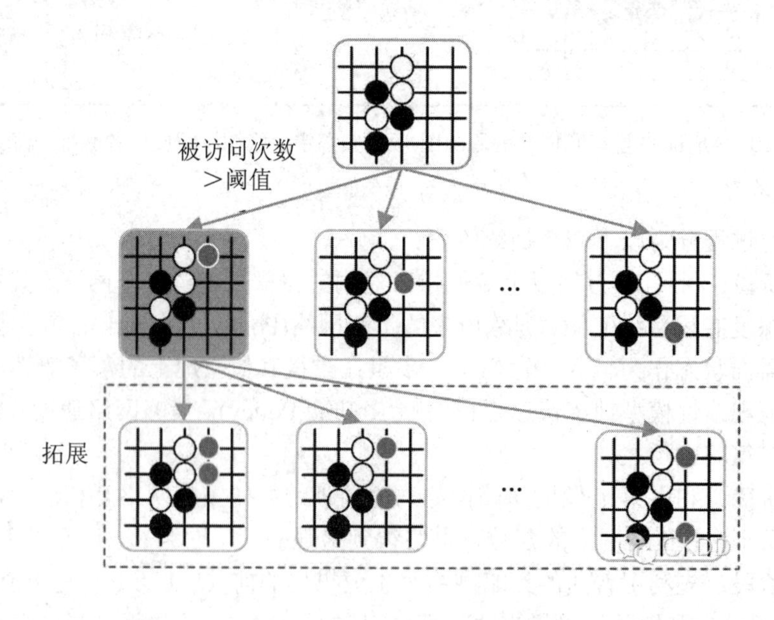

图 12-11　MCTS 拓展下一级节点

5. 对 AlphaGo 的再思考

AlphaGo 的巨大成功，一方面激发了人们对人工智能的强烈兴趣，坚定了人工智能实用价值的信心，另一方面也给人们带来了巨大焦虑，人们担心人工智能会不会有朝一日反过来控制人类。这是一个未来式的问题，作者在此不做深入探讨，仅提出以下观点供读者参考：

(1) AlphaGo 的本质还是机器，并不具备真正的思维能力。AlphaGo 之所以战胜了一流棋手，本质上靠的还是计算机超强的计算能力。

(2) 生物智能与人工智能的本质，在于高等生物具有真正的思维。思维的驱动力来自于生物维持自身存在并进行繁衍的内在需求，这种需求对思维的激励作用固化在生物的结构本身中，到目前为止，还远谈不上破解。

(3) 生物本身具有在特定环境下自我生存和繁衍的能力，这尤其是指生物可以自己从环境中获得自身生存和生长的物质并对其进行完美利用，而这对于人工智能而言是不可能的。

(4) 人工智能现在已经突破了围棋博弈，下一步将在类似于中医诊断、宏观经济、气候研究、地震研究、环境保护等方面取得巨大突破，这应该是可以预见和为期不远的。

12.5 神经网络应用实例

下面我们将介绍一个神经网络的应用实例，以便读者对人工智能的一项重要技术——神经网络能有直观的体验。

题目要求：利用三层 BP 神经网络来完成非线性函数的逼近任务，其中隐藏层神经元个数为 5 个，样本数据见表 12-1。

表 12-1 样 本 数 据

输入 X	输出 D	输入 X	输出 D	输入 X	输出 D
– 1.0000	– 0.9602	– 0.3000	0.1336	0.4000	0.3072
– 0.9000	– 0.5770	– 0.2000	– 0.2013	0.5000	0.3960
– 0.8000	– 0.0729	– 0.1000	– 0.4344	0.6000	0.3449
– 0.7000	0.3771	0	– 0.5000	0.7000	0.1816
– 0.6000	0.6405	0.1000	– 0.3930	0.8000	– 0.3120
– 0.5000	0.6600	0.2000	– 0.1647	0.9000	– 0.2189
– 0.4000	0.4609	0.3000	– 0.0988	1.0000	– 0.3201

解：以 MATLAB 作为分析工具。从表 12-1 中可以看出，样本的期望输出的范围是 (–1,1)，所以利用双极性 Sigmoid 函数作为转移函数。程序如下：

```
clear;
clc;
X=-1:0.1:1;
D=[-0.9602 -0.5770 -0.0729 0.3771 0.6405 0.6600 0.4609...
    0.1336 -0.2013 -0.4344 -0.5000 -0.3930 -0.1647 -.0988...
    0.3072 0.3960 0.3449 0.1816 -0.312 -0.2189 -0.3201];
figure;
plot(X,D,'*'); %绘制原始数据分布图(如图12-13所示)
net = newff([-1 1],[5 1],{'tansig','tansig'});
net.trainParam.epochs = 100; %训练的最大次数
net.trainParam.goal=0.005; %全局最小误差
net=train(net,X,D);
O=sim(net,X);
figure;
plot(X,D,'*',X,O); %绘制训练后得到的结果和误差曲线(如图12-14所示)
V=net.iw{1,1}%输入层到中间层权值
theta1=net.b{1}%中间层各神经元阈值
W=net.lw{2,1}%中间层到输出层权值
theta2=net.b{2}%输出层各神经元阈值
```

MATLAB 是美国 MathWorks 公司出品的商业数学软件，是用于算法开发、数据可视化、数据分析以及数值计算的高级技术计算语言和交互式环境，主要包括 MATLAB 和 Simulink 两大部分。它将数值分析、矩阵计算、科学数据可视化以及非线性动态系统的建模和仿真等诸多强大功能集成在一个易于使用的视窗环境中，为科学研究、工程设计以及必须进行有效数值计算的众多科学领域提供了一种全面的解决方案，并在很大程度上摆脱了传统非交互式程序设计语言(如 C、Fortran)的编辑模式，代表了当今国际科学计算软件的先进水平。

MATLAB、Mathematica、Maple 并称为三大数学软件，且在数值计算方面首屈一指。MATLAB 可以进行矩阵运算、绘制函数和数据、实现算法、创建用户界面、连接用其他编程语言开发的程序等，主要应用于工程计算、控制设计、信号处理与通信、图像处理、信号检测、金融建模设计与分析等领域。上述代码的仿真结果如表 12-2 和图 12-12、图 12-13、图 12-14 所示。

表 12-2 计 算 结 果

输入层到中间层的权值	$V=(-9.1669\ \ 7.3448\ \ 7.3761\ \ 4.8966\ \ 3.5409)^{T}$
中间层各神经元的阈值	$\theta=(6.5885\ \ -2.4019\ \ -0.9962\ \ 1.5303\ \ 3.2731)^{T}$
中间层到输出层的权值	$W=(0.3427\ \ 0.2135\ \ 0.2981\ \ -0.8840\ \ 1.9134)$
输出层各神经元的阈值	$T=-1.5271$

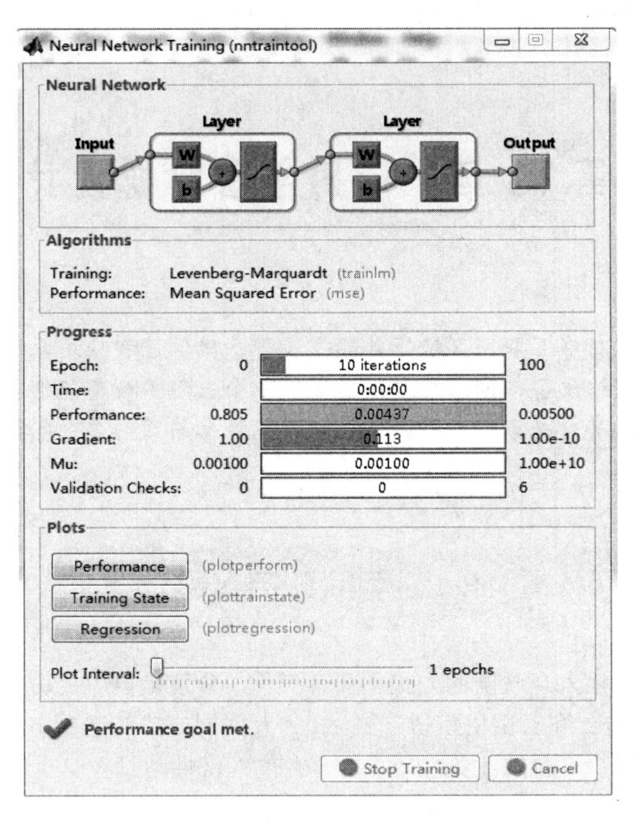

图 12-12　神经网络仿真

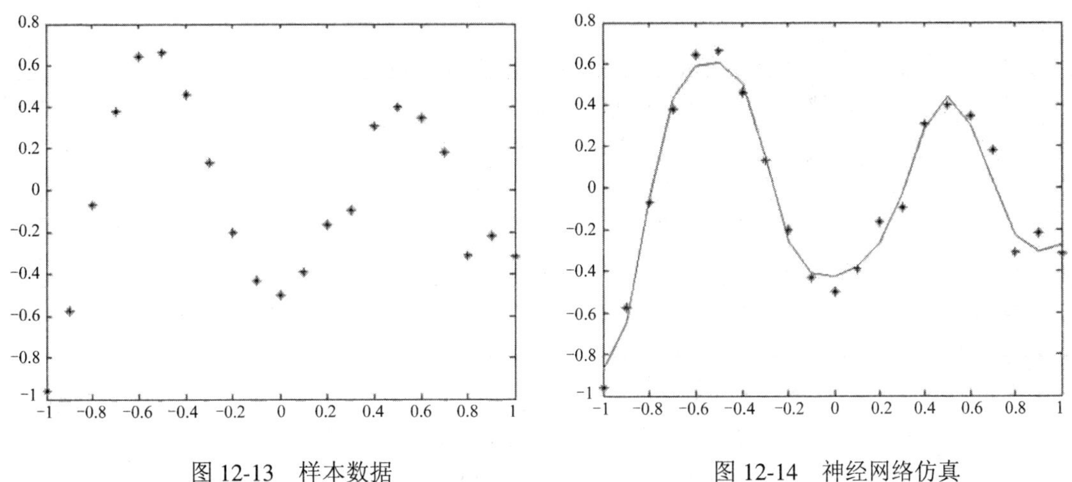

图 12-13　样本数据　　　图 12-14　神经网络仿真

思考与练习题

1. 简述人工智能技术体系架构。为什么说人工智能是一项非常复杂的综合性技术？
2. 什么是机器学习？试对比机器学习与人类思考的异同。
3. 什么是深度学习？简述深度学习的核心思想。
4. 简述 AlphaGo 下棋的核心思路。

第 13 章　应用平台组网设计

应用平台运行在互联网环境下，除了各种基础软件和应用软件外，还有服务器以及相关的网络设备、网络安全设备等。一个应用平台要能够向用户提供高性能、高质量的服务，必须对平台硬件、组网及信息与网络安全等进行前瞻性规划和精细设计。

13.1　互联网接入设计

目前，应用平台接入互联网的方式主要有三种，分别是自建机房申请宽带线路方式、IDC(数据中心)托管方式和云主机租赁方式。接入互联网方式的选择主要取决于平台所有者对于平台的使用方式、平台的业务性质，对平台的经济性与管理自主性的权衡等因素。

13.1.1　自建机房方式

带宽是自建机房方式要考虑的主要问题。在互联网领域，通常用带宽来表示通信链路能够传送二进制码元的能力，其单位为 b/s，如 kb/s、Mb/s、Gb/s 等。与带宽相关的概念还有流量，它表示某一段时间内网络链路实际传送数据的总量，单位采用 Byte 或者 bit。通常，讲到固定宽带线路时常用带宽来表示其传送能力，而讲到手机时通常用流量来表示传送了多少内容。还有一个与带宽和流量有关的概念叫流速，它表示在某一时刻网络流量实际传送的速率。在一个给定的通信链路中，流速不可能超过该链路的带宽。

带宽究竟设计多大，取决于该应用所有客户端对服务器访问的频繁程度和所请求内容的大小。但是，由于无论是客户端对服务器访问的频次，还是客户端所请求内容的大小，都是不断变化的，是一个复杂的随机过程，因此带宽的准确计算公式在实际当中是没有的。不过，可以用以下公式来估算平台所需带宽的大小，即

$$带宽 = 平均在线客户数 \times 每客户平均流量 \times 冗余系数$$

平均在线客户数反映了客户端对服务器访问的频繁程度，这个指标在应用系统大规模使用前完全靠估计，投入使用后则可以准确统计。

每客户平均流量体现了每个客户端对服务器请求的内容的大小情况，需要模仿客户的行为特征并进行实际测量得到。

冗余系数实际上是考虑到网络流量具有突发性，带宽在平均流量的基础上必须有所冗余。平均流量越小，突发性越强，而突发性越强，峰值流量超过平均流量的幅度就越大，冗余系数就必须更大。冗余系数越大，网络访问就更流畅，但是所要支付的成本也越大。

所以，冗余系数的取值也不是越大越好。经验上，对骨干网链路(链路带宽 1 Gb/s～10 Gb/s)，冗余系数一般取接近 1.43，也就是平均带宽占用率接近 70%。作为一般移动互联网应用的出口带宽估算，可以根据以往的经验在 1.43～10 之间取值。在投入使用后，再根据对访问数、带宽占用和访问流畅性的监测，及时进行带宽扩容。

13.1.2　IDC 托管方式

应用平台一样需要有靠近核心网络的宽带接入，需要良好的机房环境，包括可靠的电源、合适的温湿度、防尘能力，需要良好的网络安全防护和入侵监测，需要及时的现场维护。因此，大型应用多选用 IDC(数据中心)托管方式。应用系统设备的维护分为两个层面：一是网络接入设备和服务器硬件等，完全由 IDC 机构负责维护；二是系统应用软件、数据库的日常维护和升级等，由应用系统提供者进行现场或者远程维护。

除了服务器托管，还有一些小的应用系统采用服务器租赁方式，服务器托管和租赁在技术上没有什么不同，所不同的只是商务模式。服务器托管自己购买服务器，掏钱托管到 IDC。服务器租赁是租用运营商部署在 IDC 的服务器。

13.1.3　云主机租赁方式

目前，云主机租赁方式已经成为应用平台建设的一种重要模式。其优点是，业主不再需要建设自己的机房，大大减少了机房电源、空调、照明、宽带线路、网络设备、服务器等方面的维护工作。采用云主机租赁方式，可以获得更好的维护和保障，提高系统的可用性。而且，云平台本身与互联网骨干网有足够大的连通带宽，云主机本身也可以按照需要申请合适的带宽。

典型的云服务提供商有中国电信天翼云、阿里云等。它们除了提供云主机租赁外，还可以提供云存储空间租赁等，平台业主可以方便地进行申请业务。

13.2　网络安全设计

应用平台接入互联网，面对的网络环境安全挑战远超过一般 PC。因为平台系统的服务器是要向成千上万客户端提供服务的，是 24 小时在线的，因而需要进行更好的网络安全设计，保证平台系统正常运行和提供服务。

应用平台的网络安全风险主要包括非法入侵、病毒感染、木马植入等。非法入侵者利用平台系统的漏洞入侵系统，可以非法窃取关键的系统信息和用户数据，可以控制服务器的运行。病毒感染会修改服务器系统的配置信息，可能导致系统的性能严重下降。木马程序寄宿在 U 盘、安装软件、下载文件等寄生体中，借助用户 U 盘插入、软件安装和下载文件打开等操作获得对用户计算机的写入权限，把自己安装在用户的系统中，并常驻内存，执行事先设计好的任务，或者接收远程操纵者的命令，使用户计算机成为所谓的“傀儡”主机。

提高应用平台网络安全的措施可以从操作管理规范、应用系统的分区和分层三个维度考虑，技术手段主要包括部署网络防火墙、病毒防护和对入侵进行检测。

13.2.1 网络防火墙部署

防火墙原指过去房屋之间修建的一道墙，这道墙可以防止火灾发生时蔓延到别的房屋。网络技术借用防火墙这个名词，代指在内部网和外部网之间、专用网与公共网之间所部署的网络安全设备，它允许符合所设定安全规则的用户和数据进入内部网络，同时将不符合的人和数据拒之墙外，最大限度地阻止黑客访问内部网络。网络防火墙的原理如图 13-1 所示。

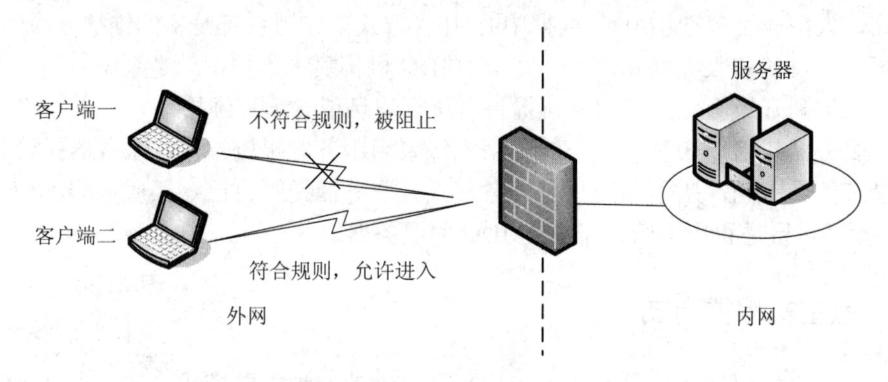

图 13-1 网络防火墙原理示意图

由于防火墙设置了网络边界和服务，因此适合于相对独立的网络。目前，绝大多数政府机构和大中型企业与互联网相连的网络都有较高端的防火墙进行保护，大多数 Web 网站也有硬件或者软件防火墙提供保护。

防火墙的基本类型可以分为包过滤防火墙、代理服务器、状态监视器和软件防火墙四种。

1. 包过滤防火墙

包过滤是在网络层中对数据包实施有选择的通过，依据系统事先设定好的过滤逻辑，检查数据流中的每个数据包，并根据数据包的源地址、目标地址以及包所使用的端口确定是否允许该类数据包通过。

2. 代理服务器

代理服务器的原理是，客户端访问服务器不是直接进行的，而是通过一个中间设备进行中转。对于客户端来说，这台中间设备就是一台模拟的服务器。而对于真正的服务器，这台中间设备就是一台模拟的客户端。这样，服务器所在的网络和客户端所在的网络就隔离开来了，代理服务器就成为一道网络防火墙。

3. 状态监视器

状态监视器采用一个在网关上执行网络安全策略的软件引擎，称为检测模块。检测模块在不影响网络正常工作的前提下，采用抽取相关数据的方法对网络通信的各层实施监测，抽取部分数据，即状态信息，并动态地保存起来作为以后制定安全决策的参考。检测模块支持多种协议和应用程序，并且可以很容易地实现应用和服务的扩充。与其他安全方案不同，当用户访问到达网关的操作系统前，状态监视器要抽取有关数据进行分析，结合网络配置和安全规定作出接纳、拒绝、鉴定或给该通信加密等决定。一旦某个网络访问违反安全规定，安全报警器就会拒绝该访问，并且记录下该访问以及向系统管理器报告网络状态。

4．软件防火墙

软件防火墙是指在服务器或者 PC 上安装防火墙软件，其作用与包过滤防火墙的作用相同。防火墙软件启动后，其进程驻留在内存中，实时监听以太网口，当来自网口外的计算机要访问该服务器或 PC 的服务时，该进程首先进行包过滤检测，对不符合规则的就进行拦截。国内早期最流行的免费防火墙软件是天网软件，现在 360、金山等都提供软件防火墙产品，微软的操作系统也自带网络防火墙。软件防火墙在效果上不如专门的包过滤防火墙，因为需要保护的对象和防火墙软件运行于同一计算机上，高明的入侵者可以利用这一缺点进入要保护的系统。

13.2.2 计算机病毒防护

1．计算机病毒及其来源

应用平台是由一组服务器构成的，服务器也是计算机，同样受到计算机病毒和恶意软件的威胁。按照 1994 年颁布的《中华人民共和国计算机信息系统安全保护条例》第二十八条定义，“计算机病毒，是指编制或者在计算机程序中插入的破坏计算机功能或者毁坏数据，影响计算机使用，并能自我复制的一组计算机指令或者程序代码”。计算机病毒与医学上的病毒不同，它不是天然存在的。计算机病毒能通过某种途径潜伏在计算机存储介质或程序里，当达到某种条件时即被激活，它用修改其他程序的方法将自己精确拷贝或者将可能演化的形式放入其他程序中，从而感染它们，对计算机资源进行破坏。

网络病毒是指利用网络进行传播和发挥作用的计算机病毒。在当今的网络时代，网络病毒已经成为最主要的一种计算机病毒。网络病毒具有感染速度快、扩散面广、破坏性大的特点。在单机环境下，病毒只能通过 U 盘从一台计算机传到另一台计算机。而在网络环境中，病毒则可以通过网络迅速扩散，而且传播的形式也复杂多样。在网络中只要有一台工作站未能消除干净，病毒就可以使整个网络重新被感染。网络病毒直接影响网络的工作，轻则降低运行速度，影响工作效率，重则使网络崩溃，破坏服务器上的数据。

目前流行的网络病毒主要有木马病毒和蠕虫病毒。木马病毒实际上是一种后门程序，它常常潜伏在操作系统中监视用户的各种操作，比如窃取用户 QQ，传奇游戏和网上银行的账号与密码。蠕虫病毒是一种更先进的病毒，它可以通过多种方式进行传播，甚至利用操作系统和应用程序的漏洞主动进行攻击。每种蠕虫都包含一个扫描功能模块，负责探测存在漏洞的主机，在网络中扫描到存在该漏洞的计算机后就马上传播出去。

计算机病毒一般具有传染性、非授权性、隐蔽性、潜伏性、破坏性和不可预见性的特征。传染性是指病毒具有把自身复制到其他程序中的特性，一旦进入计算机并得以执行，它会搜寻其他符合传染条件的程序或存储介质，确定目标后再将自身代码插入其中，达到自我繁殖的目的。非授权性是指病毒具有正常程序的一切特性，但隐藏在正常程序中，当用户调用正常程序时，它就会窃取到系统的控制权，先于正常程序执行，病毒的动作、目的对用户是未知的，是未经用户允许的。隐蔽性是指病毒一般是具有很高编程技巧的“短小精悍”的程序，通常附在正常程序中或磁盘较隐蔽的地方，也有个别以隐含文件形式出现，如果不经过代码分析，病毒程序与正常程序是不容易区别开来的。潜伏性是指大部分病毒感染系统之后，一般不会马上发作，它可长期隐藏在系统中，只有在满足其特定条件时才发作，也只有这样它才可以进行广泛地传播。破坏性是指任何病毒只要侵入系统，都会对系统及应用程序产生不同程度的影响。恶性病毒则有明确的目的，或破坏数据、删除文件，或加密磁盘、格式化磁盘，有的对数据会造成不可挽回的破坏。不可预见性是指从对病毒的检测方面来看，病毒还有不可预见性，某些正常程序也使用了类似病毒的操作甚至借鉴了某些病毒的技术，而且病毒的制作技术也在不断提高，病毒对反病毒软件来说永远是超前的。

计算机病毒是计算机技术和以计算机为核心的社会信息化进程发展到一定阶段的必然产物。它产生的原因不外乎以下六种：

(1) 一些计算机爱好者出于好奇或兴趣，也有的是为了满足自己的表现欲，故意编制出一些特殊的计算机程序，让别人的电脑出现一些动画，或播放声音，或提出问题让使用者回答，以显示自己的才干。而此种程序流传出去就演变成计算机病毒，此类病毒破坏性一般不大。

(2) 产生于个别人的报复心理。比如，我国台湾学生陈盈豪以前购买了一些杀病毒软件，可拿回家一用，并不如厂家所说的那么厉害，杀不了什么病毒，于是他就想亲自编写一个能避过各种杀病毒软件的病毒。这样，CIH 就诞生了。此种病毒对电脑用户曾一度造成灾难。

(3) 来源于软件加密。一些商业软件公司为了不让自己的软件被非法复制和使用，运用加密技术编写一些特殊程序附在正版软件上。如果遇到非法使用，则此类程序自动激活，于是又产生一些新病毒，如巴基斯坦病毒。

(4) 产生于游戏。编程人员在无聊时互相编制一些程序输入计算机，让程序去销毁对方的程序，这样另一些病毒也产生了。

(5) 用于研究或实验而设计的“有用”程序，由于某种原因失去控制而扩散出来。

(6) 由于政治、经济和军事等特殊目的，一些组织或个人也会编制一些程序用于进攻对方的电脑，给对方造成灾难或直接性的经济损失。

2．病毒的传播

计算机病毒的传播是通过拷贝文件、传送文件、运行程序等方式进行的，主要的传播途径有以下四种：

(1) U 盘：U 盘携带方便，可以方便地在计算机之间互相传递文件，而计算机病毒也可以通过 U 盘从一台计算机传播到另一台计算机。

(2) 光盘：光盘的存储容量大，所以大多数软件都刻录在光盘上，以便互相传递。在光盘制作过程中难免会将带病毒文件刻录在上面，因光盘只读，所以上面即使有病毒也不能清除。

(3) 硬盘：因为硬盘存储数据多，在互相借用或维修时，可能将病毒传播到其他的硬盘或软盘上。

(4) 网络：在网络普及的今天，人们通过网络互相传递文件、信件，故病毒的传播速度又加快了。因为资源共享，人们经常在网上下载免费、共享软件，病毒也难免会夹在其中。还有一些病毒，利用网络和计算机系统本身的漏洞，可以自己侵入宿主计算机中。

3. 计算机病毒的预防

计算机病毒的预防主要包括以下四个方面：

一是做好被病毒感染后的病毒检测和系统恢复准备措施。在应用系统运行的整个过程中，不被病毒感染几乎是不可能的。因此，病毒预防的首要问题是做好病毒感染后的病毒查杀和恢复准备工作，有备方可以无患。首先，准备好启动光盘、病毒检测软件，这些软件都不是安装在在用计算机系统里的，不会被病毒感染。当发生病毒感染时，以光盘启动方式使用。其次，对系统的关键数据进行备份，一旦数据遭到破坏，可以在最短时间内以最小损失对数据进行恢复。

二是针对计算机病毒的传播途径，在使用计算机系统外的存储介质时，首先做好病毒查杀工作，确保要安装的软件或者要使用的外来文件是“干净”未带毒的，从源头上堵住病毒的入口。

三是安装有效的病毒防火墙。病毒防火墙实际上是一种病毒实时检测和清除系统，比如金山、360 等软件。当它运行的时候，会把病毒特征监控的程序驻留在内存中，随时查看系统的运行中是否有病毒的迹象。一旦发现有携带病毒的文件，它们就会马上激活杀毒处理模块，先禁止带病毒文件的运行或打开，再马上查杀带病毒的文件，确保用户的系统不被病毒所感染。病毒防火墙不会只对病毒进行监控，它对所有的系统应用软件进行监控，以系统性能的降低换取系统安全性的提高。由于目前有许多病毒通过网络方式来传播，所以，范畴不同的这两种产品——病毒防火墙和网络防火墙有了交叉应用的可能，不少网络防火墙也增加了病毒检测和防御功能。与此同时，一些网络入侵特有的后门软件(像木马)，也被列入病毒之列而可以被病毒防火墙所监控并清除。

四是经常检查系统配置，扫描和修补系统漏洞。一个优秀的网络与系统管理员应该非常熟悉自己的系统，特别是一些关键的目录和文件，以及重要软件的配置。很多病毒入侵计算机时，都会伴随着对系统主要文件或者目录的修改。经常检查系统和重要软件的配置，是预防病毒的重要手段。除了手工方式检查外，现在有很多病毒查杀和漏洞扫描的工具，使用这些工具对系统进行定期“体检”，可以大大提高病毒预防的效率和全面性。

13.2.3　入侵检测与防御系统

除了病毒的入侵，黑客的入侵也对计算机系统构成很大威胁。黑客要么对计算机系统的各种漏洞非常了解，要么非常善于使用各种黑客软件。不同于计算机病毒的侵入和发作依靠自身的机制，黑客入侵完全是一种人为的行为。入侵检测与防御系统能够有效抵御大多数的黑客攻击行为，同时对许多由病毒引起的非法行为也具有抵御作用。

1. 入侵检测与防御技术

入侵检测是指通过对行为、安全日志、审计数据或网络上可以获得的其他信息进行处理，检测到对系统的入侵或入侵的企图。入侵检测系统(IDS)则可以被定义为对计算机和网络资源的恶意使用行为进行识别并进行相应处理的系统。这些行为包括系统外部的入侵和内部用户的非授权行为。入侵检测是一种能够及时发现并报告系统中未授权现象或异常现象以及检测计算机网络中违反安全策略行为的技术。入侵检测的方法有很多，有基于专家系统的技术，有基于神经网络的技术等。目前，一些入侵检测系统在应用层入侵检测中已有实现。

入侵防御是一种能监控电脑中程序的运行、程序运行对其他文件的运用及对注册表的修改，并向计算机用户发出允许请求的软件。如果用户不允许这个请求，那么该程序对其他文件的运用或者对注册表的修改就被阻止。比如，你双击了一个病毒程序，入侵防御软件跳出来报告而你阻止了，那么病毒就没有运行。病毒天天变种天天出新，使得杀毒软件可能跟不上病毒的脚步，而入侵防御从技术上就能解决这些问题。

在实际的网络安全产品中，入侵检测与入侵防御功能经常是集成在一起的，这些产品甚至会集成一些杀毒功能。比如，H3C SecPath T5000-S3 入侵防御系统产品，支持 Web 保护、邮件服务器保护、FTP 服务器保护，扫描和防止 DNS 漏洞、跨站脚本、SNMP 漏洞、蠕虫和病毒暴力攻击、SQL Injections、后门和特洛伊木马、间谍软件、DdoS 攻击、网络钓鱼、协议异常、IDS/IPS 逃逸攻击等。

2．入侵检测与防御系统部署

入侵检测与防御系统的组网主要有在线部署方式和旁路部属方式两种。在线部署方式把入侵检测与防御系统部署于网络的关键路径上，对流经的数据流进行 2～7 层深度分析，实时防御外部和内部攻击。旁路部署方式下，入侵检测与防御系统部署于关键路径的旁路上，对网络流量进行监测与分析，记录攻击事件并告警。

13.2.4 云堤技术

1．DDoS 攻击

DDoS(Distributed Denial of Service，分布式拒绝服务)攻击是目前影响企业网络正常运行最常见的方式，该攻击带来的最大危害是因服务不可达而导致业务丢失，而且危害带来的影响在攻击结束后的很长一段时间内都无法消除，使得企业和组织损失惨重。中国电信网络安全运营中心刘紫千提供了一组 DDoS 攻击的数据：在 2015 年上半年，电信网内监测达到的单次攻击超过 200G 的有 3 次，平均一天超过 100G 的也有 19 次。到了下半年，超过 100G 到 200G 峰值的，一天差不多就有 31 次，而超过 200G 的攻击峰值一天也有 6 次。对于这样大规模的 DDoS 攻击，一般公司、ISP 是难以抵挡的。

DDoS 攻击的主要目的是让指定目标无法提供正常服务，甚至从互联网上消失。DDoS 攻击是目前最强大、最难防御的攻击之一，这是一个世界级的难题，并且没有解决办法，只能缓解。按照发起的方式，DDoS 可以简单地分为以下三类：

第一类以力取胜，海量数据包从互联网的各个角落蜂拥而来，堵塞 IDC 入口，让各种强大的硬件防御系统、快速高效的应急流程无用武之地。这种类型的攻击的典型代表是 ICMP Flood 和 UDP Flood，现在已不常见。

第二类以巧取胜，灵动而难以察觉，每隔几分钟发一个包甚至只需要一个包，就可以让拥有豪华配置的服务器不再响应。这类攻击主要是利用协议或者软件的漏洞发起，例如 Slowloris 攻击、Hash 冲突攻击等，需要特定环境机缘巧合下才能出现。

第三类是上述两种的混合，轻灵浑厚兼而有之，既利用了协议、系统的缺陷，又具备了海量的流量，例如 SYN Flood 攻击、DNS Query Flood 攻击。这类攻击方式是当前主流的攻击方式。

2．DDoS 攻击的应对

回顾 DDoS 攻击的发展历程，从 PC、IDC 到云和智能设备，DDoS 攻击的发起点也在发生变化。因此，应对 DDoS 攻击需要非常专业的网络安全管理技术和对网络设备必需的网络管理权限，这是普通网络管理人员无法做到的。为此，中国电信推出一项名为“云堤”的服务，便于用户对其网络进行抗 DDoS 攻击。

云堤的原理如图 13-2 所示。在中国电信网内各骨干节点、与国内非中国电信的其他网络运营商的互联设备、与国际互联网运营商的互联设备、数据中心出口设备上均安置有 DDoS 攻击检测设备，通过管理平台可以设置对于防护对象的配置。一旦检测设备检测到防护对象受到 DDoS 攻击，各个节点会同时发起抗 DDoS 压制动作。

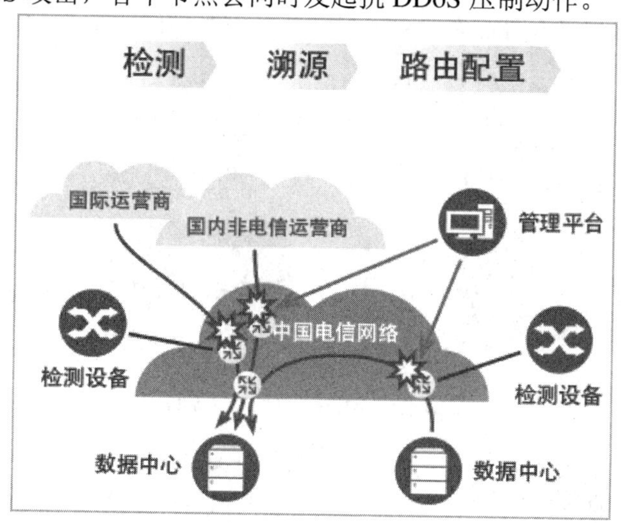

图 13-2　云堤原理

云堤流量压制的特点包括：处置攻击流量无上限；能力开放，通过 API、微信客户端和自服务网站或自服务门户均可申请；响应快，秒级生效；分方向压制，客户可以根据业务模型灵活选择；覆盖全国。

13.3　数据安全设计

13.3.1　磁盘冗余备份

1．RAID 技术

RAID(Redundant Arrays of Inexpensive Disks)，即有冗余的廉价磁盘阵列，是利用数组

方式来做磁盘组，配合数据分散排列的设计，提升数据的安全性。磁盘阵列是由很多价格较便宜的磁盘组合而成的一个容量巨大的磁盘组，利用个别磁盘提供数据所产生的加成效果提升整个磁盘系统的效能。利用这项技术，可以将数据切割成许多区段，分别存放在各个硬盘上。磁盘阵列还能利用同位检查的观念，在数组中任意一个硬盘发生故障时，仍可读出数据。在数据重构时，数据经计算后重新置入新硬盘中。

RAID 技术主要包含 RAID 0、RAID 1、RAID 0+1、RAID 2、RAID 3、RAID 4、RAID 5、RAID 50 等多个规范，它们的侧重点各不相同。常见的规范有以下十种：

(1) RAID 0：RAID 0 连续以位或字节为单位分割数据，并行读/写于多个磁盘上，因此具有很高的数据传输率，但它没有数据冗余，因此并不能算是真正的 RAID 结构。RAID 0 只是单纯地提高性能，并没有为数据的可靠性提供保证，而且其中的一个磁盘失效将影响所有数据。因此，RAID 0 不能应用于数据安全性要求高的场合。

(2) RAID 1：如图 13-3 所示，通过磁盘数据镜像实现数据冗余，在成对的独立磁盘上产生互为备份的数据。当原始数据繁忙时，可直接从镜像拷贝中读取数据，因此 RAID 1 可以提高读取性能。RAID 1 是磁盘阵列中单位成本最高的，但它提供了很高的数据安全性和可用性。当一个磁盘失效时，系统可以自动切换到镜像磁盘上读写，而不需要重组失效的数据。

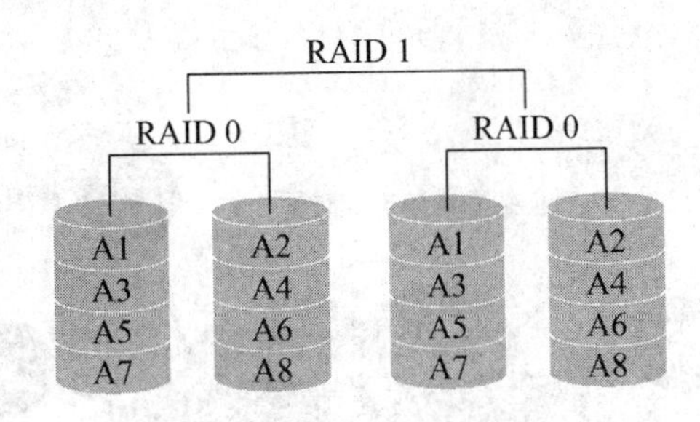

图 13-3　RAID 1 原理示意图

(3) RAID 0+1：也被称为 RAID 10 标准，实际上是 RAID 0 标准和 RAID 1 标准结合的产物，在连续地以位或字节为单位分割数据并且并行读/写多个磁盘的同时，为每一块磁盘作磁盘镜像进行冗余设计。它的优点是同时拥有 RAID 0 的超凡速度和 RAID 1 的数据高可靠性。但是，其 CPU 占用率同样也更高，而且磁盘的利用率比较低。

(4) RAID 2：将数据条块化地分布于不同的硬盘上，条块单位为位或字节，并使用称为“加重平均纠错码(海明码)”的编码技术来提供错误检查及恢复。这种编码技术需要多个磁盘存放检查信息及恢复信息，使得 RAID 2 技术实施更复杂，因此在商业环境中很少使用。

(5) RAID 3：RAID 3 的原理如图 13-4 所示。它与 RAID 2 非常类似，都是将数据条块化分布于不同的硬盘上，它们区别在于 RAID 3 使用简单的奇偶校验，并用单块磁盘存放奇偶校验信息。如果一块磁盘失效，奇偶盘及其他数据盘可以重新产生数据；如果奇偶盘失效，则不影响数据使用。RAID 3 对于大量的连续数据可提供很好的传输率，但对于随机数据来说，奇偶盘会成为写操作的瓶颈。

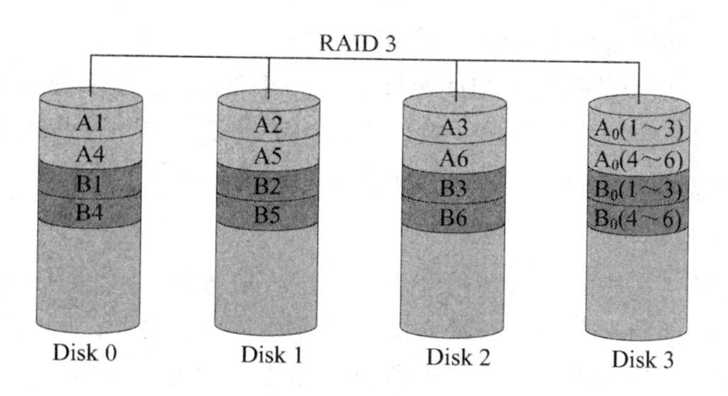

图 13-4　RAID 3 原理示意图

(6) RAID 5：RAID 5 的原理如图 13-5 所示。它不单独指定奇偶盘，而是在所有磁盘上交叉地存取数据及奇偶校验信息。在 RAID 5 上，读/写指针可同时对阵列设备进行操作，提供了更高的数据流量。RAID 5 更适合于小数据块和随机读写的数据。RAID 3 与 RAID 5 相比，最主要的区别在于 RAID 3 每进行一次数据传输就涉及所有的阵列盘；而对于 RAID 5 来说，大部分数据传输只对一块磁盘操作，并且可进行并行操作。RAID 5 有“写损失”，即每一次写操作将产生四个实际的读/写操作，其中两次读旧的数据及奇偶信息，两次写新的数据及奇偶信息。

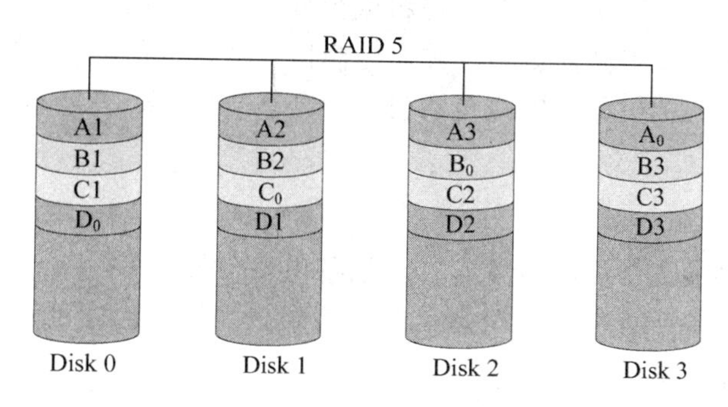

图 13-5　RAID 5 原理示意图

(7) RAID 5E：它是在 RAID 5 级别基础上的改进。与 RAID 5 类似，其数据的校验信息均匀分布在各硬盘上，但是，在每个硬盘上都保留了一部分未使用的空间，这部分空间没有进行条块化，最多允许两块物理硬盘出现故障。由于 RAID 5E 是把数据分布在所有的硬盘上，因此其性能会比 RAID 5 加一块热备盘要好。当一块硬盘出现故障时，有故障硬盘上的数据会被压缩到其他硬盘上的未使用的空间，逻辑盘保持 RAID 5 级别。

(8) RAID 5EE：与 RAID 5E 相比，其数据分布更有效率，每个硬盘的一部分空间被用作分布的热备盘，它们是阵列的一部分。当阵列中一个物理硬盘出现故障时，数据重建的速度会更快。

(9) RAID 50：它是 RAID 5 与 RAID 0 的结合。此配置在 RAID 5 的子磁盘组的每个磁盘上进行包括奇偶信息在内的数据的剥离。每个 RAID 5 子磁盘组要求有三个硬盘。RAID 50 具备更高的容错能力，因为它允许某个组内有一个磁盘出现故障，而不会造成数据丢失。而且因为奇偶位分布于 RAID 5 子磁盘组上，故重建速度有很大提高。RAID 50 的优势是：更高的容错能力，具备更快数据读取速率的潜力。需要注意的是，磁盘故障会影响吞吐量。

故障后重建信息的时间比镜像配置情况下的时间要长。

(10) RAID 7：它是一种新的RAID标准。它自身带有智能化实时操作系统和用于存储管理的软件工具，可完全独立于主机运行，不占用主机CPU资源。RAID 7可以看作是一种存储计算机(Storage Computer)，这与其他RAID标准有明显区别。

2．移动硬盘备份

RAID方式提供了在线的数据备份能力，对于一般数据，这种方式已经足够。对于一些非常重要的数据，使用完全与系统独立的存储介质是有必要的，因为RAID系统的磁盘也会损坏，有时甚至坏到无法恢复数据的程度。由于移动硬盘数据备份是脱离系统的，因此把这种备份方式称为冷备份，使用它来恢复系统数据时需要手工进行数据复制。

传统上对大量的数据采用磁带进行备份，但现在的移动硬盘容量很大，可以满足一般系统的数据备份，因此在绝大多数情况下移动硬盘已经取代了磁带备份，小的系统甚至使用U盘也可以对数据进行备份。

13.3.2 数据库备份

数据库是应用平台最核心的组成部分之一，尤其在一些对数据可靠性要求很高的行业，如银行、证券、电信等，如果发生意外停机或数据丢失，其损失会十分惨重。因此必须制定详细的数据库备份与灾难恢复策略，并通过模拟故障对每种可能的情况进行严格测试。

数据库的备份有四种类型，即完全备份、事务日志备份、差异备份和文件备份，它们分别应用于不同的场合。

1．完全备份

完全备份是大多数人常用的方式。它可以备份整个数据库，包含用户表、系统表、索引、视图和存储过程等所有数据库对象。但它需要花费更多的时间和存储空间，所以，一般推荐一周做一次完全备份。

2．事务日志备份

事务日志是一个单独的文件，它记录数据库的改变。备份的时候只需要复制自上次备份以来对数据库所做的改变，所以只需要很少的时间。为了使数据库具有鲁棒性，推荐每小时甚至更频繁的备份事务日志。

3．差异备份

差异备份也叫增量备份，是部分备份数据库的另一种方法。它只备份自上次完全备份以来所改变的数据库。其优点是存储和恢复速度快。对于多长时间做一次差异备份，需要根据系统的性质和使用特点而定。

4．文件备份

数据库可以由硬盘上的许多文件构成。如果这个数据库非常大，并且一个晚上也不能将它备份完，那么可以使用文件备份每晚备份数据库的一部分。由于一般情况下数据库不会大到必须使用多个文件存储，所以这种备份不是很常用。

比如，SQL Server数据库备份常用的两种方式，一种是使用BACKUP DATABASE将数据库文件备份出去，另外一种就是直接拷贝数据库文件 MDF 和日志文件 LDF 的方式。Sybase 也有两种常用的备份方法，一种是全库备份，使用 Dump 命令将数据库备份，用 Load 命令进行数据库恢复；另一种是文件表达式备份，用 Bcp 命令进行数据库表的备份和恢复。

13.3.3 数据加密与备份机制

1. 用户密码设置

一般平台系统都会有各种角色的用户，而每个用户又会设置自己的密码。对于用户来说，平台允许用户对自己的密码进行修改，这样给用户提供了一个防止他人使用窥视等方式窃取密码的手段。为了防止破解密码，又对密码的字符构成做了一些限制。

在系统中，密码通常是采用加密方式保存的，即使是系统管理员，也不可能知道用户的密码。但也有一些缺乏网络安全意识和经验的软件工程师，在系统中以不加密的方式保存用户密码，这是绝对要避免的。

2. 用户信息与交易数据加密

当前，国家对个人隐私的保护非常重视。除了内部人员非法出卖用户信息外，通过黑客途径取得用户个人信息也是个人信息泄露的一个重要途径。因此，对于用户个人信息，比如姓名、年龄、身份证号码、住址、电话号码、亲属等，也要进行加密。这样，即使黑客入侵了平台，也不可能拿到真实的个人信息。同样，一些交易类记录数据，也要进行加密处理。

3. 关键消息加密

对于一些关键信息，比如支付账号的密码，除了在平台侧加密外，为了防止黑客进行网络侦听，还可以在终端输入时即进行消息的加密。这样，即使黑客能够侦听解析到用户发出的数据报文，也不可能获得真实的信息。

13.4 应用系统备份

除了对平台的数据进行备份外，对于一些重要的系统，特别是需要向用户提供不间断服务的应用系统，进行系统备份也是必要的。当主用系统因某种原因不能提供服务时，备用系统可以在很短的且用户可以容忍的时间内启用。常用的系统备用手段有双机热备、系统冷备和异地灾备。

1. 双机热备

移动互联网应用平台应该具有高可用性能力，高可用性包括保护业务关键数据的完整性和维持应用程序的连续运行等。双机热备技术提供了具有单点故障容错能力的系统平台，当主服务发生故障时由备服务器来接管其工作，实现在线故障自动切换，保障系统的不间断运行，避免停机造成的损失。

基于存储共享的双机热备是双机热备的标准方案。双机系统的两台服务器都与共享存储设备连接，用户的操作系统、应用软件和双机软件分别安装在两台主机的硬盘上，应用服务的数据则存放在共享存储设备上。

两台主机之间通过私有心跳网络连接，随时监控对方的运行状态。当工作主机发生故障，无法正常提供服务时，备份机会及时侦测到故障信息，并根据切换策略及时进行故障转移，由备份机接管故障主机上的工作，并进行报警，提示管理人员对故障主机进行维护。

对于用户而言，这一切换过程是全自动、完全透明的，需要在很短的时间内完成，避免业务的长时间停顿给用户造成不可估量的损失。由于使用的是共享存储设备，因此两台主机使用的实际上是同一份数据，不用担心数据一致性的问题。当故障排除后，管理人员可以选择自动或手动将业务切换回原主机；也可以选择不切换，此时维修好的主机就作为备份机，双机系统继续工作。

2．系统冷备

系统冷备是架设一台与主用服务器相同的备用服务器，服务器的整个软件配置与主用服务器完全相同，当主用服务器因某种原因不能正常工作时，先用备用服务器替代，等把主用服务器修复后，再替换回来。

相比于双机热备，系统冷备时，两台服务器的数据会不同步。因此，这种方式适合于类似提供 Web 页面这样静态内容的场合，不适合于运行数据库的服务器。

如果考虑到成本因素，备用服务器可以选择较低配置的服务器，因为毕竟备用服务器只是临时性代替主用服务器，对性能的要求一般较低。

3．异地灾备

异地灾备主要是为了应对像汶川大地震这样的灾害对系统的破坏，有时即使局部的水灾、火灾也会对企业的数据中心造成毁灭性破坏。因此，采用异地灾备措施的都是一些关系到企业关键业务的信息系统，像银行、证券等的应用。一般应用系统不需要这么高级别的系统和数据的冗余备份。

部署异地灾备的系统和机房等环境设施称为灾备中心，灾备中心通过较高速的数据专线与主用系统机房连接，实时对系统数据进行更新，以实现两个机房系统数据的同步。

思考与练习题

1. 一个移动互联网应用平台的设计主要包括哪些方面？
2. 如何估算平台所需带宽？
3. 什么是计算机病毒？它有什么特点？有哪些传播途径？
4. 简述云堤抗 DDoS 攻击的原理。
5. 什么是 RAID 技术？主要包括哪几种？
6. 什么是应用系统备份？主要有哪些类型？

参考文献

[1] 武汉科技大学计算机科学与技术学院. Android 与 ios 对比分析，2011.

[2] Sun 公司. 云计算架构介绍白皮书. 1 版，2009.

[3] 阮一峰. 自适应网页设计(Responsive Web Design)，2012. http://www.ruanyifeng.com/blog/2012/05/responsive_web_design.html

[4] 宋尹淋. 移动互联网终端界面设计研究，硕士学位论文，2009.

[5] https://developers.google.com/

[6] http://developer.baidu.com/

[7] http://www.zwbk.org/MyLemmaShow.aspx?lid=271187

[8] http://www.linuxidc.com/Linux/2012-08/69412.htm

[9] http://baike.baidu.com/view/1148666.htm

[10] http://baike.baidu.com/view/1302941.htm

[11] http://baike.baidu.com/link?url=v-8osfjXYvqC6p4GgeR4M2_JWOiNvJK5QvOgb4Nva-YkvPFnHepZNHaw_tDnmNOwNE3g1sUBhM2m25sjpGqdzkmvmTOpjZ1wCKTLlXkP3KaMCHCmQO-GSFZVncS0dYqur

[12] http://baike.baidu.com/link?url=PMuGRKZsgZY-ycGW3bzNI9BG_vl9xaGx7x83fg1 ThZf5uK522q-_TRBywJ0kBvK3HJA4llsSt2U1Jw5W_1sWHDVk-_UIqul3YUqdOl9HIjjz1py8zE0TJG2phmhpQKwy12g0xmh1NzlpJri2ylvZlUafsp1jD_6qbvxFg_ATvdm0RlUTET16m_vXah3qgvS

[13] 《传感器技术》微信公众号. 无线通信网络之 LoRa 技术，2017.

[14] 计算机的潜意识-博客园. www.cnblogs.com/subconscious/p/4107357.html

[15] 泡泡机器人成员 qqfly 的公众号 Nao

[16] Maddison, Chris J., et al. Move evaluation in go using deep convolutional neural networks. arXiv preprint arXiv:1412.6564(2014).

[17] 郑宇，张钧波. 一张图解 AlphaGo 原理及弱点，2016. http://mp.weixin.qq.com/s?__biz=MzIxNjE3MTM5OA==&mid=402241411&idx=1&sn=98557fdc359a17af9ab6b1ed7e09854a&scene=2&srcid=0314rM6ivyxIaEMfKIaW167Z&from=timeline&isappinstalled=0#wechat_redirect

[18] David Silver1, Aja Huang1, etal. Mastering the Game of Go with Deep Neural Networks and Tree Search，nature，27 January 2016.

[19] 中国信息通信研究院. 《云计算白皮书(2016 年)》，2016.

[20] 中国信息通信研究院. 《大数据白皮书(2016 年)》，2016.
[21] 袁萌. 大数据存取的选择：行存储还是列存储，2012.
http://storage.chinabyte.com/491/12390991.shtml
[22] 三种最典型的大数据存储技术路线，http://www.cnblogs.com/liangxiaofeng/p/5166795.html
[23] 大数据方案(运营商). http://www.zte.com.cn/cn/services/products/tools/solutions/201311/t20131102_412190.html
[24] 原文出自【比特网】，转载请保留原文链接：http://storage.chinabyte.com/491/12390991.shtml
[25] 讯飞开放平台，http://www.xfyun.cn/
[26] http://baike.baidu.com/link?url=LqbJxJSkamOG4LrzNVBjfULIpSfyO67mAJArx2QC32-aubVHMWQ9zakKXlzruRaPQZvqj0RAQ3v5adUnpoiMQmrZgxAqbDocZcCXBqyhVeElRLRQzB6U3rS2mdsCi6jJ
[27] 刘紫千. 云堤抗“2D”的安全之路，http://netsecurity.51cto.com/art/201605/511589.htm
[28] 被骗几十万总结出来的 DDoS 攻击防护经验，http://www.ijiandao.com/safe/cto/15952.html